Google Analytics & Co

Heiko Haller
Markus Hartwig
Arne Liedtke

Google Analytics & Co

Methoden der Webanalyse professionell anwenden

▲ ADDISON-WESLEY

An imprint of Pearson Education

München • Boston • San Francisco • Harlow, England
Don Mills, Ontario • Sydney • Mexico City
Madrid • Amsterdam

Bibliografische Information der Deutschen Nationalbibliothek
Die Deutsche Nationalbibliothek verzeichnet diese Publikation in der Deutschen Nationalbibliografie;
detaillierte bibliografische Daten sind im Internet über *http://dnb.d-nb.de* abrufbar.

10 9 8 7 6 5 4 3 2 1

12 11 10

ISBN 978-3-8273-2946-2

© 2010 by Addison-Wesley Verlag, ein Imprint der
Pearson Education Deutschland GmbH
Martin-Kollar-Straße 10–12, D-81829 München/Germany
Alle Rechte vorbehalten

Lektorat: Brigitte Bauer-Schiewek, bbauer@pearson.de
Korrektorat: Sandra Gottmann
Herstellung: Martha Kürzl-Harrison, mkuerzl@pearson.de
Coverkonzeption
und -gestaltung: Marco Lindenbeck, webwo GmbH, mlindenbeck@webwo.de
Satz und Layout: Reemers Publishing Services GmbH, Krefeld (www.reemers.de)
Druck und Verarbeitung: Kösel, Krugzell (www.KoeselBuch.de)

Printed in Germany

Inhaltsübersicht

Inhaltsverzeichnis

Vorwort

Als der Addison-Wesley-Verlag auf uns zukam, um uns davon zu überzeugen, dass wir ein Buch über Webanalyse im Allgemeinen und Google Analytics im Speziellen schreiben sollten, waren wir gleich von der Idee begeistert, auch wenn wir noch nicht ahnen konnten, was das für unsere Freizeitgestaltung bedeuten würde.

Natürlich gab es zu dem Zeitpunkt bereits Bücher zum Thema Webanalyse, wie also sollte sich ein neues Buch differenzieren? Uns ist aufgefallen, dass kein anderes Buch den Website-Betreiber und dessen wirtschaftlichen Erfolg im Fokus hat. Dabei erfahren wir in unserer täglichen Praxis, dass es nur darum geht. Da so mancher Website-Betreiber dies sogar selbst gern einmal aus dem Blick verliert, haben wir uns entschieden, dem kommerziellen Website-Betreiber und seinem Webanalysten etwas an die Hand zu geben, das genau diesen Fokus setzt. Die Folge sind einerseits eine Vielzahl unternehmerischer Fragestellungen in Bezug auf den Erfolg des Online-Marketings und andererseits eine Kombination aus Theorie und Praxis, die es so noch nicht gibt: Weder halten Sie ein rein theoretisches Handbuch der Webanalyse noch eine reine Bedienungsanleitung für die Google Analytics-Oberfläche in den Händen. Hier geht es einzig und allein darum, wie Sie die unternehmerischen Fragestellungen korrekt beantworten und wie das in Google Analytics aussieht. Sie bekommen – und das ist bislang ebenfalls einzigartig – konkrete Methoden, Kennzahlen und Maßnahmenvorschläge an die Hand, um Ihren Erfolg zu steigern. Dieses Buch füllt damit eine Lücke in Reihe der bestehenden Titel, von denen einige durchaus empfehlenswert sind.

Der nicht kleine persönliche Aufwand, den wir an unseren freien Tagen und Abenden in dieses Buch gesteckt haben und von dem wir meinen, dass er auch notwendig ist, um ein Buch dieser Art zu schreiben, resultiert aus unserem hohen Anspruch, den wir an die gesteckten Ziele stellen. Alle Fragestellungen und Methoden, die Sie in diesem Buch finden, haben wir in der harten Beratungspraxis entwickelt, erprobt und zusammen mit unseren Kunden an ihren wirtschaftlichen Bedürfnissen ausgerichtet.

Wir hoffen, dass Ihnen das Werk gefällt und dass Sie großen Nutzen daraus ziehen werden. Wir sind davon überzeugt, dass wir wertvolles Wissen zusammengetragen haben, dass jedem unternehmerisch denkenden Website-Betreiber und Webanalysten helfen wird, das Online-Marketing zu verbessern.

Gleichwohl sind wir damit noch nicht zufrieden. Deshalb werden wir unter *http://analytics-und-co.de* weitere Informationen zusammenstellen, die aus Platzgründen und Zeitgründen nicht mehr den Weg in dieses Buch finden konnten. Zudem aktualisieren wir laufend wichtige Analysemethoden und stellen gegebenenfalls neue vor, sofern diese im unternehmerischen Kontext eine Rolle spielen und für den Erfolg wichtig sind. Wir wollen auf der Website natürlich Themen anschneiden, die Sie interessieren, deshalb würden wir uns freuen, wenn Sie unsere Website besuchen und uns dort Ihre Vorschläge für Themen hinterlassen.

Nun würden wir gern noch ein paar Worte an unsere Unterstützerinnen und Unterstützer richten: Von tiefstem Herzen möchten wir uns bei unseren Freundinnen, Familien und engsten Freunden bedanken, die uns viel Toleranz und Unterstützung entgegengebracht haben, während wir unsere gemeinsame Freizeit diesem Buch gewidmet haben. Besonderer Dank gilt unseren Kollegen Helge Rabsch und Florian Möller, deren Arbeiten in dieses Werk eingeflossen sind. Dank schulden wir auch dem Marketingexperten Prof. Dr. Marco Hardiman für seine wegweisenden Anstöße zum Thema Besucher-Engagement und der Informationsmanagement-Expertin Prof. Dr. Doris Weßels für die Vermittlung bewährter Konzepte und Methoden. Außerdem bedanken wir uns bei dem Profi-Blogger Mathias Winks für den Einblick in die Erfolgsmessung im Umfeld von Social-Media-Content und bei allen weiteren Menschen, die uns bei der Erstellung dieses Buches zur Seite gestanden haben und nur aus Platzgründen und nicht aus mangelnder Anerkennung an dieser Stelle unerwähnt bleiben.

Last but not least möchten wir unserer Arbeitgeberin Internet-mit-IQ GmbH aus Kiel danken, die es uns nicht nur ermöglicht hat, dieses enorme Wissen in jahrelanger Praxis zu erwerben und zu verfeinern, sondern auch die Erstellung der Website zum Buch gestiftet hat.

1 Einleitung

»Mit Webanalyse kann ich feststellen, was die Besucher auf meiner Website machen«. Das können Sie oft hören, wenn Website-Betreiber von ihren Erfahrungen mit der Webanalyse sprechen. Den Zahn möchten wir Ihnen gleich zu Beginn ziehen. Sie werden nicht feststellen, was Nick Jackolson am 21.05.2010 um 10:03 Uhr auf Ihrer Website gemacht hat. Sie werden auch nicht feststellen, was irgendein Ihnen unbekannter Nutzer zu genau der Zeit auf Ihrer Website gemacht hat. Wozu sollten Sie das wissen wollen? »Um meine Website zu verbessern«, könnte Ihre Antwort auf unsere Frage lauten. Jetzt kommen wir der Sache schon näher. Was meinen Sie denn damit? »Wenn ich weiß, was die Nutzer machen, kann ich die Website so verbessern, dass ich mehr verdiene.« Aha, das ist doch schon was!

Natürlich geht es nicht darum zu erfahren, was einzelne – bekannte oder unbekannte – Nutzer auf Ihrer Website gemacht haben. Es geht nicht mal darum, überhaupt zu erfahren, was Nutzer allgemein auf Ihrer Website machen. Das werden Sie mit Webanalyse nicht herausfinden. Und das ist auch nicht das Ziel von Webanalyse.

Worum geht es dann? Ganz schlicht geht es darum, Ihren Erfolg mit Ihrem Online-Marketing zu steigern. Um nicht mehr und nicht weniger. Sie müssen nicht wissen, was Nutzer auf Ihrer Website *machen*. Sie müssen wissen, wie *erfolgreich* Ihre Website und Ihre Online-Aktivitäten sind.

1.1 Ziel des Buchs

Mit diesem Buch möchten wir Sie dem Ziel näher bringen, Ihr Online-Marketing erfolgreicher zu machen. Es soll Ihnen einerseits genug Hintergrundwissen vermitteln, damit Sie eigene Fragestellungen, Messmethoden und Kennzahlen entwickeln können, andererseits Sie nicht mit theoretischem Geplänkel langweilen, sondern eine praktische Anleitung zum sofortigen Loslegen liefern.

Sehr genaue Leser mögen an der einen oder anderen Stelle in diesem Buch anmerken, dass es noch genauer geht oder dass wir einige Differenzierungen nicht vorgenommen haben. Wir haben uns an solchen Stellen dafür entschieden, die Darstellung pragmatisch auszurichten, um akademische Ausschweifungen zu vermeiden und in der Praxis unwichtigen Details nicht unnötig viel Raum zu geben. Wir halten damit den Gedanken aufrecht, ein Buch für die Praxis geschrieben zu haben, das für den Leser einen unmittelbaren und nicht bloß einen akademischen Mehrwert bietet.

Unsere Hilfestellungen beziehen sich besonders in den konkreten Beispielen auf Google Analytics. Wir meinen, dass die schnelle, erfolgreiche Webanalyse am besten mit Google Analytics umgesetzt werden kann. Gleichwohl können Sie die Methoden und Analysen leicht mit anderen Werkzeugen umsetzen. Wir werden keineswegs alle Möglichkeiten von Google Analytics darstellen, weil einige davon sehr spezielle und nur selten vorkommende Fragestellungen behandeln. Im Gegensatz dazu haben wir uns auf die unternehmerisch relevanten Fragestellungen und Analysen beschränkt. Das bedeutet nicht, dass in einer konkreten Unternehmung diese speziellen Analysen nicht doch eine Rolle spielen können. Aber für die Vielzahl der Website-Betreiber wäre eine Betrachtung der möglichen Analysen schlicht nicht interessant.

Aber wir möchten Sie mit unseren Konzepten geradezu auffordern, sich eigene Gedanken zu machen, schließlich gibt es noch weitere nützliche Fragestellungen und Kennzahlen, die Ihnen neue Potenziale bescheren. Deshalb sind unsere Konzepte zum einen leicht an Ihre Bedürfnisse anzupassen, und zum anderen können Sie aus den dargestellten Vorgehensweisen eigene Fragestellungen, Kennzahlen und Maßnahmen entwickeln.

Das Buch soll ein interessanter, ständiger Begleiter in Ihrer täglichen Webanalyse-Praxis sein und Sie darin bestärken, Ihre eigenen Ideen zu entwickeln und sie erfolgreich umzusetzen. Darüber hinaus möchten wir Ihnen als Ratgeber zur Seite stehen und Sie über die Website zum Buch mit aktuellen Informationen aus der Webanalyse mit Google Analytics versorgen.

1.2   An wen richtet sich das Buch?

Den Fokus auf unternehmerische Fragestellungen haben wir bereits angesprochen. Daher haben wir dieses Buch ganz klar an diejenigen gerichtet, die das Web kommerziell nutzen und dort Geld verdienen wollen oder müssen. Dabei spielt es keine Rolle, ob Sie selbst der Unternehmer sind und eine kommerzielle Website betreiben oder ob Sie für einen Website-Betreiber arbeiten und die Aufgabe übernommen haben, das Online-Marketing durch geeignete Webanalysen zu unterstützen. Wir orientieren unsere Analysen an dem, was ein Website-Betreiber wissen muss, um sein Online-Marketing erfolgreicher zu gestalten.

Jeden, der erwartet, in diesem Buch eine Erklärung sämtlicher Google Analytics-Funktionen zu finden wie etwa eine Beschreibung der Datumsauswahl, müssen wir enttäuschen. Wir setzen voraus, dass Sie grundsätzliche Elemente in Google Analytics bedienen können, zumal die meisten von ihnen intuitiv und logisch aufgebaut sind.

Wenn Sie erwarten, dass Sie in diesem Buch Antworten auf die Fragen finden, was die wichtigsten Kennzahlen und welche Maßnahmen geeignet sind, diese positiv zu beeinflussen, dann sind Sie hier genau richtig.

1.3 Aufbau des Buchs

1.3.1 Kapitelstruktur

Das Buch ist in mehrere große Hauptkapitel gegliedert. Nachdem Sie in Kapitel 2 erfahren haben, was die praktischen Aufgaben der Webanalyse sind und welche Rollen im Unternehmen daran beteiligt sind, finden Sie in Kapitel 3 die praktische Aufbereitung und Umsetzung allgemeiner Grundkonzepte wie Ziele und KPIs, Methoden, Interpretation und Ableitung von Maßnahmen. Dort bekommen Sie das Handwerkszeug geliefert, das Sie in der täglichen Arbeit unbedingt benötigen.

In Kapitel 4 lesen Sie, welche Faktoren Ihr Online-Marketing beeinflussen und mit welchen Kennzahlen Sie geeignete Maßnahmen ableiten, um Ihre Zugriffsquellen, Ihre Website und nicht zuletzt sogar das Produkt- und Dienstleistungsangebot zu verbessern. Für den mit allen Methoden vertrauten Webanalysten ist das Kapitel die zentrale tägliche Anlaufstelle. Hier finden sich die Fragestellungen, die für wirtschaftlich operierende Website-Betreiber essenziell sind. Zu jeder Fragestellung liefern wir die zur Beantwortung und Evaluation notwendigen Kennzahlen und Anleitungen für das Vorgehen in der Schwachstellen- und Potenzialanalyse. Da nur die Durchführung der Analyse gar nichts bewirkt, bekommen Sie von uns in den einzelnen Unterpunkten auch noch Hilfestellungen für das Ableiten von geeigneten Maßnahmen, um die Kennzahlen positiv zu beeinflussen. Am Ende dieses Kapitels finden Sie auch einen Abschnitt *Don't panic*, wo Sie Hilfe finden, wenn es mal nicht so läuft, wie es soll.

Eine Aufstellung nützlicher Tools und Hilfsmittel in Kapitel 5 gibt Ihnen einen Überblick, welche Werkzeuge Sie direkt in Google Analytics finden können, welche speziellen Techniken zum Einsatz kommen und welche Hilfsmittel Ihnen außerhalb von Google Analytics zur Verfügung stehen.

In Kapitel 6 verlassen wir die tägliche Analysepraxis und schauen etwas über den Tellerrand hinaus, wenn wir Ihnen zeigen, wie Webanalyse im Unternehmen positioniert werden sollte und mit welchen Widerständen sowohl von außen als auch von innen zu rechnen ist. Auch der Datenschutz wird an dieser Stelle beleuchtet, und wir geben einige Denkanstöße für die Betreiber kommerzieller Websites.

1.3.2 Hinweise in den Texten

Tipp

Mit diesem Symbol möchten wir Sie auf nützliche Tipps aufmerksam machen. Sie können Sie berücksichtigen und sich oft das Analyse-Leben damit erleichtern, aber niemand wird Ihnen den Kopf abreißen, wenn Sie es nicht tun.

> **Hinweis**
>
> Mit diesem Symbol geben wir Ihnen Hinweise, die Sie unter Umständen berücksichtigen sollten.

> **Achtung**
>
> Wenn Sie dieses Symbol sehen, dann wird es ernst. Die Hinweise an solchen Stellen sollten Sie auf keinen Fall ignorieren, wenn Sie nicht möchten, dass ein Unglück geschieht.

 **Beispiel**

Manchmal ist ein Sachverhalt leichter zu verstehen, wenn es ein Beispiel dazu gibt. Obwohl wir uns bemüht haben, die Dinge leicht verständlich zu beschreiben, haben wir doch das eine oder andere Mal ein Beispiel für Sie vorbereitet.

1.4 Anmerkungen zu den verwendeten Begriffen

Wen meinen wir, wenn wir in einigen Passagen von *Ihrem Unternehmen* sprechen? Ganz allgemein meinen wir damit das Unternehmen oder die Unternehmung, für die Sie Webanalyse betreiben. Es spielt in den Betrachtungen keine Rolle, ob Sie Angestellter dieses Unternehmens sind, externer Berater oder ob Ihnen das Unternehmen gehört. In allen Rollen haben Sie die Verantwortung für einen Teil des Unternehmenserfolgs, und um unnötig komplizierte Unterscheidungen zu vermeiden, haben wir uns entschieden, an solchen Stellen von *Ihrem Unternehmen* zu sprechen.

Sie werden insbesondere in Kapitel 4 auf *quantitative* und *qualitative* Kennzahlen stoßen. Wissenschaftlich exakt betrachtet sind alle unsere Kennzahlen *quantitativ.* Wir betrachten den Unterschied zwischen quantitativ und qualitativ allerdings nicht aus mathematisch-statistischer Sicht, sondern aus unternehmerischer Sicht. Dies sollten Sie beim Lesen im Hinterkopf haben.

Ein weiterer Anlass, über Begriffe zu sprechen, ist Google Analytics selbst. Es ist ein tolles Werkzeug, aber die verwendeten Bezeichnungen in der Google Analytics-Oberfläche sind manchmal etwas unglücklich gewählt. Wir haben, wo es möglich ist, die Bezeichnungen aus der Analytics-Oberfläche übernommen, um es Ihnen leichter zu machen. Diese entsprechen aber nicht immer den Bezeichnungen, die in der Webanalyse gebräuchlich sind. Zudem sind die Übersetzungen ins Deutsche teilweise haarsträubend. Wundern Sie sich deshalb bitte nicht, wenn wir von Besuchszeiten statt von Besuchsdauern reden, auch wenn man sich unweigerlich an die von strengen Krankenschwestern überwachten Vorgaben in manchen Krankenhäusern erinnert fühlt.

Ein weiteres Beispiel für eine begriffliche Verwirrung findet sich in Google Analytics rund um Seitenzugriffe, Zugriffe und Besuche. Selbst wir als Spezialisten müssen manchmal sehr genau hinschauen und nachrechnen, ob sich in Google Analytics ein Messwert nun auf Besuche oder auf den Abruf einzelner Seiten, also Seitenzugriffe bezieht. So ist im Dashboard von Zugriffen die Rede, wo Besuche gemeint sind. Tiefer in den Berichten sind es dann wieder Besuche statt Zugriffe. In der deutschen Analytics-Hilfe sind Zugriffe gar nicht erwähnt, Seitenzugriffe und Besuche hingegen schon.

Wir beziehen uns auf Besuche, weil wir das leichter verständlich finden, als von Zugriffen zu reden, wenn Besuche gemeint sind. Dennoch – um mit der AdWords-Oberfläche einheitlich zu sein – sprechen wir in der Analyse von Zugriffsquellen. Sie wissen ja nun, dass das Besuchsquellen sind.

1.5   Der neue Google Analytics Tracking Code

Es ist Ende Mai, der Sommer steht vor der Tür, der Strand lockt, und das Buch steht kurz vor der Abgabe. Die letzten Korrekturen sind durch, da passiert es: Google liefert einen neuen Google Analytics Tracking Code aus!

Und nun? Wir hätten gern alle Beispiele in diesem Buch an die neuen Gegebenheiten angepasst, aber das war aus Zeitgründen einfach nicht mehr möglich. Das bedeutet, einige Beispiele sind mit einem Schlag veraltet.

Doch halt, ganz so schlimm ist es nicht. Erstens läuft auch der alte Google Analytics Tracking Code noch, und zweitens gibt es ja noch die Website zum Buch. Deshalb finden Sie auf dieser Website nicht nur Downloads zum Buch und Informationen zu Themen, die nicht mehr ins Buch gepasst haben oder die aktuellste Fragestellungen behandeln, sondern auch die an den neuen Code angepassten Listings aus diesem Buch! Holen Sie sich die neuesten Informationen zu den hier behandelten Themen. Vielleicht haben Sie ja auch eine Frage oder möchten mit uns diskutieren. Schauen Sie doch mal vorbei unter *http://www.analytics-und-co.de*.

2 Definition und Rolle der Webanalyse

Webanalyse – ein Begriff, der kurz und knackig beschreibt, worum es geht: Analyse der Webnutzung. Allerdings wird mit dem Begriff wenig über die Ziele der Webanalyse gesagt. Diese sind nicht jedem ersichtlich, und die daraus resultierende Unkenntnis ist neben anderen Faktoren einer der Gründe, dass es Website-Betreiber gibt, die Webanalyse nicht oder nicht nutzbringend einsetzen. Fragen Sie einmal ein paar Leute, ob sie Webanalyse definieren können. Sie werden entweder feststellen, dass Sie außer ein paar vagen Satzfetzen nur wenig Bemerkenswertes zu hören bekommen. Oder Sie werden mindestens ebenso viele Definitionen erhalten, wie Sie Leute gefragt haben. Beides bringt Sie nicht weiter. Und die Leute, die Sie gefragt haben, sind auch nicht weiter als Sie.

Aber wozu ist eine Definition überhaupt notwendig? Damit Sie das, was Sie tun, abgleichen können mit dem, was Sie tun *sollten*. Damit Ihr Handeln Ziele hat. Und damit Menschen, die sich darüber austauschen wollen, es leichter haben, von der gleichen Sache zu reden.

Abgesehen von der Definitionsfrage werden wir uns in diesem Kapitel aber noch weiteren ebenso bedeutenden Fragestellungen widmen. Die nahe liegende Frage nach Klärung der Definition ist die Frage nach dem *Warum?*

Ein kurzer Blick darauf, wer in welchen Rollen von der Webanalyse profitieren kann, hilft Ihnen einzuschätzen, ob Sie mit dem Kauf dieses Buches gerade eine sinnvolle Investition getätigt haben. Doch bevor Sie jetzt gleich dorthin blättern, möchten wir Sie beruhigen: Wenn Sie eine Website betreiben oder für einen Website-Betreiber arbeiten und diesem helfen wollen, mehr aus seiner Website herauszuholen, dann haben Sie gut investiert.

Und natürlich erfahren Sie von uns auch, was gerade Stand der Dinge ist und wie die Zukunft der Webanalyse aussieht.

2.1 Definition

Webanalyse

Webanalyse ist die Messung, Sammlung, Analyse und Auswertung von Internetdaten zwecks Verständnis und Optimierung der Webnutzung

Original: Web Analytics is the measurement, collection, analysis and reporting of Internet data for the purposes of understanding and optimizing Web usage.

Diese Definition stammt von der Web Analytics Association (WAA) aus dem Jahre 2007. Eine recht junge Definition also, aber Webanalyse ist ein vergleichsweise junges Betätigungsfeld. Der Vorteil dieser Definition ist, dass sie beschreibt, was der Gegenstand der Tätigkeiten ist, was zu tun ist und wozu das Ganze insgesamt dient. Lassen Sie uns im nächsten Kapitel schauen, was das im unternehmerischen Zusammenhang im Einzelnen bedeutet.

2.2   Warum Webanalyse?

Diese Frage lässt sich im Prinzip sehr kurz beantworten: Um mehr aus dem Online-Marketing herauszuholen. Aber ganz so einfach ist das dann doch nicht. Das Online-Marketing eines Unternehmens kann sehr vielfältig ausgeprägt sein. Es gibt kleine Unternehmen, die nur online auftreten, große Unternehmen, die vielleicht Filialen haben, Vereine, Körperschaften öffentlichen Rechts, Websites, die etwas verkaufen, Websites, die Kontakte herstellen, Websites, die informieren – die Liste der möglichen Konstellationen lässt sich lang fortsetzen. Versuchen Sie einmal, Ihr eigenes Unternehmen und Ihre eigene Website einzuordnen, bevor Sie weiter lesen.

Was für eine Art von Website-Betreiber sind Sie?

Was für eine Website betreiben Sie?

Was haben Sie gerade gemacht? Sie haben sich Gedanken darüber gemacht, was Sie für ein Website-Betreiber sind. Das ist wichtig, denn damit sind gewisse Rahmenbedingungen für Ihr Online-Marketing bereits festgelegt. Und indem Sie Ihre Website charakterisiert haben, haben Sie im Grunde festgelegt, welches primäre Ziel Sie damit verfolgen.

Jetzt haben Sie also ein Website-Ziel. Vielleicht erreichen Sie das auch zu einem gewissen Grad. Aber was wissen Sie über den Grad der Zielerreichung? Was wissen Sie darüber, was zu tun ist, um das Ziel besser zu erreichen? Wie müssen Sie Ihr Online-Marketing verändern, um mehr von Ihrem Ziel zu erreichen? Wenn Sie das alles wissen und begründen können, sind Sie entweder mit einer beneidenswerten Intuition ausgestattet oder Sie können hellsehen. Trotzdem sollten Sie weiter lesen und prüfen, ob Sie nicht noch mehr tun können. Wenn Sie neugierig geworden sind: Mehr zu Unternehmens- und Website-Zielen im Zusammenhang mit der Webanalyse erfahren Sie in Kapitel *3.3.1, Ziele*.

Webanalyse liefert Ihnen die Antworten auf die vorangegangenen Fragen, ohne dass Sie hellsehen oder einen Wahrsager aufsuchen müssen. Sie erhalten sogar Antworten auf eine Menge mehr Fragen, von denen Sie vielleicht noch nicht einmal wissen, dass Sie sie in Kürze stellen werden. Webanalyse hat aber noch einige Aufgaben mehr und ist auf verschiedene Bereiche anwendbar. Das werden wir in den nachfolgenden Unterkapiteln näher beleuchten.

2.2.1   Schwachstellenanalyse

Nahe liegende Aufgabe der Webanalyse ist es, Schwachstellen aufzudecken. Doch was gilt als Schwachstelle? Eine *Schwachstelle* im Sinne der Webanalyse ist das schwächste Glied in einer Kette von mehreren Schritten oder Elementen im Online-Marketing, das den Erfolg der gesamten Kette und somit des Online-Marketings schwächen kann. Ketten können bspw. Prozesse auf der Website sein, aber genauso gut auch Image-Kampagnen im Online-Marketing allgemein. Wenn hier etwas bremst, ist die gesamte Kette davon betroffen, und das Online-Marketing wird nicht optimal umgesetzt.

Prozesse einer Website können Bestellprozesse in Online-Shops sein, aber auch die Anforderung von Informationsmaterial oder die Kontaktaufnahme – selbst das bloße Erreichen einer bestimmten Seite auf der Website kann einen solchen Prozess darstellen. Glücklicherweise sind Schwachstellen in Prozessen in der Regel recht leicht zu analysieren.

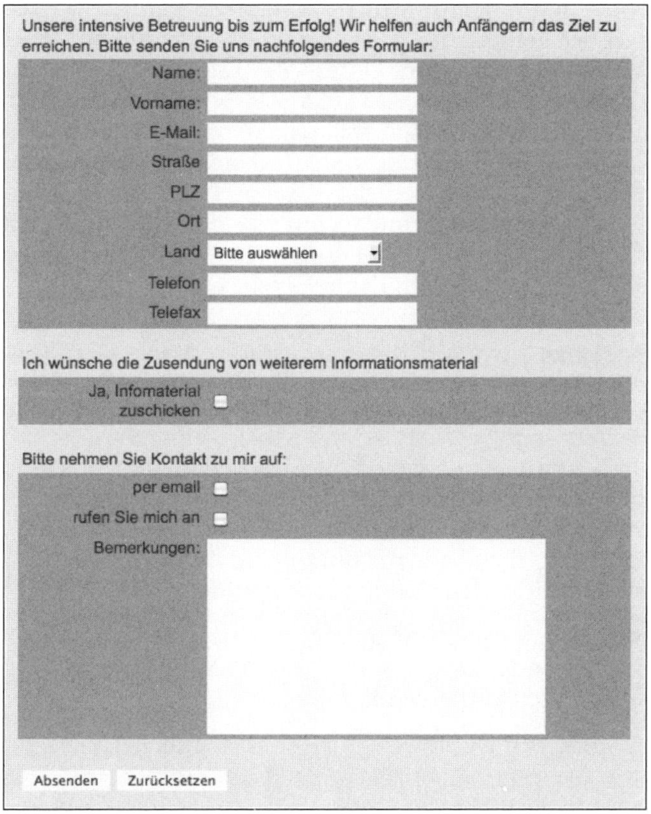

Abbildung 2.1: Ein Kontaktformular mit vielen Eingabefeldern

Schwachstellen sind nicht ganz zufällig auch diejenigen Punkte, denen Sie sich als Erstes widmen sollten, bevor Sie sich an andere Verbesserungen machen. Warum? Ganz einfach: Bestehende Schwachstellen bremsen den Erfolg aller anderen Maßnahmen über Gebühr. Stellen Sie sich einen Online-Shop vor, in dessen Bestellprozess eine Schwachstelle besteht und deren Verbesserung bei einmaligem Aufwand 30% mehr Verkäufe liefern würde. Wenn der Shop-Betreiber stattdessen nun 30% mehr in Online-Werbung investiert, um entsprechend mehr Besucher zu bekommen, d.h. um letztlich den gleichen zusätzlichen Verkaufserfolg zu erzielen, wird schnell klar: Die Verbesserung der Schwachstelle wäre ein einmaliger Aufwand, der sich früher oder später amortisiert, die Erhöhung der Besucherzahlen gegen Bezahlung ist hingegen laufend zu leisten. Spätestens hier wird deutlich, dass es besser ist, zunächst die Schwachstellen zu beseitigen.

Ganz allgemein ist eine wichtige Aufgabe von Webanalyse daher, Sie beim Auffinden von Schwachstellen in Ihrem Online-Marketing zu unterstützen. Google Analytics als kostenloses Instrument zur professionellen Webanalyse ermöglicht die gezielte Untersuchung bestimmter Fragestellungen, um Schwachstellen im Online-Marketing aufzudecken. Konkrete Vorgehensweisen zur Schwachstellenanalyse mit Google Analytics in der Praxis lesen Sie in Kapitel *3.2.2, Schwachstellenanalyse.*

Was Ihnen die Schwachstellenanalyse allerdings nicht abnehmen kann, ist, nach den Ursachen für das Bestehen der gefundenen Schwachstellen zu forschen. Ist es eine bestimmte Zahlart, die Kaufinteressierten im Online-Shop fehlt? Sind die Versandbedingungen hinderlich? Halten die AGB vom Kauf ab? Füllen Nutzer ein Kontaktformular letztlich doch nicht aus, weil sie die Sorge haben, fortan von Anrufen oder Spam-Mails belästigt zu werden? Der Ort einiger Schwachstellen deutet bereits mit einer gewissen Wahrscheinlichkeit auf mögliche Ursachen hin. So könnten bspw. Abbrüche beim Ausfüllen eines Kontaktformulars mit vielen Pflichtfeldern auf Datenschutzbedenken der Nutzer hinweisen (s. Abbildung 2.1). Wir werden Ihnen dazu noch weitere Empfehlungen in den späteren Kapiteln geben.

2.2.2   Potenziale aufdecken

Wenn ein Unternehmer von Potenzialen spricht, meint er damit in der Regel noch nicht ausgeschöpfte Möglichkeiten, sein Geschäft zu verbessern oder mehr Geschäft zu machen. Diese Potenziale haben oft die unangenehme Eigenschaft, dass niemand von ihrer Existenz weiß. Man muss sich mehr oder minder komfortabel unterstützt auf die Suche nach ihnen machen. Eine weitere nicht weniger unangenehme Eigenschaft ist die, dass sie überall und nirgendwo lauern können und nur in Erscheinung treten, wenn man die richtigen Fragen in den Datenwald hineinruft.

Damit wird deutlich, dass die Potenziale nicht unbedingt nur auf den verbesserten Betrieb der Website beschränkt sein müssen, sondern dass sich solche Potenziale in den gesamten Marketing-Bemühungen verbergen können.

Wie kann sich das Echo aus dem Wald anhören, sprich, was sind Beispiele für Potenziale?

Das kann schon die simple Tatsache sein, dass eine bestimmte Unterseite (bspw. eine Produktseite) trotz nichtprominenter Verlinkung verhältnismäßig oft aufgerufen wird. Die dort erwarteten Informationen sind offenbar mit einer großen Attraktivität verbunden.

Aber wie oben schon gesagt finden sich die Potenziale nicht allein auf der eigenen Website. So könnte eine bestimmte fremde Website auffällig kaufwillige Nutzer auf Ihre Seite gelenkt haben. Das würden Sie doch sicher gern nutzen und verstärken wollen! Oder Sie erhalten eine überproportional gehäufte Besucherzahl aus Kiel, obwohl Sie dort gar nicht gezielt werben. Was ist der Grund, und wie können Sie das für Ihre Website bzw. Ihr Online-Marketing nutzen? Möglicherweise stellen Sie fest, dass Sie seit Neuestem eine erhebliche Menge Besucher erhalten, die über ein bestimmtes Keyword auf Ihre Website gelangt sind – vielleicht entsteht im Markt gerade ein neuer Bedarf? Könnte man das durch ein spezielles Angebot und gezielte Werbung mit prominenten Angebotsplatzierungen unterstützen?

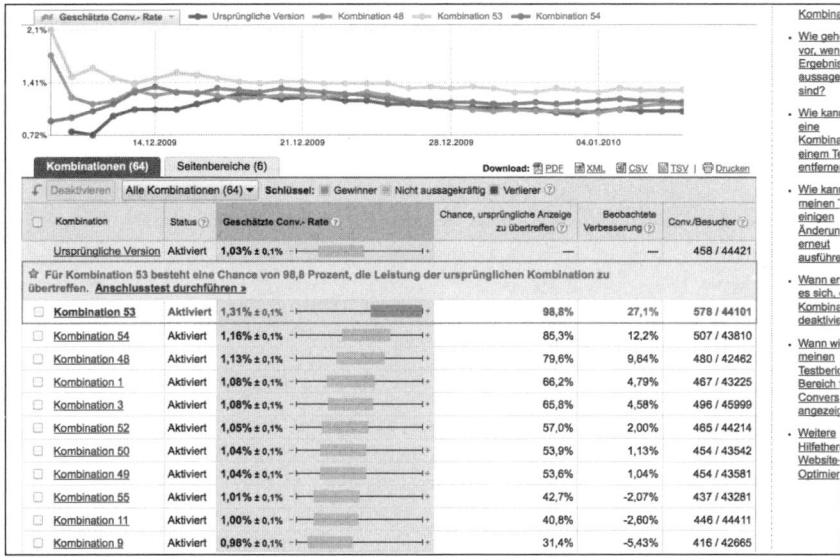

Abbildung 2.2: Testen verschiedener Varianten von Elementen auf einer Website mit Google Website Optimizer

Letztlich geht es darum, durch geeignete Fragestellungen und mithilfe der richtigen Analysen und Kennzahlen zu ermitteln, wo und wie sich noch mehr aus dem Online-Marketing herausholen lässt. Geeignete Fragestellungen sind dabei solche, die helfen, aus den Unmengen an Daten solche Antworten und Maßnahmen zu ermitteln, die dichter an das Ziel der Website heranführen.

Anders als bei der Schwachstellenanalyse ist der Interpretationsbedarf für die Beurteilung von Potenzialen deutlich größer. Was bedeutet es, dass aus einer bestimmten Region mehr Besucher auf Ihre Website kommen? Warum kaufen Nutzer, die von einer bestimmten Website auf Ihre weitergeleitet werden, so gern ein ganz bestimmtes Produkt bei Ihnen? Warum wird ein bestimmtes Keyword in letzter Zeit gehäuft gesucht?

Haben Sie erst mal mithilfe der Webanalyse Hinweise auf Potenziale entdeckt, können Sie versuchen, die Ursachen für die erkannten Hinweise mit den Methoden der Webanalyse weiter einzukreisen. Doch Sie werden auch an Grenzen stoßen. Die Entwicklung eines neuen Marktes ist etwas, was Sie in einer allgemeinen Marktbeobachtung verifizieren sollten. Die Webanalyse kann hier lediglich Hinweisgeber sein.

2.2.3 Evaluation von Änderungen

Nicht nur aufgrund von Ergebnissen aus der Webanalyse werden Sie des Öfteren Änderungen an Ihrem Online-Marketing vornehmen. Da ist es von besonderem Vorteil, wenn Sie schnell und genau beurteilen können, welche Auswirkungen diese Änderungen haben und ob Sie sich eher auf dem Holzweg oder doch auf der Prachtstraße befinden.

Die Evaluation von Änderungen geschieht in erster Linie dadurch, dass Sie nach einer Änderung die Werte der relevanten Kennzahlen mit denen vor der Änderung vergleichen. Das ist einer der Hauptanwendungsfälle der Webanalyse. Wenn Sie dabei geeignete Kennzahlen gewählt haben, ist auch eine Langzeitbeobachtung möglich und geboten. Testen Sie nicht nur kurzfristig, was der Erfolg einer Maßnahme war, sondern behalten Sie langfristige Entwicklungen im Auge, um schleichende Veränderungen erkennen und entsprechend darauf reagieren zu können. Monatliche Beobachtungen und damit auch Vergleiche sollten für Sie zur Regel werden. Wenn Sie starke Besucherströme haben, können Sie auch kurzfristiger vergleichen, andersherum strecken Sie die Vergleichszeiträume entsprechend. Generell brauchen sich langfristig verändernde Kennzahlen natürlich nur in größeren Abständen verglichen zu werden. Eine Quartalsauswertung und Vorjahresvergleiche gehören aber zur Standardvorgehensweise.

Natürlich bestehen beim Kennzahlenvergleich in zeitlicher Aufeinanderfolge Zuordnungsprobleme. Es ist durchaus denkbar, dass Veränderungen in den Werten gar nicht auf Veränderungen im Online-Marketing zurückzuführen sind, etwa durch saisonal bedingte Schwankungen oder andere plötzlich hinzugetretene gleichzeitige Veränderungen von außen. Im Extremfall hat das eine mit dem anderen überhaupt gar nichts zu tun, im Idealfall ist das eine auf das andere vollständig zurückzuführen – nur dass Sie darüber keine Kenntnis haben. Mit ein wenig Erfahrung und ggf. begleitenden absichernden Messungen können Sie allerdings solche Koinzidenzen fast immer trennen.

Es lassen sich auch andere Tests durchführen, was insgesamt eine Frage der Möglichkeiten, der Wahl der Methoden und der zur Verfügung stehenden Werkzeuge ist. Mit Google Analytics steht ein umfangreiches, professionelles und sogar kostenloses Webanalyse-Werkzeug bereit, das sich im Bereich von Änderungen auf der Website hervorragend um den Google Website Optimizer ergänzen lässt. Damit sind auch A/B- und multivariate Tests möglich, die den Nachteil der zeitlichen Trennung in der Kennzahlmessung nicht aufweisen (s. Abbildung 2.2). Welche Methoden und Werkzeuge letztlich zum Einsatz kommen, ist eine Frage des Bedarfs und der Ressourcen. Als Einsatzziel steht dabei aber immer die Beantwortung der Frage im Raum: »Was hat's gebracht, dieses so zu verändern?«

2.2.4 Qualitätskontrolle und -verbesserung

Qualitätskontrolle ist Aufgabe der Webanalyse? Aber sicher! Und zwar in mehrfacher Hinsicht. Einerseits besteht die Qualitätskontrolle durch Webanalyse darin, auf die Qualität des Online-Marketings zu wirken. Dies geschieht implizit durch das, was in den drei vorangegangenen Abschnitten bereits angesprochen wurde. Schwachstellen analysieren, Potenziale aufdecken, Änderungen evaluieren – alles das stellt bereits eine Qualitätskontrolle des Online-Marketings dar. Es bedeutet im Zweifel ganz einfach, bestimmte Anforderungen an Kennzahlen im Online-Marketing zu kontrollieren. So wäre es denkbar, dass es beispielsweise keine Zielseite mit einer Absprungrate von mehr als 40% geben darf. Oder in der Suchmaschinenwerbung kein Suchwort unter 1% Klickrate.

Beispiel

Eine zweite, völlig anders gelagerte Ebene der Qualitätskontrolle bezieht sich auf die Qualität der angebotenen Produkte. Stellen Sie sich einen Hersteller eines fiktiven Geräts »Lambdamixer« vor, der einige Informationen zu diesem Gerät auf seiner Website anbietet. Was dieses Gerät genau leistet, bleibt Ihrer Fantasie überlassen und hat auf die hier dargestellten Möglichkeiten der Qualitätskontrolle gerade mal keinen Einfluss. Mithilfe der Webanalyse könnte der Hersteller zum Beispiel feststellen, dass ein Teil der Nutzer der Website mit bestimmten Suchbegriffen auf seine Seite gekommen ist, etwa »lambdamixer sporadischer ausfall bei nässe« oder so ähnlich. Der Hersteller weiß nun, dass sein Gerät offenbar nicht unter allen Umständen einwandfrei funktioniert, und kann den Ursachen auf den Grund gehen und letztlich sein Produkt verbessern.

Beispiel

Noch ein Beispiel gefällig? Gehen wir noch etwas tiefer auf die Möglichkeiten von Google Analytics ein. Ein Anbieter von Seminaren unterhält eine Suchfunktion direkt auf seiner Website. Damit können Nutzer nach Stichwörtern und relevanten Inhalten suchen. Mit Google Analytics können diese Suchanfragen ausgewertet und interpretiert werden (s. *Abbildung 2.3*). So könnten Nutzer beispielsweise nach der Qualifikation der Referenten gesucht haben. Diese könnte ein wichtiges Kriterium für die Seminarbuchung sein, sodass der Anbieter dazu übergehen sollte, für eine entsprechende Qualifikation zu sorgen bzw. diese besser darzustellen.

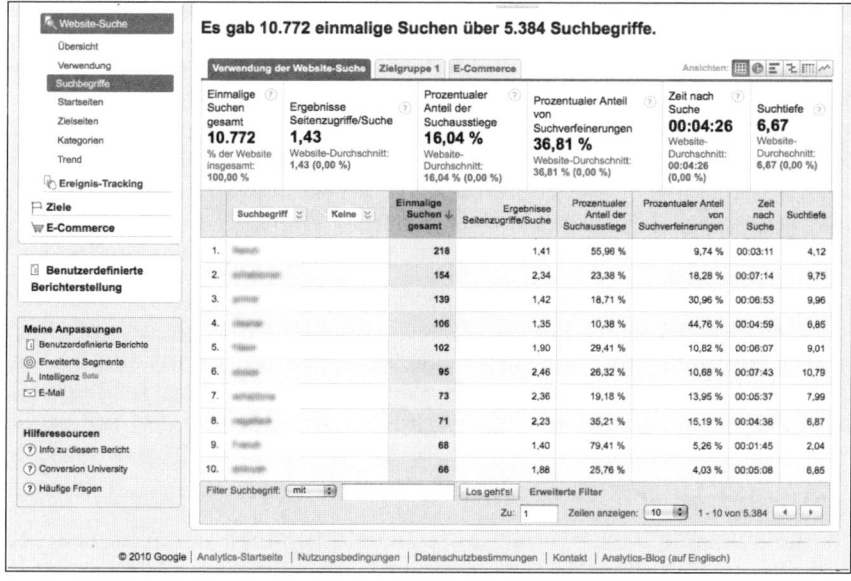

Abbildung 2.3: Auswertung der website-internen Suchfunktion

Sie merken sicherlich, dass dieser Bereich zugleich auch die anderen bereits ange-sprochenen Bereiche berührt, schließlich könnte die Qualifizierung der Referenten auch ein Potenzial zur Alleinstellung des Anbieters sein. Und die bessere Darstel-lung könnte die Beseitigung einer Schwachstelle sein. Dass hier Überschneidungen bestehen, macht deutlich, wie weitreichend die Folgen guter Webanalyse sein kön-nen. Auch der Betreiber des schon in *2.2.1* beispielhaft genannten Online-Shops, der dessen Schwachstellen analysiert, betreibt damit zugleich Qualitätskontrolle und -verbesserung. Es ist letztlich eine Frage der Definition, ob die Beseitigung von Mängeln im Bestellprozess der Schwachstellenanalyse und -beseitigung oder der Qualitätskontrolle und -verbesserung zuzuordnen ist.

Alles in allem sind diese Aufgaben nicht immer scharf voneinander zu trennen. Das ist wenig erstaunlich, denn schließlich haben alle Aufgaben das gleiche Ziel und bedienen sich teilweise gleicher Methoden. Zum Teil sind sie auch Bestandteil der nachfolgend beschriebenen Aufgaben, allerdings sind diese Aufgaben eher auf einer Metaebene angesiedelt und dienen verstärkt der Steuerung des Unternehmens.

2.2.5   Controlling-Unterstützung

Vereinfacht gesagt, besteht die Aufgabe des Unternehmens-Controllings darin, über die Wirtschaftlichkeit des Unternehmens bzw. einzelner Zweige und Maßnahmen zu wachen. Bezogen auf Webanalyse lässt sich das auf das Online-Marketing übertragen: Webanalyse unterstützt Ihr Unternehmens-Controlling, indem es die Instrumente bereitstellt, um die Wirtschaftlichkeit Ihres Online-Marketings zu überwachen.

Das beginnt bereits bei der Beurteilung der Besucherquellen. Oft sind mit der Erschließung von Besucherquellen Kosten verbunden, beispielsweise durch die kos-tenpflichtige Schaltung von Anzeigen in einer Suchmaschine. Aber auch eine gute Positionierung in den Suchergebnissen ist in den seltensten Fällen kostenlos zu bekommen, weil eine gute Positionierung in der Regel nur von Spezialisten erreicht wird, die sich ihre Dienstleistung entsprechend vergüten lassen. Selbst die Platzie-rung von Links auf themenrelevanten Portalen ist meist nicht kostenlos erhältlich. Aber selbst Offline-Maßnahmen können Auswirkungen im Online-Bereich entfal-ten: Eine Printwerbung, die mit einer URL auf ein konkretes Angebot auf Ihrer Web-site verweist, führt dazu, dass die Aufrufe dieser URL nachvollzogen und damit die Werbemaßnahmen beurteilt werden können. Sogar Fernsehwerbung, die Sie in einer bestimmten Region schalten und mit der URL Ihrer Website versehen, können Sie mithilfe der Webanalyse auswerten. Sie wird so Gegenstand Ihres Controllings.

Wie weit die Controlling-Unterstützung durch die Webanalyse gehen kann, hängt von Ihren Unternehmens- und Website-Zielen, von etablierten Controlling-Prozes-sen, vom Umgang mit Kennzahlen und allgemein von der Controlling-Kultur in Ihrem Unternehmen ab. In jedem Fall ist die Webanalyse in der Lage, Ihr Controlling auf den Online-Bereich auszuweiten und wichtige Kennzahlen hierfür beizusteuern.

2.2.6   Basis für Unternehmensentscheidungen

Trotz der Möglichkeiten, die Webanalyse als Controlling-Instrument offensichtlich bietet, wird dieser Controlling-Teil oft stark vernachlässigt. Dabei ist es gerade mit diesem Werkzeug einfach, datenbasierte Entscheidungen zu treffen (Data Driven

Decisions). Kein Website-Betreiber braucht sich ungewissen Vermutungen auszu-setzen, sondern kann stattdessen mit belegbaren Fakten arbeiten. Es spielt dabei gar keine Rolle, ob es sich bei dem Website-Betreiber um einen Einzelkämpfer oder um ein großes, international tätiges Unternehmen handelt. Die Erkenntnisse aus der Webanalyse bleiben die gleichen und die daraus abzuleitenden Maßnahmen im Prinzip auch. Natürlich hat ein Großunternehmen andere Möglichkeiten, Mes-sungen zu betreiben oder Maßnahmen durchzuführen. Letztlich haben aber alle Website-Betreiber den gleichen Grund, Webanalyse einzusetzen: dem Website-Ziel näher zu kommen bzw. es optimal umzusetzen.

Das macht Webanalyse zu einer Basis für Ihre Unternehmensentscheidungen. Was immer die Ziele Ihrer Website und Ihres Unternehmens sind, die Webanalyse folgt in der Ausrichtung zwar Ihren Zielen, deckt zugleich aber auf, inwieweit Ihre Ziele im Online-Bereich erreicht werden, wo noch Verbesserungen möglich sind, und führt teilweise sogar zur Festlegung neuer Ziele. Damit können Sie Entscheidungen treffen, die weitreichende Konsequenzen haben: Die Erschließung eines zusätzli-chen Marktes oder die Entwicklung einer neuen Dienstleistung, weil sich aus der Webanalyse ein entsprechender Bedarf ergeben hat, ist sicherlich keine triviale Ent-scheidung, im Gegensatz zu der Entscheidung, ein Kontaktformular anzupassen.

Das Gesagte soll keineswegs die Bedeutung von Änderungen eines Kontaktformu-lars schmälern. Wir möchten lediglich darstellen, welchen Einfluss Webanalyse auf die Lenkung Ihres Unternehmens hat.

Dieser Einfluss auf Ihr gesamtes Unternehmen ist nicht überraschend, schließlich ist die Webanalyse ein Teil Ihres Unternehmens-Controllings, das ja gerade dazu dient, Sie mit Zahlen zu versorgen, um Ihr Handeln zu steuern. Dies zeigt aber auch, dass Webanalyse nicht auf eine einzelne Abteilung beschränkt bleibt. Hierbei möchten wir alle Einzelunternehmer bzw. Website-Betreiber, die ihre Website in Eigenregie betreiben und optimieren, durchaus mit einbeziehen, obwohl hier oft keine separaten Abteilungen bspw. für Marketing, Controlling und den Betrieb der Website vorhanden sind. Solche Abteilungen sind bei kleineren Betreibern meist zusammengefasst, manchmal sogar komplett in Personalunion im Einzelunterneh-mer. Dennoch handelt es sich um verschiedene Aufgaben und Rollen, wie wir in *Kapitel 2.3.1* noch sehen werden. Diese separierende Betrachtung ist wichtig, um die Bedeutung in Ihrem Unternehmen wahrnehmen zu können.

Insbesondere ist Webanalyse damit zu einem gewissen Grad Chefsache. Das bedeu-tet nicht, dass der Chef selbst sich durch die vielen Optionen von Google Analytics wühlen muss. Das bedeutet vielmehr, dass sowohl die Fragestellungen als auch die daraus abzuleitenden Maßnahmen immer aus unternehmerischer Sicht zu betrach-ten sind. Im Zweifel sind die Ergebnisse entsprechend chefgerecht aufzubereiten, damit dieser sich ein Bild von der Lage und der Entwicklung machen kann.

Eindeutig Chefsache ist es, für ein tadelloses Zusammenspiel der beteiligten Abtei-lungen und Menschen zu sorgen. Sind Sie der Chef, dann sollten Sie dafür Sorge tragen, dass das, was Ihnen eine bessere Steuerung Ihres Unternehmens ermög-licht, wirklich sauber und ohne Reibungsverluste durch Standesdünkel oder das Verschieben von schwarzen Petern durchgeführt wird. Sind Sie nicht der Chef, dann helfen Sie ihm, indem Sie zum einen für eine saubere Durchführung sorgen und zum anderen entsprechend aufbereitet berichten. Nur so lassen sich solche Entscheidungen wirklich sauber treffen und das Unternehmen sicher lenken.

2.3   Für wen ist Webanalyse?

Die Frage lässt sich auf vielen Ebenen beantworten. Zunächst einmal ist Webanalyse etwas für jeden Website-Betreiber, der ein Ziel verfolgt. Wenn man einmal von Website-Betreibern aus dem privaten Bereich absieht, sollte das jeder Website-Betreiber sein, denn andernfalls wäre der Betrieb einer Website schlicht rausgeschmissenes Geld. Das ist allerdings keine ausreichende Einschätzung, denn wie wir im letzten Abschnitt des vorigen Kapitels dargelegt haben, sind innerhalb eines Unternehmens ggf. mehrere Menschen damit befasst oder zumindest von den Folgen betroffen. Welche das sind und inwieweit sie mit Webanalyse in Berührung kommen, werden wir im Folgenden beleuchten. Wir möchten zuvor allerdings noch einmal betonen, dass es keineswegs erforderlich ist, dass diese Rollen wirklich auf verschiedene Menschen verteilt sind. Sie können zu einem Teil oder auch komplett in einer Person vereint sein. Die rollenorientierte Betrachtungsweise hilft Ihnen aber dabei, dass Sie sich der verschiedenen Anforderungen und Aufgaben bewusst werden können und ggf. geeignete Strukturen schaffen.

2.3.1   Rollen in der Webanalyse

In einem Unternehmen können die Aufgaben sehr vielfältig und sehr verschieden auf Stellen verteilt sein. Wir möchten Ihnen einen Überblick geben, welche Rollen direkt mit der Webanalyse befasst oder mittelbar davon betroffen sind. Unsere Auflistung erhebt nicht den Anspruch, eine für alle Website-Betreiber gültige Struktur widerzuspiegeln.

Strukturell völlig offen ist insbesondere auch, wo die einzelnen Rollen und vor allem die des Webanalysten angesiedelt sind. So könnte der Webanalyst ein Mitarbeiter der Marketing-Abteilung, ebenso gut aber auch im Unternehmens-Controlling beschäftigt sein. Er könnte auch direkt unterhalb des »Chefs« Aufgaben wahrnehmen. Jeder Website-Betreiber wird andere Strukturen haben. Wir möchten mit unserer Darstellung lediglich aufzeigen, wer was macht und warum.

Insbesondere erheben wir nicht den Anspruch auf Vollständigkeit – bevor Sie versehentlich jemanden übergehen, der deswegen alles dafür tun würde, dass Ihr Vorhaben scheitert und Sie nicht gut dabei aussehen, schauen Sie sich lieber noch mal um, und binden Sie wirklich alle ein, die etwas zum Gelingen beitragen können. Einbinden heißt dabei nicht das bloße In-Kenntnis-Setzen, sondern tatsächlich das gemeinsame Vorantreiben der Webanalyse mit dem gemeinsamen Ziel, mehr für das Unternehmen zu erreichen. Wenn Sie alle Rollen selbst innehaben, brauchen Sie diesen Aufwand natürlich nicht zu betreiben. Machen Sie sich lieber eine schöne Tasse Tee, setzen Sie sich damit in eine ruhige Ecke, atmen Sie tief durch, und freuen Sie sich auf die bevorstehenden Aufgaben.

Der Webanalyst

Der Webanalyst ist in Bezug auf die Webanalyse »der Macher«: Er erstellt zu den herangetragenen Fragestellungen geeignete Konzepte, Kennzahlen und Messmethoden und implementiert diese. Hierzu nimmt er ggf. die Hilfe anderer in Anspruch, etwa wenn es um Programmierungen auf der Website geht. Gelegentlich ist er auch derjenige, der schon die Fragestellungen entwickelt, wenn hierzu aus den anderen Bereichen nicht genügend Material geliefert wird. Der Webanalyst überwacht die Messungen und stellt ihre Validität sicher. Die Messergebnisse überführt er in entsprechende Kennzahlen und bereitet diese für die Empfänger geeignet auf. Er liefert mit seinen Ergebnissen bereits erste Interpretationen, die an anderen Stellen ggf. erweitert oder verfeinert werden. Auch schon erste Maßnahmeempfehlungen können der Feder des Webanalysten entstammen.

Die angedeuteten *Kann*-Aufgaben werden im Einzelfall auch sehr weitreichend definiert. So wird bei der Auslagerung an einen Webanalyse-Dienstleister oft von diesem erwartet, dass er zum einen die unternehmerischen Fragestellungen, zum anderen konkrete Interpretationen und Maßnahmen zur Verbesserung liefert und letztere am besten auch gleich noch umsetzt.

Das erfordert teilweise sehr weitreichende Fähigkeiten. Der Webanalyst muss daher sehr breit gefächert ausgebildet sein und umfassende Kenntnisse in verschiedenen Disziplinen mitbringen, um die Rolle optimal auszufüllen. Details hierzu erfahren Sie im Kapitel *6.4, Vielseitigkeit: Die Stärke des Webanalysten.*

Der Website-Manager

Unter dem Website-Manager verstehen wir denjenigen, der für den Betrieb der Website im operativen bzw. produktiven Sinne verantwortlich ist. Er stellt sicher, dass die Website jederzeit betriebsbereit ist, alle Abläufe reibungslos funktionieren und Erweiterungen oder Änderungen umgesetzt werden. Er ist damit auch derjenige, der die Website technisch für Suchmaschinen sichtbar macht und für Webanalyse notwendige Programmierungen veranlasst. Er ist quasi der Filialleiter der Website als Online-Filiale und dient als Ansprechpartner für alle Belange, die den Betrieb der Filiale betreffen.

Der Produktmanager

Der Produktmanager ist für eines oder mehrere auf der Website angebotenen Produkte verantwortlich. Unter Produkt verstehen wir dabei sowohl konkret online kaufbare Produkte als auch Dienstleistungen oder schlicht Informationen. Er ist für den operativen Betrieb des Produktes zuständig, bestimmt dessen Lebenszyklus und die Ausgestaltung des Produkts. Dies beinhaltet insbesondere auch die Differenzierung, die Weiterentwicklung und die Anpassung an den Markt. In Wahrheit erledigt ein Produktmanager noch eine erhebliche Menge weiterer Aufgaben, die wir hier allerdings nicht im Detail aufzählen möchten, weil sie nicht oder nur in einem untergeordneten Bezug zur Webanalyse stehen.

Der Marketingleiter

Auch die Aufgaben eines Marketingleiters sind eher vielfältig und umfangreich, weshalb wir uns auch bei deren Beschreibung auf diejenigen beschränken, die einen wesentlichen Bezug zur Webanalyse haben. So viel sei aber gesagt: Fast alles, was im Marketing geschieht, kann Nutzen aus der Webanalyse ziehen. Daher ist der Marketingleiter im Besonderen von der Webanalyse betroffen. Er ist zum einen der, der hauptsächlich die Fragen an die Webanalyse stellt, zum anderen derjenige, der interpretiert, Maßnahmen entwickelt und diese umsetzt oder umsetzen lässt.

Der Controller

Der Controller befasst sich ebenfalls mit einer beachtlichen Zahl von Aufgaben, aber auch hier wollen wir uns auf die Nennung derjenigen Aufgaben beschränken, die einen Bezug zur Webanalyse haben. Wie oben schon angesprochen, ist Webanalyse ein Teil des Unternehmens-Controllings. Deshalb stellt auch der Controller dem Webanalysten Fragen, die zusammen mit dem Webanalysten in Kennzahlen umgeformt und mit Methoden der Webanalyse beantwortet werden. Gegebenenfalls liefert der Controller bereits in ihrer Bedeutung feststehende Kennzahldefinitionen, deren Werte vom Webanalysten über entsprechende Messungen zu ermitteln sind. Der Controller bereitet die Bewertung der Wirtschaftlichkeit des Online-Marketings vor oder leistet die Bewertung bereits selbst.

Der »Chef«

Als Chef bezeichnen wir der Kürze halber alle, die mit der Unternehmensleitung auf höchster Ebene befasst sind. Über die Aufgaben eines Chefs lässt sich trefflich diskutieren. Über den Erfolg ihrer Umsetzung sind einige Leute – ob berechtigt oder nicht – durchaus immer mal wieder sehr verschiedener Meinung, aber das soll uns hier gar nicht interessieren. Der Chef trifft die Entscheidungen im Unternehmen, selbst wenn er dieses Privileg delegiert hat. Aus unternehmerischer Sicht wird er auch die eine oder andere Fragestellung an den Webanalysten richten, um sich über gewisse Vorgänge im Marketing Klarheit zu verschaffen und ggf. Entscheidungen zu treffen. Je nach Struktur und Größe des Unternehmens ist er mal mehr, mal weniger in die Abläufe der Webanalyse involviert, und seine Sicht auf die Dinge ist eher abstrakter Natur.

Und jetzt alle!

Wie diese Rollen nun zusammenwirken, ist wie gesagt eine Frage der Struktur und Größe des Unternehmens. Über die konkreten Schnittstellen des Webanalysten lesen Sie im nächsten Abschnitt mehr. Es sollte Ihnen aber deutlich geworden sein, dass es im Falle mehrerer beteiligter Personen um Teamplay geht. Um echtes Teamplay. Hier werden abteilungsübergreifend Probleme aufgedeckt, eingekreist, Lösungen entwickelt, Bereiche verbessert – wertfrei an etlichen Schrauben an verschiedensten Stellen im Unternehmen gedreht. Ohne den echten gemeinsamen Willen zum Erfolg wird viel Gutes und Potenzial auf der Strecke bleiben.

Der Webanalyst ist dabei durchaus als interdisziplinärer Berater zu verstehen. Je mehr Erfahrung und Kenntnis er in den einzelnen beteiligten Bereichen vorweisen kann, desto schneller können Ergebnisse produziert und Verbesserungen erreicht werden.

Dafür sollten Sie immer alle Beteiligten an einen Tisch holen. Natürlich können Sie dem Website-Manager erzählen, dass die Navigation gar nicht so benutzt wird, wie es gedacht war, und ihm Vorschläge zur Umgestaltung machen. Aber sehr wahrscheinlich wird auch der Marketingleiter hierüber gerne mehr erfahren und vor allem ein Wörtchen mitreden wollen. Möglicherweise hat sich das Marketing bei der Aufteilung der Website-Navigation etwas gedacht und ist für das entsprechende Feedback dankbar. Ebenso wird es sicherlich nicht nur den Produktmanager interessieren, dass beispielsweise ein bestimmtes Produkt seit zwei Wochen verstärkt gesucht wird. Der Marketingleiter und bestimmt auch der Chef sind für solche Neuigkeiten ganz Ohr. Vielleicht haben Sie herausgefunden, dass eine bestimmte Besucherquelle gar nicht so effizient ist und Investitionen in diese lieber nicht mehr erfolgen sollten. Diese Meldung sollte lieber nicht nur den Controller erreichen.

Sie sehen, Webanalysten haben viel und vielen zu berichten. Je besser das Team funktioniert, desto leichter werden Sie es haben. Denn es ist egal, wo Sie als Webanalyst im Unternehmen eingeordnet sind: Wenn Ihre Rolle akzeptiert und das Potenzial zur Verbesserung durch Webanalyse verstanden ist, können Sie als Partner der Beteiligten agieren und mit allen zusammen dem Unternehmen zu mehr Erfolg verhelfen.

2.3.2 Schnittstellen des Webanalysten

Die Schnittstellen verdeutlichen, mit wem der Webanalyst konkrete Aspekte bespricht und in welche Richtungen die Informationen fließen. Generell ist festzustellen, dass in Richtung Webanalyst in erster Linie Fragen gestellt und von diesem Antworten zurückgeliefert werden. Welcher Art die Fragen und Antworten sind, ist durch die Rolle begründet, mit der der Webanalyst kommuniziert. Je nach Struktur des Unternehmens können dabei strenge Aufgabenteilungen existieren, die sich entsprechend in den Berichten niederschlagen. So ist es möglich, dass der Webanalyst mit dem Chef im Prinzip gar keine Schnittstelle besitzt, weil dessen Fragestellungen und der Rückfluss der Antworten im Zweifel über die verschiedenen anderen Rollen abgewickelt werden.

Dieses Prinzip lässt sich gedanklich auch auf die anderen Rollen ausdehnen. Im Extremfall hat der Webanalyst dann nur noch eine einzige Schnittstelle. Es sind aber auch Strukturen möglich, wo diese harten Grenzen nicht existieren und die Informationen dann direkt vermittelt werden. Dies ist in kleineren Unternehmen eine häufig anzutreffende Situation und unserer Überzeugung nach die bessere Alternative, weil sich so viel direkter und schneller Verbesserungen ermitteln und umsetzen lassen.

Gleichwohl ist es in beiden Fällen erforderlich, die Berichte immer so aufzubereiten, dass in jedem Fall die jeweiligen Stellen – also auch die, denen Sie nicht unmittelbar die Antworten liefern – direkt damit arbeiten können. Wenn Sie also nicht an den Chef berichten, sollten Sie demjenigen, der diese Aufgabe hat, das Material trotzdem entsprechend aufbereiten, damit dieses nur noch wenig überarbeitet werden muss. Dies hat mehrere Vorteile: Einerseits können die Informationen schneller weitergegeben und so Entscheidungen schneller getroffen werden. Andererseits ist bei der Fokussierung der Berichtgestaltung auf die Rolle, die letztlich mit den Ergebnissen arbeiten soll, zu erwarten, dass dadurch die Ziele besser im Blick behalten werden. Und nicht zuletzt machen Sie es demjenigen, der die Ergebnisse weitergeben wird, leichter, dies zu tun, und dafür werden Sie seinen Dank und seine Anerkennung ernten.

Abbildung 2.4: Die Schnittstellen des Webanalysten

Bei allem Gesagten sind wir der Meinung, dass ein guter Webanalyst auch mal unangenehm wird und ungefragt auf Schwachstellen aufmerksam macht. Gerade sein im Idealfall eher breiteres Wissen über den Tellerrand fordert den Analysten dazu auf.

Schnittstelle zum Website-Manager

Zwischen dem Website-Manager und dem Webanalysten geht es in erster Linie um den Betrieb sowie um die Usability (Benutzerführung) der Website. Der Webanalyst meldet Probleme der Nutzer bei der Nutzung der Website wie z.B. Aufrufe von nicht existenten Unterseiten oder Engpässe in den Conversion-Prozessen. Oft sind dabei weniger technische Hürden zu nehmen, sondern vielmehr die Usability in den Griff zu bekommen. Letztere wird meist mehr oder weniger gut durch die Website-Konzeption und die umsetzende Agentur vorgegeben, entspricht aber allzu häufig nicht den Erwartungen und Bedürfnissen der Benutzer. Viele Projekte zur Steigerung von Bestellzahlen und Kontakten setzen genau hier an, deshalb ist diese Schnittstelle besonders gut auszubauen.

Idealerweise kann der Webanalyst den Website-Manager auch dahingehend beraten, wie Messungen und Tests umgesetzt werden können. Dabei muss der Webanalyst keineswegs selbst programmieren können, aber er sollte eine Idee davon haben, wie die Lösung technisch umzusetzen ist. Das allein schon deshalb, um die Fehlerfreiheit der Datensammlung verifizieren zu können. Zudem gibt er technische Hinweise zur Umsetzung der Seite, sofern diese die Webanalyse beeinflussen.

Insgesamt enthalten die vom Webanalysten gelieferten Berichte neben Kennzahlen in der Regel konkrete Vorschläge für Tests, um Verbesserungen umzusetzen und Potenziale aufzudecken. Seltener sind Interpretationen Bestandteil der Berichterstattung an den Website-Manager.

Schnittstelle zum Produktmanager

Zum Produktmanager besteht eine Schnittstelle insoweit, als der dieser Informationen darüber benötigt, ob das Produkt noch den Anforderungen des Marktes genügt und wo sich neue Potenziale für Innovation, Variation, Differenzierung und Diversifikation ergeben oder ergeben könnten. Der Webanalyst kann bei geeigneten Fragestellungen bzw. Kennzahlen eine Art Frühwarnsystem etablieren und den Produktmanager so rechtzeitig über Chancen informieren.

Die Berichte enthalten neben den Kennzahlen eine gewisse Menge an Hinweisen, die nicht als konkrete Fakten oder Vorschläge zu verstehen sind. Die Interpretation wird in der Regel vom Produktmanager vorgenommen.

Schnittstelle zum Marketingleiter

Nahezu alles, was sich in der Webanalyse feststellen lässt, ist eine Information an den Marketingleiter wert. Damit ist zwischen dem Webanalysten und dem Marketingleiter eine der zentralen Schnittstellen zu finden. Der Webanalyst kann hier durch Informationen und Interpretationen das Marketing unterstützen. Die Berichte enthalten daher neben Kennzahlen oft auch Interpretationen und Vorschläge für Maßnahmen.

Schnittstelle zum Controller

Wie eingangs schon beschrieben, steht für das Controlling die Frage der Wirtschaftlichkeit im Vordergrund. Entsprechende Fragestellungen erhält der Webanalyst vom Controller und liefert die ermittelten Antworten zurück. Hierbei baut der Webanalyst seine Berichte in erster Linie auf Kennzahlen auf, sodass das Controlling auf Basis dieser Kennzahlen Wirtschaftlichkeitsbewertungen vornehmen kann. Außerdem informiert der Webanalyst über besondere Entwicklungen und Erkenntnisse, die die Wirtschaftlichkeit positiv wie negativ beeinflussen können. Im Allgemeinen wird in den Berichten an den Controller keine Interpretation durch den Webanalysten vorgenommen.

Schnittstelle zum Chef

Die Schnittstelle zum Chef beruht normalerweise darauf, dass der Chef zunächst einmal über gewisse Dinge informiert sein möchte. Das stellt sich in einigen Unternehmen durchaus anders dar, wenn dort der Chef seine Informationen ausschließlich über entsprechend zwischengeschaltete Leitungen erhalten will. In dem Fall würden auch konkrete Fragestellungen an den Webanalysten diesen Weg gehen. Gibt es eine solche Zwischenschaltung nicht, ist es nicht ungewöhnlich, dass auch vom Chef konkrete Fragestellungen kommen. Solche Fragestellungen bzw. die Antworten darauf dienen dem Chef normalerweise zur Absicherung oder sogar als Grundlage für konkrete Bewertungen von Planungen und Entwicklungen und darauf aufbauende Entscheidungen.

Der Chef wird sich normalerweise nicht mit den technischen Details beschäftigen – aber auch das gibt es, und wenn es so weit ist, wird er Ihnen das schon sagen – und benötigt Berichte, die ihm einen Überblick über die Lage und die Entwicklungen aus seiner Sicht verschaffen. Klare, eher übergreifende Kennzahlen sowie Marktentwicklungen und Trends sind dort gern gesehen, ebenso wie Interpretationen dazu. Das alles aber auf einem sehr hohen und eher abstrakten Level.

2.4 Aktueller Stand und Zukunft der Webanalyse

Wo sich die junge Disziplin der Webanalyse in Deutschland auf ihrem Weg befindet und wohin die Reise gehen kann, sind Fragen, die die Bedeutung der Webanalyse für den unternehmerischen Alltag klären. Mit der Beantwortung dieser Fragen möchten wir Ihnen zeigen, wo wir Defizite in der derzeitigen Umsetzung sehen und was die Gründe dafür sind. Die Zukunft wird nicht nur von wirtschaftlichen und technischen Faktoren bestimmt, sondern ist sogar schon Gegenstand politischer Erörterungen, beispielsweise wenn es um die Frage nach dem Datenschutz geht.

2.4.1 Controlling-Vakuum

Für diejenigen, die Webanalyse früh einsetzen und sich intensiv mit diesem Instrument befassen, ergibt sich ein klarer Wettbewerbsvorteil. Doch warum setzen längst nicht alle Website-Betreiber bspw. das kostenlose Google Analytics oder überhaupt eine Webanalyse-Software ein? Es gibt auf Website-Betreiber wirkende äußere und innere Widerstände gegen Webanalyse, die auch bei Ihnen ihr Unwesen treiben könnten. Sie erfahren hier, wo diese Widerstände zu finden und was die Ursachen dafür sind, damit Sie mit diesen leichter umgehen können.

Diskrepanz zwischen Potenzial und Verbreitung

In Deutschland hat sich Webanalyse bislang nicht in dem Maße durchsetzen können wie beispielsweise in den USA[1] oder bei unseren Nachbarn in Österreich. Nur etwas mehr als die Hälfte der größten deutschen Unternehmen setzt eine Webanalyse-Lösung ein.[2] Was die großen Unternehmen vormachen, wird von den kleineren Unternehmen häufig nachgeahmt. Wenn aber schon die Großen diesen wichtigen Bereich des Controllings vernachlässigen, verwundert es nicht, dass auch im Mittelstand und vor allem bei den kleineren Unternehmen oft keine Webanalyse betrieben wird. Zu diesem Mangel an grundsätzlicher Analysefähigkeit aufgrund fehlender Werkzeuge gesellt sich oft noch ein Mangel an Analysewille: Trotz installierter Webanalyse-Software und entsprechender Datensammlung werden keine Daten analysiert bzw. nur unzureichend interpretiert und keine Maßnahmen abgeleitet. Auf den Websites tut sich insgesamt wenig. Die reale Verbreitung von ernsthaft betriebener Webanalyse in Deutschland ist daher entsprechend gering.

---

1 *http://blog.webanalyticssolutionprofiler.com/2010/02/who-run-analytics-top-500-retail-web-site-report/*
2 *http://www.computerwelt.at/detailArticle.asp?a=125041&n=1*

Dabei können, wie Sie noch sehen werden, schon mit einfachen Mitteln wesentliche Kennzahlen gewonnen, interpretiert und daraus Maßnahmen zur Verbesserung abgeleitet werden. Schon mit einem überschaubaren Bündel an Fragestellungen und Kennzahlen haben Sie die Möglichkeit, wesentliche Elemente Ihres Online-Marketings zu kontrollieren und zu verbessern.

Darüber hinaus erstaunt das fehlende Engagement umso mehr, als mit Google Analytics eine erprobte und vor allem professionelle Lösung kostenlos zur Verfügung steht. Wenn Sie die technische Einrichtung nicht selbst vornehmen können, brauchen Sie nur einen der Anbieter für Webanalyse-Dienstleistungen damit zu beauftragen. Die Kosten hierfür betragen für kleine Unternehmen oft nur einige wenige Hundert Euro. Haben Sie diese erste Anfangshürde einmal genommen, können Sie sich über eine Vielzahl von Kennzahlen und Antworten auf bislang unbeantwortbare Fragen freuen.

Vor allem für Websites mit Umsatz- oder auch nur Besucherpotenzial ist der Einsatz von Webanalyse-Werkzeugen schlicht notwendig, um die Investitionen für die oft teuer eingekauften Besucherströme zu optimieren und den daraus resultierenden direkten oder indirekten Umsatz zu maximieren. Wenn Sie Ihr Online-Marketing ohne dieses wichtige Controlling-Instrument betreiben, könnten Sie ebenso gut versuchen, mit verbundenen Augen Auto zu fahren: Entweder Sie fahren so langsam, dass Ihnen in keinem Fall etwas passiert, aber alle anderen an Ihnen vorbeiziehen, oder Sie setzen Ihr Auto gegen einen Baum. Oder beides.

Widerstände gegen Webanalyse

Doch was ist die Ursache für diese Zurückhaltung? Dafür kann es mehrere Gründe geben. Neben schlichter Unkenntnis in Bezug auf die Möglichkeiten, die Webanalyse bietet, die Investitionen zu optimieren, können auch innere und äußere Widerstände den erfolgreichen Einsatz verhindern.

Die äußeren Widerstände sind darin begründet, dass Webanalyse in der Öffentlichkeit keinen guten Ruf genießt. Das ist nicht zuletzt im Unwissen aller Beteiligten – Nutzer, Website-Betreiber, Juristen – und in der stark negativ geprägten medialen Aufmerksamkeit begründet. Webanalyse wird mit dem Ausspionieren der Privatsphäre der Website-Nutzer gleichgesetzt. Das hat zur Folge, dass erfahrene Nutzer durch technische Maßnahmen verhindern, dass die von Ihnen eingesetzten Werkzeuge Daten über ihre Website-Nutzung erhalten. Andere Nutzer sind schlicht verunsichert und meiden Websites, die Webanalyse betreiben, sofern sie das erkennen können. Durch die Datenschutzdiskussion und die Sorge, ein negatives Image in der Öffentlichkeit zu erhalten, wird in vielen Unternehmen der Einsatz entsprechender Werkzeuge vermieden. Auch wenn die deutschen Datenschutzbehörden von einer eindeutigen Rechtslage ausgehen, die den Einsatz von Google Analytics praktisch unmöglich macht, und sie diese Meinung entsprechend lautstark vertreten, ist diese Ansicht unter Fachleuten äußerst umstritten. Eine differenzierte Betrachtung dieses Themas können Sie in Kapitel *6.3, Praktische Datenschutzaspekte*, lesen. Trotz aller Bedenken lautet die gute Nachricht für Sie, dass der weitaus größte Teil der Website-Nutzer nichts von Webanalyse weiß und auch nicht versucht, die Gewinnung entsprechender Daten zu verhindern.

Die inneren Widerstände sind für den Website-Betreiber deutlich realer und nicht weniger komplex. Allerdings ist eine differenzierte Betrachtung notwendig: Liegt bei kleinen Unternehmen die Entscheidung für Webanalyse, ihre Durchführung und teilweise sogar die Umsetzung entsprechender Verbesserungen in der Hand einer einzelnen Person oder mehrerer Personen, die absolut die gleiche Linie verfolgen und sich daher selten in die Quere kommen, so stehen mittlere und größere Unternehmen vor dem Problem, dass nicht nur mehrere Personen beteiligt sind, sondern oft auch verschiedene Interessen der jeweiligen Abteilungen einander gegenüberstehen. Dann scheitern Webanalyse-Projekte durchaus daran, dass die Marketing-Abteilung kein Verständnis dafür aufbringen kann, dass ein hergelaufener Webanalyst über den Erfolg ihrer Marketingkonzepte urteilen soll, selbst wenn er objektive Zahlen beibringen kann. Oder der Webanalyst ermittelt bestimmte Elemente der Website als verbesserbar, widerspricht damit aber der HIPPO (Highest Paid Person's Opinion, der Meinung des bestbezahlten Mitarbeiters), was – wie Sie sich sicherlich vorstellen können – in einigen Unternehmen einer Gotteslästerung gleichkommt. Überhaupt ist immer dort Widerstand zu erwarten, wo die Webanalyse Transparenz in die Leistung einzelner Personen oder ganzer Abteilungen bringt und sich einzelne ggf. rechtfertigen müssen. Denn die Webanalyse kennt kein »das haben wir schon immer so gemacht« und auch kein »das funktioniert auch an anderer Stelle gut«. Die Webanalyse deckt Stärken und Schwachstellen gleichermaßen auf. Gnadenlos und gerecht.

Dabei sollte der Einsatz als Controlling-Instrument überhaupt gar nicht infrage gestellt sein. Schließlich wird auf allen Ebenen mit Controlling-Maßnahmen sichergestellt, dass sich Investitionen lohnen, Prozesse einheitlich und effizient ablaufen und alle Beteiligten aus dem Ergebnis ihren Nutzen ziehen. Es ist vermutlich der historischen Entwicklung des Online-Marketings geschuldet, dass diese Maßnahmen hier vernachlässigt werden. Oft werden entsprechende Aktivitäten klein budgetiert »nebenbei« eingeleitet, und niemand implementiert für so kleine Maßnahmen das Controlling. Wohl auch, weil zum Teil erst Erfahrungen gesammelt werden müssen, wie Controlling in diesem Bereich am besten funktioniert. Zudem wird die Notwendigkeit von entscheidenden (oder einflussreichen) Stellen angezweifelt. Damit steht das Online-Controlling dort, wo das klassische Controlling auch einmal angesiedelt war: in der Ecke des Nervigen, Überflüssigen. Aber das lässt uns alle hoffen: Die Notwendigkeit für das, was das klassische Controlling leistet, zweifelt niemand mehr an.

Ein Webanalyst muss also – gerade in den mittleren und größeren Unternehmen – einige Eigenschaften mitbringen, die es ihm ermöglichen, mit diesen Widerständen umzugehen und seine Argumentation auf die jeweiligen Beteiligten abzustimmen. Sie finden weitere Ausführungen dazu im Kapitel *6.4, Vielseitigkeit: Die Stärke des Webanalysten.*

Ein weiterer Grund dafür, dass Webanalyse nicht die nötige Beachtung erhält, sind die Komplexität und der Aufwand, den Webanalyse mit sich bringt. Doch das muss nicht sein, denn dafür gibt es ja gute Bücher wie dieses hier, die Ihnen zeigen, wie leicht die wichtigsten Kennzahlen ermittelt werden können. Dass Sie dieses Buch in der Hand halten, ist daher ein gutes Zeichen. Um bei dem obigen Bild zu bleiben: Sie sitzen am Steuer und haben gerade die Augenbinde abgenommen. Jetzt können Sie Gas geben.

2.4.2 Zukunft der Webanalyse

Wenn man über den Atlantik schaut und die Verbreitung der Webanalyse in den USA als Vorreiternation betrachtet, wird schnell deutlich, was in Deutschland noch möglich ist. Allerdings ist die datenschutzrechtliche Diskussion gerade in Deutschland noch längst nicht am Ende angekommen. Die Frage nach der Zulässigkeit wird inzwischen sogar europaweit gestellt und bspw. erwogen, Cookies, auf die u. a. Google Analytics aufbaut, gänzlich zu verbieten. Vor allem Google Analytics ist den Datenschützern ein Dorn im Auge. Es erscheint jedoch unwahrscheinlich, dass ganze Bereiche der europäischen Wirtschaft geschwächt werden sollen, ohne dass sich entsprechender Widerstand regt. Aber nicht nur die europäische Wirtschaft, sondern insbesondere auch Google wird nicht untätig zusehen, wie ein wesentliches Element der Produktpalette in Europa praktisch unbrauchbar gemacht wird. Entweder werden Googles Lobbyisten versuchen, die Lage zu ändern, oder die Entwickler bei Google passen Google Analytics so an, dass das System auch zu etwaig verschärften Datenschutzanforderungen konform ist und bedenkenlos eingesetzt werden kann.

Aus unserer Sicht steht auch in Deutschland dem Einsatz von Google Analytics nichts im Wege. Nutzen Sie die Google Analytics jetzt, erhalten Sie einen handfesten Wettbewerbsvorteil, denn noch sind Sie einer unter wenigen anderen und können sich so von den Konkurrenten absetzen. Der Wettbewerbsvorteil besteht darin, dass Sie anders als die meisten anderen zusätzliches Kundenpotenzial schaffen. Da früher oder später aber alle Ihre Konkurrenten ebenfalls Webanalyse nutzen werden, wird sich der momentane Wettbewerbsvorteil durch die Nutzung der Webanalyse über kurz oder lang zu einem handfesten Wettbewerbsnachteil für Sie wandeln, wenn Sie keine Webanalyse einsetzen. Oder anders ausgedrückt: Noch geht es in der Hauptsache lediglich um die Sicherung Ihres Vorsprungs. Aber schon in sehr naher Zukunft ist Webanalyse eine zwingende Notwendigkeit für alle geworden, sodass der Verzicht darauf eine Behinderung Ihres Geschäfts darstellen würde. Das wäre in etwa damit vergleichbar, dass Sie in einer online geprägten Welt versuchen, ohne PC und Netzwerkzugang auszukommen.

Je früher Sie also anfangen, systematisch Kennzahlen zu erzeugen und daraus Verbesserungen abzuleiten, desto geübter sind Sie, wenn es darum geht, keinen Wettbewerbsnachteil zu erlangen.

Dies ist umso wichtiger, als auch die Online-Welt nicht stehen bleibt. Denken Sie an das sogenannte Web 2.0. Die Nutzung von Websites wird sich verändern, und Weiterentwicklungen machen die Analyse komplexer. So werden neue Kennzahlen notwendig, um die richtigen Maßnahmen für Verbesserungen ableiten zu können. Ein gutes Beispiel hierfür sind die Kennzahlen zur Nutzung von Online-Videos wie bspw. Produktvideos. Während diese Form der Präsentation bis vor Kurzem praktisch keine Rolle gespielt hat, verbreitet sich die Darstellung von Produkten oder Dienstleistungen in Videos immer stärker. Es geht bei der Analyse jetzt unter anderem darum, ob das Video vollständig betrachtet wurde, wo die Nutzer im Schnitt abbrechen und ähnliche Fragestellungen. Dies ist wichtig, um Videos ansprechender zu gestalten oder um wesentliche Botschaften in den Teil zu verlagern, der von den meisten Nutzern noch wahrgenommen wird.

Ein anderes Beispiel für veränderte Bedingungen im Web sind die Gadgets oder Widgets, kleine Mini-Websites, die in andere Websites eingebettet oder zum Teil direkt auf dem Desktop moderner Betriebssysteme abgelegt werden können und gewisse Funktionalitäten zur Verfügung stellen. All diese Elemente müssen Sie messen und beurteilen können, um die richtigen Entscheidungen zu treffen und Maßnahmen zu ergreifen. Diesen Bedingungen wird sich die Webanalyse anpassen. Daher sollte Ihre Devise heißen: Früh anfangen und immer auf dem Laufenden bleiben.

3 Grundkonzepte

Dieses Kapitel beschäftigt sich mit den wichtigen fundamentalen Konzepten und Gedankengerüsten, die Ihnen helfen, Google Analytics mit durchschlagendem Erfolg einzusetzen. Das hier vermittelte Wissen greift zum Teil Ansätze auf, die sich über gesellschaftliche und technologische Veränderungen hinweg wie ein roter Faden als richtig und wichtig bewährt haben. Neben diesen Adaptionen aus den Bereichen Informationsmanagement, Qualitätsmanagement, Controlling und Marketing werden wir auch neue Überlegungen zur Webanalyse behandeln. Wir werden der Oberfläche von Google Analytics bei einigen Beispielen sehr nahe sein, aber diese auch wieder aus der Ferne betrachten, um Gesamtzusammenhänge besser sehen und begreifen zu können.

Die Verinnerlichung dieser theoretischen Anleitungen wird die Qualität Ihrer Arbeitspraxis mit Google Analytics durch übergreifendes Hintergrundwissen in hohem Maße verbessern. Wir möchten Sie mit diesem Kapitel vor allem in die Lage versetzen, selbstständig auf neue Probleme und Fragestellungen in der Arbeitspraxis reagieren zu können. Die Online-Kommunikationswelt im Allgemeinen und die Webanalyse im Besonderen befinden sich in Zeiten von ständigen und sehr dynamischen Veränderungen. Einiges wird sich verändern, anderes wird seine Gültigkeit und Wichtigkeit behalten. Diese Dinge werden wir Ihnen hier vorstellen. Wir möchten Ihnen hiermit die nötige Methodenkompetenz vermitteln, damit Sie in der Lage sind, Webanalyse nicht nur heute, sondern auch morgen erfolgreich einzusetzen.

3.1 Grundprinzipien

Die Vielfalt der Daten und wie sie gemessen, ausgewertet und interpretiert werden können, lässt einen manchmal den Wald vor lauter Bäumen nicht sehen. Gerade zu Beginn geschieht es leicht, sich in diesem Wirrwarr zu verlieren. Da ist es gut, wenn es einen roten Faden gibt, der einem hilft, sich nicht ablenken zu lassen. Diesen roten Faden möchten wir Ihnen hiermit an die Hand geben. Wir beschränken uns auf einige wenige Prinzipien, die zudem einfach zu verstehen und zu befolgen sind. Wenn Sie sich auf diese Prinzipien berufen, finden Sie immer wieder zum Weg zurück und können die Webanalyse entsprechend voranbringen.

3.1.1 Was sind Prinzipien?

Prinzipien sind der grundlegende Rahmen unseres Denkens, der unser Handeln in der alltäglichen Praxis bestimmt. Sie bilden den Grundstein, um Google Analytics richtig einzusetzen. Gleichzeitig helfen Ihnen Prinzipien, für schwierige Fragestellungen im Alltag der Webanalyse wirksame Lösungen zu finden. Die Lösungen werden sich von Fall zu Fall unterscheiden. Wenn Sie aber die dahinter liegenden Prinzipien als Konstanten verinnerlicht haben, können Sie immer wieder eine angepasste Schlussfolgerung aus ihnen ableiten.

3.1.2   Die drei Prinzipien der Webanalyse

Erstes Prinzip: Lernen Sie vom Website-Besucher

Eine Website hat zwei Interessengruppen

Eine Website ist im Grunde genommen die Schnittstelle zwischen zwei Interessengruppen: die Website-Betreiber und die Website-Besucher. Die Website-Betreiber verfolgen bestimmte Website-Ziele, wie zum Beispiel den Verkauf eines Produkts. Website-Besucher können ganz andere Ziele verfolgen. Vielleicht wollen diese gar nichts bestellen, sondern sind hauptsächlich an bestimmten Informationen interessiert? Wenn Sie verstanden haben, dass zwischen den Zielen der Besucher und den Zielen der Website ein erheblicher Unterschied bestehen kann und sehr häufig auch besteht, haben Sie den ersten wichtigen Schritt getan, um den Erfolg im Online-Marketing mithilfe der Webanalyse zu aktivieren. Es ist leider eine weit verbreitete Illusion zu glauben, nach dem Launch einer Website würden die Ansprüche der Besucher immer dem entsprechen, was zum Zeitpunkt des Entwurfs der Website Bestand hatte. Diese Kluft zwischen Besucher- und Betreiberinteressen zu verkleinern ist ein niemals endender Verbesserungsprozess, der vor allem mithilfe der Webanalyse angeregt und begleitet werden muss. Eine Website online zu stellen und diese dann sich selbst zu überlassen, ist ein überholtes und nicht mehr konkurrenzfähiges Denkmodell. Es gibt keine gute Website, die von Anfang an perfekt gewesen ist oder es ohne weiteres Zutun für immer bleibt.

Die Webanalyse ist ein Kontroll- und Steuerungsinstrument, das die Übereinstimmung der Betreiber- und Besucherinteressen erhöhen kann. Denn je besser die beiden Interessengruppen miteinander im Einklang sind, desto besser werden die Ziele der Website erreicht. Das bedeutet nicht, dass Sie den Website-Besucher möglichst intensiv zu der gewünschten Handlung drängen sollen. Oder viel schlimmer noch: Es bedeutet auch nicht, vom Besucher gewünschte Informationen einfach von der Website in der Hoffnung zu entfernen, dass jetzt mehr Besucher auch etwas bestellen. So wird nur das Gegenteil erreicht: Die Unzufriedenheit der Besucher nimmt zu, und somit wird auch die Kluft zwischen deren Interessen und denen der Website-Betreiber größer. Aber testen Sie es doch einfach, denn dafür ist die Webanalyse da! Die Besucher werden Ihnen sagen, ob Sie mit dieser Maßnahme zufrieden sind, und Sie werden sehen, ob Sie die Ziele der Website dadurch besser erreichen.

Der analytische Dialog mit den Website-Besuchern

Der erste Schritt ist es, dass Sie dem Besucher eine Stimme geben und seine Bedürfnisse ernst nehmen. In den zahlreichen Messwerten von Google Analytics können Sie die Bedürfnisse des Besuchers ablesen. Wie das genau geht, werden Sie später in diesem Buch erfahren. Wichtig ist es an dieser Stelle zu verstehen, dass Ihr Besucher derjenige ist, von dem Sie nicht nur Anregungen zur Verbesserung der Website erhalten, sondern womöglich auch zu den Produkten, den Prozessen, dem Service und noch vielen anderen Elementen aus der Wertschöpfungskette, die die Website darstellt. In den Messwerten werden Sie ablesen können, ob eine Veränderung der Website diese im beiderseitigen Interesse des Betreibers und der Besucher verbessert hat. Das ist vergleichbar mit einem unsichtbaren Dialog. Sie stellen eine Frage, und die Besucher geben Ihnen dazu eine Antwort.

Dieses Prinzip ist sowohl innerhalb als auch außerhalb von Google Analytics anwendbar. Sie können die Website-Besucher nicht nur durch ihr Klickverhalten analysieren, sondern auch aktiv zum Dialog auffordern, zum Beispiel durch die Integration einer Produktbewertung auf der Website.

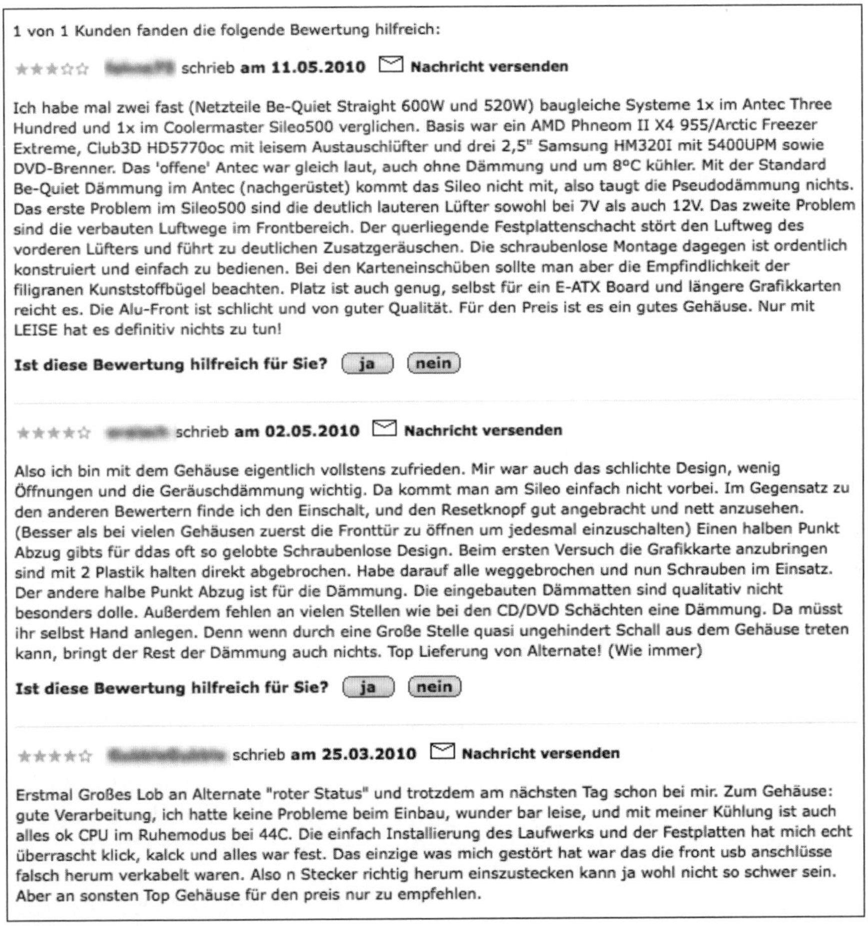

---

1 von 1 Kunden fanden die folgende Bewertung hilfreich:

★★★☆☆ ▓▓▓▓▓ schrieb **am 11.05.2010** ✉ **Nachricht versenden**

Ich habe mal zwei fast (Netzteile Be-Quiet Straight 600W und 520W) baugleiche Systeme 1x im Antec Three Hundred und 1x im Coolermaster Sileo500 verglichen. Basis war ein AMD Phneom II X4 955/Arctic Freezer Extreme, Club3D HD5770oc mit leisem Austauschlüfter und drei 2,5" Samsung HM320I mit 5400UPM sowie DVD-Brenner. Das 'offene' Antec war gleich laut, auch ohne Dämmung und um 8°C kühler. Mit der Standard Be-Quiet Dämmung im Antec (nachgerüstet) kommt das Sileo nicht mit, also taugt die Pseudodämmung nichts. Das erste Problem im Sileo500 sind die deutlich lauteren Lüfter sowohl bei 7V als auch 12V. Das zweite Problem sind die verbauten Luftwege im Frontbereich. Der querliegende Festplattenschacht stört den Luftweg des vorderen Lüfters und führt zu deutlichen Zusatzgeräuschen. Die schraubenlose Montage dagegen ist ordentlich konstruiert und einfach zu bedienen. Bei den Karteneinschüben sollte man aber die Empfindlichkeit der filigranen Kunststoffbügel beachten. Platz ist auch genug, selbst für ein E-ATX Board und längere Grafikkarten reicht es. Die Alu-Front ist schlicht und von guter Qualität. Für den Preis ist es ein gutes Gehäuse. Nur mit LEISE hat es definitiv nichts zu tun!

Ist diese Bewertung hilfreich für Sie? (**ja**) (**nein**)

★★★★☆ ▓▓▓▓▓ schrieb **am 02.05.2010** ✉ **Nachricht versenden**

Also ich bin mit dem Gehäuse eigentlich vollstens zufrieden. Mir war auch das schlichte Design, wenig Öffnungen und die Geräuschdämmung wichtig. Da kommt man am Sileo einfach nicht vorbei. Im Gegensatz zu den anderen Bewertern finde ich den Einschalt, und den Resetknopf gut angebracht und nett anzusehen. (Besser als bei vielen Gehäusen zuerst die Fronttür zu öffnen um jedesmal einzuschalten) Einen halben Punkt Abzug gibts für ddas oft so gelobte Schraubenlose Design. Beim ersten Versuch die Grafikkarte anzubringen sind mit 2 Plastik halten direkt abgebrochen. Habe darauf alle weggebrochen und nun Schrauben im Einsatz. Der andere halbe Punkt Abzug ist für die Dämmung. Die eingebauten Dämmatten sind qualitativ nicht besonders dolle. Außerdem fehlen an vielen Stellen wie bei den CD/DVD Schächten eine Dämmung. Da müsst ihr selbst Hand anlegen. Denn wenn durch eine Große Stelle quasi ungehindert Schall aus dem Gehäuse treten kann, bringt der Rest der Dämmung auch nichts. Top Lieferung von Alternate! (Wie immer)

Ist diese Bewertung hilfreich für Sie? (**ja**) (**nein**)

★★★★☆ ▓▓▓▓▓ schrieb **am 25.03.2010** ✉ **Nachricht versenden**

Erstmal Großes Lob an Alternate "roter Status" und trotzdem am nächsten Tag schon bei mir. Zum Gehäuse: gute Verarbeitung, ich hatte keine Probleme beim Einbau, wunder bar leise, und mit meiner Kühlung ist auch alles ok CPU im Ruhemodus bei 44C. Die einfach Installierung des Laufwerks und der Festplatten hat mich echt überrascht klick, kalck und alles war fest. Das einzige was mich gestört hat war das die front usb anschlüsse falsch herum verkabelt waren. Also n Stecker richtig herum einzustecken kann ja wohl nicht so schwer sein. Aber an sonsten Top Gehäuse für den preis nur zu empfehlen.

Abbildung 3.1: Ausschnitt einer Bewertungsdarstellung

Zusammenfassung und Fazit

◆ Das Ziel des Website-Betreibers stimmt nie vollständig mit den Zielen der Website-Besucher überein.

◆ Webanalyse ist ein Instrument zur Verbesserung dieser Übereinstimmung, um den Erfolg der Website zu steigern.

◆ Die Webanalyse ermöglicht eine Art Dialog mit den Website-Besuchern, auf dessen Basis die Wertschöpfungskette der Website verbessert werden kann.

Wann immer Sie sich mit einer schwierigen Fragestellung konfrontiert sehen oder wann immer jemand behauptet, dieses oder jenes würde der Zielerreichung der Website dienen, dann erinnern Sie sich daran, dass die Besucher darüber entscheiden sollten, ob eine Maßnahme richtig ist. Sie als Anwender von Google Analytics können den Besucher befragen. Nicht nur das, Sie können auch durch entsprechendes Interpretationsvermögen deutliche Handlungsaufforderungen vom Verhalten der Besucher Ihrer Website ableiten.

In klassischen Offline-Geschäftsfeldern ist es nicht so einfach, die Meinung und das Verhalten der Interessenten und Käufer in den Wertschöpfungsprozess einzubeziehen, stattdessen muss dort sehr viel Geld und Zeit für komplexe Marktforschungen investiert werden. In der Online-Welt haben Sie mit Google Analytics ein Werkzeug in der Hand, um die Bedürfnisse Ihrer Website-Besucher mit deutlich geringerem Aufwand zu erkennen. Verschlafen Sie diesen Vorteil nicht, sondern machen Sie sich ihn zunutze. Und ganz nebenbei tragen Sie dazu bei, dass die Qualität der Website ansteigt.

Zweites Prinzip: Analysieren Sie von Fragen geleitet

Durch die Daten streifen

An dieser Stelle möchten wir Sie vor einem typischen Fehler bewahren, der Sie viel wertvolle Zeit kosten kann. Es macht, besonders als Neueinsteiger, unglaublich viel Spaß, sich mit der Vielzahl an Google Analytics-Daten und -Messwerten zu beschäftigen. Man kann und sollte am Anfang viel Zeit investieren, um einen Überblick über die vielen Messwerte und Messobjekte innerhalb der Google Analytics-Oberfläche zu erhalten und sich wie ein Maulwurf durch die vielen interessanten Dinge zu wühlen, die dort zu sehen sind. Dadurch lernen Sie die Oberfläche und die Funktionen gut kennen.

Wenn Sie als Webanalyst aber mit Google Analytics erfolgsorientiert arbeiten wollen und müssen, sollten Sie diese Arbeitsweise aus zeitlichen und strukturellen Gründen ablegen. Das Streifen und Stöbern durch die Berichte hat unter gewissen Gesichtspunkten und Einschränkungen zwar eine Berechtigung, ist allerdings eher selten angebracht und spielt nur eine untergeordnete Rolle. In *Kapitel 3.2, Analytische Herangehensweisen*, werden wir das vertiefen. Kurz gesagt liegt die Gefahr darin, dass diese Arbeitsweise zunächst sehr intuitiv erscheint und unserem natürlichen Verhalten entspricht. Zeigen Sie jemandem die Google Analytics-Oberfläche, und er wird ganz automatisch anfangen, sprichwörtlich durch die Daten zu »schnüffeln«.

Um jedoch effektiver mit den Daten zu arbeiten und eine richtige Webanalyse zu ermöglichen, müssen wir uns eine zwar etwas unnatürlichere, dafür aber strukturiertere Arbeitsweise angewöhnen. Das menschliche Auffassungsvermögen ist bei der Verarbeitung von vielen Informationen, die gleichzeitig verfügbar sind, sehr schnell überfordert. Wenn Sie keinen Weg finden, gezielt zwischen wichtigen und unwichtigen Informationen zu unterscheiden, werden Sie die Masse nicht ausreichend verarbeiten können.

Besonders große Gefahr geht von interessanten Daten aus, die Ihre Aufmerksamkeit auf sich ziehen, aber bei genauerer Betrachtung für eine zielgerichtete Arbeit nicht wichtig sind. Wenn Sie zum Beispiel einige Zugriffe aus Asien erhalten, mag das zwar interessant sein, es ist aber für die Optimierung eines Online-Shops, der ausschließlich Ware innerhalb Europa liefert, unwichtig.[1] Als Webanalyst ist es Ihre Aufgabe, Informationen zu ordnen, auszuwerten und diese in verträglicher und verständlicher Form aufzubereiten. Sie müssen die rohen Informationen in brauchbares Wissen verwandeln. Das bedeutet, Sie trennen die wichtigen Informationen von den unwichtigen und ordnen sie so an, dass gewinnbringende Erkenntnisse aus ihnen abgeleitet werden können. Doch wie unterscheiden Sie diese Informationsqualitäten voneinander?

Eine Frage führt zum Ziel

Um unterscheiden zu können, welche Informationen wichtig und welche unwichtig sind, benötigen Sie einen geeigneten Maßstab zur Orientierung. Diesen Maßstab bilden Sie durch die Formulierung einer Frage. Anhand einer Fragestellung können Sie abwägen, welche Informationen der Beantwortung dienlich sind und welche nicht. So müssen Sie nicht ziellos alle verfügbaren Informationen sichten und bewerten, sondern nutzen gezielt die Informationen, die nötig sind, um die Frage zu beantworten.

Dieses Vorgehen hat mehrere Vorteile: Sie benötigen deutlich weniger Zeit zur Informationsverarbeitung, und Sie laufen nicht Gefahr, in der Informationsflut den Überblick zu verlieren. Selbst wenn Sie diesen einmal verloren haben sollten, können Sie die Frage einfach als Wegweiser benutzen, um zu den Informationen zurückzukehren, die Sie wirklich zur Beantwortung der Frage benötigen.

Am wichtigsten aber ist, dass diese Arbeitsweise zielorientiert ist. Das Ziel ist die Beantwortung einer Frage: Welche Besucherquellen sind für meine Website am wichtigsten? Lohnt es sich für mich, weiterhin über Bannerwerbung Besucher zu gewinnen, oder sollte ich stattdessen lieber in die Verbesserung der Website-Gestaltung investieren? Wie zufrieden sind die Besucher mit der Breite meines Produktsortimentes? Sollte ich lieber wenige sehr hochpreisige oder lieber viele niedrigpreisige Produkte anbieten? Und so weiter. Bevor Sie die Oberfläche von Google Analytics öffnen, sollten Sie Ihre Frage bereits im Kopf formuliert haben.

Zusammenfassung und Fazit

◆ In den Daten stöbern ist ineffizient, verwirrend und wenig zielführend.

◆ Interessante Informationen sind nicht automatisch wichtige Informationen.

◆ Machen Sie eine Fragestellung zur Ausgangsbasis Ihrer Analysen.

◆ Eine an Fragen orientierte Arbeitsweise ist zielführend, effizient und erhellend.

---

1 Wir unterscheiden daher ganz pragmatisch zwischen *interessanten* Daten und *nützlichen* Daten.

Wir haben in das Kapitel *4, Webanalyse in der Praxis*, schon viele sehr wichtige Fragen des Webanalyse-Alltags einfließen lassen. Doch wir wollen Sie auch auffordern, Ihre eigenen Fragen zu stellen. Im weiteren Verlauf dieses Kapitels lernen Sie die nötigen Instrumente kennen, um Fragestellungen mit Google Analytics zu beantworten.

Drittes Prinzip: Messen Sie die Tendenzen

Google Analytics bildet nicht die Realität ab

Mit der Vorstellung dieses Prinzips möchten wir Ihnen die Illusion nehmen, mit Google Analytics oder anderen Webanalyse-Tools lasse sich eine Momentaufnahme der Realität abbilden. Betrachten Sie einige Beispiele für technische Umstände, die die exakte Abbildung der Realität verhindern:

◆ Einige Besucher haben in ihrem Browser JavaScript deaktiviert und sind für Google Analytics unsichtbar, da es sich bei dem Google Analytics Tracking Code um JavaScript handelt.

◆ Einige Besucher haben in ihrem Browser generell die Annahme von Cookies blockiert oder verwenden Tools wie Adblocker, die die Verwendung der Google Analytics-Cookies gezielt ausschließen können. Google Analytics benötigt aber für die Datensammlung Cookies.

◆ Die Besucher, die während des Besuchs nur eine einzige Seite ansehen, können in der Berechnung von Besuchszeiten nicht einbezogen werden, da nur durch einen zweiten Seitenaufruf eine Zeitdifferenz zwischen dem ersten und dem zweiten Seitenzugriff als Besuchszeit berechnet werden kann. Genauso verhält es sich mit Ausstiegsseiten. Der Zeitpunkt des Ausstiegs kann nicht gemessen werden. Es kann nur gemessen werden, wann die letzte besuchte Seite (Ausstiegsseite) aufgerufen wurde.

◆ Die Tracking-Daten werden auf einem externen Google Analytics-Server verarbeitet und sind von der Qualität dieser Verarbeitung abhängig.

◆ Durch gezielte Manipulation von Browsern und Proxy-Servern können Referrer-Daten verändert werden, und die Zugriffe werden falschen Zugriffsquellen zugeordnet.

◆ Eine Landing-Page mit einer JavaScript-Weiterleitung löscht die Original-Referrer-Daten. Die ursprüngliche Besucherquelle wird dadurch nicht mehr korrekt berücksichtigt.

◆ Die Besuchszeit spiegelt nicht unbedingt die Zeit wider, in der sich ein Besucher mit der Seite tatsächlich beschäftigt hat. Besonders nicht in einer Gesellschaft, die sich durch zunehmende Neigung zum Multitasking-Verhalten in der Mediennutzung auszeichnet. Internetseiten werden zum Teil lange offen gelassen, ohne Aufmerksamkeit zu erhalten, und erst sehr viel später wieder bewusst verwendet.

Sie sehen also, es können allerhand Ursachen auftreten, die die Messwerte von Google Analytics verfälschen, und wir haben hier nur einen Teil der möglichen Fehlerquellen aufgezeigt. Vielfach wurde bereits Kritik geäußert: Das technische Verfahren sei fehleranfällig und nicht akkurat genug, heißt es häufig. Auch Sie werden früher oder später mit Kritik konfrontiert werden: Die Zahlen würden von denen einer anderen Informationsquelle abweichen, und es hätte in Wahrheit mindestens zehn Bestellungen mehr gegeben etc. An dieser Stelle wird schon deutlich, dass Sie als Webanalyst Überzeugungsarbeit leisten müssen. Machen Sie sich und anderen klar, dass jedes Messinstrument auf diesem Erdball seinen Messfehler hat. Es geht außerdem nicht darum, perfekte Daten zu sammeln. Die wichtige Frage lautet: *Sind die Daten gut genug?* Die Erfahrung zeigt: Sie sind es.

Der Mensch als Abweichungsfaktor

Nicht immer ist das Tool für die Ungenauigkeit der Messwerte verantwortlich. Fehlerhafter Einbau des Google Analytics Tracking Codes oder spezielle Tracking-Techniken können ebenfalls die Ursache für Verzerrungen in den Daten sein. In der Blogosphäre oder in Community-Foren rund um operative Online-Marketing-Instrumente finden wir manchmal sogar gegenseitige Kritik an der Umgangsweise mit den Webanalyse-Tools: Da wird zum Beispiel einem Webanalyse-Podcast-Anbieter vorgeworfen, es wären keine Events zum Tracking der vollständig angehörten Podcasts definiert, sondern nur der gestarteten Podcast-Plays. In einem Kommentar äußert jemand den Vorwurf, eine Nichtverwendung der technischen Möglichkeiten zur genaueren Messung der abgeschlossenen Podcast-Plays wäre ein Indiz für einen sehr schlecht zu Werke gegangenen Webanalysten. Betrachten wir im folgenden Abschnitt diese Behauptung einmal genauer.

Ist ein guter Webanalyst ein guter Technikanwender?

Ein guter Webanalyst definiert sich nicht dadurch, dass er die Technik immer perfekt im Rahmen der Möglichkeiten anwendet. Und er wird auch nicht deshalb schlecht, weil er einige Tracking-Methoden nicht ausnutzt, um hundertprozentig exakte Daten zu erhalten. Was ja, wie wir bereits gelernt haben, sowieso nicht möglich ist. Die alleinige Berufung auf technische Kompetenzen ist ein weit verbreitetes Problem im sogenannten *Data Driven Business*. Dazu zählen besonders die Informationstechnologie, aber natürlich auch die Online-Marketing-Branche. Die technischen Kompetenzen sind heutzutage eher zweitrangig geworden. Dies hat zwei Gründe: Die Technologien verändern sich immer schneller, und sie erledigen im Zuge des Fortschrittes immer mehr Aufgaben von selbst. Natürlich ist es wichtig zu wissen, wie man Google Analytics richtig benutzt, und es ist auch nicht schlecht, einige Tricks zu kennen, um Dinge messbar zu machen, die eigentlich nicht messbar sind. Aber: Ein guter Webanalyst ist in erster Linie jemand, der die richtigen Methoden und Prinzipien gut beherrscht. Und eines dieser Prinzipien lautet: Sie messen Tendenzen, nicht die Fakten.

Die Tendenzen messen

Bleiben wir bei dem Beispiel mit den Podcast-Downloads. Der Inhaber der Website möchte für die Erfolgsmessung der Website-Ziele wissen, wie oft seine Podcasts von den Website-Besuchern angehört worden sind. Um das zu messen, hat er ein Event[2] definiert, was konkret bedeutet: Jedes Mal, wenn ein Besucher auf PLAY drückt, erscheint dies im Rahmen der technischen Datenerhebung auch im Google Analytics-Konto. Wenn aber einem Hörer plötzlich langweilig wird und er die Datenübertragung abbricht, dann wird dieses Ereignis nicht gemessen. Das Auslö-

---

2   Was das ist, erfahren Sie in Kapitel *5.2.2, Event-Tracking.*

sen eines weiteren Events am Ende des Audio-Streams hätte Aufschluss darüber gegeben, wie oft die Podcasts tatsächlich bis zum Ende gehört worden sind. Moment, ist das wirklich so? Was wäre denn, wenn der Podcast so langweilig ist, dass die Hälfte der Besucher beim Hören einschläft? Der Stream würde bis zum Ende laufen und dadurch das weitere Event ausgelöst werden. Dies würde in den Messwerten von Google Analytics erscheinen, aber die Realität wäre eine ganz andere. Jedes noch so gute technische Verfahren hat Schwächen, wofür also der ganze Aufwand, der natürlich auch mit Zeit und Kosten verbunden ist? Die Angemessenheit des Aufwandes hängt immer von der Komplexität der Fragestellung ab. Nehmen wir an, die Frage des Podcast-Blog-Betreibers sieht so aus: »Wie viele zufriedene Hörer generieren meine Podcasts?«

Wir wissen, dass ein bestimmter Teil der Besucher zufrieden ist und die Podcasts gerne zu Ende hört und ein anderer Teil möglicherweise gelangweilt ist und die Audio-Streams vorzeitig abbricht. Wie groß dieser Anteil tatsächlich ist, wissen wir nicht. Wenn sich die Anzahl der gemessenen *Plays* aber erhöht, muss sich auch die Anzahl der zufriedenen Besucher automatisch mit erhöhen. Genauso ist es auch umgekehrt: Sinkt die Anzahl der *Plays*, sinkt automatisch die Anzahl der zufriedengestellten Hörer.

In beiden Fällen gehen wir davon aus, dass der relative Anteil der zufriedenen Hörer sich annähernd konstant verhält und höchstens nur geringen Schwankungen unterworfen ist. Obwohl wir also die tatsächliche Anzahl der zufriedenen Hörer nicht messen können, sehen wir trotzdem, ob ihre Anzahl zu- oder abnimmt. Bei der Steuerung einer Website durch Webanalyse geht es vor allem um eines: Sicherung und Verbesserung der Website-Qualität. Eine wachsende Erfolgstendenz ist eine Verbesserung. Sie werden die Anzahl der echten zufriedenen Hörer niemals genau erfahren, aber Sie wissen, dass ihre Anzahl zunimmt, und das ist das Wichtige für die Arbeit mit Google Analytics: Wenn Sie die Tendenz verbessern können, wird sich der absolute *reale* Erfolg ebenfalls steigern und umgekehrt.

Natürlich kann bei einer anderen Fragestellung ein höherer technischer Aufwand angebracht sein, wenn die Tendenzen andernfalls nicht messbar wären. Nehmen wir an, die Reichweite des Podcast-Blogs ist stetig bis zu einer Sättigung gestiegen, viele neue zufriedene Hörer wurden generiert, aus denen sich eine beachtliche Anzahl an Stammhörern entwickelt hat. Der Betreiber des Blogs stellt nun eine neue Frage: »Wie zufrieden sind die Stammhörer mit einer neuen Podcast-Episode?« In dem Fall wäre es angebracht, mit technischem Aufwand weitere Tracking-Events zu definieren, die im Mittel- und Endteil des Podcasts ausgelöst und in Google Analytics abgebildet werden. Anhand dessen könnte man sehen, welcher Anteil der Stammhörer die neuen Podcasts bis zum Ende hört, denn nur diese lösen alle Events aus. Natürlich schlafen vielleicht auch hier Hörer ein und führen deshalb zu Abweichungen. Aber im Vergleich der Podcasts untereinander sehen wir tendenziell, welche besser und welche schlechter zur Unterhaltung beigetragen haben. Auch hier stellt die relative Tendenz die zentrale Aussage für unsere Analyse dar.

Zusammenfassung und Fazit

◆ Die Daten in Google Analytics sind nicht hundertprozentig exakt.

◆ Die Qualität der Webanalyse wird nicht nur durch die Qualität der technischen Messverfahren bestimmt.

◆ Der angebrachte technische Aufwand hängt von der Komplexität und Wichtigkeit der Fragestellung ab.

◆ Machen Sie die Tendenzen messbar.

◆ Das Messen von Tendenzen ist effizient und wirtschaftlich.

◆ Relative Verbesserungen zeigen eine Steigerung absoluter Erfolge an.

Wir stellen also abschließend fest, dass die Anwendung der tendenziellen Messung nicht nur Zeit und Kosten spart, sondern dass sie angesichts der vielen Fehlerquellen nicht einmal zu vermeiden ist. Selbst wenn sich Ihre Messung in einem Feuerwerk von Fehlerquellen und Abweichungen befindet, können Sie dieses Prinzip immer noch zur Erfolgssteigerung einsetzen. Die Beantwortung der Frage, wie stark Sie durch die Anwendung technischer Kompetenzen versuchen sollten, Ungenauigkeiten zu minimieren, erfordert Fingerspitzengefühl für die Wichtigkeit der Daten im Verhältnis zum erforderlichen Aufwand. Versuchen Sie, eine gute Balance aus Messgenauigkeit und Aufwand anzustreben. Achten Sie darauf, dass die technisch perfekteste Lösung nicht immer die beste ist, sondern Sie als Mensch mit Interpretationsvermögen, Selbstreflexion und allerhand anderen methodischen und sozialen Kompetenzen der weitaus wichtigste Faktor für den Erfolg der Webanalyse sind.

3.1.3 Das Zusammenspiel aller drei Prinzipien

Jetzt, wo wir Ihnen die drei Prinzipien der Webanalyse erläutert haben, um mit Google Analytics erfolgreich zu arbeiten, könnten Sie dieses Buch eigentlich zuschlagen. Wenn Sie diese Punkte verinnerlichen und sie gedanklich vollständig durchdringen, werden Sie imstande sein, sich alle weiteren Abschnitte und Kapitel selbst zu erarbeiten. Wir haben ja bereits erwähnt: Die Prinzipien bilden den Grundstein Ihres Denkens und Handelns in der Webanalyse. Alle weiteren Informationen in diesem Buch beruhen auf dieser Basis.

Darüber hinaus haben Sie hiermit gelernt, typische und weit verbreitete Fehler zu vermeiden. Sie machen das Verhalten des Besuchers zum Ausgangspunkt Ihrer Website-Steuerung statt diese zu ignorieren. Sie stöbern nicht ziellos durch die Google Analytis-Oberfläche, sondern orientieren sich an zielführenden Fragestellungen. Sie verlieren sich nicht in technischen Details, sondern machen sich die effiziente Messbarkeit einer Tendenz zunutze.

Wie Sie vielleicht schon festgestellt haben, bilden die drei Prinzipien auch gemeinsame Synergien. Ihre Fragestellungen orientieren sich an dem Verhalten der Website-Besucher. Das Verhalten der Website-Besucher wiederum spiegelt sich in den Messwerten vor allem in tendenzieller Form wider. Die Tendenzen wiederum werden in den Fragestellungen aufgegriffen. Damit schließt sich der fundamentale Wirkungskreislauf für die erfolgreiche Arbeit mit Google Analytics.

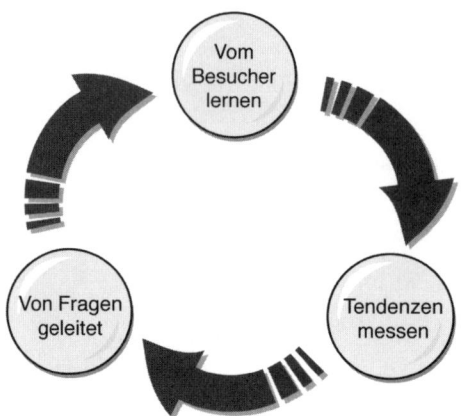

Abbildung 3.2: Grundprinzipien der Webanalyse

3.2   Analytische Herangehensweisen

Nachdem wir die Prinzipien der Webanalyse kennengelernt haben, wollen wir unser Wissen nun weiter vertiefen und uns mit der Frage beschäftigen, welche analytischen Herangehensweisen wir für die Arbeit mit Google Analytics verwenden können. Darunter verstehen wir die Art der Zielsetzung und Struktur in unserem Vorgehen, wenn wir unser Google Analytics-Profil öffnen, um etwas Bestimmtes zu untersuchen. Was wollen wir untersuchen, wie wollen wir es untersuchen, und wie organisieren wir unsere Untersuchungen? Im vorigen Abschnitt der Prinzipien haben wir dazu bereits eine wichtige Basis kennengelernt: Unsere Forschung ist am Verhalten des Besuchers orientiert, von Fragen geleitet und befasst sich dabei vor allem mit den Trends. Diese Grundausrichtung wollen wir nun mit drei analytischen Herangehensweisen zu einem nutzbaren konzeptionellen Werkzeug verfeinern.

3.2.1   Explorative Analyse

Explorative Analyse kennt jeder

Was mit einer *explorativen Analyse* gemeint? Denken Sie mal über das Wort *Exploration* oder die deutsche Übersetzung *Erkundung* nach. Möglicherweise kommen Ihnen dabei abenteuerliche Geschichten von Expeditionen vergangener Zeiten in den Kopf. Vielleicht erinnern Sie sich auch an Ihre letzte Reise in ein fremdes Land, wo Sie zunächst einmal die nähere Umgebung Ihrer Unterkunft erkundet haben, um einen Überblick zu erhalten. Aber spätestens wenn Sie Ihr Bürochaos wieder in Ordnung bringen wollen oder etwas Bestimmtes in den Papierstapeln suchen, wenden Sie zunächst automatisch das Prinzip der explorativen Analyse an. Das Ziel dieser Analyse ist es, einen Überblick zu erhalten. Einen Überblick über das, was vor Ihnen liegt und womit Sie sich weiter beschäftigen wollen. Überblick bedeutet, Sie haben von allen Elementen Ihres Untersuchungsobjektes einen groben Eindruck erhalten und können sich besser an ihnen orientieren. Nur dann können Sie Ihr

Vorgehen weiter planen und erste Eindrücke von dem bekommen, was Sie auf Basis dieser ersten Eindrücke im nächsten Schritt genauer analysieren wollen.

Stellen Sie sich das beispielsweise in Ihrem Urlaubsort so vor: Sie haben am ersten Tag Ihre Umgebung erkundet. Sie haben dabei einige interessante Restaurants und Bars entdeckt, die Sie sich unbedingt einmal näher ansehen wollen, aber bevor Sie das tun, vollenden Sie zunächst einmal Ihre Erkundungen. Sie wollen erst einen Überblick gewinnen, um im Anschluss Ihre Touren für die nächsten Tage planen zu können. Natürlich könnten Sie auch spontan das Restaurant besuchen, aber möglicherweise entgeht Ihnen ja dadurch ein viel besseres Restaurant, von dem Sie ohne die explorative Analyse niemals erfahren hätten.

Genauso verhält es sich auch bei der Arbeit mit Google Analytics. Wenn Sie ein Google Analytics-Profil einer Website öffnen, das neu für Sie ist, dann müssen Sie sich zunächst mal einen Überblick verschaffen. Sie gehen also erst mal auf Erkundungstour und schauen sich verschiedene Messwerte und Daten an, die Ihnen Google Analytics zu dieser Website präsentiert. Erfahrene Nutzer neigen natürlich dazu, schon ganz genau zu wissen, welche Messwerte sie als Erstes untersuchen wollen, und nehmen diese gleich ins Visier. Sicherlich kommt Ihnen dieses Verhalten sehr bekannt vor. Es ist ganz natürlich, sich so zu verhalten und erst mal durch das Profil zu stöbern. Erinnert uns das nicht an was? Das klingt eigentlich verdächtig nach den Streifzügen durch die Daten, vor denen wir zuvor noch gewarnt haben, weil dieses Datenschnüffeln so unglaublich ineffizient sei. Ist es auch. Aber wir hatten auch erwähnt, dass es manchmal seinen Zweck haben kann, sofern man es einer klaren Struktur und Herangehensweise unterwirft.

Ziele der explorativen Analyse

Der kleine, aber feine Unterschied der explorativen Analyse zum planlosen Stöbern ist, dass Sie damit zwei konkrete Ziele verfolgen:

◆ Überblick über die Daten der Website erhalten

◆ Planung für vertiefte Analysen einzelner Objekte ermöglichen

Das ist nicht nur dann der Fall, wenn Sie ein neues, unbekanntes Analytics-Profil öffnen, sondern kann ebenfalls Bestandteil der täglichen Arbeit sein, nämlich in Form eines *Monitorings*. Beim Monitoring geht es darum, sich in regelmäßigen Abständen einen groben Überblick über den Zustand des Online-Marketings zu verschaffen. Dazu schauen Sie sich in der Regel bestimmte wichtige Messwerte oder Kennzahlen an (die wir noch umfassend behandeln werden). Das Monitoring zeigt Ihnen im Grunde genommen einfach und grob an, ob mit dem Verlauf des Online-Marketings noch alles in Ordnung ist. Gibt es unerwartete Veränderungen in den Daten, die näher untersucht werden müssen? Entsprechen die Werte Ihren Erwartungen? Gibt es unerwünschte Veränderungen wichtiger Messwerte, sodass sofort gehandelt werden muss?

Sie sehen, die explorative Analyse im Allgemeinen und das Monitoring im Besonderen haben ein wichtiges Ziel. Sie stellen die ersten Schritte zur Vorbereitung gezielter Analysen dar und fangen beim Groben an, um im Feinen ihren Abschluss zu finden. Je nachdem, in welcher Phase Sie sich befinden, wählen Sie die entsprechende

Herangehensweise aus. Und am Anfang wird, ganz automatisch und natürlich, immer eine explorative Analyse stehen. Wichtig für Sie ist aber, dass Sie diese Form der Analyse ganz bewusst antreten und diese auch bewusst wieder mit entsprechenden Ergebnissen verlassen. Geben Sie sich nicht dem ziellosen Datenschnüffeln hin, und fallen Sie nicht ihren Tücken zum Opfer. Benutzen Sie es als Werkzeug, und legen Sie es wieder beiseite, wenn Sie die oben genannten Ziele erreicht haben. Auf Basis der Ergebnisse nehmen Sie weitere Analysen vor. Wenn Sie etwas Auffälliges entdecken, formulieren Sie daraus eine konkrete Fragestellung. Die explorative Analyse hat nur zur Aufgabe, dieses Auffällige überhaupt erst zu entdecken.

Google Analytics-Features zur Unterstützung explorativer Analysen

Wenn Sie dieses Konzept verinnerlicht haben, wird Ihnen sicherlich auffallen, dass Google Analytics an zahlreichen Stellen Hilfe anbietet, diese Aufgabenstellung einfach und schnell zu bewältigen. Grundsätzlich sind alle Berichte für explorative Analysen geeignet, da es sich um eine Herangehensweise handelt, die sich überall anwenden lässt. Die hier vorgestellten Features sind dagegen verstärkt auf das Monitoring ausgerichtet.

Schon in der Übersicht der Website-Profile erhalten Sie eine Auswahl verschiedener Messwerte: *Zugriffe, Durchschnittliche Besuchszeit auf der Seite, Absprungrate, erreichte Ziele*. Schon bevor Sie ein Profil geöffnet haben, werden Sie mit ersten Trenddaten versorgt. Schauen wir uns einmal an, welche Möglichkeiten Google Analytics uns noch bietet.

Abbildung 3.3: Willkommen im Analytics-Konto: das Dashboard

Das Dashboard

Wenn Sie in Google Analytics ein Profil öffnen, erscheint als Erstes immer das *Dashboard*. Hier erhalten Sie einen allgemein gehaltenen Überblick über die Standardmesswerte von Google Analytics. Sie können den unteren Teil Ihres Dashboards konfigurieren, indem Sie sich dort andere Google Analytics-Berichte in Auszügen anzeigen lassen. Diese Einstellungen gelten nur für Ihren Account und für das Profil, in dem Sie sich gerade befinden. So kann jeder Benutzer das Dashboard nach seinen eigenen Vorlieben gestalten. Um zukünftig einen Bericht im Dashboard sichtbar zu machen, klicken Sie einfach auf den Button ZUM DASHBOARD HINZUFÜGEN. Im Dashboard können Sie außerdem die Anordnung der verschiedenen Berichtsfenster ändern, indem Sie sie einfach mit der Maus verschieben.

E-Mail-Berichte

So wie Sie jeden Bericht ins Dashboard einbinden können, können Sie Berichte in Google Analytics auch direkt als E-Mail an sich selbst und wahlweise andere Empfänger automatisiert verschicken lassen. Sie können das gewünschte Dateiformat und bei Bedarf regelmäßige Zeitabstände definieren, in denen das geschehen soll. Dabei lassen sich sogar mehrere Berichte in einer E-Mail miteinander kombinieren. Typischerweise handelt es sich hierbei um ein Feature zum Monitoring mit dem Vorteil, dass Sie anderen Empfängern Informationen liefern können, die keinen Zugriff auf das Konto oder das Profil haben.

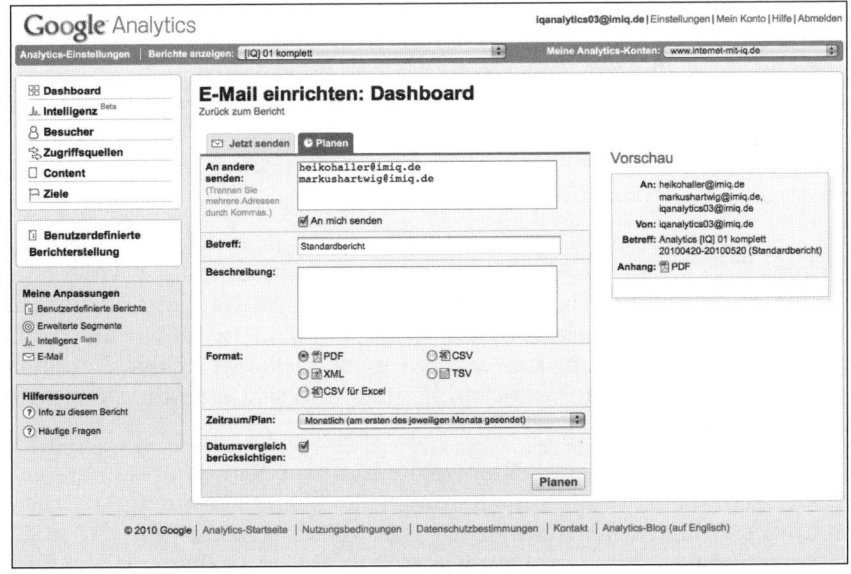

Abbildung 3.4: Einrichtung eines E-Mail-Berichts

Das Berichtswesen eines qualifizierten Webanalysten kann dieses Feature aber selbstverständlich nicht ersetzen. Wir empfehlen Ihnen daher, diese Möglichkeit nur für den sehr unwahrscheinlichen Fall zu verwenden, in dem der Empfänger keine weitere Interpretation und Aufbereitung der Berichtsdaten benötigt oder diese selbst vornehmen kann. In der Praxis sollten Sie nach Möglichkeit die Berichte für andere Empfänger immer selbst anfertigen. Die Methodenkompetenz in der Informationsverwertung, die wir Ihnen hier vermitteln wollen, ist durch eine Automatisierung nicht ersetzbar, das gilt auch für das Monitoring.

Um die E-Mail-Berichte einzurichten und zu verwalten, klicken Sie im jeweiligen Google Analytics-Bericht auf den Button E-MAIL. Im folgenden Menü können Sie die detaillierten Einstellungen der automatischen E-Mails vornehmen.

Der Reiter JETZT SENDEN sieht die Einrichtung einmaliger E-Mail-Berichte vor. Im Reiter PLANEN können Sie regelmäßige Berichtszeiträume definieren, und der Reiter ZU VORHANDENEN HINZUFÜGEN dient der Zusammenführung mehrerer E-Mail-Berichte, wenn Sie an anderen Stellen bereits welche definiert haben.

Google Analytics Intelligenz

Intelligenz ist den E-Mail-Berichten im Grunde sehr ähnlich. Der Unterschied dazu ist, dass eine Statusmeldung nur dann erfolgt, wenn bestimmte von Ihnen festgelegte Bedingungen erfüllt sind. Dieses Feature ist zum Beispiel dafür geeignet, um Warnungen auszugeben, wenn wichtige Messwerte vorgegebene Grenzen überschreiten. Im Wesentlichen stellt dies ein *Alarm-Monitoring* dar. Im Zweifelsfalle können Sie hier also wertvolle Zeit gewinnen, um die Gründe schnell zu analysieren und Gegenmaßnahmen einzuleiten. Dieser Zeitgewinn kann einen erheblichen Vorteil darstellen. Wenn Sie in den Genuss kommen sollten, mit besonders vielen Google Analytics-Konten zu arbeiten, summiert sich dieser Vorteil schon zu einem notwendigen Rettungsfallschirm. Websites sind letztendlich Software-Schnittstellen. Keine Software ist perfekt, Ausfälle und Fehler gehören besonders bei ständigen Anpassungsmaßnahmen dazu. Wenn in einem Online-Shop im Bestellprozess ein Fehler auftritt und Sie deshalb keine Bestellungen mehr erhalten, kann daraus ein erheblicher wirtschaftlicher Schaden entstehen. Da ist schneller Informationsfluss gefragt, und genau für solche Fälle ist *Intelligenz* sehr gut geeignet.

Im Menüpunkt INTELLIGENZ erhalten Sie einen Überblick über alle positiven und negativen Ausreißer in den Messwerten, die dem System auffällig erscheinen. Dabei vergleicht Google Analytics einfach die Trends der Messwerte mit wahlweise täglichen, wöchentlichen oder monatlichen Werten. Sobald irgendwo im Profil auffällige Schwankungen auftreten, hinterlässt Ihnen *Intelligenz* in der Zeitübersicht einen grünen Balken, den Sie anklicken können, um sich über die Details zu informieren.

Auf der ersten Seite befindet sich ein Schieberegler mit dem Namen BENACHRICHTIGUNGSEMPFINDLICHKEIT, der in der Voreinstellung in Richtung HIGH eingestellt ist. Wir empfehlen Ihnen, den Regler in Richtung LOW zu verstellen. Dann sehen Sie nur die besonders starken Schwankungen, was in den meisten Fällen auch ausreichend ist, um in der explorativen Analyse Ansatzpunkte für weitere Untersuchungen zu finden. Auch hier kann Google Analytics keinen methodisch vorgehenden Webanalysten ersetzen, sondern nur unterstützen. Ob die Schwankungen wirklich relevant sind oder nicht, müssen Sie anhand dessen entscheiden, was Sie über die Ziele, Struktur und Zielgruppe der Website wissen.

Abbildung 3.5: Monitoring mit *Intelligenz*

Neben den automatischen Meldungen von *Intelligenz* bietet Ihnen Google Analytics an dieser Stelle auch an, mit einem Klick auf Benutzerdefinierte Benachrichtigungen erstellen eigene Bedingungen für Meldungen zu konfigurieren, die dann als blaue Balken in der *Intelligenz*-Übersicht dargestellt werden. Zusätzlich können Sie hier auch festlegen, direkt bei einem Eintritt der Bedingung per E-Mail benachrichtigt zu werden. Wenn Sie also über Ausreißer besonders wichtiger Messwerte auf schnellstem Wege informiert werden möchten, sollten Sie diese Option nutzen.

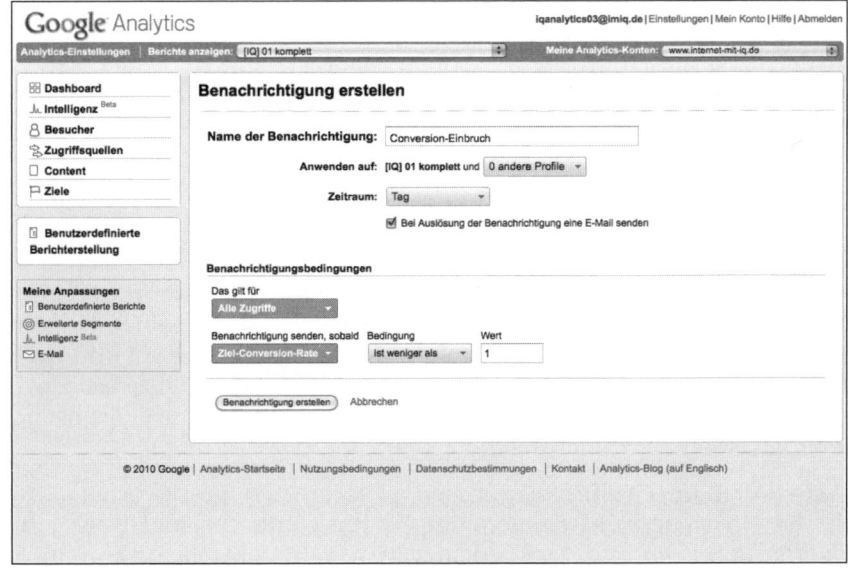

Abbildung 3.6: Einrichtung einer Alarm-Benachrichtigung

Zusammenfassung der explorativen Analyse

Die hier erwähnten Features sind Möglichkeiten, mit denen Sie sich technisch bei der explorativen Analyse helfen lassen können. Sie *können* diese Features nutzen, es ist aber nicht unbedingt notwendig. Das Dashboard und die E-Mail-Berichte spielen in der Praxis kaum eine Rolle, da Sie bei Ihrer Webanalyse-Tätigkeit die Messwerte selbst explorativ untersuchen werden, indem Sie sich durch die Google Analytics-Oberfläche bewegen. Wie bereits erwähnt, ist das menschliche Interpretationsvermögen nicht durch Features ersetzbar. Sie stellen lediglich Möglichkeiten dar, die Sie zur Unterstützung nutzen können. Auffälligkeiten zu erkennen wird Ihnen mit wachsender Erfahrung mehr und mehr leichter fallen, und Sie werden sich in den Messwerten immer besser zurechtfinden.

Fassen wir die Ziele und Vorgehensweise der explorativen Analyse schrittweise zusammen.

1. Sie verschaffen sich einen groben Überblick über wichtige Daten und Messwerte.

2. Sie notieren sich dabei Auffälligkeiten und wichtige Aspekte in den Messwerten.

3. Sobald Sie genügend Ansätze zusammengetragen haben, verlassen Sie die explorative Analyse, um auf dieser Basis mit den tiefergehenden Analysen zu beginnen.

4. Features können Ihnen dabei helfen. Sie ersetzen aber nicht Ihre Interpretationsfähigkeiten und Ihr Hintergrundwissen zur Website und zur Zielgruppe.

3.2.2   Schwachstellenanalyse

Die Kunst des negativen Denkens

In dieser Analyseform geht es darum, die Schwächen im Online-Marketing zu identifizieren. Ein Webanalyst, der eine *Schwachstellenanalyse* vornimmt, strahlt dabei unweigerlich den Charme eines unangenehmen, laut kläffenden Wadenbeißers aus, obwohl er es eigentlich nur gut meint. Denn hinter einer Schwachstellenanalyse steckt ein klarer Gedanke: Verbesserungen aktivieren. Das Online-Marketing wird automatisch insgesamt verbessert, wenn Sie gezielt nach den Schwachstellen suchen, um diese im Anschluss beheben zu lassen. Je weniger Schwachstellen bspw. Ihre Website hat, desto besser ist umgekehrt die Qualität der Website, und das wirkt sich auf den Erfolg des gesamten Online-Marketings aus.

Damit ist die Schwachstellenanalyse die wichtigste Analyseform, wenn es darum geht, den Erfolg Ihres Online-Marketings direkt zu steigern. Dabei sollten Sie sich vor allem die größten Schwachstellen zuerst vornehmen, um dann nach und nach die weniger auffälligen Fälle zu beheben. Dieser Prozess ist endlos, aber bevor wir uns näher damit beschäftigen, müssen wir zunächst einmal folgende Frage beantworten: Was genau ist eine Schwachstelle?

Diese Frage lässt sich im Grunde genommen ganz einfach beantworten. Eine Schwachstelle ist ein steuerbares Element im Online-Marketing und weist eine *unterdurchschnittliche Leistung* auf. Das bedeutet, eine Schwachstelle erkennen Sie

als solche immer nur durch einen Vergleich. Wenn zum Beispiel eine Besucherquelle eine Absprungrate von 20% aufweist, dann klingt diese Zahl zunächst einmal erfreulich gering. Acht von zehn Besuchern bleiben nach Sichtung der ersten
Seite auf Ihrer Website. Wie lange diese dann bleiben und wie sie sich im weiteren
Verlauf ihres Besuchs verhalten, ist für dieses Beispiel nebensächlich.

Wenn Sie nun feststellen, dass diese Besucherquelle eine von vielen Besucherquellen ist, deren Absprungraten im Durchschnitt aber bei nur 15% liegen, also unter
dem Wert unserer betrachteten Zugriffsquelle, ist diese Quelle trotz des guten Wertes eine Schwachstelle. Das bedeutet, es ist egal, wie hervorragend die einzelne Leistung ist, Ansätze zur Optimierung gibt es immer.

Es ist also für Verbesserungen durch die Behebung von Schwachstellen unerheblich, ob die Leistung absolut betrachtet gut oder schlecht ist. Die Relation ist dabei
das Entscheidende. Natürlich können Sie als Anwender von Google Analytics nicht
direkt etwas verbessern. Es sollte klar sein, dass wir immer davon sprechen, dass es
als Webanalyst Ihre Aufgabe ist, Verbesserungen im Online-Marketing durch Kommunikation Ihrer Analysen zu aktivieren. Genau das ist auch der Unterschied
zwischen Analyse und Controlling. Eine Analyse ist für sich genommen wertlos.
Wertvoll wird sie genau dann, wenn man sie zur Steuerung eines Messobjektes (in
dem Fall des Online-Marketings) nutzt. Controlling bedeutet nicht *kontrollieren*,
sondern *steuern*. Im Grunde genommen meinen wir also *Webcontrolling*, wenn wir
von der umgangssprachlichen Webanalyse sprechen.

Die größten Schwachstellen zuerst

Wir geben ein metaphorisches Beispiel und schlagen dann den Bogen zur Schwachstellenanalyse, um diesen Gesamtzusammenhang zu verdeutlichen. Stellen Sie sich
vor, Sie sind auf hoher See mit einem großen Segelschiff unterwegs. Ihr Schiff ist
schon etwas in die Jahre gekommen. Eine explorative Analyse präsentiert Ihnen
folgende Meldungen: Das Wetter ist herrlich, einige Segel haben Löcher, die Gläser
in der Bar sind staubig, und in den Laderäumen gibt es Wassereinbruch.

Was ist als Erstes zu tun? Klar, die Gläser müssen poliert werden! Das ist zumindest
das, was Website-Betreiber manchmal zu tun scheinen, wenn wir ihr sinnloses und
– real zu beobachtendes – auf diese Metapher übertragenes Handeln beurteilen
müssen. Anstatt den Wassereinbruch zu stoppen und beispielsweise grobe Mängel
in den Landing-Pages und Bestellprozessen zu beheben, die den Erfolg einer Website drastisch mindern können, wird lieber viel Geld in die Gewinnung von mehr
Besuchern investiert, die natürlich aufgrund der Schwachstellen nicht optimal verwertet werden können.

Den Wassereinbruch zu beheben ist offenbar nicht so selbstverständlich, wie es
Ihnen und uns erscheint. Um im Bild zu bleiben: Website-Betreiber, die das nicht
verinnerlicht haben, werden auf Dauer untergehen. Deshalb ist die Schwachstellenanalyse für Ihre Website so wichtig.

Gehen wir das Problem also richtig an. Wir wissen dank einer explorativen Analyse
von einem Leck in den Laderäumen. Die Ladung könnte nass werden und verderben, oder das ganze Schiff könnte sogar sinken. Wenn Sie dieses Buch gelesen
haben, werden Sie wohl eine Schwachstellenanalyse durchführen. Dazu wenden

Sie das zweite Prinzip der Webanalyse an und formulieren mehrere Fragen: Wo genau ist das Leck? Gibt es mehrere Lecks? Wie groß sind die Lecks?

Sie finden heraus, dass es drei unterschiedlich große Löcher im Schiffsrumpf gibt. Natürlich sorgen Sie dafür, dass zunächst einmal das größte gestopft wird, danach folgen die kleineren. Nachdem Sie das Schiff vor dem Untergang bewahrt haben, machen Sie sich an die nächsten Fälle. Wo genau sind die Löcher in den Segeln? Welches Segel ist am wichtigsten? Nachdem Ihre Mannschaft auch diese Mängel behoben hat, lassen Sie die Gläser polieren, machen sich einen Drink und genießen am Ende das tolle Wetter.

Sie sehen also: Die Verbesserung der gesamten Schiffsqualität fängt mit der größten Schwachstelle an und hört erst bei der kleinsten auf. Der Optimierungsprozess setzt im ersten Schritt also genau da an, wo die Auswirkung auf die Leistung am größten ist, während in den weiteren Schritten die Auswirkungen immer kleiner werden. Wenn wir diesen Verlauf etwas mathematischer betrachten, haben wir damit eine Qualitätskurve vor uns, deren Steigung nach und nach abnimmt.

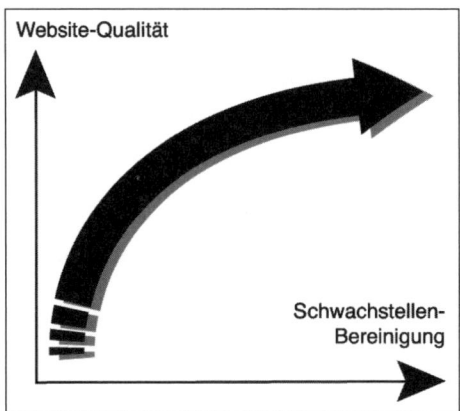

Abbildung 3.7: Mit fortschreitender Bereinigung der Schwachstellen erreicht die Website-Qualität eine Sättigung.

Zusammenfassung der Schwachstellenanalyse

Fassen wir die wesentlichen Merkmale und Ziele der Schwachstellenanalyse noch einmal übersichtlich zusammen:

◆ Die Schwachstellen werden auf Basis explorativer Analyseergebnisse identifiziert.

◆ Schwachstellen zeichnen sich durch unterdurchschnittliche und negative Eigenschaften aus.

◆ Die stetige Behebung von Schwachstellen führt zu einer stetigen Verbesserung des Erfolgs des Online-Marketings. Dabei sollten die größten Schwachstellen zuerst angegangen werden.

◆ Die Aufgabe des Webanalysten ist es, die Schwachstellen zu identifizieren und zu untersuchen, Prioritäten abzuleiten und entsprechende Maßnahmen zur Behebung zu aktivieren.

3.2.3 Potenzialanalyse

Die Kunst des positiven Denkens

Jetzt, wo Sie den Erfolgshebel Nummer eins zur Website-Steuerung in der Schwachstellenanalyse kennengelernt haben, widmen wir uns dem ergänzenden Ansatz der *Potenzialanalyse*. Diese Form der Analyse ist die Umkehrung der Schwachstellenanalyse und widmet sich der Erforschung von Elementen im Online-Marketing, die sich durch überdurchschnittliche Leistungswerte auszeichnen, oder ungenutzte Möglichkeiten offenbaren.

Das Ziel der Potenzialanalyse ist es, die entdeckten Potenziale besser zu nutzen, um dadurch den Gesamterfolg des Online-Marketings zu steigern. Auch die Potenzialanalyse geht in der Praxis in den Bereich des Webcontrollings über. Deshalb ist auch hier die Aktivierung von Verbesserungen nötig. Aber um das zu ermöglichen, müssen Sie natürlich diese Potenziale zunächst aufdecken und untersuchen. Um diesen Zusammenhang zu veranschaulichen, werfen wir kurz einen Blick auf typische Website-Potenziale:

1. Ihre Website weist hochqualitative Zugriffe über Sucheingaben in Suchmaschinen auf. Ihre Anzahl ist aber sehr gering.

2. Es fällt auf, dass die mehrfach wiederkehrenden Besucher überdurchschnittlich viele Käufe tätigen.

3. In der internen Suchfunktion eines Online-Shops suchen die Besucher sehr häufig nach einem Produkt, das im Sortiment nicht aufgeführt ist.

Es bietet sich an, dass Sie zunächst explorativ nach diesen Potenzialen suchen, um sie dann im nächsten Schritt weiter zu erforschen und zu konkretisieren. Können Sie sich vorstellen, wo in diesen beispielhaften Ergebnissen Potenziale für Ihre Website verborgen liegen?

Hochqualitative Potenziale im Verhältnis zur Quantität

Bevor wir uns näher damit beschäftigen, müssen wir erst zwischen zwei wesentlichen Merkmalen unterscheiden und diese verstehen: Qualität und Quantität. Qualitative Messwerte innerhalb von Google Analytics sind zum Beispiel *Absprungraten* und *Conversion-Raten*, also alle Messwerte, die in Form einer Ratio dargestellt werden. Quantitative Messwerte sind hingegen solche, die eine absolute Anzahl ausdrücken, zum Beispiel *Zugriffe* und *Anzahl der Seitenaufrufe*.

Die Qualität eines Untersuchungsgegenstands hat insgesamt umso weniger Auswirkung, je geringer das quantitative Ausmaß dieses Gegenstands ist. Die bereits besprochenen Schwachstellen werden also umso gravierender und offensichtlicher, wenn die Quantität sehr hoch ist, und fallen hingegen umso weniger ins Gewicht, wenn die Quantität geringer wird.

Beispiel

Ein Beispiel: Eine Absprungrate von 70% ist erschreckend schlecht. Wenn dies aber eine Zugriffsquelle mit insgesamt nur 100 Zugriffen auf die Website bei wöchentlich insgesamt 800.000 Zugriffen aller Zugriffsquellen betrifft, hat die geringe Menge das qualitative Ausmaß der Schwachstelle so erheblich gemindert, dass diese für die Steuerung des Online-Marketings so gut wie keine Relevanz mehr aufweist.

In der Potenzialanalyse hingegen kann es sich ganz anders verhalten: Das Potenzial zeichnet sich durch eine hohe Qualität aus, die aber durch eine geringe Quantität keine Auswirkung auf den Gesamterfolg hat. Ein Verbesserungsansatz liegt in dem Fall also ganz einfach in der Erhöhung der Quantität, damit die hohe Qualität sich im Gesamtergebnis deutlicher entfalten kann. Die ersten beiden Potenzialbeispiele aus der obigen Liste beziehen sich auf genau diesen Zusammenhang.

Diese Vorgehensweise nur auf Elemente mit geringer Quantität zu beschränken, wäre aber eine unnötige Potenzialverschwendung. Denn das Prinzip gilt auch dann noch, wenn schon eine gewisse Quantität erreicht ist. Solange die Quantität bei gleichbleibend hoher Qualität gesteigert werden kann, wird auch der Erfolg des Online-Marketings steigen.

Wie Sie gesehen haben, können Sie eine Steigerung des Erfolgs durch eine Erhöhung der Quantität bewirken. Im ersten Fall unserer Beispielliste würde dies bedeuten, dass Sie die Anzahl der Zugriffe erhöhen, die über bestimmte Suchbegriffe die Website erreichen. Dies kann zum einen durch die Nutzung von Suchmaschinen-Marketing in Form von Suchmaschinenoptimierung (SEO) oder von Suchmaschinenwerbung (SEA) sein. Im zweiten Beispiel würden Sie versuchen, die Anzahl der mehrfach wiederkehrenden Besucher zu erhöhen, was zum Beispiel in der Praxis durch effektives E-Mail- und Newsletter-Marketing erreicht werden kann.

Quantitative Potenziale ohne direkte Qualitätsmerkmale

Einige Potenziale in der Webanalyse lassen sich nicht durch die Betrachtung von Qualitätsmerkmalen ausmachen, sondern sind aufgrund ihrer Natur nur aus dem Zusammenhang erkennbar. Betrachten Sie dazu das dritte Beispiel in unserer Liste. Der Verbesserungsansatz wäre hier, dass Sie das Potenzial dieser Suchanfragen verwerten, indem Sie die Produkte in Ihr Sortiment aufnehmen. Hier hat sich das Potenzial über eine Quantität bemerkbar gemacht (Anzahl der Suchanfragen). Es können aber auch andere Indikatoren Hinweise auf solche Potenziale liefern. Welche das sind, hängt sehr stark davon ab, mit welchen Marketing-Instrumenten Sie vertraut sind, um aus der Interpretation von Metriken entsprechende Potenziale ableiten zu können.

Zusammenfassung der Potenzialanalyse

Fassen wir die wesentlichen Merkmale und Ziele der Potenzialanalyse noch einmal übersichtlich zusammen:

◆ Die Potenziale werden auf Basis explorativer Analyseergebnisse identifiziert.

◆ Potenziale zeichnen sich durch überdurchschnittliche und positive Eigenschaften aus.

◆ Der Erfolg des Online-Marketings kann durch Ausschöpfung der Potenziale verbessert werden.

◆ Die Aufgabe des Webanalysten ist es, Potenziale zu identifizieren, zu untersuchen und mitzuteilen. Dabei ist besonders die Kenntnis verschiedener Marketing-Instrumente hilfreich.

3.2.4 Vorgehensweise in der Schwachstellen- und Potenzialanalyse

Stufenweise dem Verursacher nähern

Sie haben bis hierhin gelernt, dass Schwachstellen und Potenziale innerhalb des Online-Marketings zu einem großen Teil über Messwerte erkannt und definiert werden. In *Abschnitt 3.3* werden Sie Vorgehensweisen finden, wie Sie diese Messwerte anhand der Website-Ziele sortieren und zur praktischen Arbeit aufbereiten können. In Kapitel *4* erhalten Sie konkrete Anweisungen und Kennzahlen für typische Fragestellungen des Online-Marketings. Wir möchten Sie an dieser Stelle vorbereitend für die grundsätzlichen Herangehensweisen in der Analyse sensibilisieren, um Ihre Arbeit mit Google Analytics als einen Verbesserungsprozess begreiflich und anwendbar zu vermitteln.

Sowohl in der Schwachstellenanalyse als auch in der Potenzialanalyse gehen Sie systematisch anhand einer konkreten Fragestellung vor und nähern sich ihrer Beantwortung an, indem Sie mithilfe der Messwerte vom Groben ausgehend sich immer weiter ins Feine vortasten. Eine solche Fragestellung kann durch eine explorative Analyse formuliert oder bereits im Vorfeld im Sinne einer gezielten Controlling-Fragestellung festgelegt worden sein. Vom Groben ins Feine bedeutet, dass Sie sich Ihrem Untersuchungsobjekt so annähern, dass Sie die Ursache der Schwachstelle oder des Potenzials nach und nach freilegen.

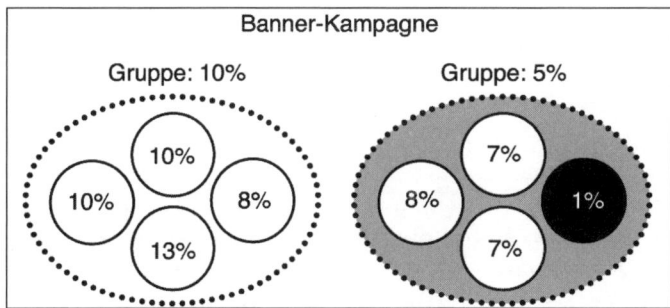

Abbildung 3.8: Vom Groben ins Feine: Tasten Sie sich von außen ins Innere, um alle Schwachstellen aufzudecken.

In Google Analytics werden viele Messwerte zusammengefasst, zum Beispiel zu einer Gruppe von Besucherquellen oder Besucherströmen, die zusammen zu einem gemeinsamen entweder eher hohen oder eher niedrigen Durchschnitt führen. Dieser Durchschnitt wird häufig durch einige wenige quantitativ kräftige Segmente beeinflusst, während andere quantitativ weniger bedeutende Segmente eigentlich nichts mit den negativen oder positiven Ausschlägen zu tun haben.

Das Ziel der analytischen Herangehensweise ist es, diese Verursacher zu identifizieren. Das kann zum Beispiel in der Schwachstellenanalyse einer Banner-Kampagne ein einzelnes Banner unter vielen sein, dessen großes Gewicht für den schlechten Durchschnitt der Leistung der gesamten Kampagne verantwortlich ist. Gehen Sie schrittweise vor, und legen Sie diese Teilsegmente offen. Sie müssen sich diesen Potenzialen und Schwachstellen bildlich gesprochen im Datennebel vorsichtig nähern und sie erkennen. Dann lassen sich auch passgenaue Maßnahmen zur Optimierung definieren.

In der Praxis werden gerade neu gegangene Wege wie beispielsweise neue Kampagnen, die den Besucherstrom erhöhen, oder Website-Änderungen solche Potenziale in sich tragen, die es zu identifizieren gilt. Nichts ist von Anfang an perfekt, das haben wir bereits erwähnt. Besonders im Online-Marketing, wo Besucherströme nachvollziehbar sind, sollten Sie sich das Konzept der stetigen Verbesserung und Optimierung zunutze machen, das vor allem an dem ersten Prinzip der Webanalyse orientiert ist: das Lernen vom Website-Besucher. Durch die Anwendung der Schwachstellen- und Potenzialanalyse werden Sie diese gedankliche Basis in die Tat umsetzen und eine stetige Qualitätssteigerung der Website und seiner Kanäle erreichen.

Erfolgreiche Integration in das Online-Marketing

Wenn Sie diesen Gedanken konsequent verfolgen und einen Schritt weiter gehen, werden Sie, von der Technik Ihrer Analysen mal ganz abgesehen, womöglich auch eine Maßnahmenphilosophie entwickeln, die nicht mehr darauf abzielt, Verbesserungsmaßnahmen gleich zum Start möglichst perfekt zu versuchen zu gestalten, sondern im Online-Marketing gestalterische Maßnahmen anzuwenden, die anfangs sehr offen und breit gestreut sind. Diese Maßnahmen sind aber so konzipiert, dass Sie innerhalb kürzester Zeit anhand der hier vorgestellten analytischen Herangehensweisen optimiert werden können und am Ende deutlich funktionaler die angestrebten Ziele umsetzen, als es theoretisch perfekte, aber tendenziell überkonzeptionierte Maßnahmen tun würden.

Damit werden Potenzial- und Schwachstellenanalysen nicht einfach nur Werkzeuge der Verbesserung, sondern integrieren sich in Ihre grundsätzliche Denkweise, erfolgsorientiertes Online-Marketing dynamisch und somit immer perfekt angepasst anzuwenden. Erkennen Sie den Unterschied? Nicht umsonst wird der Marktforschung im klassischen Marketing ein so hoher Stellenwert beigemessen. Durch Webanalyse können Sie etwas tun, das an anderen Stellen unmöglich ist: Anpassung nahezu ohne Verzögerung. Nutzen Sie den Wissensvorteil, er wird sich bald weitläufig herumgesprochen haben.

3.2.5 Kausale Ziel- und Erfolgsanalyse

Kausale Zusammenhänge erkennen und prüfen

Beschäftigen wir uns jetzt mit der letzten und nicht minder wichtigen Herangehensweise, der *kausalen Ziel- und Erfolgsanalyse*. Das mag zunächst einmal etwas schwer verdaulich klingen, ist aber eigentlich ganz einfach. *Kausal* steht für den Zusammenhang zwischen einer Ursache und ihrer Wirkung. *Ziel- und Erfolg* steht für die Ziele und Erfolge im Online-Marketing. Zusammengefügt bedeutet das, dass wir mit dieser Analyseform untersuchen können, wie sich die Erfolge des Online-Marketings beeinflussen lassen, indem wir die Ursachen dafür kennen und entsprechende Wirkungen anregen. Dieser Zusammenhang von Ursache und Wirkung wird immer dann deutlich, wenn wir etwas verändern und sich daraufhin etwas anderes mit verändert, weil es davon abhängig ist. Die Kunst dabei ist es, andere Einflussfaktoren so zu isolieren, dass wir zweifelsfrei Ursache und Wirkung bestimmen können.

Im Online-Marketing möchten wir bestimmte Stellschrauben so verändern, dass der Erfolg gesteigert wird. Voraussetzung dafür ist, dass ein kausaler Zusammenhang besteht. Wir haben ja bereits Schwachstellen und Potenziale hinreichend erörtert und haben immer wieder darauf hingewiesen, dass es die Maßnahmen sind, die aus diesen Analysen heraus entwickelt werden, die diese Steigerung des Erfolgs erzielen.

Evaluation

Nach der Umsetzung einer Maßnahme sollten Sie im nächsten Schritt nicht vergessen zu prüfen, ob die Maßnahme zu einer besseren Zielerreichung oder mehr Erfolg geführt hat. Damit bedienen wir uns genau der analytischen Herangehensweise, die eng mit einer entsprechenden Phase im Verbesserungsprozess verbunden ist: die *Evaluation*. Man erkennt etwas, verändert es und prüft – also evaluiert – es schließlich. Das hört sich auf Anhieb logisch und sinnvoll an. Sie ahnen vermutlich aber nicht, wie wenig konsequent die Evaluation in Form einer Ziel- und Erfolgsanalyse in der Praxis durchgeführt wird. Diejenigen, die schließlich viel Zeit und Aufwand zur Umsetzung der Verbesserungsmaßnahmen investiert haben, sind vermutlich einfach nur froh, diese endlich abgeschlossen zu haben.

Solches Verhalten ist nur menschlich, und daher möchten wir Sie dazu ermuntern, sich bewusst von diesem Verhalten zu distanzieren. Prüfen Sie, ob der kausale Zusammenhang so besteht, wie Sie ihn vermutet haben. Denn wenn dies nicht der Fall sein sollte, wird diese Problematik Sie sowieso früher oder später als unangenehme Wahrheit einholen. Andersherum wird es manchmal auch vorkommen, dass plötzlich Veränderungen eingetreten sind, die Sie gar nicht verursacht oder angeregt haben. Möglicherweise ist eine HIPPO dafür verantwortlich oder ein Entscheidungsorgan, das Einfluss auf diese Maßnahmenprozesse hat.

Gehen Sie viele kleine statt wenige große Schritte

Wenn Sie sich auf viele kleine Schritte konzentrieren statt Ihre Energie in die Bewältigung weniger großer Schritte mit ungewissem Erfolg zu investieren, bedeutet das letztendlich auch, dass Sie viel erfolgreicher den Weg der Verbesserung voranbringen können. Das hat vor allem zwei wichtige Gründe:

◆ Wenn Sie viele Dinge auf einmal verändern, werden Sie Schwierigkeiten haben, unter mehreren Einflussfaktoren Ursache und Wirkung zweifelsfrei zuordnen zu können. Die Erfolgsmessung fällt also deutlich leichter und sicherer, wenn Sie die Schritte klein und überschaubar halten.

◆ Kleine Veränderungen lassen sich günstiger und schneller umsetzen. Sollte sich in der Evaluation eine Maßnahme als erfolglos erweisen, ist der investierte Aufwand klein und kein so großer Verlust, wie bei einem Big Bang durch mehrere gleichzeitig durchgeführte Änderungen.

Sie sollten die Integration der Webanalyse so vornehmen, dass diese stets in Synchronisation mit allen Rollen und Personen steht, die auf die Gestaltung des Online-Marketings einwirken. Im besten Fall wird ohne Ihre Einwilligung oder zumindest Kenntnisnahme keine bedeutende Veränderung vorgenommen! Nur so können die hier vorgestellten analytischen Herangehensweisen ihre bestmögliche Wirkung entfalten.

Zusammenfassung der kausalen Ziel- und Erfolgsanalyse

Fassen wir die wesentlichen Merkmale und Ziele der kausalen Ziel- und Erfolgsanalyse noch einmal übersichtlich zusammen:

◆ Die Kausalität beschreibt den Zusammenhang aus Ursache und Wirkung.

◆ Die Evaluation von Veränderungen im Online-Marketing ist obligatorisch.

◆ Kleine stetige Schritte in Begleitung von Analysen sowie die schlüssige Abstimmung mit beteiligten Rollen und Personen führen zu einem effizienteren Webcontrolling.

3.2.6   Die analytischen Herangehensweisen im Zusammenspiel

Zusammengefasst haben wir hier sehr intensiv über Analysen im Zusammenhang mit der Anregung und Evaluation von Maßnahmen gesprochen. Sie sehen also, die Arbeit mit Google Analytics ist kein isolierter Prozess in einem einsamen Elfenbeinturm, sondern ein sehr kommunikatives und integriertes Element im Zentrum der Entscheidungen rund um das Online-Marketing. Dazu kommt die Tatsache, dass das Zusammenspiel der Herangehensweisen fließende Übergänge beinhaltet, sodass keine Herangehensweise völlig isoliert von den anderen zu sehen ist. Eine Schwachstellen- oder Potenzialanalyse ist zum Teil auch immer eine kausale Ziel- und Erfolgsmessung und hat ihren Beginn häufig in der explorativen Analyse, wenn keine andere konkrete Fragestellung Anlass für die Analysen gewesen ist.

Wichtig ist, dass Sie sich immer dessen bewusst sind, welche Herangehensweise Sie im Moment verfolgen, damit Sie die jeweiligen Ziele erkennen und weitere Schritte sicher planen können. Wir haben ebenfalls sehr viel über die Begriffe Maßnahmen und Verbesserungen gesprochen um den Erfolg des Online-Marketings zu steigern, weil diese unweigerlich mit der Theorie der analytischen Herangehensweisen verknüpft sind.

3.3 Ziele und KPIs

Sie beginnen jetzt mit einem der wichtigsten Kapitel in diesem Buch. Sie lernen den Unterschied von Website-Zielen und Unternehmenszielen und die verschiedenen Arten von Website-Zielen kennen und wie Sie Letztere auf der Website ausfindig machen und in Google Analytics abbilden.

KPIs werden Sie auf Schritt und Tritt begleiten – nicht nur hier im Buch, sondern auch in Ihrer täglichen Arbeit. Wir zeigen Ihnen, wie Sie mit KPIs umgehen und auch eigene definieren. Dazu geben wir Ihnen Kriterien an die Hand, anhand derer Sie einen guten KPI entwickeln können.

Außerdem zeigen wir Ihnen, wo Sie in Google Analytics ein paar grundlegende Werkzeuge finden, die Sie bei der Messung einiger wesentlicher KPIs unterstützen.

3.3.1 Ziele

Was sind Ziele?

Wir werden jetzt über eines der wichtigsten Elemente für den erfolgreichen Einsatz von Google Analytics sprechen: die Ziele. Geht es dabei nur um Ziele der Webanalyse? Mit Sicherheit nicht. Ziele bestimmen den Erfolg Ihrer Website, Ihres Unternehmens und vielleicht sogar Ihres Lebens. Ihre Ziele sind der Grund, weshalb Sie jeden Morgen anfangen zu arbeiten, zumindest sollten sie das sein. Nur wenn Sie ein Ziel klar vor Augen haben, können Sie Ihr Wirken darauf ausrichten, andernfalls werden Sie einfach nur irgendetwas tun und sich am Ende fragen, welchen Sinn dies überhaupt hatte. Wie wollen Sie ein Ziel erreichen, das Sie nicht kennen? Wie soll ein Unternehmen ein Ziel erreichen, wenn es vorher nicht definiert wurde? Wie soll eine Website ein Ziel haben, wenn nicht einmal das dahinter stehende Unternehmen sicher ist, welche Vision es verfolgt? Diese Fragen klingen banal, doch in der Praxis erleben wir manchmal, wie wenig definiert die Ziele von Websites oder gar von Unternehmen sind. Und das wirkt sich nicht nur auf das gesamte Online-Marketing aus, sondern auch auf alle beteiligten Personen.

Verhältnis von Website-Zielen und Unternehmenszielen

Grundsätzlich sollten Sie zwischen zwei Arten von Zielen trennen: Unternehmensziele und Website-Ziele. Die Website-Ziele sind dabei den Unternehmenszielen untergeordnet, da auch die Website in der Regel einem Unternehmen untergeordnet ist. Das Website-Ziel sollte so aufgestellt sein, dass es den Zielen des Unternehmens dient. Je erfolgreicher die Website ist, desto positiver wird der Erfolg der dahinter stehenden Unternehmung beeinflusst. Für Ihre Website-Ziele gilt: Jede Person, die direkt oder indirekt mit Ihrer Website befasst ist, sollte in der Lage sein, folgende Frage zu beantworten: *Wofür ist die Website da?*

Wenn Sie diese Frage selbst nicht innerhalb von Sekunden und ohne zu überlegen klar beantworten können, sollten Sie als Erstes darüber nachdenken, was genau Sie mit Ihrer Website erreichen wollen. Wenn Sie es nicht schaffen, in einer ruhigen Minute beim Lesen eines Buches Ihre Ziele zu formulieren, werden Sie es in den schwierigen Situationen des anspruchsvollen Analysealltags erst recht nicht können. Hier gilt es oftmals, schnell wichtige Entscheidungen zu treffen und Verantwortung zu übernehmen, ohne jemand anderen vorher fragen zu können. Am besten sorgen Sie dafür, dass alle Beteiligten diese Frage sofort beantworten können. Nur dann ziehen alle gemeinsam an einem Strang. Natürlich ist dies eine Idealvorstellung, die in der Realität kaum vollständig umzusetzen ist. Das macht es umso wichtiger, dass wenigstens Sie als Webanalyst genau wissen, was den Erfolg oder Misserfolg Ihrer Website ausmacht. Nur dann können Sie auch analysieren, welche Ursachen dafür ausschlaggebend sind.

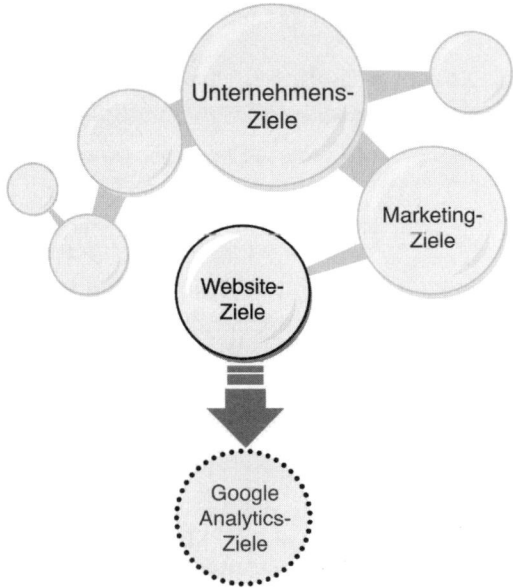

Abbildung 3.9: Die Google Analytics-Ziele hängen von den Website-Zielen ab.

Website-Ziele erkennen und definieren

Zunächst einmal sollten Sie möglichst viel darüber in Erfahrung bringen, welches die Unternehmensziele sind. Im Idealfall hat die Unternehmensführung ein ganzes Zielsystem ausgearbeitet. In diesem System sind taktische und operative Ziele innerhalb einer großen Strategie zur Erreichung eines übergeordneten strategischen Zieles hierarchisch angeordnet. Irgendwo in diesem Zielsystem befindet sich auch die Website. In diesem Fall brauchen Sie die verantwortlichen Strategieplaner nur nach den Website-Zielen zu fragen, wenn Sie diese nicht ohnehin schon vor sich haben.

Vielleicht werden Sie aber auch ein wesentlich einfacheres Zielsystem vorfinden. In solchen Fällen sollen in der Regel einfach möglichst hohe Erträge erzielt werden, aber welche Teilschritte dafür umzusetzen sind, ist nicht immer genau festgelegt. Es ist dann Ihre wichtigste Aufgabe, genau zu untersuchen, was das Ziel der Website ist. Dass ist nicht immer ganz so einfach, wie es sich anhört. Bei einem Online-Shop lassen sich die Ziele noch relativ zweifelsfrei als Umsatz durch Verkäufe identifizieren. Möglicherweise gibt es aber noch mehr Ziele: zum Beispiel die Gewinnung von Kontaktdaten und Adressen. Sprechen Sie im Zweifel mit dem Geschäftsführer oder anderen Verantwortlichen, um wirklich alle relevanten Website-Ziele zu erfassen.

Grundsätzlich lassen sich Website-Ziele in mehrere Kategorien einteilen. Bedenken Sie, dass eine Website auch mehrere der folgenden Ziele gleichzeitig verfolgen kann.

Bestellungen und Aufträge

Bestellungen und Aufträge sind typische Ziele für Online-Shops oder Dienstleistungsangebote, die online gebucht werden können (z. B. Flug- und Hotelreservierungen). Sie sind in der Regel sehr leicht zu erkennen, und der gesamte Online-Auftritt ist meist eindeutig auf diese Ziele ausgelegt.

Kontaktanfragen und Registrierungen

Hier kann es schon schwieriger werden, dieses Ziel zu identifizieren. Häufig verbirgt es sich hinter einem großen Berg von Informationen und Präsentationen auf der Website. Dieses Ziel kann eine Newsletter-Anmeldung oder das Versenden eines Kontaktformulars sein. Bei den angebotenen Produkten handelt es sich oft um beratungsintensive Produkte, die individuell im Rahmen einer Dienstleistung angepasst werden und für die deshalb der Kaufprozess nicht allein durch die Website bewältigt werden kann. Die Website stellt im gesamten Geschäftsmodell nur einen (vielleicht den ersten), aber notwendigen Kontakt her. Man kann diese Art der Produkte und Dienstleistungen vor allem im B2B-Sektor finden. Beispiele sind Finanz- und Unternehmensberatungen, Technologiefirmen, Anwaltskanzleien, Spezialisten und ähnliche beratungsintensive Dienstleistungen.

Beeinflussung eines Marken-Images

Dieses Ziel erscheint zunächst einmal etwas abstrakt. Bei näherer Betrachtung wird es aber sehr konkret. Viele Menschen nehmen Image-Werbung nur unbewusst wahr. Image-Werbung wird gelegentlich aber auch unbewusst eingesetzt. Wie selbstverständlich platzieren wir unser Logo auf der eigenen Website, ohne weiter darüber nachzudenken. Warum machen wir das eigentlich? Und welchen Effekt versprechen wir uns davon? Wir müssen zunächst einmal verstehen, worüber wir eigentlich sprechen. Ein Image ist eine subjektive Empfindung zu einer Marke. Eine Marke kann dabei vieles sein: ein Firmenname, ein Produkt oder auch eine Person, wie zum Beispiel *Michael Schumacher*, oder ein Begriff wie *Agenda 2010*. Das Image beantwortet die Frage: Wofür steht eine Marke in unserer Wahrnehmung, und was verbinden wir damit in unseren Köpfen?

Nehmen wir zum Beispiel die Marke *Google*. Auf *www.brandtags.net* finden wir heraus, was die Menschen mit Google am häufigsten assoziieren: »Internet«, »Maschine« und »unglaublich gut«. All diesen Assoziationen voran steht aber an erster Stelle »Suche«. Vielleicht ist Ihnen aufgefallen, dass auf *www.google.de* der erste Button den Titel »Google-Suche« trägt. Es ist kein Zufall, dass der Markenname im Button wiederholt genannt wird. Durch gezielte Verknüpfung von optischen Reizen mit einem interaktiven Funktionselement wird das wahrgenommene

Image beeinflusst. Websites heben sich als Instrument zur Image-Beeinflussung dadurch hervor, dass sie von den Besuchern nicht passiv benutzt werden können. Wir müssen uns der Website zuwenden und auf ihr navigieren und interagieren, um diese bedienen zu können. Diese notwendige Zuwendung der Website-Besucher wird auch *Engagement* genannt. Aufgrund dieses aktiven Engagements nehmen wir die präsentierten Informationen besser auf als zum Beispiel beim passiven Hören eines Radios. Daraus ergibt sich das Website-Ziel, ein Marken-Image gezielt über das Engagement zu beeinflussen. Das geschieht durch die Präsentation von Inhalten, die Besucher zum Teil emotional aktivieren oder ihre sachliche, kognitive Wahrnehmung ansprechen. Je größer die Aktivierung oder kognitive Beeinflussung ist, desto besser kann dieses Website-Ziel erreicht werden. Häufige Seitenaufrufe und lange Besuchszeiten können daher der Erreichung dieses Ziels vorangehen.

Oftmals wird dieses Website-Ziel zusätzlich neben anderen Zielen angestrebt, denn zumindest ein Firmenlogo ist auf fast jeder Website zu finden. Daher ist dieses Ziel nichts Ungewöhnliches. Manchmal wird die Image-Förderung aber ganz bewusst und sehr intensiv eingesetzt. Ihre Aufgabe als Webanalyst ist es, dies zu erkennen. Beispiele sind zum einen Websites mit Fokus auf sachliche Informationsvermittlung wie News-Seiten, Portale und Blogs (auch Personen können Marken sein!); zum anderen aber auch Websites, die durch Spiele, Medien oder Kommunikationselemente Besucher gewinnen und emotional unterhalten, aber gleichzeitig eine Marke präsentieren sollen.

Generierung von Werbeeinnahmen

Dieses Ziel ist wieder etwas offensichtlicher, denn Werbung ist in der Regel leicht identifizierbar: Auf der Website werden entsprechende Präsentationsflächen an Dritte vermietet, um Werbeeinnahmen zu erzielen. In der Regel nimmt der Website-Betreiber dazu an einem Werbepartnerprogramm teil, das durch dafür spezialisierte Dienstleister organisiert wird. Dies können zum Beispiel sogenannte Affiliate-Netzwerke sein oder Anzeigen-Netzwerke wie Google AdSense. Zum Teil wird diese Vermarktung aber auch durch den Website-Betreiber selbst vorgenommen, was ausschließlich für sehr gut frequentierte Websites wie zum Beispiel *www.web.de* sinnvoll ist.

Das Ausmaß der Werbeeinnahmen hängt davon ab, wie wertvoll die Website für die Werbetreibenden ist, die dort ihre Werbung schalten sollen. Dieser Wert nimmt vor allem mit der Besuchermenge zu und orientiert sich gleichzeitig am Klickverhalten und manchmal auch an demografischen Daten der Website-Nutzer. Dies alles sind Messwerte, die in diesem Fall für die Webanalyse wichtig sind. Beispiele für Websites, die vorrangig dieses Ziel verfolgen, sind denen sehr ähnlich, wie wir sie bei der Förderung eines Marken-Images angeführt haben: Informations- und Unterhaltungs-Websites, aber vor allem auch die stark nachgefragten Online-Communities wie *www.facebook.com* und *www.myspace.com*, darüber hinaus Foren und andere Formen von Social-Media-Content.

Stimulierung von Offline-Aktivitäten

Dieses Ziel hängt häufig eng mit der Bildung eines Marken-Images und der Erzeugung von Kontaktanfragen zusammen. Die Website präsentiert ein Produkt und liefert Informationen dazu. Der Besucher soll dazu angeregt werden, eine bestimmte Handlung vorzunehmen: einen Telefonanruf oder einen Besuch im Ladengeschäft. Beispiele hierfür sind Websites von lokalen Warenhäusern, Mode-Boutiquen, Geschäften, Märkten, Restaurants, Bars, aber auch von Ärzten, Anwälten, Handwerkern und vieles mehr. Besonders die lokale Ausrichtung ist hierbei häufig anzutreffen.

Weitere Website-Ziele

Sicherlich gibt es weitere Kategorien, die über die zuvor genannten hinausgehen. Wir können an dieser Stelle wegen ihrer Vielzahl nicht alle Szenarien benennen, die möglicherweise auftreten könnten. Dieser Abschnitt soll Ihnen vor allem eines vermitteln: Wichtig ist, dass Sie als Webanalyst eine Sensibilität für die Website-Ziele entwickeln und sich nicht mit oberflächlichen Zieldefinitionen zufriedengeben, sondern mit der Präzision eines Chirurgen so lange nach dem Kern des Webauftritts forschen, bis sie diesen klar und eindeutig freigelegt haben.

»Marshmellow«-Ziele

Lassen Sie sich bei der Festlegung der Google Analytics-Ziele nicht von undeutlichen Zielvorstellungen verwirren. Man bezeichnet solchermaßen unklare Ziele auch als Marshmellow-Ziele. Damit sind Ziele gemeint, die eigentlich keine sind. Ein Beispiel dafür ist: »Die Website soll den Nutzer informieren.« Sie finden recht schnell heraus, ob es sich bei geäußerten Website-Zielen um Marshmellows handelt oder nicht. Stellen Sie einfach folgende Frage: »Wie wird mit diesem Website-Ziel das Unternehmensziel erreicht?« Ist die Antwort nicht sofort deutlich, handelt es sich um einen Marshmellow. In so einem Fall fragen Sie so lange nach, bis Sie Ihre Antwort haben. Behalten Sie immer im Auge, dass zumindest hinter jeder gewerblichen Website immer ein wirtschaftliches Ziel steckt. Die Website hat die Aufgabe, dieses Ziel zu unterstützen. Und Ihre erste wichtige Aufgabe ist es herauszufinden, mit welchen Mitteln sie das tut. Nur dann können Sie Ihre Messinstrumente, die wir Ihnen im Verlauf dieses Buches zeigen werden, auch erfolgreich einsetzen. Der richtige Einsatz von Google Analytics beantwortet immer eine Frage: Wie erfolgreich wurde das Ziel umgesetzt? Ist Ihr Ziel nicht ausreichend definiert, ist die Aussagekraft Ihrer Analyse gefährdet.

Google Analytics-Ziele erkennen und definieren

Wenn Sie die Website-Ziele definiert haben, folgt der nächste Schritt: Die Website-Ziele müssen in Google Analytics abgebildet werden (s. Abbildung 3.9). Dazu legen Sie bestimmte Bedingungen fest, anhand derer Google Analytics erkennt, ob ein Besucher das Website-Ziel erreicht hat. Diese Bedingungen nennen wir *Analytics-Ziele*: Die Erfüllung dieser Bedingungen wird als *Conversion* bezeichnet. Die Conversions zeigen Ihnen später an, wie gut verschiedene Elemente der Website und des Online-Marketings zur Zielerreichung beitragen.

⌐ **Ziel-Conversions**

In Google Analytics finden Sie gelegentlich auch die Bezeichnung *Ziel-Conversions*. Wir verwenden hier die klarere und kürzere Bezeichnung Conversions, um Ihnen weitere Worte mit »Ziel« zu ersparen. ⌐

Google Analytics stellt Ihnen grundsätzlich zwei verschiedene Formen zur Zielmessung zur Verfügung:

- ◆ *URL-Ziel*: Der Aufruf einer bestimmten Seite innerhalb der Website
- ◆ *Engagement-Ziel*: Die Erreichung einer bestimmten Besuchszeit auf der Website oder Seiten pro Zugriff innerhalb eines Besuchs

Sie müssen sich nun überlegen, wie die Erfüllung des Website-Ziels durch das Verhalten der Besucher der Website am besten über die oben genannten Bedingungen abgebildet wird. Die folgenden Abschnitte werden Ihnen dabei helfen.

So verwenden Sie URL-Ziele in Google Analytics

URL-Ziele sind vor allem geeignet, um Danke-Seiten nach Bestellungen oder Kontaktanfragen als Google Analytics-Ziel einzutragen. Damit können vor allem die vorher genannten Zielkategorien *Bestellungen und Aufträge* und *Kontaktanfragen und Registrierungen* gemessen werden. Legen Sie in solchen Fällen einfach die entsprechende Danke-Seite als Ziel fest, die dem Besucher nach erfolgter Bestellung oder Anfrage erscheint.

⌐ **Was ist eine Danke-Seite?**

Als Danke-Seite wird die Seite bezeichnet, die erscheint, wenn das Ziel erreicht wurde. Zum Beispiel nach Abschluss einer Bestellung ist es die Seite, auf der sich der Shop beim Käufer für den getätigten Kauf bedankt und ihm möglicherweise eine Auswahl anbietet, was der Käufer nun unternehmen kann. Bei einer Kontaktanfrage ist es die Seite, auf der sich der Anbieter für die Anfrage bedankt und den Anfragenden darüber unterrichtet, was mit seinen Daten nun geschieht (»wir melden uns in Kürze«).

Eine Danke-Seite muss für die korrekte Messung mit Google Analytics unbedingt eine URL aufweisen, die die Seite eindeutig von allen anderen Seiten der Website unterscheidet. Andernfalls kann die Zählung nicht korrekt erfolgen. ⌐

Beispiel

Zu einem gewissen Grad können Sie mit URL-Zielen aber auch die Kategorie *Stimulierung von Offline-Aktivitäten* messen. Betrachten wir zum Beispiel eine Website für eine Arztpraxis. In der Regel möchten die Besucher herausfinden, wie sie die Praxis telefonisch erreichen oder direkt aufsuchen können. Legen Sie in solchen Fällen die Seite mit der Telefonnummer und der Anfahrtsbeschreibung als URL-Ziel fest. Natürlich führt nicht jeder Aufruf dieser Seite direkt zu einem Anruf oder einem Praxisbesuch. Sie können aber davon ausgehen, dass zumindest ein bestimmter Anteil der Besucher, die diese Seite aufgerufen haben, zu echten Praxisbesuchern wird. Gelingt es, die Häufigkeit der Aufrufe zu steigern, kann auch eine Steigerung der damit verbundenen Aktionen angenommen werden. Wir messen also keine absoluten Kontakte, sondern lediglich Tendenzen.

Wir sprechen bei solchen Zielbestimmungen auch von *Semi-Conversions*. Das sind Google Analytics-Conversions, die hauptsächlich Tendenzen messen, hinter denen sich anteilig die Erreichung des Website-Ziels verbirgt. Semi-Conversions helfen Ihnen dabei, den Erfolg der Website zu messen, selbst wenn dieser nur tendenziell greifbar ist. Aber dadurch, dass die Besucher bestimmte Bedingungen erfüllen müssen, um dieses Website-Ziel zu erreichen, haben Sie trotzdem einen Indikator gefunden, mit dem Sie arbeiten und analysieren können. Deshalb ist es so wichtig, genau zu untersuchen, was den Website-Erfolg ausmacht und wie sich ein Besucher verhält, der zu diesem Erfolg beiträgt. Versetzen Sie sich dazu in die Lage eines Besuchers Ihrer Website. Überlegen Sie sich, welche Seitenaufrufe innerhalb der Website von einem Besucher durchgeführt werden müssen, damit der Besuch als Erfolg gezählt werden kann.

So verwenden Sie Engagement-Ziele in Google Analytics

Engagement-Ziele verfolgen den Ansatz, eine bestimmte Anzahl von Seitenaufrufen während eines Besuchs oder die Dauer von Besuchszeiten zur Erfolgsmessung heranzuziehen. Die Einrichtung von Engagement-Zielen erfordert etwas mehr Einfühlungsvermögen in Ihre Zielgruppe, als das bei den URL-Zielen der Fall ist. Sie sollten daher Engagement-Ziele nur dann verwenden, wenn Sie keine Möglichkeit haben, dass Website-Ziel durch URL-Ziele abzubilden. Das ist besonders bei Websites mit Informations- und Unterhaltungscharakter der Fall, die weder Bestellprozesse noch Anfrageformulare zur Unterstützung der Unternehmensziele bereithalten. Solche Website-Ziele wie beispielsweise Markenbildungseffekte und die Stimulierung von Offline-Aktivitäten können nur indirekt gemessen werden.

Um zu bestimmen, welches Ausmaß von Engagement als Zielerfüllung angesehen werden muss und für die Einrichtung als Google Analytics-Ziel geeignet ist, müssen Sie Ihre Zielgruppe genau betrachten. Website-Besucher lassen sich in zwei Kategorien einteilen: Intentions-Surfer und Stöber-Surfer. Intentions-Surfer wollen auf Ihrer Website eine bestimmte Information finden. Entweder sind sie auf der Suche nach dieser Information und erwarten sie auf Ihrer Website, oder sie wissen bereits, dass sie diese auf Ihrer Website finden werden. Intentions-Surfer sind vor allem an klaren und sachlichen Inhalten interessiert. Sie nehmen die Informationen auf Ihrer Website sehr bewusst wahr, weil sie sich einen schnellen Informationsgewinn versprechen. Schnelligkeit ist dabei ein wichtiges Kriterium, denn Ihre Website hat nur eine gewisse Zeit zur Verfügung, Intentions-Surfer zufriedenzustellen. Werden sie innerhalb dieser Zeit nicht fündig, werden sie Ihre Website wieder verlassen und ihre Suche woanders fortsetzen. Wenn das Website-Ziel vor allem eine positive Markenbildung vorsieht, dann wird der Effekt sich in solchen Fällen sogar ins Negative umkehren.

Was bedeutet das für die Einrichtung von Engagement-Zielen? Die Intentions-Surfer wollen schnell an ihr Ziel. Das steht im Gegensatz zu der Idee, eine möglichst lange Besuchszeit oder möglichst viele Seitenaufrufe würden eine erhöhte Zufriedenheit signalisieren. Wenn Ihre Website weniger der Unterhaltung dient, sondern eher der Vermittlung von sachlichen Informationen, ist es keine besonders gute Idee, sehr hohe Engagement-Grade als Zielerfüllung zu werten.

Trotzdem kann ein Mindestengagement Erfolg darstellen, denn ein gewisser Toleranzbereich der ungeduldigen Intentions-Surfer steht Ihnen ja zur Verfügung. Intentions-Surfer fühlen sich auf kleinen bis mittleren Engagementniveaus wohl. Wenn Ihr Webauftritt sich auf Intentions-Surfer konzentriert, richten Sie dafür am besten auch kleine bis mittlere Engagement-Schwellwerte zur Erfolgsmessung ein. Eine mittlere Mindestzahl von Seitenaufrufen oder eine ebenso mittlere minimale Besuchszeit reichen aus, um den Website-Erfolg zu messen. Schauen Sie sich die Informationen auf der Website an, und versetzen Sie sich in die Lage des Intentions-Surfers: Wie lange braucht dieser mindestens, um die wesentlichen Informationen zu erhalten? Spielen Sie es gedanklich durch, und probieren Sie es selbst aus. Zum Beispiel indem Sie eine Stoppuhr nehmen und beobachten, wie lange Sie benötigen, um die wichtigen Informationen wahrzunehmen und zu verarbeiten.

Wenn Sie das Verhalten Ihrer Zielgruppe noch besser kennenlernen wollen, können Sie dies auch in Form von kleinen Usability-Tests untersuchen. Richten Sie die gemessene Mindestdauer oder Mindestzahl der Seitenaufrufe als Google Analytics-Ziel ein. Damit haben Sie ein Messinstrument, um zielführende Zugriffe von nicht zielführenden Zugriffen zu unterscheiden. Beispiele für Websites mit Intentions-Surfern als wesentliche Zielgruppe sind Blogs zu Fachthemen, Online-Produktkataloge, Präsentationen von Dienstleistern und weitere, vor allem sachlich orientierte Informationslieferanten.

Bei Stöber-Surfern hingegen sollten Sie den Mindestgrad des Engagements zur Erreichung des Google Analytics-Ziels höher ansetzen. Im Gegensatz zu den Intentions-Surfern haben Stöber-Surfer keine feste Vorstellung von den Informationen, die sie aufnehmen möchten. Sie wollen vor allem unterhalten werden, ohne dabei ein konkretes Ziel zu verfolgen. Die Unterhaltung wird dieser Nutzergruppe weniger durch sachliche Informationen ermöglicht, sondern durch emotionale Erlebnisse. Diese Art von Nutzern ist auch gar nicht auf aktive und sachliche Informationsverarbeitung eingestellt. Stöber-Surfer wollen vor allem durch Bilder, Videos, Spiele, Musik, Widgets oder soziale Kommunikation stimuliert werden. Sie sind auf der Suche nach anregenden Erlebnissen.

Natürlich kann dieser Effekt auch durch sachliche Informationen erreicht werden, wenn bestimmte Zielgruppen sich dadurch angeregt fühlen. Das Unterscheidungs-merkmal zur sachlichen Informationsaufnahme ist aber die Aktivierung von Emo-tionen. Im Gegensatz zu den Intentions-Surfern haben die Stöber-Surfer auch kei-nen bestimmten Toleranzbereich, nach dessen Überschreitung die Zufriedenheit wieder abnehmen würde. Fühlen sich die Stöber-Surfer lange genug unterhalten, wird sich ihr Aufenthalt auf Ihrer Website beinahe grenzenlos steigern lassen. Dazu wollen sie immer wieder neu angeregt und aktiviert werden. Deshalb sollten Sie Ihre Mindestwerte zur Erfüllung der Engagement-Ziele höher setzen als bei den Intentions-Surfern.

Versuchen Sie auch hier, sich in die Perspektive Ihrer Website-Besucher hineinzu-versetzen. Surfen Sie selbst auf Ihrer Website, und versuchen Sie, sich selbst zu unterhalten. So erhalten Sie einen Eindruck davon, ab welcher Grenze Sie beson-ders begeisterte Benutzer von weniger begeisterten Besuchern unterscheiden kön-nen. Auch hier können Sie Usability-Tests zum besseren Verständnis Ihrer Ziel-gruppe einsetzen. Beispiele für Websites mit Stöber-Surfern als wesentliche Zielgruppe sind solche von Künstlern, Videoportale, Image-Seiten mit Gaming-Widgets, Lese-Blogs, Social Communities und andere vor allem multimedial orien-tierte Internet-Auftritte.

Weitere Strategien zur Erfolgsmessung mit Engagement-Zielen

In einigen Fällen kann es einer Website auch gelingen, Intentions-Surfer so zu akti-vieren, dass diese entweder vor, während oder nach Aufnahme des angestrebten Intentionsobjektes abgelenkt werden und sich in Stöber-Surfer verwandeln. Wenn Sie dieses Website-Ziel verfolgen, ist auch bei Websites mit hauptsächlich sachli-chem Content eine Zieldefinierung angebracht, die den Stöber-Surfern entspricht. Alternativ bietet es sich in solchen Fällen an, mehrere Engagement-Ziele zu definie-ren: eine mittlere Schwelle, um die Befriedigung der Intentions-Surfer zu messen, und eine hohe Schwelle, um den Umwandlungserfolg in Stöber-Surfer zu messen.

Umgekehrt kann es genauso sein, dass Stöber-Surfer, angeregt durch die stimulie-rende Unterhaltung auf Ihrer Website, ein klares Intentionsziel entwickeln, das durch Ihre Website nicht mehr befriedigt werden kann. In so einem Fall ist es Ihnen nicht gelungen, die Stöber-Surfer für weiteres Engagement auf Ihrer Seite zu aktivieren. Damit wurde Ihr Website-Ziel nicht oder nur zum Teil erreicht. In den Fällen, in denen die Markenwahrnehmung beeinflusst werden soll, würde man neben der Messung von Engagement-Zielen auch die Anzahl der wiederkehrenden Besucher in die Analysen einbeziehen. Je häufiger die Besucher wieder zu Ihrer Website zurückkehren, desto intensiver sind auch das emotionale Involvement und die Treue zu Ihrer Marke. Ebenso kann es Fälle geben, wo eine besonders hohe Reichweite wichtiger ist als eine hohe Besuchertreue. Dies können zum Beispiel Sei-ten mit einmaligen Aktionen sein, die von möglichst vielen neuen Besuchern wahrgenommen werden sollen. Auch hier hängt die Erfolgsmessung sehr stark davon ab, wie genau Sie die Website-Ziele definiert haben.

Bei der Festlegung der Engagement-Ziele sollten Sie immer Folgendes im Hinter-kopf behalten: *Machen Sie die Tendenzen vergleichbar.* Die Realität können Sie sowieso nicht vollständig abbilden. Es kommt daher nicht so sehr darauf an, ob Sie die Engagementschwelle anhand vieler Tests und möglicherweise sogar empirisch erfasster Daten möglichst exakt festgelegt haben. Obwohl und gerade weil sich die Ungenauigkeit durch *alle* Besucherquellen und Analyseobjekte fortsetzt, sind die Werte am Ende vergleichbar, liefern wunderbare Tendenzen und machen so Entwicklungen in den Kennzahlen deutlich. Viel wichtiger für die Arbeit mit Engagement-Zielen, als exakte Schwellwerte zu kennen, ist es, dass Sie ein Gefühl für die Zielgruppe und ihren Bezug zu Ihrer Website entwickeln. Versetzen Sie sich in Ihre Zielgruppe, und ergründen Sie die medialen, emotionalen und kognitiven Elemente der Website genau, mit denen das Engagement-Ziel erreicht werden soll.

So richten Sie die Google-Analytics Ziele ein

Rufen Sie Ihr Google Analytics-Konto auf. Sie erhalten als Erstes einen Überblick über Ihre Profile (s. *Abbildung 3.10*). Je Profil können Sie bis zu 20 Google Analytics-Ziele einrichten. So viele werden Sie in der Regel aber nur selten benötigen. Klicken Sie in der Profilspalte auf BEARBEITEN, um in die Profileinstellungen zu gelangen. Hier erhalten Sie im Bereich ZIELE einen Überblick über die bereits eingerichteten Google Analytics-Ziele (s. *Abbildung 3.11*). Wählen Sie ZIEL HINZUFÜGEN, um ein neues Ziel einzurichten. Alternativ können Sie auch mit BEARBEITEN ein bereits bestehendes Google Analytics-Ziel aufrufen und verändern. In der darauffolgenden Maske können Sie nun die Einstellungen zur Festlegung Ihres Google Analytics-Ziels vornehmen (s. *Abbildung 3.12*):

◆ ZIELNAME: Dieser Name erscheint in den Messwerten von Google Analytics. Wählen Sie einen klar abgrenzbaren Namen wie zum Beispiel »Produkt-Bestellung« aus.

◆ AKTIVES ZIEL: Ist das Google Analytics-Ziel aktiviert, wird dieses ab dem Zeitpunkt der Aktivierung gemessen. Das Deaktivieren verhindert die Zielmessung. Eine rückwirkende Messung durch erneute Aktivierung ist nicht möglich.

◆ ZIELPOSITION: Hier legen Sie fest, welche fortlaufende Nummer das Ziel erhalten soll. Für die Messung selbst ist diese Einstellung nicht relevant, sondern dient nur Ihrer eigenen Übersicht. Je Profil haben Sie vier Zielgruppen mit jeweils fünf Zielen zur Verfügung. Die Gruppen verfolgen den Gedanken, Ziele übersichtlicher zusammenzufassen, die eng miteinander verwandt sind. Zudem werden Zielwerte und Conversion-Raten einer Gruppe zusammengefasst dargestellt.

◆ ZIELTYP: An dieser Stelle entscheiden Sie sich, ob Sie ein URL-Ziel oder ein Engagement-Ziel definieren wollen. Sobald Sie eine Option auswählen, erscheint ein Menü zur detaillierten Festlegung.

● Für die Festlegung von URL-Zielen stehen Ihnen drei Optionen zur Verfügung:

– ÜBEREINSTIMMUNG MIT HEAD: Alle Aufrufe von URLs, die mit der hier festgelegten Zeichenfolge beginnen, werden als Zielerreichung gezählt. Diese ist Option ist besonders für URLs mit dynamischen Parametern wie z. B. Session-IDs geeignet.

– GENAU PASSENDES KEYWORD: Alle Aufrufe von URLs, die exakt mit der hier festgelegten Zeichenkette übereinstimmen, werden als Zielerreichung gezählt.

– ÜBEREINSTIMMUNG MIT REGULÄREN AUSDRÜCKEN: Alle Aufrufe von URLs, die dem regulären Ausdruck entsprechen, werden als Zielerreichung gezählt. Mehr zu regulären Ausdrücken erfahren Sie im *Kapitel 5.1.1, Reguläre Ausdrücke.*

- Für die Engagement-Ziele können Sie Minima und Maxima für die Besuchszeiten und die Seiten pro Zugriff festlegen.

- ZIELWERT: Hier können Sie einen Zielwert definieren. Jedes Mal, wenn eine Conversion durch die Erfüllung der hier definierten Bedingungen eintritt, wird der Conversion der angegebene Zielwert zugeordnet. Wie Sie Zielwerte richtig einsetzen, erfahren Sie im *Abschnitt 3.3.2.*

- ZIELTRICHTER: Hier können Sie für die Analyse des Conversion-Prozesses Zieltrichter definieren, wenn es sich bei dem Ziel um ein URL-Ziel handelt. Sie legen hier fest, welche Seiten *vor* dem eigentlichen Ziel aufgerufen werden. Tragen Sie die Seiten in das Feld URL in der Reihenfolge ein, in der sie im Bestellprozess aufgerufen werden, und vergeben Sie für jeden Schritt einen frei wählbaren NAMEN. Wenn Sie den Haken bei REQUIRED STEP aktivieren, wird die Conversion nur dann gezählt, wenn die hier festgelegte Seite während des gleichen Besuchs aufgerufen wurde. Andernfalls werden Conversions auch dann gezählt, ohne dass die angegebenen Seiten vorher aufgerufen wurden. Zur Messung von Conversions müssen Trichter nicht eingerichtet werden, die Analyse wird aber durch die Visualisierung mithilfe von Trichtern verbessert. Im folgenden Abschnitt werden Trichter näher erläutert.

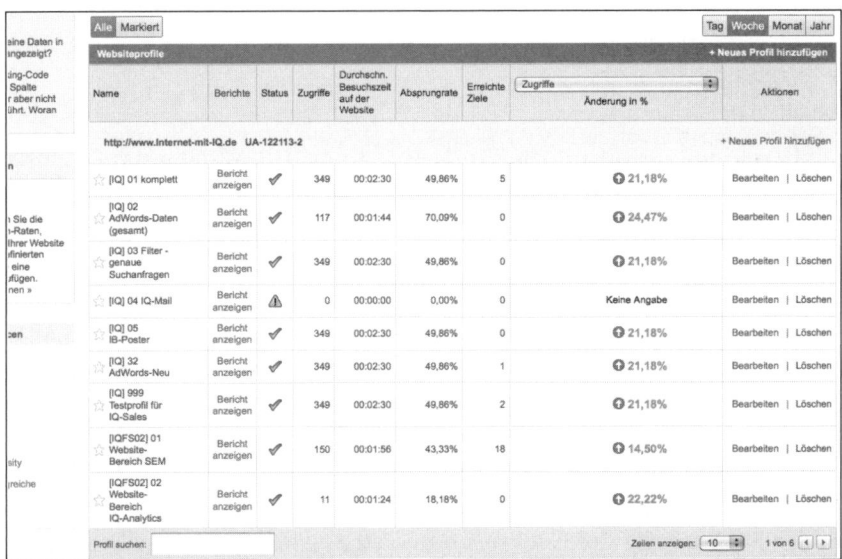

Abbildung 3.10: Profilübersicht in Google Analytics

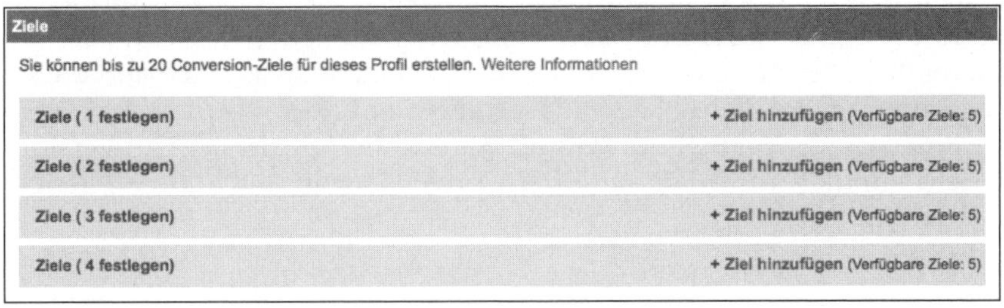

Abbildung 3.11: Ziele in den Profileinstellungen

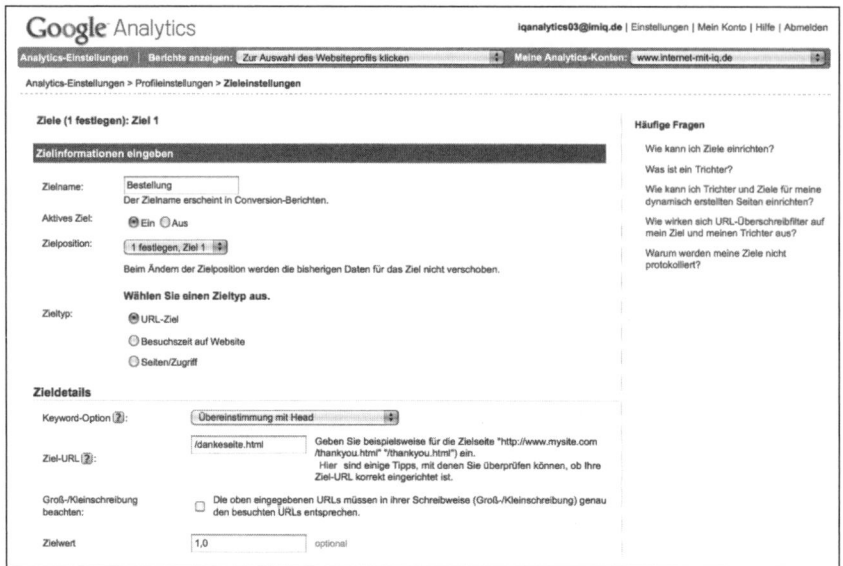

Abbildung 3.12: Einrichtung eines Google Analytics-Ziels

Zieltrichter verwenden

Zieltrichter stellen eine Option für die Einrichtung von URL-Zielen dar. Trichter dienen der Visualisierung von Conversion-Prozessen. Setzen Sie den Haken bei REQUIRED STEP (erforderlicher Schritt), wird eine Conversion nur dann gezählt, wenn die angegebene Seite vorher aufgerufen wurde. Wenn Sie einen Verbund von Seiten als Trichter definiert haben, üblicherweise ein Bestellprozess, können Sie spezielle Daten in der Google Analytics-Oberfläche unter ZIELE im Punkt TRICHTER-VISUALISIERUNG einsehen. Beachten Sie, dass für den Trichter glücklicherweise nur eindeutige Seitenaufrufe gezählt werden. Sollten Sie also beispielsweise den Warenkorb als Trichterseite definiert haben, wird dieser nur einmal während eines Besuchs gezählt, auch wenn dieser während des Besuchs mehrmals aufgerufen wird. Dieses Verhalten ist bei Besuchen in Online-Shops nichts Ungewöhnliches.

Wenn Sie bei der Einrichtung des Trichters den ersten Schritt als REQUIRED STEP definieren, werden Sie feststellen, dass in den Berichten in den folgenden Schritten innerhalb des Trichters keinerlei Quereinsteiger auf der linken Seite ausgewiesen werden. Das liegt daran, dass Google Analytics wegen eben dieser Definition die Conversion nur dann zählt (und in diesen Berichten protokolliert), wenn ein Nutzer die erforderliche Seite auf dem Weg zur Conversion auch tatsächlich aufgerufen hat. Alle Quereinsteiger, die diesen Schritt ja ausgelassen haben, werden dann logischerweise ignoriert. Dies ist auch der Grund, warum die Anzahl der Conversions in diesem Bericht von der Anzahl der Trichter-Conversions in den anderen Berichten abweichen kann.

Hinweis

Obwohl die Darstellung es suggeriert, bildet die Trichter-Visualisierung nicht die wirkliche Navigations-Reihenfolge während eines Besuchs ab. Google Analytics prüft lediglich, ob die Seiten während des Besuchs aufgerufen worden sind, und ordnet diese dem Trichter zu. In welcher Reihenfolge der Besucher die Seiten tatsächlich aufgerufen hat, spielt dabei keine Rolle.

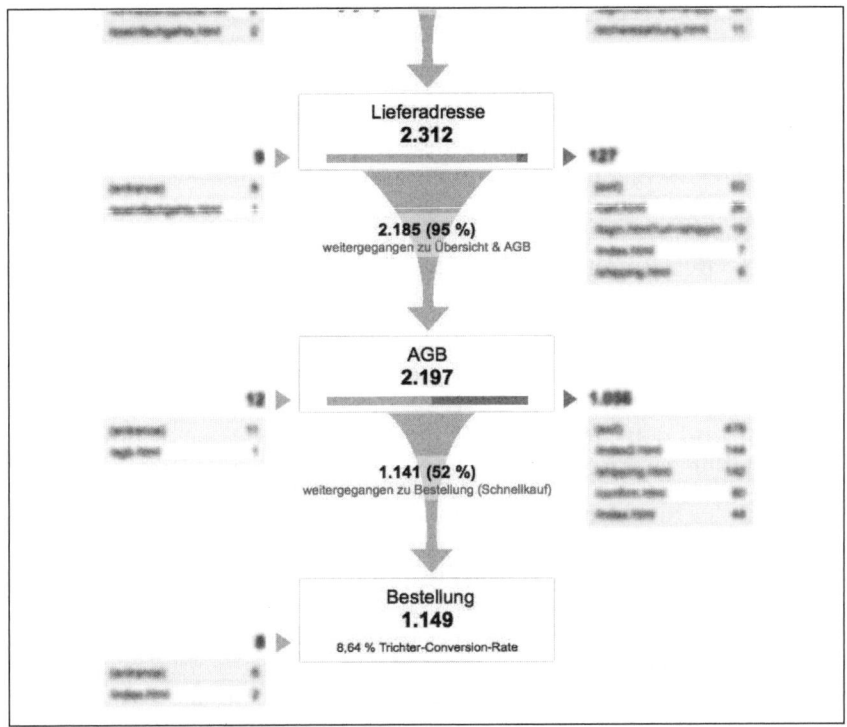

Abbildung 3.13: Ein Zieltrichter in Google Analytics

Eine detaillierte Beschreibung zur Arbeitsweise mit Trichtern finden Sie in Abschnitt *4.3.3, Conversion-Prozesse*.

3.3.2 KPIs

Was sind KPIs?

KPI ist Englisch und steht für *Key Perfomance Indicator*. Wenn wir den Begriff in seine Einzelteile zerlegen, erhalten wir die Begriffe *Schlüssel*, *Leistung* und *Anzeiger*. Ein KPI ist also ein Anzeiger für eine Leistung. Das erinnert ein bisschen an den die km/h-Nadel in einem Rennwagen-Cockpit. Je höher der Zeiger ausschlägt, desto besser die Leistung. Und genau dafür sind die KPIs auch gedacht. Schlüssel bedeutet in dem Zusammenhang, dass nicht nur irgendeine Leistung angezeigt wird, sondern eine besonders wichtige, eine *Schlüssel*-Leistung.

Konkret bedeutet das für die Verwendung von Google Analytics: Ein KPI zeigt uns an, wie gut die Leistung im Hinblick auf die Website-Ziele ist. In der praktischen Webanalyse zeigen KPIs uns an, wie gut zum Beispiel die Leistung einer Besucherquelle, Zielseite oder eines Bestellprozesses in Bezug auf das Website-Ziel ist. Da wir nicht jeden Besucher live verfolgen können, benötigen wir KPIs, um trotzdem eine Vorstellung von der Wirkung bestimmter Objekte innerhalb und außerhalb unserer Website zu erhalten.

 **Beispiel**

> Um uns ein Bild davon zu machen, wie das funktioniert, nehmen wir ein einfaches Beispiel fernab der Webanalyse: Stellen Sie sich vor, Sie wären Fußballtrainer und können aus irgendeinem Grund das Spiel Ihrer Mannschaft nicht live beobachten, müssten aber trotzdem Anweisungen geben. Auf welcher Informationsbasis würden Sie Ihre Entscheidungen treffen? Sie nehmen sich einen Bildschirm, der Ihnen mehrere Messwerte im Verlauf des Spieles anzeigt: Gewonnene Zweikämpfe, Uhrzeit, Anzahl der Zuschauer im Stadion, Schüsse aufs Tor und erzielte Tore.
>
> Natürlich soll Ihre Mannschaft gewinnen. Das bedeutet, mehr Tore als der Gegner zu schießen. Als Erstes bestimmen Sie Ihre KPIs. Welche dieser Messwerte sind für Sie und den Erfolg Ihrer Mannschaft wichtig? Sie wählen die erzielten Tore und die gewonnenen Zweikämpfe als KPIs aus.
>
> Obwohl Sie das Spiel nicht genau verfolgen können, zeigen Ihnen die KPIs an, ob sich die Entscheidungen, die Sie für das Spiel treffen, positiv oder negativ auf den Erfolg auswirken. Sinken beide KPIs, haben Sie eine schlechte Entscheidung getroffen. Verbessern sich die KPIs, war es die richtige Entscheidung. Nehmen wir zusätzlich an, Sie können auch nicht sehen, wie viele Tore Ihre Mannschaft erzielt, aber Sie wissen, dass Sie im Durchschnitt der letzten 20 Spiele 10% aller Torschüsse erfolgreich in Tore verwandelt haben. Wählen Sie als zusätzlichen KPI, wie viele Schüsse auf das Tor erfolgt sind, dann können Sie am Ende abschätzen, mit wie vielen Toren Sie aus dem Spiel gegangen sind.

Wenn wir das Beispiel auf Google Analytics übertragen, verhält es sich sehr ähnlich. Sie können den Besuchern nicht über die Schulter schauen, aber Sie haben eine große Menge an Messwerten zur Verfügung: Absprungrate, Anteil der neuen Zugriffe, Seiten pro Zugriff, Conversion-Rate und noch sehr viele mehr. Um für Ihre Website-Ziele den Erfolg zu messen, müssen Sie aus dieser Fülle an Messwerten Ihre KPIs bilden. Welche Messwerte Sie verwenden, hängt davon ab, was Ihre Website-Ziele sind und was genau Sie betrachten wollen. KPIs können dabei nicht nur aus einfachen Messwerten bestehen. Oft ist es nützlich, dass Sie verschiedene Messwerte miteinander zu einem neuen KPI kombinieren. Das kann zum Beispiel bedeuten, dass Sie zur Bewertung von Zugriffsquellen nicht nur die Conversions pro Zugriff messen (ist als Conversion-Rate direkt in Google Analytics ablesbar), sondern die Anzahl der Conversions pro Tag (dieser Wert muss erst gebildet werden), um einen besseren Vergleich für vergangene und zukünftige Zeiträume zu haben. Ihr KPI würde dann für die Bewertung einer Zugriffsquelle lauten: Conversion-Leistung. Diesen und weitere KPIs definieren wir in Kapitel *4.2.2, Quantitative KPIs für Zugriffsquellen*, noch genauer. Wie Sie bei der Bildung und Auswahl von KPIs am besten vorgehen, erfahren Sie in den folgenden Abschnitten.

Ziele und Aufgaben eines KPI

Durch den Einsatz in Analyse- und Optimierungsprozessen fallen dem KPI wichtige Aufgaben zu:

◆ Erfolgsmessung durch Vergleiche ermöglichen

◆ Ursache-Wirkungs-Zusammenhänge aufzeigen

◆ Motivation und Anreize liefern

Die Erfolgsmessung zu ermöglichen, ist die wichtigste Aufgabe eines KPI. Hierbei stützen wir uns im Wesentlichen auf Vergleiche. Diese umfassen sowohl zeitparallele Vergleiche von vergleichbaren Untersuchungsgegenständen (wie z. B. verschiedene Werbekanäle), um den mit der besten Leistung weiter zu verfolgen oder auszubauen, als auch zeitserielle Vergleiche, um den Einfluss einer Maßnahme auf einen Untersuchungsgegenstand durch einen Vorher-nachher-Vergleich beurteilen zu können (bspw. das Ändern des Image-Banners einer Werbekampagne). So können durch den KPI Ursache-Wirkungs-Effekte messbar gemacht werden. Darüber hinaus dient ein KPI auch dazu, zu motivieren und Anreize zu liefern. Es ist immer ein großartiges Gefühl, wenn eine Maßnahme wie, um im Beispiel zu bleiben, die Änderung des Image-Banners zu mehr Erfolg geführt hat. Der Designer des Banners wird ein Erfolgserlebnis verspüren, und zudem ist ein Lerneffekt die Folge. All dies kann sich motivierend auswirken. Umgekehrt können auch Anreize geschaffen werden, indem zum Beispiel ein bestimmter Wert, den ein KPI erreichen soll, als Ziel festgelegt wird.

Conversions als wichtiger Bestandteil von KPIs

Zur Erinnerung: Eine Conversion (oder genauer Ziel-Conversion) tritt immer dann ein, wenn durch einen Besucher das erreicht wird, was Sie in den Profileinstellungen als Analytics-Ziel definiert haben. Die Conversion-Daten werden Ihnen an vielen verschiedenen Stellen in Google Analytics begegnen. In der Regel sind KPIs, die sich aus Conversion-Daten ableiten, von größter Wichtigkeit. Für einige Analysen sind aber auch KPIs wertvoll, die nicht mit Conversions in Verbindung stehen; zum Beispiel die Betrachtung der Absprungrate zur Bewertung von Zielseiten. Es ist wichtig für Sie zu wissen, dass zwischen Conversion-Daten und KPIs ein Unterschied besteht. Conversion-Daten sind sehr hilfreiche und wichtige Messwerte, für die analytische Arbeitspraxis aber nicht immer geeignet. Wenn Sie dagegen einen KPI bilden, kreieren Sie Ihr eigenes Messinstrument, das perfekt auf Ihren Analysebedarf abgestimmt ist.

Anforderungen an einen KPI

Bevor wir erläutern, wie Sie einen KPI bilden, geben wir Ihnen zunächst einen Überblick über die Anforderungen an einen guten KPI:

◆ Aussagekraft

◆ Verständlichkeit

◆ Beständigkeit

◆ Vergleichbarkeit

◆ Beeinflussbarkeit

◆ Quantifizierbarkeit

Ein KPI sollte diese Anforderungen erfüllen, damit nicht nur Sie, sondern auch andere gut damit arbeiten können. Als Webanalyst sind Sie vor allem auch ein Informationslieferant. Sofern Sie nicht allein arbeiten, ist es wichtig, dass Ihre Analysen für andere nachvollziehbar und transparent sind.

Aussagekraft

Diese ist die wichtigste aller Anforderungen. Ein KPI ist zwecklos, wenn er Ihnen keine Aussage über den Grad der Zielerreichung und des Erfolgs von Maßnahmen liefern kann. Genau das unterscheidet den KPI von den vielen verfügbaren Messwerten in Google Analytics. Ein falsch justierter KPI ist aber auch gefährlich. Die gleiche Mühe, die Sie in die Definition der Website-Ziele investiert haben, sollten Sie auch in die Bildung der KPIs einfließen lassen. Sind Ihre Messinstrumente falsch angelegt, befinden Sie sich mit Ihren daraus resultierenden Maßnahmen schnell auf dem Holzweg. Wir nennen das »Garbage in – Garbage out«: Wer Müll hineinwirft, bekommt Müll heraus. Lassen Sie es nicht dazu kommen. Ein guter Benutzer von Google Analytics ist ein Benutzer, der sein Tun und Wirken ständig neu hinterfragt und verbessert. KPIs sind die Sprache der Webanalyse, und Sie legen fest, wie gut es sich mit der Sprache kommunizieren lässt.

Verständlichkeit

Verständlichkeit ist vor allem aus zwei Gründen wichtig: Erstens müssen die potenziellen Empfänger Ihrer Analyseberichte diese nachvollziehen können. Und zweitens laufen Sie sonst Gefahr, sich nur selbst aufs Glatteis zu führen. Sie können zwar den besten, komplexesten, aus 42 Messwerten bestehenden KPI bilden. In der Praxis wird dieser niemandem etwas nützen. Kollegen werden Sie für ein verrücktes Mathegenie halten (das kann allerdings viel wert sein, je nach dem, bei wem Sie punkten wollen), Ihre Analysen aber nicht ernst nehmen, weil sie sie nicht verstehen. Bleiben Sie daher möglichst einfach. Sie wollen schließlich Erfolg und Misserfolg messen. Wenn Ihr KPI aus zu vielen verschiedenen Messwerten gebildet wird, können Sie nicht mehr bestimmen, welcher Messwert für positive und negative Veränderungen des KPI eigentlich verantwortlich gewesen ist. Die wichtigste Regel dabei lautet, dass Sie immer versuchen sollten, die mathematische Komplexität nach Möglichkeit gering zu halten.

Wenn Sie trotzdem viele verschiedene Messwerte zusammenführen wollen, versuchen Sie besser, diese in mehrere KPIs aufzuteilen und in den Analysen nicht nur auf einen, sondern auf mehrere zugleich zurückzugreifen. Häufig kristallisiert sich im Verlauf der Analysen sowieso heraus, dass es genau einen besonders wichtigen KPI gibt. Bemühen Sie sich zudem, KPIs positiv zu formulieren. Das bedeutet, ein Anstieg eines KPI sollte auch zunehmenden Erfolg bedeuten und nicht umgekehrt. Es ist für die Verständlichkeit auch hilfreich, einem KPI einen plakativen, aber sinnvollen Namen zu geben, zum Beispiel: »Online-Markenbekanntheit« oder »Anzahl der Website-Betrachter«.[3] Solche Namen lassen sich einfach besser merken. Und das führt auch dazu, dass Ihre KPIs Anklang in Ihrer Umgebung finden.

Beständigkeit

Auch und besonders in der betriebswirtschaftlichen Welt gibt es sehr viele mittel- und hochkomplexe KPIs. Einige von ihnen sind sogar für die KPI-Bildung in der Webanalyse nutzbar, wie zum Beispiel der Deckungsbeitrag. Gegenüber der Komplexität von Webanalyse-KPIs haben diese klassischen betriebswirtschaftlichen KPIs aber einen bedeutenden Vorteil: Sie sind seit vielen Jahren gebräuchlich und haben somit eine hohe Beständigkeit. Durch ihre Bekanntheit und Verbreitung hat sich der subjektiv empfundene Komplexitätsgrad deutlich verringert. Ihre Bedeutung kann an vielen Stellen nachgeschlagen oder nachgefragt werden. Wenn Sie aber als Webanalyst einen neuen KPI bilden, haben Sie und andere diese Möglichkeit nicht. Aber je öfter Sie oder andere Empfänger Ihrer Analysen mit einem bestimmten KPI arbeiten, desto besser wird dieser im Laufe der Zeit verstanden werden.

Wir sprachen bereits an, dass ein Webanalyst ständig bemüht sein sollte, seine Messmethoden zu hinterfragen und zu verbessern. Das ist natürlich der Beständigkeit nicht gerade dienlich. Behalten Sie daher den Vorteil der Beständigkeit im Auge. Im Praxisteil dieses Buches werden Sie viele KPIs kennenlernen, die sich in der täglichen Arbeit bereits bestens bewährt haben. Sie werden aber auch eines Tages – und dazu möchten wir Sie wirklich auffordern – neue KPIs für neue Umstände bilden müssen. Versuchen Sie, besonders im Zusammenspiel mit Ihrem Umfeld, Ihre KPIs möglichst beständig einzusetzen, um von dem Lerneffekt zu profitieren. Wenn Sie ständig neue KPI-Kreationen ins Gefecht führen, werden Sie sich und andere nur unnötig verwirren. Außerdem leidet darunter nicht nur die Verständlichkeit, sondern auch die Vergleichbarkeit, die wir im Folgenden beleuchten.

Vergleichbarkeit

Ihre KPIs sind dazu da, Vergleiche zu ermöglichen. Sie vergleichen zum Beispiel zwischen verschiedenen Zugriffsquellen oder Zielseiten, zwischen Vergangenheit und Gegenwart bei Designänderungen, oder zwischen zwei Arten von Bestellprozessen. Damit Ihre KPIs für verschiedene Faktoren des Online-Marketings und für Zeiträume vergleichbar werden, müssen Sie gewährleisten, dass sie für diese Faktoren berechenbar und somit anwendbar sind. Wenn die Vergleichbarkeit nicht gegeben ist, sollten Sie Ihren KPI überarbeiten. Denn Vergleiche zu ermöglichen, ist eine der Hauptaufgaben eines KPI.

---

3   Nicht zu verwechseln mit Website-Besuchern. Dazu mehr in Abschnitt *4.2.5, Search Engine Advertising (SEA)*.

Beeinflussbarkeit

Wir haben ja bereits erfahren, dass wir KPIs vor allem nutzen, um Erfolgsmessungen und -vergleiche zu ermöglichen. Wir wissen auch, dass KPIs einen Motivations- und Anreizeffekt haben. All dies ist nur gewährleistet, wenn wir die Werte der KPIs auch beeinflussen können. Wenn Sie jemandem einen KPI vorhalten und ihn auffordern, diesen KPI zu verbessern, obwohl derjenige ihn gar nicht beeinflussen kann, werden Sie ihn vor allem demotivieren. Wenn Sie einen Bestellprozess analysieren, ergibt es keinen Sinn, wenn Sie dazu einen KPI heranziehen, der die Absprungraten von Zugriffsquellen enthält. Der Webdesigner, der nur für den Bestellprozess verantwortlich ist, kann keinen Einfluss auf die Absprungraten der Zugriffsquellen nehmen. Lösen Sie die nicht beeinflussbaren Faktoren so weit wie möglich aus Ihren KPIs heraus. Man spricht bei dieser Anforderung auch von der *Controllability*, was so viel wie Steuerbarkeit bedeutet. Der Rennfahrer, der auf seine km/h-Anzeige guckt, muss auch das entsprechende Steuer und das Gaspedal seines Wagens im Zugriff haben, um seine Geschwindigkeit beeinflussen zu können.

Quantifizierbarkeit

Quantifizierbarkeit bedeutet ganz einfach, dass ein KPI immer in Zahlen ausgedrückt werden sollte. Zahlen sind eindeutig miteinander vergleichbar. Sie können sofort sehen, ob ein Wert steigt oder fällt.

Wenn Sie alle Anforderungen berücksichtigen, steht Ihnen nichts im Wege, sich an die Bildung Ihrer eigenen KPIs für die erfolgreiche Arbeit mit Google Analytics zu machen.

So bilden Sie Ihren eigenen KPI

1. Stelle eine Frage
2. Stelle eine Hypothese auf
3. Mache die Hypothese messbar
4. Bilde den KPI

Ihr KPI dient der Beantwortung der Frage: »Wie weit wurde das Website-Ziel für das gemessene Objekt erreicht?« Dazu stellen wir eine Hypothese darüber auf, welche Informationen wichtig sind, um die Frage zu beantworten. Die Informationen aus der Hypothese führen wir zusammen und drücken sie in messbarer und quantifizierbarer Form aus: Fertig ist der KPI.

Monetäre KPIs in Google Analytics

Monetär steht für Moneten, und das bedeutet: Geld! Wenn es um das Geldverdienen geht, dann wollen wir auch wissen, wie viel wir verdienen. Was läuft gut, was könnte besser laufen? Wenn Ihre Website dazu dient, Geld zu verdienen, sollten Sie sich auch die Möglichkeiten ansehen, wie Sie monetäre Werte zur Erfolgsmessung mit Google Analytics verknüpfen können. Es stehen Ihnen dazu zwei wesentliche KPI-Werkzeuge zur Verfügung, deren Berechnung vollständig oder teilweise durch die Google Analytics-Oberfläche vorgenommen wird. Teilweise deshalb, weil Sie etwas Grundsätzliches beachten müssen: Ohne die Verknüpfung dieser Daten mit

Ihren internen betriebswirtschaftlichen Kennzahlen werden Sie keine erhellenden Ergebnisse erzielen können. Sie sind hier zum Teil auf Quellen von Google Analytics angewiesen. Google Analytics unterstützt Sie mit einem geeigneten Rahmen, kann aber nicht hellsehen, welche Umsätze und vor allem welche Kosten hinter den Messwerten stecken, die in Ihrem Analytics-Konto zusammenlaufen.

Diese zwei Werkzeuge zur Einbeziehung betriebwirtschaftlicher monetärer Daten stellt Ihnen Google Analytics zur Verfügung:

◆ Google Analytics Zielwerte

◆ Google Analytics E-Commerce

Auf diese beiden Verfahren baut im Hinblick auf eine zufriedenstellende Nutzbarkeit konsequenterweise noch ein Drittes auf: *Return on Investment* oder kurz *ROI*. Es geht darum, Umsatz und Kosten in Relation zu bringen. Aber bevor wir uns damit weiter beschäftigen, zeigen wir Ihnen, was sich hinter *Zielwerten* und *E-Commerce* verbirgt.

Erstes Werkzeug: Google Analytics Zielwerte

Google Analytics bietet im Profil für die Zieldefinition die Möglichkeit, monetäre Werte oder Wertrelationen zwischen den Zielen zu erfassen und sichtbar zu machen. In den Google Analytics-Messwerten können Sie später für jedes Messobjekt beobachten, wie viel Wert pro Zugriff im Durchschnitt mit jeder Zielerreichung erzeugt wurde. Dabei werden immer die Ziele einer Zielgruppe kumuliert. Zielwerte sind immer dann geeignet, wenn Sie verschiedene Zielkategorien für Ihre Website definiert haben. Zum Beispiel in einem Online-Shop, der neben dem Hauptsortiment noch einen Newsletter anbietet. In so einem Fall können Sie mit Zielwerten bestimmen, welche unterschiedlichen Werte entweder durch eine Produktbestellung oder durch eine Newsletter-Anmeldung erzielt wurden.

Beispiel

Betrachten wir dies anhand eines Beispiels: Stellen Sie sich vor, Sie wären ein Hersteller für Wintergärten. Für Ihre Website haben Sie zwei Google Analytics-Ziele eingerichtet:

◆ Auftragsformular-Versand: Wenn Nutzer die Zusendung eines Auftragsformulars wünschen

◆ Katalogbestellung: Wenn Nutzer die Zusendung eines Katalogs wünschen

Eine Ansicht der ZUGRIFFSQUELLEN in Google-Analytics liefert die Ergebnisse wie in *Tabelle 3.1*.

Quelle	Zugriffe	Auftragsformular-Versand	Katalog-bestellung	Ziel-Conversion-Rate
google	100	2%	3%	5%
yahoo	100	1%	10%	11%

Tabelle 3.1: Vergleich von Conversion-Daten ohne Zielwerte

Wenn Sie die beiden Besucherquellen vergleichen, fällt auf, dass die Quelle *yahoo* eine deutliche bessere Ziel-Conversion-Rate erzeugt hat als *google*. Dies hängt vor allem damit zusammen, dass das Auftragsformular und der Katalogversand gleich stark gewichtet sind. Durch eine betriebswirtschaftliche Kalkulation haben Sie herausgefunden, dass Sie mit einem neuen Auftrag einen Stückdeckungsbeitrag[4] von durchschnittlich EUR 2.000 erzielen. Der Katalogversand erzielt durch eine geringe resultierende Auftragsquote nur einen Stückdeckungsbeitrag von EUR 50. Sie richten diese beiden Beträge als Zielwerte in den entsprechenden Google Analytics-Zielen ein. In dem Fall wird Ihnen Google Analytics für jede Zugriffsquelle einen zusätzlichen KPI berechnen, den *Zielwert pro Zugriff*. Schauen wir uns die Berechnung genauer an:

$$Zielwert\ pro\ Zugriff = (Conversions_{Auftragsformular} * Zielwert_{Auftragsformular} +$$
$$Conversions_{Katalogversand} * Zielwert_{Katalogversand})\ /\ Zugriffe_{Gesamt}$$

Das Ergebnis würde dann aussehen wie in *Tabelle 3.2*.

Quelle	Zugriffe	Auftragsformu-lar-Versand	Katalog-bestellung	Ziel-Conver-sion-Rate	Zielwert pro Zugriff
google	100	2%	3%	5%	EUR 41,50
yahoo	100	1%	10%	11%	EUR 25,00

Tabelle 3.2: Vergleich von Conversion-Daten mit aussagekräftigen Zielwerten

Obwohl *yahoo* eine bessere Ziel-Conversion-Rate aufweist, haben die Zugriffe der Quelle *google* trotzdem einen beinahe doppelt so hohen Zielwert pro Zugriff erzeugt. Folglich bedeutet jeder Zugriff über *google* einen Stückdeckungsbeitrag von EUR 41,50. Sie entschließen sich mit dieser Erkenntnis dazu, die Marketing-Investitionen in die Besucherquelle *google* zu erweitern.

Sie sehen also, dass die Verwendung von Zielwerten die Qualität Ihrer Analysen zur Erreichung der Unternehmensziele erheblich verbessern kann. Dies gilt besonders dann, wenn Sie betriebswirtschaftliche Werte in die Berechnung einfließen lassen. Unter anderen Umständen hätten Sie in diesem Beispiel der Besucherquelle *google* womöglich einen geringen Wert beigemessen und sich von der Ziel-Conversion-Rate zu falschen Interpretationen hinreißen lassen. Zielwerte sind ein einfaches und vielseitig verwendbares Mittel zur Integration von wichtigen unternehmerischen Kennzahlen in die Webanalyse. Der Vorteil wird besonders dann deutlich, wenn Sie unterschiedliche Zielkategorien der Website miteinander vergleichen wollen.

---

4 Der Stückdeckungsbeitrag bezeichnet den Umsatz pro Stück abzüglich der variablen Kosten. Damit handelt es sich um einen Restbetrag, der zur Deckung der Fixkosten beiträgt. Der Stückdeckungsbeitrag findet in der modernen Betriebswirtschaftslehre häufige Anwendung.

Generell stellt der Zielwert einen positiven Wert dar, der sich zum Beispiel für die Berechnung des Umsatzes pro Stück eignet. Die Kostenseite wird hier nicht betrachtet, sondern kann nur über Umwege durch kalkulatorischen Aufwand in den Zielwert einfließen wie in dem Beispiel der Stückdeckungsbeitrag. Hier kommt es darauf an, wie gut es um die Qualität des innerbetrieblichen Rechnungswesens bestellt ist. Sind die erzeugten Umsätze innerhalb einer Website-Zielkategorie gleich und entsprechende betriebswirtschaftliche Daten verfügbar, ist der Eintrag der Zielwerte in die Google Analytics-Ziele kinderleicht und ohne komplizierten technischen Aufwand durchführbar. Wie Sie den Eintrag vornehmen, haben Sie bereits kennengelernt.

Ein erheblicher Nachteil dieser Methode kommt dann zum Tragen, wenn auf der Website sehr verschiedene Produkte innerhalb einer Zielkategorie angeboten werden und die Zielwerte innerhalb dieser Kategorie stark schwanken. Dies trifft auf nahezu jeden Online-Shop zu, denn hier gibt es im Zweifel nur die Zielkategorie der Bestellung bzw. des Kaufes, aber unterschiedliche Zielwerte innerhalb dieser Kategorie, je nach dem, welche Produkte in dem Shop erhältlich sind. Ideal wäre es, wenn man den tatsächlichen Zielwert Google Analytics mit jeder Bestellung mitteilen könnte. Genau hierfür bietet Google Analytics Unterstützung an, wie wir im nächsten Abschnitt sehen werden.

Zweites Werkzeug: Google Analytics E-Commerce

Für die bereits angesprochenen Websites mit verschiedenen Produkten innerhalb einer Kategorie von Website-Zielen (bspw. Verkauf) bietet sich das *Google Analytics E-Commerce* an. Hierbei wird Google Analytics bei jeder Zielerreichung der individuelle Wert mitgeteilt, und dieser kann dadurch ausgewertet und auf verschiedene Parameter untersucht werden. Ingesamt stehen Ihnen mit *E-Commerce* folgende neue Messwerte für jedes Messobjekt in Google Analytics zur Verfügung:

◆ Umsatz

◆ Transaktionen

◆ Durchschnittlicher Wert: Umsatz pro Transaktion

◆ Wert pro Zugriff: Umsatz pro Zugriff

Am wichtigsten für die monetäre KPI-Bildung ist dabei ohne Frage der *Umsatz*. Messwerte wie der *Wert pro Zugriff* sind eher Beiwerk, die sich mehr oder weniger direkt aus dem Umsatz bilden lassen. Als KPI sind sie deshalb nicht automatisch geeignet, denn das hängt ganz von Ihrer Fragestellung ab. Der *Umsatz* hingegen ist essenzieller Bestandteil vieler betriebswirtschaftlicher Fragestellungen und daher für die Bildung monetärer KPIs besonders wichtig.

Hinweis

In diesem Zusammenhang möchten wir Ihnen noch den Unterschied zwischen einer *Conversion* und einer *Transaktion* erklären. Stellen Sie sich vor, Sie bestellen in einem Online-Shop ein Produkt, surfen dann weiter durch den Shop, finden noch etwas und führen eine zweite Bestellung durch. Google Analytics misst dann für diesen Besuch eine Conversion, weil innerhalb einer Session (eines Besuchs) Conversions nur einmal gemessen werden, auch wenn die entsprechende URL des Ziels häufiger aufgerufen, also das Ziel mehrfach erreicht wird. Im Gegensatz hierzu misst Google Analytics aber zwei Transaktionen.[5]

Das klingt erst einmal alles ziemlich gut, oder? Das ist es auch. Genauer können Sie Warenerträge in Online-Shops gar nicht in Ihrem Google Analytics-Konto abbilden. *E-Commerce* bringt aber dennoch einige Nachteile mit sich: Der Einbau ist technisch kompliziert. Die JavaScript-Programmcodes von Google Analytics müssen individuell an den verwendeten Online-Shop angepasst werden, um die Daten korrekt zu übermitteln. Aber keine Sorge, um Rocket Science handelt es sich nicht, und es kann von jedem fähigen Webprogrammierer bewältigt werden, der eine anständige Shop-Struktur vor sich hat. Durch clevere Verknüpfungen des E-Commerce-Tracking-Codes mit der Website-Struktur können sogar Websites gemessen werden, die keinen direkten Warenverkauf anbieten, sondern deren verschiedene Details beispielsweise in Kontaktanfragen unterschiedliche monetäre Werte erhalten sollen. Der Fantasie der Programmierer und Website-Betreiber ist dort eigentlich keine Grenze gesetzt, vorausgesetzt, die technischen Fähigkeiten sind vorhanden. Genauso wie bei den *Zielwerten* werden aber auch hier keine Kosten betrachtet. Als letztinstanzlichen Erfolgs-KPI für die betriebswirtschaftliche Analyse sind die Umsätze allein daher nicht genug. In den folgenden Abschnitten möchten wir Ihnen eine gute Lösung dafür anbieten, aber zunächst schauen wir uns an, wie man *E-Commerce* grundsätzlich einrichtet.

So richten Sie E-Commerce-Tracking für Ihre Website ein

Rufen Sie Ihr Google Analytics-Konto auf. Klicken Sie in der Profilspalte auf BEARBEITEN, um in die Profileinstellungen zu gelangen. Wählen Sie ganz oben im Bereich PROFILINFORMATIONEN FÜR DIE HAUPTWEBSITE den Punkt BEARBEITEN. Im folgenden Menü aktivieren Sie im Abschnitt E-COMMERCE-WEBSITE den Radiobutton JA, EINE E-COMMERCE-WEBSITE und bestätigen dies ganz unten mit ÄNDERUNGEN SPEICHERN.

Als Nächstes stellen Sie bitte sicher, dass der *Google Analytics Tracking Code* auf der Bestellbestätigungsseite (die sogenannte Danke-Seite) vorhanden ist, deren Aufruf eine *Conversion* auslösen soll. Für die Datenverarbeitung müssen Sie nun im Quellcode der Bestätigungsseite zwei Funktionen unterhalb des Google Analytics Tra-

---

5   Eine Session ist per Voreinstellung nach 30 Minuten Inaktivität beendet. Solange ein Nutzer sich weiter auf der Website bewegt, wird die Ablaufzeit immer wieder zurückgesetzt. Für die Google Analytics-Cookies __umtb und __umtc kann die Dauer mithilfe der Methode _setSessionCookieTimeout modifiziert werden.

cking Codes aufrufen, damit Google Analytics diese als E-Commerce-Daten interpretieren und verarbeiten kann.

Für alle Google Analytics-Funktionen gilt, dass die Bedeutung der Parameter in den runden Klammern von Google vorgegeben ist. Wenn Sie die Aufrufe in Ihrem System implementieren, müssen Sie an den Stellen natürlich die korrekten Werte bzw. entsprechende Variablen mit den korrekten Werten einsetzen. Welche das sind, ist abhängig von Ihrem System und kann daher variieren.

Als Erstes rufen Sie folgende Methode auf, um die Datenaufnahme einer *Transaktion* einzuleiten:

```
_addTrans(ID,Zweigunternehmen,Gesamtbetrag,Steuer,Versand,Stadt,Bundesland,Land)
```

Danach rufen Sie für jedes Produkt, das in der *Transaktion* umgesetzt wird, folgende Methode auf:

```
_addItem(ID,SKU,Produktname,Kategorie,Preis,Menge)
```

Listing 3.1 veranschaulicht dies.

```
<script type="text/javascript">
   var gaJsHost = (("https:" == document.location.protocol)
                    ? "https://ssl."
                    : "http://www.");
   document.write(unescape("%3Cscript src='"
      + gaJsHost
      + "google-analytics.com/ga.js'
      type='text/javascript'%3E%3C/script%3E"));
</script>
<script type="text/javascript">
   try {
      var pageTracker = _gat._getTracker("UA-#######-#");
      pageTracker._initData();
      pageTracker._trackPageview();
      pageTracker._addTrans(
         "1234",   //ID
         "Berlin-Mitte",   //Zweigunternehmen
         "30.25",   //Total
         "5.14",   //Steuer
         "4",   //Versand
         "Berlin",   //Stadt
         "Berlin",   //Bundesland
         "Deutschland"   //Land
      );
      pageTracker._addItem(
         "1234",   // ID
         "AI42",   //SKU
         "Pullover",   //Produktname
         "XL",   //Kategorie
         "23.89",   //Preis
         "1"   //Menge
      );
```

```
    pageTracker._trackTrans();
} catch(err) {}
</script>
```

Listing 3.1: Transaktionsmessung mit Google Analytics Tracking Code-Erweiterungen

Return on Investment (ROI) als KPI

Während Sie vorher über Werkzeuge gelesen haben, mit denen sich KPIs bilden lassen, stellen wir Ihnen nun direkt einen besonders guten und wichtigen KPI vor, der
sich zur Bewertung von Websites, Website-Objekten, Besucherquellen und Ähnlichem in der Praxis bestens bewährt hat, nämlich den *ROI*. Dieser KPI stellt eine
Weiterentwicklung der monetären Messwerte dar, die Sie in den vorangegangenen
Abschnitten kennengelernt haben. Betrachten Sie die beiden in *Tabelle 3.3* aufgeführten Werkzeuge, die Google Analytics bereitstellt.

Werkzeug	Verschiedene Zielkategorien	Verschiede- ne Produkte	Technische Umsetzung	Umsatzbe- trachtung	Kostenbe- trachtung
Zielwerte	gut geeignet	sehr schlecht geeignet	einfach	benötigt be- triebswirt- schaftliche Datenquelle	keine
E-Com- merce	kompliziert	sehr gut ge- eignet	kompliziert	sehr gut	keine

Tabelle 3.3: Vergleich der von Google Analytics bereitgestellten Werkzeuge zur Bildung monetärer KPIs

Sie sehen, dass Sie für alle Website-Modelle einen Weg finden können, eine monetäre
Messung durchzuführen. Eine besondere Schwäche zeichnet sich allerdings bei der
Berücksichtigung der Kosten ab. Google Analytics kann zwar Umsätze abbilden,
scheitert aber weitgehend an der Auslieferung eines KPI zur qualifizierten Bewertung
von Umsätzen. Es gibt zwar eine kleine Ausnahme, die wir uns gleich ansehen werden, grundsätzlich müssen Sie diesen Nachteil aber als Regel akzeptieren.

Schauen wir uns an, welcher KPI geeignet wäre, wenn wir Kostendaten zur Verfügung hätten: der *ROI*. Der ROI ist ein klassischer betriebswirtschaftlicher KPI. Er
beantwortet folgende Frage: »Wie rentabel sind die Investitionen, die Sie getätigt
haben?« Es gibt verschiedene Ansätze, den ROI zu bestimmen. Welcher zur Anwendung kommen sollte, hängt davon ab, aus welcher Perspektive diese Frage formuliert wird. Für die Online-Marketing-Praxis im Allgemeinen und für die Webanalyse
im Besonderen hat sich aber folgender Ansatz zur Berechnung des ROI bewährt:

$$ROI_{Allgemein} = (Umsatz - Kosten) / Kosten$$

In der Online-Marketing-Praxis können Sie den ROI wunderbar verwenden, um
den wirtschaftlichen Erfolg verschiedener Marketing-Instrumente zu vergleichen
und zu bewerten.

Beispiel

Sie sind der Webanalyst eines erfolgreichen Online-Shops, und die Marketingleitung plant gerade die Budgetierung der Kommunikationsmittel für das nächste Jahr. Man stellt Ihnen im Zuge dessen die Frage, welches Kommunikationsmittel in letzter Zeit am besten gelaufen ist. Es gibt drei verschiedene Kategorien: Bannerwerbung, virales Marketing und Suchmaschinen-Marketing. Im Folgenden beschreiben wir die fiktive Datenbeschaffung in unserem Beispiel etwas genauer, damit Sie einen Eindruck von der abteilungsübergreifenden Kommunikation erhalten, die zur Berechnung des ROI unbedingt nötig sein wird.

Sie möchten für die Beurteilung dieser Frage den ROI als KPI heranziehen. Um den Wert für die einzelnen Kategorien berechnen zu können, benötigen Sie die Kostendaten für jede Kategorie, die Ihnen vom internen Rechnungswesen zur Verfügung gestellt werden. Außerdem benötigen Sie die Umsatzzahlen, die durch diese Online-Marketing-Maßnahmen realisiert wurden. Da Sie dieses Buch gelesen haben und wir Sie von den Vorteilen des *Google Analytics E-Commerce* überzeugen konnten, lassen Sie die Umsatzwerte schon seit einiger Zeit von Google Analytics messen. Bannerwerbung und Suchmaschinen-Marketing sind innerhalb von Google Analytics einfach als zwei verschiedene Besucherquellen identifizierbar, für die die Umsatzdaten direkt ablesbar sind. Beim viralen Marketing haben Sie einen Trick verwendet und eine Landing-Page-URL erstellen lassen, die nur in der viralen Kommunikation verbreitet worden ist. Folglich wissen Sie, dass über diese Landing-Page nur Besucher gekommen sind, die über virale Mittel dazu aktiviert wurden. Über ein benutzerdefiniertes Segment in Google Analytics isolieren Sie diese Zugriffe von den restlichen Zugriffen und können dadurch auch hierfür die Umsatzdaten sehen. Jetzt haben Sie alles beisammen, um den jeweiligen ROI zu berechnen. Das kann dann so aussehen wie in *Tabelle 3.4*.

Kommunikationsweg	Umsatz	Kosten	ROI
Suchmaschinen-Marketing	EUR 250.000	EUR 10.000	2.400%
Virales Marketing	EUR 100.000	EUR 2.000	4.900%
Bannerwerbung	EUR 100.000	EUR 4.000	2.400%

Tabelle 3.4: Beispiel für eine ROI-Analyse

Das Interessante am ROI ist, dass nicht einfach nur der Gewinn betrachtet wird, sondern das Gewinnverhältnis pro Kostenpunkt. Damit können Sie direkt ablesen, wie sehr sich eine Investition (hier: in einen Kommunikationsweg im Vergleich zu den anderen) lohnt.

Der AdWords-ROI

Google Analytics bietet tatsächlich eine spezielle ROI-Berechnung, die die zuvor angesprochene Ausnahme darstellt. Google stellt in Verbindung mit seinem AdWords-Programm in Google Analytics den *ROI* zu den *AdWords*-Daten zur Verfügung. AdWords ist die Suchmaschinenwerbung von Google, und die Kostendaten können Sie durch eine einfache Verknüpfung in Google Analytics übernehmen lassen, sofern Sie AdWords nutzen.

Innerhalb des Bereiches ADWORDS in den Zugriffsquellen kann dieser spezielle ROI abgelesen werden, wenn Sie auf den Reiter KLICKS gehen. Sie erhalten einen Überblick über die kumulierten Zielwerte aus den Google Analytics-Zielen und die kumulierten E-Commerce-Umsätze, die summiert als Umsatz dargestellt werden. Die Kosten, die in den ROI einfließen, sind die AdWords-Werbekosten. Dieser spezielle ROI wird folgendermaßen errechnet:

$$ROI_{AdWords} = (Umsatz_{E-Commerce} + Zielwert_{Gesamt} - Kosten_{AdWords}) / Kosten_{AdWords}$$

Der Unterschied zum vorher genannten ROI ist der, dass dieser bereits in den Google Analytics AdWords-Berichten dargestellt wird und nicht extra berechnet werden muss. Zudem kann der Umsatz entweder aus dem E-Commerce-Umsatz oder aus dem Zielwert oder aus beiden zusammen gebildet werden.

Wir möchten Sie an der Stelle außerdem darauf hinweisen, dass der AdWords-ROI im Grunde kein ROI im betriebswirtschaftlichen Sinne ist, weil nicht alle relevanten Kosten für den Einsatz von AdWords betrachtet werden. Es werden hier nur die variablen Kosten für die Anzeigenschaltungen als Kosten berechnet, Agenturkosten, Mitarbeiterkosten, Gemeinkosten und ähnliche Kostenstellen zur Durchführung von AdWords-Werbekampagnen finden keine Berücksichtigung. Man bezeichnet diesen AdWords-ROI daher auch im Fachjargon als *Return on Advertising Spend*, kurz *ROAS*. Bedenken Sie also, dass es sich bei dem AdWords-ROI eigentlich um einen ROAS handelt, da dieser nicht alle Kosten berücksichtigt.

3.4   Praxismethoden

Die Praxismethoden der Webanalyse fügen alles, was Sie bis hierhin gelernt haben, so zusammen, dass Sie mit Google Analytics in der Praxis auf hohem Niveau durchstarten können. Mit den Prinzipien und analytischen Herangehensweisen haben Sie alle fundamentalen Instrumente und Gedanken kennengelernt, die wichtig sind, um typische Fehler zu vermeiden und gleichzeitig eine effiziente, Erfolg versprechende Arbeitsweise umzusetzen. Im Abschnitt Ziele und KPIs haben Sie das nötige Rüstzeug erhalten, um die Website-Ziele zu definieren und als KPIs abzubilden. Nun werden Sie die verschiedenen Alternativen kennenlernen, wie Sie dieses Hintergrundwissen methodisch in der Praxis anwenden können.

3.4.1   Webanalyse-Zyklus

Der *Webanalyse-Zyklus* stellt den Kern eines fortwährenden Verbesserungsprozesses dar. Jeder vollständige Durchlauf bedeutet die schrittweise Verbesserung der Qualität der Website und des Online-Marketings. Ist ein einzelner Zyklus abgeschlossen, beginnt der Prozess von vorne, und die gewünschten Effekte setzen abermals ein. Das dahinter liegende Prinzip zielt auf die Sicherung und konsequente, schrittweise Steigerung der Qualität ab.

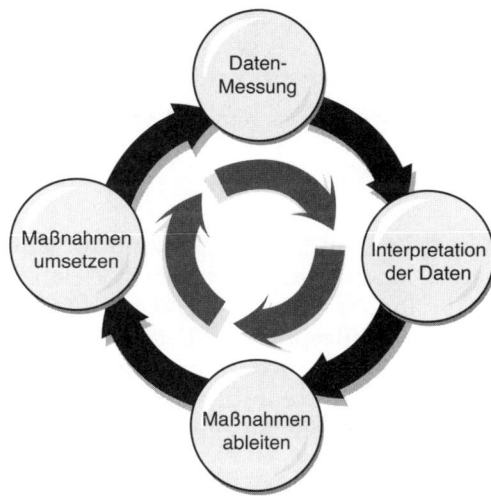

Abbildung 3.14: Der Webanalyse-Zyklus

Der Webanalyse-Zyklus besteht im Kern aus vier Phasen und darüber hinaus aus jeweils einer vorbereitenden und nachbereitenden Phase, die nur dann angewendet werden, wenn der Zyklus erstmalig einsetzt und insgesamt abgeschlossen werden soll. Wir empfehlen unbedingt, den Zyklus immer wieder neu zu durchlaufen, um das Maximum an Potenzial auszuschöpfen. Dennoch kann es notwendig sein, dass solche Prozesse enden, beispielsweise weil ein Projekt mit begrenzter Laufzeit zu Ende geht oder weil die Aufgaben an andere übertragen werden.

Vorbereitung: Erörterung und Definition der Online-Marketing-Ziele, Fragestellungen und KPIs

Als Erstes definieren Sie die Ziele des Online-Marketings, entwickeln konkrete Fragestellungen und bilden dafür KPIs zur Messung der Entwicklung.

Phase 1: Messungen und Datensammlung

Jeder Analysezyklus beginnt mit der Messung und Sammlung der relevanten Daten für Ihre KPIs. Sie müssen an dieser Stelle sicherstellen, dass die Daten korrekt und ausreichend sind, damit Sie für die Interpretationen eine qualitativ verlässliche und aussagekräftige Basis zur Verfügung haben.

Phase 2: Interpretation der Daten

Mit der Interpretation der gemessenen KPI-Werte versetzen Sie sich in die Lage, die Auswirkungen bestimmter Online-Marketing-Maßnahmen einzuschätzen und das komplexe Geschehen auf Ihrer Website zu verstehen. Zudem können Sie den Grad der Zielerreichung bestimmen und dadurch eine Bewertung des Erfolgs vornehmen. Darauf aufbauend liefert die Interpretation die Grundlage für die abzuleitenden Maßnahmen. Für die Interpretation der Daten stehen Ihnen statistische Auswertungsmethoden sowie Werkzeuge zur Verfügung, die diese statistischen Methoden unterstützen. Idealerweise ergänzen Sie diese Werkzeuge durch breit gefächerte Kenntnisse im Online-Marketing: Website-Usability, Werbepsychologie, gestalterisches und technisches Know-how und nicht zuletzt betriebswirtschaftliche Kenntnisse. In *Kapitel 3.5* werden wir genauer auf dieses Thema eingehen und Ihnen Hilfestellungen und erprobte Verfahren dazu vermitteln.

Phase 3: Ableitung von Maßnahmen

Durch die Interpretation der KPI-Entwicklung können Sie die Lage und die Entwicklung einschätzen und entscheiden, welche Maßnahmen zur besseren Zielerreichung ergriffen werden müssen. Diese Maßnahmen können auf verschiedenen Ebenen ansetzen und beispielsweise in Marketing-Konzepten und Usability-Aspekten Berücksichtigung finden, aber auch inhaltliche oder technische Änderungen nach sich ziehen. Bedenken Sie, dass viele kleine Schritte in der Umsetzung von Maßnahmen besser sind als wenige große. So können Sie die einzelnen Maßnahmen deutlich besser kontrollieren und steuern.

Phase 4: Umsetzung der Maßnahmen

Durch Ihr zyklisches Vorgehen ist sichergestellt, dass die Umsetzung der Maßnahmen in die Entwicklung der KPIs der Folgezyklen einfließt, sodass Sie deren Wirkung kontrollieren können. Stellen Sie sicher, dass die Maßnahmen Ihren Ergebnissen entsprechend umgesetzt werden, und fördern Sie eine möglichst gute Kommunikation, damit keine Missverständnisse entstehen und Sie über alle durchgeführten Änderungen informiert sind, um notfalls Korrekturen anregen zu können. Nach Abschluss der Umsetzung beginnen Sie erneut in *Phase 1* und evaluieren die Ergebnisse mithilfe der ermittelten KPIs.

Nachbereitung: Bewertung des Gesamtergebnisses und interne Revision

Wenn Sie den Webanalyse-Zyklus mehrmals angewendet und durchlaufen haben, sollten Sie den Gesamterfolg evaluieren. Das Ziel ist es, einen Erfahrungsgewinn für künftige Webanalyse-Zyklen zu erzielen. Selbstverständlich können Sie alle Beteiligten in diese Phase einbeziehen, um Erfahrungen auszutauschen, welche Aspekte zu einer Verbesserung der zukünftigen Koordination und Zusammenarbeit führen. Versuchen Sie dabei, konkret folgende Fragen zu beantworten: Welche Maßnahmen haben sich als besonders erfolgreich erwiesen und warum? Welche waren weniger erfolgreich? Stimmen die Schnittstellen und ziehen alle an einem Strang? Teilen andere beteiligte Personen Ihre Feststellungen, oder gibt es Widersprüche? Welche Messmethoden waren besonders hilfreich, auf welche Schwierigkeiten sind Sie gestoßen?

Nehmen Sie die hierbei gewonnenen Erkenntnisse als Anregungen für die Verbesserung Ihrer Tätigkeit, und forschen Sie gezielt nach Schwächen. Besonders am Anfang werden Sie viele neue Erfahrungen machen. Wenn Sie diese Nachbereitung gewissenhaft durchführen, werden Sie mit der Zeit immer sicherer mit den Werkzeugen der Webanalyse umgehen können, ganz nach dem Motto: Übung macht den Meister.

Die Nachbereitung ist übrigens keineswegs auf den endgültigen Abschluss des Webanalyseprozesses beschränkt. Eigentlich hoffen wir ja sogar, dass Sie diesen Prozess nie wieder enden lassen. Es ergibt natürlich Sinn, die in der Nachbereitung durchzuführenden Bewertungen auch zwischendurch in größeren Abständen vorzunehmen, auch wenn der Prozess niemals enden sollte. Wie sonst können Sie Verbesserungen des Prozesses und der Kommunikation erreichen? Wenn Sie nicht vorhaben, den Prozess in absehbarer Zahl von Zyklen wieder enden zu lassen, richten Sie alle drei bis fünf Zyklen eine Revisionsphase ein. Diese kann parallel zum aktuellen Zyklus durchgeführt werden und sich auf die bislang abgeschlossenen Zyklen beziehen. Sie werden dadurch den Prozess qualitativ verbessern.

3.4.2 Methoden

Mit den hier vorgestellten Methoden können Sie Ihre Messinstrumente in der Praxis justieren. Sie lassen sich ideal in den zuvor beschriebenen Webanalyse-Zyklus integrieren, sind aber auch außerhalb des Zyklus' anwendbar, weil sie flexibel eingesetzt werden können.

Ad-hoc-Analysen

Unter *Ad-hoc-Analysen* verstehen wir frei durchführbare Analysen, die keinem bestimmten Vorgehensmodell entstammen. Sie haben eine Fragestellung und versuchen, diese unmittelbar mit einem Blick in das Google Analytics-Profil zu beantworten. Sie messen damit einen Istzustand, was Sie in die Lage versetzt, aus einer entsprechenden Interpretation erste Maßnahmen zur Verbesserung abzuleiten. Das ist zum Beispiel immer dann der Fall, wenn Sie einen neuen Webanalyse-Zyklus beginnen und sich in der ersten Phase befinden.

Vorher-nachher-Vergleiche

Einen *Vorher-nachher-Vergleich* führen Sie mit dem Ziel durch, die Auswirkung einer Verbesserungsmaßnahme oder anderer verändernder Einflüsse auf das Online-Marketing zu ermitteln. Dazu müssen Sie sowohl die *Vorher-Daten* als auch die *Nachher-Daten* messen. Das geht selbstverständlich auch dann, wenn beide Zeiträume in der Vergangenheit liegen. In den meisten Fällen wird es aber so sein, dass Sie den Erfolg einer gerade durchgeführten Maßnahme evaluieren wollen und Ihnen daher die Nachher-Daten erst in der Zukunft zur Verfügung stehen. Diese Methode wird im Webanalye-Zyklus angewendet und setzt voraus, dass sie mehrere Zyklen nacheinander durchführen, um eine Vorher- und Nachher-Entwicklung beobachten zu können.

A/B-Tests

A/B-Tests können Sie einsetzen, um die Leistung von zwei unterschiedlichen Varianten eines Online-Marketing-Elements zu untersuchen. Das ist zum Beispiel bei der Optimierung von Werbeanzeigen eine gern verwendete Testmethode. A/B-Tests bieten sich für alles an, auf deren Gestaltung und Struktur Sie Einfluss nehmen können. Das sind zum Beispiel steuerbare Elemente wie Videoanzeigen, Werbebanner, Newsletter und Textanzeigen. Auf der Website selbst sind es Elemente wie zum Beispiel das Layout von Landing-Pages oder der Startseite. Ihrer Kreativität sind dabei keine Grenzen gesetzt. Bis ins kleinste Detail können Sie immer wieder neue Varianten testen und diejenigen herausarbeiten, die sich als die besten herausgestellt haben.

Um einen A/B-Test beispielsweise für Ihre Website durchzuführen, teilen Sie den Besucherstrom in zwei oder mehr Gruppen auf bzw. lassen ihn automatisch aufteilen, wenn Sie Werkzeuge wie den Google Website Optimizer einsetzen. In einem A/B-Test wird der einen Gruppe eine Variante A und der anderen Gruppe eine Variante B präsentiert. Dadurch können Sie die Reaktion der einzelnen Gruppen auf die verschiedenen Varianten beobachten und anhand der KPIs evaluieren, welche Variante am besten geeignet ist, die KPIs maximal in die gewünschte Richtung zu verändern. Das können zum Beispiel verschiedene Motive in Werbebannern oder unterschiedliche Bilder in den Landing-Pages sein.

Sobald sich eine Variante als die bessere herausgestellt hat, schalten Sie die andere Variante ab. Nun können Sie weitere Veränderungen auf Basis der besseren Variante testen. Wenden Sie den Webanalyse-Zyklus an, und wiederholen Sie den Test mit neuen Ideen. Der A/B-Test ist ein sehr effektives und sicheres Mittel, Website-Elemente bis ins kleinste Detail schrittweise zu verfeinern und hinsichtlich der Website-Ziele zu perfektionieren. Der Vorteil von A/B-Tests ist, dass sie auch mit relativ kleinen Datenmengen vergleichsweise schnell zu Ergebnissen kommen. Allerdings ist die Methode auch nicht frei von Nachteilen. Die beiden gravierenden Nachteile sind zum einen die unter Umständen lange Dauer, da unabhängige Änderungen nacheinander getestet werden müssen. Zum anderen besteht die Möglichkeit, dass die Kombination der Gewinnervariante eines Elements der Website mit der Gewinnervariante eines anderen Elements der Website sich nicht unbedingt positiv auswirkt, weil die Wirkungen der Elemente nicht unabhängig voneinander sind. Kurz gesagt: Zwei unabhängige Verbesserungen aus A/B-Tests addieren sich nicht immer!

Multivariate Tests

Diese Methode ist in der Vorgehensweise dem A/B-Test nicht unähnlich, was Ihre Änderungen auf der Website angeht. Bei *multivariaten Tests* werden gleichzeitig mehrere einzelne Elemente einer Seite variiert, sodass mehr als zwei Varianten gegeneinander getestet werden. Wenn Sie beispielsweise auf der Startseite zwei unterschiedliche Überschriften und zwei unterschiedliche Bilder testen wollen, dann haben Sie es bereits mit vier möglichen Varianten zu tun. Der Vorteil multivariater Tests besteht darin, dass Sie viele Aspekte auf einmal testen und die optimale Kombination der einzelnen Elemente ermitteln. Der Nachteil besteht darin, dass Sie angesichts der Vielzahl der Varianten viele Daten benötigen, um aussagekräftige Ergebnisse zu erhalten. Das heißt dann bei Websites mit geringem Traffic: Warten, warten, warten.

Die Auswertung ist außerdem mathematisch sehr komplex, und eine Erklärung der statistischen Methoden würde an dieser Stelle definitiv zu weit führen. Deshalb empfehlen wir allen, die sich nicht mit den statistischen Verfahren auskennen, Tools wie den Google Website Optimizer zu verwenden, der Ihnen die statistische Auswertung abnimmt.

3.5 Interpretation und Ableitung von Maßnahmen

»Das Leben ist unendlich viel seltsamer als irgendetwas, das der menschliche Geist erfinden könnte. Wir würden nicht wagen, die Dinge auszudenken, die in Wirklichkeit bloße Selbstverständlichkeiten unseres Lebens sind.« – Sherlock Holmes, Eine Frage der Identität

In diesem letzten Abschnitt des Kapitels möchten wir Ihnen Hilfestellungen vermitteln, die Sie benötigen werden, wenn Sie entscheiden müssen, welche Maßnahmen Sie empfehlen. Diese Empfehlungen werden Sie nur dann korrekt geben können, wenn Sie in der Lage sind, die KPI-Werte Ihrer Messungen richtig zu interpretieren. An dieser Stelle wird besonders deutlich, dass Sie für die Interpretation und das Ableiten von Maßnahmen vor allem etwas von dem berühmten Blick über den Tellerrand benötigen.

Das beginnt schon mit der Frage, wie man mit statistischen Werten eigentlich korrekt umgeht. Wie erkennen Sie an den Werten, dass eine Landing-Page von den Besuchern gut oder schlecht angenommen wird? Daran schließt sich die Frage an: »Was muss unternommen werden, wenn die Benutzer eine Landing-Page nicht annehmen?« Damit Sie mit solchen und ähnlichen Fragen nicht völlig allein sein werden, haben wir für Sie in Kapitel *4* die wichtigsten und häufigsten Fragestellungen vorbereitet. Doch zuvor widmen wir uns noch den nötigen Grundlagen, um Sie in die Lage zu versetzen, selbst die Brücke von den Daten bis zur Interpretation und der Ableitung der darauffolgenden Maßnahmen zu schlagen.

3.5.1 Grundgedanken zur Mathematik und Statistik

Wenn Sie ein Crack in Mathematik sind und Inferenz- und multivariate Statistik aus dem Ärmel schütteln, dann können Sie die nächsten Passagen überspringen. Dieser Abschnitt ist in erster Linie denjenigen gewidmet, die Mathematik in der Schule nicht gemocht haben. Für die Statistik vielleicht nicht das Letzte, aber womöglich Vorletzte ist, womit sie sich beschäftigen würden.

In den weit mehr als 80 Google Analytics-Berichten wimmelt es vor Zahlen. Ein bisschen Statistik muss da schon sein. Wenn Sie diesen Abschnitt gelesen haben, sind Sie mit dem nötigen Rüstzeug gewappnet, um analytisch nicht völlig am Ziel vorbeizuschießen. Und wir versprechen Ihnen: Keine komplizierten Formeln und keine unnötigen Hintergründe. Nur das, was Sie wirklich brauchen.

Bis zur Inferenz- oder gar multivariaten Statistik werden wir in diesem Buch übrigens nicht kommen. Die Statistik ist eine eigenständige mathematische Disziplin, die für sich genommen schon ganze Bücherschränke füllt. Wir möchten Ihnen deshalb nur einen sehr kleinen, aber für die Webanalyse ausreichenden Teil präsentieren, damit Sie im Umgang mit den Werten typische statistische Fehler vermeiden und die nötige Sicherheit im Umgang mit den Messwerten erhalten.

Validität von Messwerten

Weltmeister im Schwergewicht der internationalen Liga im Gehirnboxen haben über das Thema *Validität* dereinst dicke Bücher geschrieben. Wir begnügen uns aus pragmatischen Gründen mit dem Kern des Begriffs: Validität bedeutet *Aussagekraft*. Ein großes Wort also.

Prozentwerte und relative Häufigkeiten

Wir werden in späteren Kapiteln immer wieder das Thema Qualität aufgreifen. Beispielsweise die Qualität einer Zugriffsquelle, einer Kampagne oder eines Keywords. Die KPIs, die wir zur Bewertung heranziehen, werden hierbei stets durch einen Wert in Form einer Ratio dargestellt. Das kann ein Bruch sein, wie zum Beispiel *Seiten pro Besuch* – der Name dieses Messwertes impliziert schon direkt die Art und Weise, wie er zu berechnen ist. Eine andere Art einer Ratio ist die Prozentangabe wie zum Beispiel die *Conversion-Rate* oder die *Absprungrate*. Eine Prozentangabe kann auch als Dezimalzahl und als Bruch dargestellt werden. Mathematisch bedeuten alle Darstellungsformen das Gleiche. 75% ist exakt so viel wie 0,75 oder ¾. Auch wenn die Prozentangabe sicherlich die beliebteste aller drei Darstellungsformen ist, ist es nicht immer sinnvoll, einen Wert in Prozent anzugeben. Obwohl mathematisch 310% und 3,1 dasselbe sind, so ergibt nur »3,1 Seiten pro Besuch« intuitiv einen nachvollziehbaren Sinn.

Für die Erläuterung des Folgenden verwenden wir den Bruch als Darstellungsform, da man hier *Zähler* und *Nenner* sauber trennen kann, aus denen sich jeder Bruch zusammensetzt. Jeder KPI, den wir Ihnen vorstellen werden und der sich auf Qualität bezieht, hat immer einen Zähler und einen Nenner. Dabei ist zu beachten: Es muss stets eine ausreichende Anzahl im Nenner vorhanden sein, sonst ist es vorbei mit der Aussagekraft.

Nehmen wir als Beispiel die Conversion-Rate mit folgendem Bruch als Berechnungsformel:

Conversion-Rate = Conversions / Zugriffe

Im Nenner stehen hier die Zugriffe, und durch die Relativierung der Conversions an den Zugriffen wird eine Vergleichbarkeit hergestellt. Sie benötigen für eine valide Conversion-Rate eine gewisse Anzahl von Zugriffen. Sind es mehr, desto besser. Angenommen, Sie haben nur zehn Zugriffe und zwei Conversions. Dann hätten Sie eine euphorisierend hohe Conversion-Rate von 20%, die sich aber im Verlauf der nächsten Zugriffe noch bedeutend ändern kann, denn zehn Besucher können nicht die Meinung der Tausend nächsten Besucher fehlerfrei widerspiegeln.

Oder nehmen Sie eine Absprungrate von 25%. Wenn sich die Grundlage zur Berechnung der Absprungrate auf vier Zugriffe beläuft, werde Sie diesem Wert wohl weniger Vertrauen schenken, als wenn die Berechnungsgrundlage 40.000 Zugriffe beträgt.

Die Meinungen darüber, wie groß der Nenner sein muss, um als valide angesehen zu werden, sind vielfältig. Unter Statistikern herrscht ein relativ verbreiteter Konsens, dass eine Prozentangabe oder relative Häufigkeit dann als valide bezeichnet werden kann, wenn das entsprechende Objekt eine Anzahl von mindestens 30 im Nenner vorweisen kann. Das bedeutet umgekehrt, dass der Konsens besteht, dass bei geringeren Nennern der Mess- oder KPI-Wert für eine einwandfreie, zuverlässige Interpretation nicht zu gebrauchen ist!

Letztendlich ist eine Prozentangabe nichts anderes als eine Hochrechnung oder eben Herunterrechnung auf einen Nenner von 100. Hochrechnungen sind natürlich nie ganz genau, und je geringer die Datengrundlage ist, desto wahrscheinlicher ist eine fehlerhafte Abweichung. Man kennt diese Hochrechnungen auch aus politischen Meinungsumfragen oder Einschaltquoten für TV-Sendungen. Tatsächlich bilden sich die politischen Meinungsumfragen und TV-Quoten auf Basis von einigen Tausend befragten Personen und werden stellvertretend für Millionen von Menschen hochgerechnet. Man hat nämlich herausgefunden, dass die Fehlerquote einer statistischen empirischen Ratio ab einem Nenner von knapp über 1000 schon bei unter 3% liegt.

In der Praxis werden Sie aber leider nicht immer so hohe Nenner haben, dass alle Ihre qualitativen KPIs eine solide Validität aufweisen. Wichtig für Sie ist es zu wissen, dass ein Nenner von 30 gerade mal die unterste akzeptierbare Grenze der Validität darstellt und Sie sich auf keine weiteren Kompromisse einlassen sollten. Vor diesem Problem können Sie aber sehr plötzlich stehen, selbst bei augenscheinlich ausreichenden Datenmengen. Wenn Sie beispielsweise in einer Zeitanalyse 100 Conversions auf 24 Stunden verteilen wollen, haben Sie durchschnittlich nur noch ca. vier Conversions pro Stunde. Das ist nicht sehr förderlich für die Validität (s. *Abbildung 3.15*). Was machen Sie also in so einem Fall?

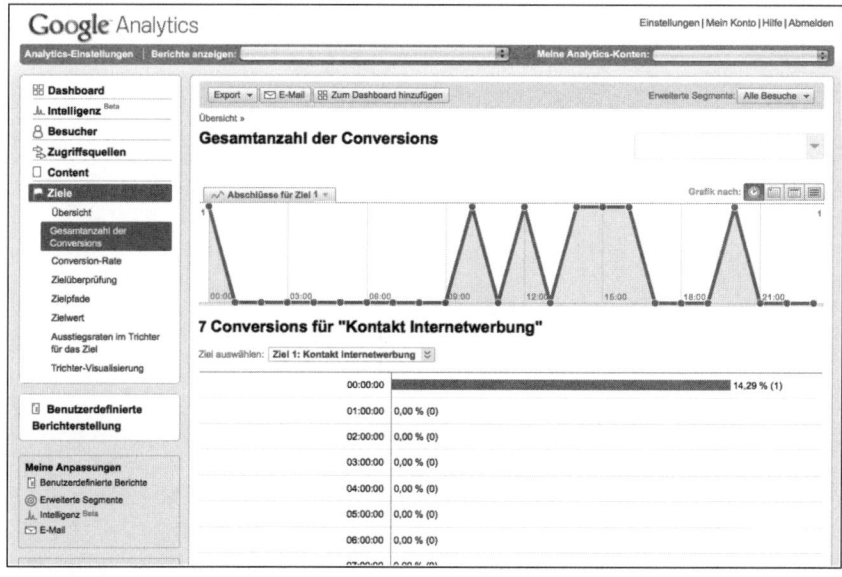

Abbildung 3.15: Fehlende Validität durch zu wenige Conversions in einer Zeitanalyse

Sie haben zwei Möglichkeiten. Die erste ist so simpel, dass wir es kaum schreiben mögen: Warten Sie einfach ab, und verlängern Sie den Messzeitraum.

Messzeitraum verlängern bei zu geringen Datenmengen

Warten Sie mit der Analyse so lange, bis ausreichend Werte vorhanden sind, um Ergebnisse mit Aussagekraft zu erhalten. Verlängern Sie den Messzeitraum. Wenn Sie mit voreiligen Anfragen konfrontiert werden, lassen Sie sich nicht hetzen, und kommunizieren Sie Ihre Vorgehensweise und Gründe. Als Variante dieser Lösung können Sie auch Daten aus der früheren Vergangenheit einbeziehen: Wenn Sie in der Vergangenheit schon genügend Daten gesammelt haben sollten, reicht es natürlich aus, einfach den Messzeitraum früher in der Vergangenheit beginnen zu lassen. Dieses ist natürlich nur unter der Voraussetzung möglich, dass die Messwerte während dieses Zeitraums unter den gleichen Bedingungen gesammelt wurden.

Tipp

Manchmal hilft es übrigens, in den Messwerten von Google Analytics Daten mit geringer Validität auszublenden. In vielen Berichten können Sie dies erreichen, indem Sie mit der Funktion ERWEITERTE FILTER bestimmte Bedingungen für die Anzeige von Messobjekten festlegen. So können Sie zum Beispiel bestimmen, dass nur Messobjekte mit mindestens 30 Zugriffen dargestellt werden sollen. Klicken Sie unter FILTER auf das Auswahlmenü und wählen ZUGRIFFE aus und legen GRÖSSER ALS ODER GLEICH *30* fest.

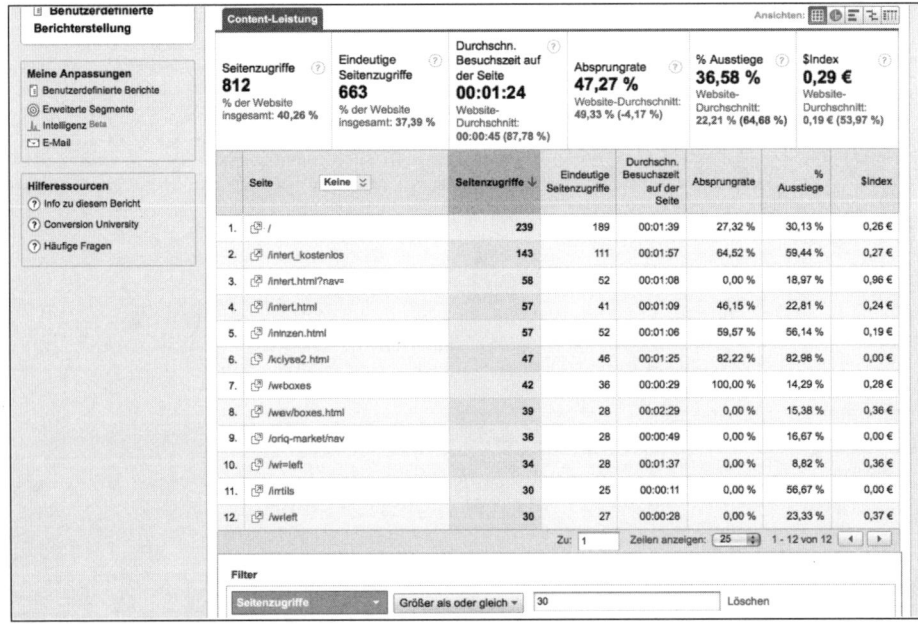

Abbildung 3.16: Ein erweiterter Filter mit mindestens 30 Seitenzugriffen

In den meisten Fällen werden Sie aber selbst darauf achten müssen, dass Sie Ihre KPIs mit ausreichend validen Daten füttern. Die hier präsentierte Validitätsregel wird ohne Frage ein täglicher Begleiter für Sie werden, da sie für nahezu jede Messung gilt, die Sie vornehmen werden.

Cluster-Bildung bei zu geringen Datenmengen

Eine weitere Lösungsmöglichkeit besteht darin, dass Sie verschiedene Objekte zu einem Cluster zusammenfassen. Cluster sind Gruppen, in denen mehrere Objekte zu einem neuen vereint werden. Dadurch, dass die gesammelten Daten der Objekte summiert werden, benötigen Sie am Ende weniger Ereignisse pro Objekt. Gleichzeitig können Cluster auch helfen, sehr viele verschiedene Objekte übersichtlicher zu gestalten. Cluster werden zum Beispiel sehr häufig verwendet, um verschiedene Altersgruppen in statistischen Erhebungen zusammenzufassen. In der Regel werden keine Aussagen zu einem bestimmten Alter gemacht, sondern beispielsweise der Cluster der 30- bis 39-Jährigen betrachtet.

Für Zeitanalysen würde dies zum Beispiel bedeuten, dass Sie den Tag in sechs gleich große Zeitraum-Cluster aufteilen können. Wenn Sie zu wenige Zugriffe pro Stunde haben, um damit valide rechnen zu können, können Sie so die nötige Validität durch die Summierung der Zugriffe in den einzelnen Clustern erreichen (s. *Tabelle 3.5*).

Zeitraum-Cluster	Zugriffe	Zugriffe ausreichend?	Conversions	Conversion-Rate
00 bis 04 Uhr	15	Nein	0	0,00%
04 bis 08 Uhr	34	Ja	1	2,29%
08 bis 12 Uhr	45	Ja	1	2,22%
12 bis 16 Uhr	176	Ja	3	1,70%
16 bis 20 Uhr	70	Ja	2	2,86%
20 bis 00 Uhr	60	Ja	1	1,66%

Tabelle 3.5: Clusterbildung für Zeitraumanalysen

Wie Sie sehen können, ist die Anzahl der Zugriffe in fünf von sechs Clustern ausreichend für valide Aussagen als Basis einer Interpretation. Die Cluster-Segmente sollten alle gleich groß sein. Das bedeutet zum Beispiel, dass Sie nicht einen Zeitraum-Cluster *8 bis 12 Uhr* mit einem Cluster *12 bis 18 Uhr* vergleichen sollten, da die Zeiträume unterschiedlich lang sind. Zudem sollten Sie darauf achten, eine Anzahl von nicht mehr als 20 Cluster zu verwenden.

Umgang mit verbleibenden geringen Datenmengen

Sollte trotz langer Messzeiträume und Cluster-Bildung der Nenner Ihres KPI immer noch kleiner als 30 sein, können Sie diesen nicht wie die anderen KPI-Werte interpretieren. Im genannten Beispiel würde daher der Zeitraum *0 bis 4 Uhr* für die Interpretation und Ableitung von Maßnahmen normalerweise nicht herangezogen. In der Praxis führt eine so schwache Frequentierung des Messobjekts in der Regel zu der Interpretation, dass das Objekt – der Zeitraum zwischen 0 und 4 Uhr –

für die Online-Marketing-Prozesse keine Relevanz hat. Denn eine sehr geringe Anzahl von Zugriffen verursacht so gut wie keine Kosten, und eine Optimierung an dieser Stelle hat auf die gesamte Leistung der Conversion-Generierung kaum eine Auswirkung, weil die relative Gewichtung im Vergleich zu anderen Potenzialen oder Schwachstellen viel zu gering ist. Insofern gleichen sich die Ansprüche der Validität und die Ansprüche der Optimierungsrelevanz oftmals aus. Außerdem bedeutet dies, dass nicht zwingend alle Messobjekte eine valide Datenbasis benötigen, sondern nur diejenigen, die auch gleichzeitig für Ihre Untersuchung eine Rolle spielen und von eventuellen Maßnahmen betroffen sein sollen.

Mittelwerte

Den meisten von Ihnen wird der *Mittelwert* vertraut sein, der in Google Analytics *Durchschnitt* genannt wird. Um den Mittelwert einer x-beliebigen Datenreihe (3, 7, 5, 5, 4, 6) zu berechnen, addieren Sie alle Werte der Datenreihe auf (30) und dividieren das Ergebnis durch die Anzahl der Daten (6). Der Mittelwert beläuft sich auf 5.

Google Analytics liefert in unzähligen Berichten diverse Mittelwerte: Durchschnitte auf Website-Ebene, Durchschnitte auf Seitenebene, Kampagnenebene, Keyword-Ebene, für Segmente etc. Sie werden in Kapitel 5 auf viele Analysen stoßen, die auf dem Vergleich von Mittelwerten basieren, etwa bei der Beurteilung der Absprungrate einer Landing-Page im Vergleich zum Website-Durchschnitt als Indikator für ihre Qualität.

Varianz und Standardabweichung

Varianz und Standardabweichung sind weitaus weniger populäre Konzepte, und wenn Sie zu den – wahrscheinlich Milliarden von – Menschen gehören, denen diese Worte nichts sagen, dann sollten Sie unbedingt einen Blick auf die nächsten Absätze werfen.

Zur Erklärung der Varianz braucht es nicht viel. Stellen Sie sich einfach zwei Räume vor:

 **Beispiel**

> Angenommen, Peter, Klaus und Birte stehen in Raum A. Peter ist 27 Jahre alt, Klaus 32 und Birte 31. Ihr Durchschnittsalter – sprich der Durchschnitt – beträgt (27 + 32 + 31) / 3 = 30 Jahre. In Raum B befinden sich Anja, Anna und Hermann. Anja ist 5 Jahre alt, Anna 7 und Opa Hermann 78. Wieder beträgt ihr Durchschnittsalter 30 Jahre.

Fühlen Sie sich jetzt an die schlimmen Zeiten der Textaufgaben in der Schulzeit erinnert? Dann springen Sie bitte jetzt über Ihren Schatten, es wird gar nicht so schlimm.

Die Erkenntnis ist: Der Mittelwert unterscheidet *nicht* zwischen Raum A und Raum B, obwohl Peter, Klaus und Birte so um die 30 sind und in Raum B ein Opa mit zwei Kindern sitzt. Der Durchschnitt von 30 passt in Raum A ziemlich gut, während er in Raum B – sagen wir mal – an der Realität vorbeigeht.

Das mathematische Maß, das den Altersunterschied in den beiden Räumen widerspiegelt, heißt *Varianz*. Wenn die Varianz klein ist, dann drängeln sich alle Werte in der Nähe des Mittelwerts wie in Raum A. Sind sie weitläufig verteilt, wie in Raum B, dann ist die Varianz groß. Ist die Varianz groß, dann sagt der Durchschnitt so gut wie gar nichts über die individuellen Werte aus. Ist sie klein, beschreibt der Durchschnitt die Datenreihe logischerweise ganz gut oder zumindest aussagekräftiger.

Die Varianz errechnen Sie dadurch, dass Sie die Abstände der einzelnen Werte vom Mittelwert aufaddieren und dann aus der Summe aller Abstände wiederum den Durchschnitt bilden. Jetzt bitte einfach weiter lesen. Damit sich positive und negative Abweichungen nicht gegeneinander aufheben, werden die Abstände quadriert, bevor sie aufaddiert werden. Wenn Sie anschließend wieder die Wurzel aus der Varianz ziehen, dann haben Sie den Durchschnitt der Abweichungen vom Mittelwert, der *Standardabweichung* genannt wird. In Raum A beträgt die Standardabweichung 2,65 und in Raum B 41,58.

Beispiel

Zur Veranschaulichung ein zugegeben etwas unrealistisches Beispiel: Angenommen, Sie hätten die Aufgabe, eine Lebensversicherung an den Mann oder die Frau zu bringen, und Sie stünden vor der Wahl, Ihr Glück entweder in Raum A oder Raum B zu versuchen. In Kenntnis des Mittelwerts hätten Sie keine bessere Entscheidungsgrundlage als ohne diese Kenntnis und in beiden Fällen eine Chance von 50%, den richtigen bzw. mehr Erfolg versprechenden Raum zu wählen. Wenn Sie aber die Standardabweichung für beide Räume als zusätzliche Information zur Verfügung haben, dann steigen die Chancen erheblich, weil Sie wissen, dass Sie in Raum B tendenziell auf Kinder oder Senioren stoßen werden und in Raum A Ihre potenzielle Zielgruppe sitzt.

Ohne an dieser Stelle auf weitere Details einzugehen: In der Webanalyse wollen Sie manchmal definitiv wissen, wie alt die Leute – im übertragenen Sinne – in dem Raum tatsächlich sind: Sie wollen die Streuung bestimmter Messwerte wissen.

In Google Analytics bekommen Sie wie gesagt diverse Mittelwerte für verschiedene Kennzahlen geliefert. In einigen Fällen können Sie dazu sogar die Verteilungen dieser Kennzahlen einsehen. Nehmen wir beispielsweise die Besuchszeiten: Auf Ihrem Dashboard erscheint lediglich die durchschnittliche Besuchszeit für die Website. In den Besucher-Berichten können Sie sich aber unter dem Unterpunkt LÄNGE DES BESUCHS die Verteilung der Besuchszeiten ansehen. Oder nehmen wir die Kennzahl Seiten pro Besuch: Wieder erscheint auf Ihrem Dashboard nur der Durchschnitt für die Website. Gleichzeitig haben Sie wiederum die Möglichkeit, die Verteilung in dem Bericht BESUCHSTIEFE einzusehen. Die Verteilungen beinhalten für bestimmte Fragestellungen mehr Informationen. Warum also den weniger aussagekräftigeren Mittelwert betrachten?

Die Standardabweichung eines Messwerts oder KPI zu errechnen, liefert aber noch einen anderen wichtigen Hinweis. Oft stehen Sie als Webanalyst vor der Frage, ob ein bestimmter Wert nun als normal oder als bemerkenswert zu bezeichnen ist.

Rein mathematisch betrachtet, stellt der Bereich der Standardabweichung um den Mittelwert das »Normale« dar. Liegt er außerhalb dieses Bereichs, dann ist der Wert außergewöhnlich, weil seine Abweichung über oder unter dem Durchschnitt der Abweichungen aller Werte liegt.

Plausibilitätskontrollen

Die mitunter schweren Geschütze der Statistik lassen wir ja ohnehin schon zu Hause und beschränken uns auf die wichtigsten Instrumente, um die Daten statistisch abzusichern. Aber selbst diese feine Auswahl erfordert gewissen Aufwand, der nicht immer angemessen ist. Nicht in allen Lebenslagen der Webanalyse sind Sie auf hieb- und stichfeste Aussagen angewiesen, sondern können auch mal bloß eine grobe Abschätzung vornehmen, ob das, was Sie messen, überhaupt eine nachvollziehbare Dimension besitzt. Hierfür reichen einfache Plausibilitätskontrollen.

In einer Plausibilitätskontrolle testen Sie grob, ob das Gemessene einen Wert besitzt, den Sie ungefähr erwarten würden. Sie vollziehen also zwei Schritte:

1. Sie formulieren aufgrund bestimmter, Ihnen bekannter oder von Ihnen geschätzter Faktoren eine Erwartung an den Messwert.

2. Sie vergleichen die Erwartung mit der Messung und ziehen aus dem Vergleich Schlüsse.

Das bedarf keineswegs einer generalstabsmäßigen Vorbereitung, sondern kann innerhalb von Sekundenbruchteilen in Ihrem Kopf erfolgen. Wenn Sie zum Beispiel in Google AdWords ablesen, dass Sie darüber jeden Monat 1.000 Besucher für Ihre Website erhalten, würden Sie erwarten, dass Sie in Google Analytics mindestens 1.000 Besucher ablesen können. Wenn Sie noch andere Werbung betreiben oder in Suchmaschinen gut zu finden sind, dann sollte der Wert mehr oder weniger deutlich darüberliegen. Wenn Sie in Google Analytics aber nur 900 Besucher ermitteln, dann wissen Sie, dass jetzt ein bisschen Arbeit haben, weil Sie der Ursache auf den Grund gehen müssen.

Machen Sie sich bewusst, dass eine Plausibilitätskontrolle keineswegs eine Aussage darüber liefert, ob ein Wert falsch ist, und schon gar nicht, welcher das wäre. Das müssen Sie dann unbedingt ermitteln. Eine voreilige Annahme hierzu kann fatale Folgen haben. Nehmen Sie beispielsweise die Legende um die Entdeckung des Ozonlochs. Hier sollen die niedrigen Messwerte, die durch die stark abnehmende Ozonschicht hervorgerufen wurden, seinerzeit einfach als Messfehler verworfen worden und so Jahre des Handelns verloren gegangen sein. Ob dies sich so wirklich zugetragen hat oder nicht: Das Szenario ist denkbar. Mit Plausibilitätskontrollen erhalten Sie zumindest den Ansatz, Abweichungen zu erkennen, und Sie können (und müssen!) Nachforschungen anstellen, um den Unregelmäßigkeiten auf den Grund zu gehen.

Manch einer wird sich die Zeit für solche Prüfungen sparen wollen. Eine Ersparnis ist dadurch nur auf den ersten Blick zu erzielen. Wenn Sie mit Plausibilitätsprüfungen beispielsweise die Resultate neu implementierter Tests überprüfen, bevor Sie womöglich über lange Zeiträume falsche Daten sammeln und auf diesen falschen Daten Ihre Interpretationen und Empfehlungen oder gar Unternehmensentscheidungen stützen und vielleicht Ihre Kollegen richtig sauer machen, weil alles für die Katz' war, können Sie eine Menge Zeit für die erneute Datensammlung oder die Korrektur von Fehlentscheidungen einsparen. Außerdem geben Sie vor Ihren Kollegen eine bessere Figur ab.

Machen Sie es sich daher zur Gewohnheit, alle ablesbaren und errechneten Daten auf Plausibilität mindestens überschlagsmäßig im Kopf zu prüfen. Es kostet Sie kaum Zeit, es macht Sie in der Handhabung der Daten sicherer, und es lässt Sie schneller erkennen, wenn Sie etwas korrigieren sollten.

Doch nicht nur, um Fehlentscheidungen zu vermeiden und Zeit zu sparen, ist die Plausibilitätsprüfung ein wichtiges Standardinstrument im Alltag des Webanalysten. Im Sinne des Vorgangs rund um das Ozonloch sollten Sie Plausibilitätskontrollen immer auch als Alarmsystem begreifen: Selbst wenn Ihnen die Werte nicht plausibel erscheinen, so könnten sie dennoch korrekt sein. Das bedeutet, dass sich Bedingungen derart geändert haben könnten, dass unerwartete Messwerte die Folge sind. Und meistens ist es empfehlenswert, wenn Sie auf solcherart geänderten Bedingungen reagieren. Sie an der Quelle der Daten wissen früher als alle anderen, dass sich etwas bewegt. Nutzen Sie dieses Potenzial, und stellen Sie Ihr Online-Marketing darauf ein.

3.5.2   Interpretation durch Verständnis für den Besucher

Das Mindset der Zielgruppe

Nachdem Sie alle wichtigen Zusammenhänge aus dem Bereich der Statistik kennengelernt haben, widmen wir uns einem etwas weniger mathematischen, aber ebenso wichtigen Thema. An vielen Stellen der Interpretation sind Sie gefordert, sich in die Website-Besucher hineinzuversetzen. Das ist die wichtige und letzte Brücke, um die richtigen Stellschrauben für die Ableitung von Maßnahmen zu identifizieren, sobald Sie genügend valide Messergebnisse zur Verfügung haben. Hier wird aber auch deutlich, dass eine analytische, mathematische Denkweise allein nicht ausreichend ist, um zielführende Maßnahmen ableiten zu können. Sie müssen sich bemühen, einen gewissen Instinkt für Ihre Zielgruppe zu entwickeln, um ihr Verhalten richtig einzuschätzen. All die Messverfahren und KPIs sind nutzlos, wenn Sie nicht zwischen den Zeilen der KPIs lesen und das Gelesene interpretieren können. Hier spielt also auch das eher wenig rationale begründete Gefühl eine wichtige Rolle.

Dies mag im Widerspruch zum mathematischen, sachlichen Denken stehen, ist aber ein entscheidendes Gegengewicht für die abschließende Interpretation. Zwar liefern die vielen Methoden und Prinzipien der Webanalyse reichlich Mittel, um den Anteil des Gefühls möglichst gering zu halten, ganz ausschließen können und sollten Sie dieses aber nicht. Ingesamt ist das Gefühl ebenso wichtig wie die harten Fakten, wie Sie im weiteren Verlauf noch sehen werden. KPI-basierende Analysen sind auch immer ein bisschen einspurig und bergen die Gefahr, den Blick auf gewisse Dinge zu verlieren, die nicht immer durch KPIs erfasst werden können.

Im Folgenden zeigen wir Ihnen deshalb einige hilfreiche Lösungswege auf, um mit Ihren Besuchern auf Tuchfühlung zu bleiben und die Interpretation auf Basis fundierter Erkenntnisse vorzunehmen, die Sie durch subjektive Einschätzungen ergänzen.

Empathie für die Mindsets der Zielgruppen entwickeln

Empathie steht für tiefes Einfühlungsvermögen. Versuchen Sie, sich so intensiv wie möglich in Ihre Besucher hineinzuversetzen. Nur so können Sie am Ende die richtigen Schlüsse aus den Messergebnissen ziehen. Legen Sie alle Vorurteile ab, und vergessen Sie möglichst viel von dem, was Sie über Ihre Website wissen. Dieser Prozess kann sehr anspruchsvoll sein. Sie müssen Ihre eigentliche Rolle im Geiste vollständig verlassen und sich den Elementen Ihrer Website in Ihren Untersuchungen möglichst unbefangen nähern.

Spielen Sie die Klickwege Ihrer Besucher nach, und starten Sie dabei am besten bei den unterschiedlichen Besucherquellen. Wenn es sich zum Beispiel um bestimmte Keywords handelt, mit denen die Besucher auf Ihre Website gelangt sind, geben Sie diese direkt in die Suchmaschine ein und wählen den gleichen Link zu Ihrer Seite aus wie Ihre Zielgruppe. Speziell bei der Betrachtung von Keywords können Sie schon viel über die Intentionen Ihrer Besucher lernen, denn hinter jeder Suchphrase steckt ein gewisser Wunsch oder ein mentaler Zustand. Was denkt jemand, der dieses bestimmte Keyword eingegeben hat? Welche Intention verfolgt er? Was spielt sich in seinem Kopf ab? Versuchen Sie, diese Fragen zu beantworten, indem Sie in die Rolle Ihres Besuchers schlüpfen und so tun, als hätten Sie die gleichen Gedanken und Intentionen.

Jemand, der zum Beispiel nach *schokolade* sucht, hat eine andere Intention als jemand, der *schokolade valentinstag* in die Suchmaschine eingibt. Das gilt natürlich auch für sämtliche andere Besucherquellen. Rufen Sie diese Quellen selbst auf. Warum könnte jemand diesen Link zu Ihrer Website angeklickt haben, wie ist er darauf aufmerksam gemacht worden? In welchem Kontext steht dieser Link im Vergleich zu der Website, auf der sich dieser Link befindet, und welche Verbindung ergibt sich daraus?

Bemühen Sie sich um die Beantwortung dieser Fragen. Man spricht dabei auch vom Verständnis des sogenannten *Mindsets* des Besuchers. Welche Intention verfolgt er, welche Stimmung hat er bei seinem Besuch? Tun Sie so, als wäre es Ihr Mindset, und starten Sie mit dem Besuch Ihrer Website, natürlich angefangen mit der entsprechenden Landing-Page, die der Besucherquelle zugeordnet ist. Prüfen Sie, ob die Landing-Page dem Mindset entspricht. Werden die dort verankerten Intentionen aufgefangen und zielführend weiterverwertet? Finden sich entsprechend schlagkräftige Begriffe oder Symbole wieder, die dem Mindset entsprechen und so den Besucher zum Bleiben auf der Website stimulieren? Schreiten Sie weiter voran, und behalten Sie Ihre Rolle bei. Finden Sie sich auf Basis des Mindsets auf der Website zurecht und können die Intentionen befriedigt werden? Sind die Informationen oder Produkte hierfür verständlich gestaltet oder eher verwirrend? Wirkt der Bestellprozess so, wie Sie ihn in Ihrer Rolle erwarten würden?

Bedenken Sie bei der Ergründung des Mindsets, dass sich nicht jede Website an Besucher mit einer klaren Suchintention richtet, sondern manchmal auch durch multimediale oder sozialmediale Inhalte auf eine emotionale Unterhaltung des Website-Besuchers setzt. Wir haben diesen Ansatz im Abschnitt Ziele und KPI bereits ausführlich besprochen. Das Mindset muss also nicht immer durch eine klare Intention bestimmt sein. Die entscheidende Motivation kann sich im Vertreib von Langeweile, der Sehnsucht nach gesellschaftlicher Nähe oder in ähnlichen anregenden Aspekten widerspiegeln. Dies hängt von den Zielen Ihrer Website und der Zielgruppe ab.

An dieser Stelle möchte wir Ihnen noch einmal etwas Grundlegendes ins Gedächtnis rufen: Website-Besucher und Website-Betreiber verfolgen oftmals unterschiedliche Ziele und bilden dabei eine Schnittmenge. Je größer diese Schnittmenge ist, desto erfolgreicher wird die Website Ihre Ziele erreichen, da diese nicht im Widerspruch mit den Erwartungen der Besucher steht. Wenn Sie versuchen, das Mindset der Zielgruppe zu ergründen, gehen Sie am besten von einem möglichst kritischen Standpunkt aus. Seien Sie hart zu Ihrer Website: Gönnen Sie der Website wenig Zeit. Seien Sie gelangweilt. Lesen Sie so gut wie keine Beschreibungen oder Texte. Denn so werden sich Ihre Besucher im schlimmsten Fall auch verhalten.

Website-Betreiber und Webdesigner sind häufig sehr von ihren eigenen Arbeitsergebnissen überzeugt, meist ohne Rücksicht auf den gemeinen Website-Besucher. Wir neigen dazu, blinder für selbst verursachte Schwachstellen zu sein, als uns lieb ist. Die selbstkritische Hinterfragung der eigenen Arbeit ist wesentlich frustrierender und arbeitsintensiver, als sich einfach zu sagen, das Ergebnis sei in Ordnung. Mit solchen Verdrängungsprozessen schützen wir uns vor unangenehmen Erfahrungen. Den Website-Zielen ist dieses Verhalten aber nicht dienlich. Als Webanalyst ist es Ihre Aufgabe, ein gesundes Gegengewicht zu diesem ganz natürlichen Verdrängungsverhalten zu schaffen. Versuchen Sie daher, von vornherein mit einer gewissen negativen Grundeinstellung das Mindset nachzuvollziehen. Ihre Besucher sind in der Regel noch sehr viel kritischer, als Sie denken. Sie können mithilfe dieses kleinen mentalen Rollenspieles sehr viel besser bestimmte Zusammenhänge erkennen, als wenn Sie von vornherein eher positiv eingestellt sind.

Eine Website, mehrere Zielgruppen und Mindsets

Ingesamt wird die Gesamtheit der Besucher Ihrer Website nicht ein einziges Mindset aufweisen, sondern sich aus verschieden starken Strömungen zusammensetzen, die unterschiedliche Zielgruppen mit jeweils individuellen Mindsets bilden. Ein sehr hilfreicher Ansatzpunkt, unterschiedliche Zielgruppen zu identifizieren, besteht in der Beobachtung verschiedener Zugriffsquellen. Wir haben bereits erläutert, dass die Zugriffsquellen schon viel über die unterschiedlichen Intentionen Ihrer Besucher verraten können und dass die Gestaltung Ihrer Website diese Individualität idealerweise aufgreifen und ebenso individuell darauf eingehen sollte. Der zugrunde liegende Gedanke ist hierbei die Rückbesinnung auf eine möglichst personalisierte Kommunikation mit dem Besucher.

Dies steht im Gegensatz zu der Tatsache, dass die überwiegende Mehrzahl der Websites für alle unterschiedlichen Betrachter gleich aussieht, ganz egal welche verschiedenen Mindsets in den Besucherströmen vertreten sind. Sie können sich vorstellen, dass diese Herangehensweise deutlich uneffektiver ist als eine individuelle Kommunikation. Das ist in etwa so, als hätte man einen Ladenverkäufer vor sich, der wie ein Roboter stets nur die gleichen Sätze sagen kann, ohne individuell auf die Kunden und ihre Fragen einzugehen. Wenn Sie Ihre Website als einen Online-Vertriebsmitarbeiter betrachten, wäre es also besser, wenn dieser zumindest auf die Mindsets Ihrer wichtigsten Besucher eingehen kann.

Wir hoffen, es wird Ihnen deutlich, wie wichtig es ist, nicht nur ein Gespür für Ihre Zielgruppe zu entwickeln, sondern auch unterschiedliche Segmente innerhalb dieser unterscheiden zu können. In Abschnitt *5.1.3, Erweiterte Segmente*, zeigen wir Ihnen, wie Sie Besuchergruppen individuell betrachten können.

Die Arbeit mit Google Analytics bedeutet keinesfalls nur das Auswerten von Messwerten. Dies stellt nur einen Teilbereich des Webanalyseprozesses dar. Die Messwerte in Google Analytics sind lediglich sichtbare Spuren des ansonsten unsichtbaren Besucherverhaltens. Ohne die nötige Feinfühligkeit und Empathie für Ihre Besucher werden Sie keine nutzbringenden Interpretationen vornehmen können. Das beste mathematische Verständnis allein wird dafür nicht ausreichen.

Interessanterweise verhält es sich in der Webanalyse ähnlich wie in der Krimimalfallanalyse. Wenn eine Sonderkommission einen Kriminalfall wie zum Beispiel einen Mord lösen will, werden zahlreiche harte Fakten vom Tatort gesammelt, es werden Proben genommen, Gegenstände im Zusammenhang mit der Tat sichergestellt und im Labor untersucht. Dies alles sind vor allem sachliche, physikalisch und mathematisch fundierte Anhaltspunkte zur Lösung eines Falles. Die entscheidende erste Frage, die sich ein Kriminologe aber stellt, ist die nach dem Mindset des Täters. Auf welches Motiv deuten all die Indizien hin? Handelt es sich um eine spontane Tat, oder war sie lange geplant? Welche emotionalen Zustände spielten sich während der Tat im Kopf des Täters ab? Die Klärung dieser Fragen bildet die Grundlage für die Entscheidung, in welche Richtung die weiteren Ermittlungen zur Aufklärung des Falles gehen sollen.

In der Webanalyse geht es glücklicherweise nicht um Mord, aber Sie sehen: Das subjektive und menschliche Gefühl ist keineswegs ein abwegiger Störfaktor in der Analyse, sondern entsprechend kanalisiert ein wichtiger Begleiter. Vor allem die zunehmende Erfahrung führt zu immer besseren Einschätzungen, denn wie Leonardo da Vinci schon sagte:

Wissen ist das Kind der Erfahrung.

Das Mindset verstehen durch systematische Fragestellungen

Erinnern wir uns noch mal an eines der Prinzipien der Webanalyse: *Analysieren Sie von Fragen geleitet.* Auch in der Interpretation können Sie dieses Prinzip zielführend einsetzen, indem Sie ähnliche Fragen formulieren wie die Kriminologen. Klopfen Sie dazu einfach die wesentlichsten wiederkehrenden Muster ab, die das Verhalten eines Besuchers Ihrer Website beeinflussen, und prüfen Sie im Anschluss, welche Indizien darauf hinweisen, dass ein bestimmtes Muster erfüllt wird. Die folgenden Fragen können Sie auf nahezu jedes Messobjekt anwenden, das Sie in Ihrem Analyseprozess beobachten wollen. Wir fordern Sie trotzdem auf, selbst kreativ zu sein und diese Liste lediglich als Inspiration zu begreifen.

◆ Wird dem Besucher klar, worum es sich bei der Website handelt?

◆ Wird ein Intentions-Surfer klar und sachlich bedient?

◆ Werden einem Stöber-Surfer ausreichend anregende Inhalte präsentiert?

◆ Findet ein Besucher das, wonach er gesucht hat?

◆ Kann der Besucher sofort beantworten, wo er sich momentan befindet?

◆ Wirkt die Website an einer Stelle verwirrend?

◆ Wie wird der Besucher zum weiteren Verweilen stimuliert?

◆ Warum verlässt der Besucher die Website?

◆ Was könnte ein Besucher auf der Website vermissen?

◆ Wird das Vertrauen der Besucher gefördert?

◆ Entsteht Misstrauen bei den Besuchern?

Prüfen Sie, ob die KPIs und andere Indizien Ihre Fragestellungen beantworten. Vielleicht müssen Sie auch neue KPIs bilden und weitere Messwerte dafür untersuchen. In dem Fall bilden Sie im Rahmen der ursprünglichen Analyse eine kleine untergeordnete Teilanalyse, bis Sie für Ihre Interpretation ausreichend Anhaltspunkte gewonnen haben.

Das Mindset verstehen durch Beobachtung der Besucherentscheidungen

Ein ergänzendes Mittel, um die Besuchereigenschaften auf allgemeiner Ebene besser zu verstehen, ist die Beobachtung von Entscheidungspunkten in den Besucherströmen. Die Eigenschaften Ihrer Besucher werden nämlich immer genau dann erkennbar, wenn sie eine Entscheidung fällen müssen, und dies lässt sich auch immer in den Messwerten und KPIs erkennen. Selbst wenn für einen konkreten Fall Entscheidungen an manchen Stellen der Website uninteressant erscheinen, sollten Sie die Entscheidungsprozesse Ihrer Besucher untersuchen, um sie besser zu verstehen und wertvolle Rückschlüsse zu ziehen. Prüfen Sie, an welchen Stellen die Website Ihre Besucher vor eine Wahl stellt, und untersuchen Sie, welche Entscheidungen von ihnen getroffen worden sind. Sie tun dies nicht mit dem Ziel, eine klassische Herangehensweise der Webanalyse wie zum Beispiel die Schwachstellenanalyse anzuwenden. Vielmehr kommt es hier darauf an, das Mindset anhand des Entscheidungsprofils der untersuchten Zielgruppe besser zu verstehen. Wir haben für Sie einige typische Beispiele zusammengefasst. Wie immer kann auch diese Liste niemals vollständig sein. Untersuchen Sie Ihre Website daher selbst auf solche Entscheidungspunkte, und ergänzen Sie Ihre eigene Liste ggf. entsprechend.

◆ Betreten die Besucher Ihre Website gezielt über eine Suchmaschine oder eher zufällig über ein Banner?

◆ Bleiben die Besucher nach Sichtung der Landing-Page?

◆ Entscheiden sich die Besucher für Produktkategorie A oder für B?

◆ Bestellen Besucher sofort bei ihrem ersten Besuch oder erst nach mehrmaligem Besuch?

◆ Für welche Zahlungsoption im Bestellprozess entscheiden sich die Besucher?

◆ Bestellen die Besucher viele Produkte auf einmal?

◆ Bestellen die Besucher lieber wenige Produkte, aber dafür öfter?

◆ Zu welcher Uhrzeit bestellen die Besucher besonders häufig?

All diese Fragen werden natürlich niemals zu 100% mit einer absolut eindeutigen Antwort geklärt, da Sie nie einzelne Besucher verfolgen, sondern die Gesamtheit aller Besucher oder ein bestimmtes Besuchersegment. Wenden Sie auch hier das

Prinzip der Webanalyse an: Es geht um die Tendenzen. Sollten Sie diese nicht erkennen können, haben Sie eventuell Ihre Zielgruppe nicht ausreichend von den anderen Besucherströmen isoliert. Dies kann dazu führen, dass die Ergebnisse nicht eindeutig sind.

Sie finden bewährte Segmentierungen in Abschnitt *5.1.3, Erweiterte Segmente*. Bedenken Sie aber, dass es hier in erster Linie darum geht, allgemein die Empathie für die Besucher Ihrer Website zu fördern. Wenn Sie sich unabhängig von konkreten Fragestellungen die allgemeinen Knotenpunkte der Besucherentscheidungen ansehen, dient dies indirekt der Qualitätssteigerung Ihrer Interpretationen. Je mehr Sie über Ihre Zielgruppe wissen, desto besser können Sie diese verstehen.

Das Mindset verstehen durch häufig besuchte Bereiche der Website

Eine weitere Möglichkeit, die Zielgruppe besser zu verstehen, ist die Beobachtung der häufig aufgerufenen Inhalte auf der Website. Dadurch können Sie vor allem Einblicke darüber gewinnen, welche Such- und Informationsintentionen im Mindset der Zielgruppe vorliegen oder welche Produkte und Inhalte besonders ansprechend sind. Im Google Analytics-Menüpunkt CONTENT finden Sie zahlreiche Berichtsmöglichkeiten, um herauszufinden, an welchen Inhalten Ihre Zielgruppe vorrangig interessiert ist.

Wenn Sie zum Beispiel den Bericht TOP-WEBSEITEN aufrufen, erhalten Sie nach Zugriffen sortiert einen Überblick über Ihre wichtigsten Seiten. Bedenken Sie aber, dass Landing-Pages und Startseiten natürlicherweise eine besonders hohe Anzahl an Zugriffen vorweisen. Daher sollten Sie die Seiten betrachten, die vor allem aus der Entscheidung der Benutzer heraus häufig angesehen wurden. Auch hier sollten Sie es bei groben explorativen Analysen belassen, sofern Sie noch keine konkreten Fragestellungen dazu entwickelt haben. In erster Linie wollen Sie an dieser Stelle Ihr Zielgruppenverständnis durch Kenntnis der beliebtesten Inhalte abrunden.

Andere Quellen zum Verständnis der Zielgruppeneigenschaften nutzen

Um Ihr empathisches Bewusstsein für die Zielgruppe weiter zu vervollständigen, sollten Sie auf alle verfügbaren Informationsquellen in Ihrer Umgebung zurückgreifen. Möglicherweise stehen Ihnen im Rahmen des Online-Marketings sogar konkrete Marktforschungsdaten zu Verfügung. In jedem Fall sollten Sie es nutzen, wenn Sie durch Interviews mit Personen aus der Zielgruppe subjektive Eindrücke und Erfahrungen gewinnen können.

Bessere Interpretationen durch interdisziplinäres Wissen

Zur Erschließung einer weiteren Quelle für eine erfolgreiche Interpretation möchten wir Sie dazu ermutigen, Ihr Online-Marketing-Wissen permanent zu erweitern. Das bedeutet zum einen das Studieren aller Disziplinen, die mit dieser Thematik im Zusammenhang stehen: Web-Usability, Landing-Page-Design, Multimedia-Design, allgemeines Webdesign, Werbepsychologie und weitere Bereiche, die Ihre Website möglicherweise berühren können wie zum Beispiel E-Mail-Marketing, Suchmaschinen-Marketing, Affiliate-Marketing, virales Marketing und so weiter. Dabei geht es nicht darum, diese Bereiche so zu beherrschen wie ein Spezialist dieser Disziplinen.

Das ist natürlich ab einem gewissen Grad auch gar nicht mehr möglich. Sammeln Sie vielmehr alle Informationen, die Sie zu den Themen erhalten können, und suchen diese *explorativ* (das ist Ihnen nun bekannt) nach Erkenntnissen ab, die Ihnen für die Webanalyse wichtig erscheinen.

Welche dieser Informationen fördert das Verständnis für Ihre Zielgruppe? Welche Methoden der Website-Gestaltung haben sich laut aktueller Studien als besonders hilfreich herausgestellt? Welche neuesten Trends erscheinen am Horizont des Online-Marketings, und welche Relevanz haben diese für Ihre Tätigkeit? Manchmal wird es so sein, dass Ihnen zunächst etwas unwichtig erscheint, Sie aber genau diese Information für eine spätere Interpretation benötigen. Eine gut sortierte Ordnung Ihrer Informationsquellen ist dabei sehr von Vorteil.

Im Internet gibt es viele gute Blogs zu verschiedenen Themen der Webanalyse. Machen Sie sich aber bewusst, dass dort in der Regel die wirklich fundierten Informationen nicht preisgegeben werden, da in einem Blog die Komplexität eines Themas nicht immer umfassend genug dargestellt werden kann. Und teilweise ganz einfach deshalb, weil bestimmte fundierte Informationen, die mit viel Aufwand und Forschung erstellt worden sind, nicht kostenlos abgegeben werden sollen. Die Investition in Bücher oder kostenpflichtige Fach-Newsletter und Fachzeitschriften kann deshalb eine lohnenswerte Ergänzung Ihrer Weiterbildung sein. Nutzen Sie besonders Informationsquellen aus dem Bereich der Marktforschung rund um das Online-Marketing. Das können selbstverständlich auch wissenschaftliche Dissertationen sein. Spitzen Sie Ihre Ohren, und halten Sie überall nach neuem Material Ausschau.

Beispiel

> Man hat herausgefunden, dass viele Besucher häufiger in einem Online-Shop bestellen, wenn diese schon beim Betreten der Website darüber informiert werden, dass ihre jeweils bevorzugte Zahlungsart angeboten wird. Sie können sich sicherlich vorstellen, dass mit diesem Wissenshintergrund die Interpretation des Bestellverhaltens bezüglich der angebotenen Zahlungsmethoden sehr hilfreich sein kann. Letztendlich können auch Gespräche und Diskussionen mit Fachleuten in Ihrer Umgebung entscheidende Anregungen für Ihre Wissenserweiterung liefern.

Saugen Sie alles auf wie ein Schwamm. Am Ende entscheiden Sie selbst, was für Sie besonders wichtig ist. Zu viel Know-how hat bekanntlich noch niemandem geschadet. Gemeinsam mit der empathischen Untersuchung des Mindsets der Zielgruppe liefert das interdisziplinäre Wissen entscheidende Ergänzungen für Ihre Interpretationen.

Usability- und Eye-Tracking-Tests

Um den angesprochenen subjektiven Freiraum innerhalb der Interpretationsphase weiter zu verkleinern und gegen fundierte Erkenntnisse einzutauschen, bieten sich in manchen Fällen weitere Möglichkeiten an. Vor allem wenn es um Fragestellungen bezüglich der Gestaltung und der Nutzerführung auf der Website geht, können Sie sowohl von Usability- als auch von Eye-Tracking-Tests profitieren. Sie können damit gezielt einzelne Seiten und Elemente untersuchen, die im Fokus Ihrer Interpretation stehen. Anstatt sich selbst in die Rolle des Website-Besuchers hineinzuversetzen, übertragen Sie diese Rolle auf eine Testperson, die weder die Website kennt noch über entsprechendes Hintergrundwissen über die Ziele und Struktur verfügt. Dies hat den Vorteil, dass die Testperson deutlich authentischere Ergebnisse für die Interpretation liefern kann, als Sie selbst es könnten. Dieser Effekt kann durch die Hinzunahme weiterer Testpersonen noch verstärkt werden.

In einem *Usability-Test* stellen Sie dem Probanden gezielt Aufgaben, die auf das Mindset Ihrer Zielgruppe ausgerichtet sind. Dabei beobachten und dokumentieren Sie sein Verhalten, stellen Interviewfragen und versuchen möglichst umfassend, die Eindrücke des Probanden beim Besuch der Website festzuhalten. Lassen Sie ihn laut denken, und notieren Sie die Fallstricke, über die er stolpert. Helfen Sie ihm nicht, wenn er nicht das tut, was Sie erwarten. Dem verzweifelten Nutzer am heimischen Rechner können Sie ja auch nicht helfen. Wenn Sie das mit drei bis fünf Probanden durchführen, haben Sie die gröbsten Schwachstellen identifiziert und können diese beheben. Danach sollten Sie idealerweise den Test mit neuen Probanden wiederholen. Verschwenden Sie übrigens nicht zu viel Zeit mit der Frage, wo Sie geeignete Probanden Ihrer Zielgruppe finden. Die Passung der Probanden abzustimmen ist sehr aufwendig, und der Nutzen für diese kleinen knackigen Tests ist eher minimal.

Bei einem *Eye-Tracking-Test* wird die Pupillenbewegung des Probanden mit einer Kamera oder einer Spezialbrille festgehalten. Eine Software errechnet dann, wo und wie lange das Auge verschiedene gestalterische Elemente auf der Website gesehen hat. So kann die Impulswirkung von Navigations- und Informationselementen besser interpretiert werden, denn solche Effekte hängen davon ab, wie der Besucher die Website wahrnimmt, wie diese also von ihm *gesehen* wird.

3.5.3 Maßnahmen ableiten

Nachdem Sie die vorgefundenen Werte interpretiert haben, könnten Sie sich einfach zurücklehnen und abwarten, ob sich bei der nächsten Messung der Kennzahlen Veränderungen ergeben haben. So würden Sie allerdings nur die Entwicklung der äußeren Einflüsse dokumentieren. Richtig sinnvoll wird die ganze Sache erst, wenn Sie nicht passiv abwarten, sondern das Heft selbst in die Hand nehmen, um aktiv Änderungen an den Kennzahlen herbeizuführen. Das geht natürlich nur bei Kennzahlen, die sich durch eigene Maßnahmen beeinflussen lassen. Wenn wir hier davon sprechen, dass Sie aktiv Änderungen herbeiführen, meinen wir dies in dem übertragenen Sinne, dass Sie selbst oder eben jemand, der damit betraut wird, entsprechende Änderungen vornimmt.

Sie sollten sich also die Ergebnisse nicht einfach einrahmen und an die Wand nageln. Vielleicht haben Sie bereits den Drang verspürt, aus den ermittelten Kennzahlen und deren Veränderungen Maßnahmen abzuleiten. Doch was sind das überhaupt für Maßnahmen?

Quellen für Maßnahmen

Wir verstehen die Maßnahmen, um die es hier gehen soll, als Handlungen, die darauf gerichtet sind, den untersuchten KPI in eine bestimmte Richtung zu beeinflussen. Nehmen wir an, Sie haben festgestellt, dass in Ihrem Bestellprozess, der aus mehreren Schritten besteht, die Seite mit der Auswahl der Zahlart die höchste Absprungrate vorweist. Ihr KPI ist also die Absprungrate auf dieser Seite. Diese möchten Sie nun gerne senken. Auf der Seite bieten Sie bislang nur die Bezahlung per Nachnahme an. Eine Maßnahme könnte beispielsweise sein, im Bestellprozess jetzt auch die Bezahlung im Voraus mithilfe von PayPal zu ermöglichen.

Ob das tatsächlich so wie erwartet oder zumindest wie gewünscht eintritt, ist nicht vorher zu sagen. Aber in dem genannten Beispiel ist es sehr wahrscheinlich. Diese Wahrscheinlichkeit zu beurteilen, kann durchaus schwierig sein. Hier sollten Sie immer ein offenes Ohr oder Auge für Publikationen haben, in denen zum Beispiel Experten ihr Know-how mitteilen oder andere Website-Betreiber über Erfahrungen berichten. Selbstverständlich können Sie auch Experten direkt hinzuziehen und sie um Rat fragen.

Ein anderer Ansatz ist der, die Nutzer einzubinden. Das könnte beispielsweise durch Umfragen geschehen, zumal eine entsprechende Online-Umsetzung der Befragung oft mit vertretbarem Aufwand zu bewältigen ist. Ein deutlich weiter gehender Ansatz der Einbindung der Nutzer ist der, beispielsweise durch die Bereitstellung von Varianten und den Einsatz des *Google Website Optimizer* die Nutzer entscheiden zu lassen, was sie brauchen oder bevorzugen. Eine Entscheidung des Nutzers in diesem Zusammenhang ist nicht als eine aktive Wahl zu verstehen, denn der Nutzer bekommt nicht einmal etwas davon mit, dass er an einem Entscheidungsprozess beteiligt ist. Die Entscheidung durch die Nutzer fällt schlicht dadurch, dass Sie die Variante einsetzen, die Ihre beobachteten KPI am besten in die gewünschte Richtung beeinflusst. Im Beispiel wird es die Seite sein, die alle die Zahlarten anbietet, die Nutzer bevorzugen. Mehr zum Google Website Optimizer und zu den dahinter stehenden Prinzipien erfahren Sie in Kapitel *5.3.1*.

Fünf Schritte, um die richtigen Maßnahmen zu finden

Es bleibt immer noch die Frage, wie Sie geeignete Maßnahmen ableiten. Da hierfür ein gewisser detektivischer Spürsinn und zugleich Erfahrungen wirklich hilfreich sind, ist es gar nicht so einfach, ein Rezept anzugeben, nach dem Sie bloß vorzugehen brauchen. Dennoch gibt es ein paar einfache Dinge, die Sie tun können, um die geeigneten Maßnahmen zu finden. Beachten Sie aber: Ziehen Sie alle Faktoren in Betracht, andernfalls könnten Sie etwas Entscheidendes übersehen. Zu solchen Faktoren zählen unter anderem die Gründe, weshalb die Nutzer auf Ihre Seite gekommen sind, die Wege, die sie genommen haben, und was die Nutzer auf den Seiten sehen, die sie ansteuern.

1. Finden Sie heraus, ob Ihr KPI in direkter Beziehung zu änderbaren Elementen steht.

Ein KPI kann aus mehreren Elementen bestehen. Dies gilt zum Beispiel für den ROAS: In diesen KPI fließen als Bestandteile die Ausgaben für Werbung und der Gesamtumsatz ein.

Ein anderes Beispiel für einen solchen Bestandteil könnte die Absprungrate einer einzelnen Seite sein, die oft aber auch nicht nur Bestandteil ist, sondern bereits selbst schon einen KPI darstellt. Sie kann oft abhängig von direkten Faktoren sein (aber nicht immer!). Betrachten Sie hierzu wieder einmal einen Bestellprozess: Die Seite, auf der im Verhältnis die meisten Benutzer aussteigen, muss etwas enthalten, das ablenkt oder abstößt, oder es fehlen wichtige vertrauensbildende Informationen. Hier lässt sich sehr direkt ansetzen, indem Veränderungen auf der Website durchgeführt werden, bis der KPI, hier also die Absprungrate, im richtigen Rahmen liegt.

Hinweis

Wenn Sie niedrige Absprungraten ermitteln, ist das meist ein Quell der Freude. Allerdings gibt es ein Szenario, in dem Sie eine niedrige Absprungrate ermitteln, obwohl sie in Wahrheit deutlich höher liegt. Dieses Szenario kann eintreten, wenn zwei Bedingungen zusammentreffen:

◆ Ihre Website lädt nicht schnell genug.

◆ Sie haben den Google Analytics Tracking Code am Ende des Seitenquelltextes eingebaut.

In so einem Fall geschieht Folgendes: Der Nutzer besucht Ihre Seite (womöglich nach einem teuer bezahlten Klick auf eine Suchmaschinenanzeige) und bekommt den Inhalt nur langsam geliefert. Die Ursache muss dabei gar nicht mal ein langsamer Webserver sein. Schon eine Internetanbindung mit geringer Bandbreite verursacht entsprechend lange Ladezeiten. Nach einer gewissen – nicht mal sehr langen Zeit – verlässt der Besucher diese wieder, weil sie nicht schnell genug geladen wurde. Zu diesem Zeitpunkt war aber auch der Google Analytics Tracking Code noch nicht geladen, weshalb keine Messdaten über diesen – erfolglosen – Besuch an Google Analytics übermittelt werden konnten. Dieser Absprung entgeht Ihnen somit.

Google empfiehlt offiziell tatsächlich, den Tracking-Code am Ende des Quelltextes zu integrieren. Dies geschieht vor dem Hintergrund, dass der Tracking-Code natürlich auch Ladezeit verbraucht und Google nicht für eine längere Ladezeit verantwortlich sein möchte. Inoffiziell haben wir von einem Google-Produktspezialisten für Analytics die Bestätigung dafür erhalten, dass es sinnvoll ist, diesen Code ganz am Anfang zu platzieren, um möglichst alle Absprünge messen zu können.

Wir empfehlen deshalb, den Code möglichst weit vorne zu platzieren. Bedenken hinsichtlich der Ladezeitverlängerung konnten sowohl der Google-Produktspezialist als auch unsere eigenen Messungen zerstreuen. Der Google Analytics Tracking Code lädt nahezu konstant unter 100 Millisekunden, meist liegt die Ladezeit um die 40 Millisekunden. Dies ist aus unserer Sicht keine ernsthafte Ladezeitverlängerung.

Als weiteres Beispiel etwas kniffliger, aber dennoch direkt beeinflussbar ist die Betrachtung der Absprungrate einer speziellen Seite, nämlich der Landing-Page. Gehen hier überproportional viele Besucher verloren, können es fehlende Informationen, Ablenkungen oder sogar vergraulende Elemente sein, die die Nutzer wieder gehen lassen. So weit nichts Neues, doch schauen Sie weiter: Wie sind denn die Nutzer auf Ihre Seite gekommen? Nutzen Sie beispielsweise AdWords-Werbung bei Google, um Besucher für Ihre Seite zu gewinnen (oder andere Formen der direkt steuerbaren Besuchergewinnung), so sollten Sie überprüfen, ob das in der Werbebotschaft der Anzeige gegebene Versprechen auf der Landing-Page tatsächlich eingehalten bzw. fortgeführt wird oder ob der Nutzer plötzlich andere Aussagen vorfindet und der rote Faden der Werbebotschaft gerissen ist.

Werbung mit Google AdWords

Google bietet Werbetreibenden ein System an, um kleine Textanzeigen direkt neben den Suchergebnissen zu schalten. Hierüber können aufgrund des Marktanteils von Google bei den Suchmaschinen recht umfangreiche Besucherströme gewonnen werden. Der Werbetreibende bezahlt dafür pro Klick, der auf diese Anzeigen getätigt wird. Den Preis für die Positionierung einer solchen Textanzeige bestimmen alle interessierten Werbetreibenden über eine Art Auktionsverfahren selbst. Google bestreitet 98% der Einnahmen des Unternehmens aus diesen Auktionen. Die Möglichkeiten der Werbeschaltung sind inzwischen deutlich umfangreicher geworden und gehen über die kleinen Textanzeigen weit hinaus. Über die Jahre ist dieses System vor allem im Hinblick auf die erfolgreiche Steuerung sehr komplex geworden und erfordert detaillierte Kenntnisse über die im Hintergrund arbeitenden Mechanismen zur Steuerung und Bewertung des Werbeerfolgs.

2. Finden Sie heraus, welche Umwege es gibt, Ihren KPI zu beeinflussen.

Nehmen wir uns noch mal den ROAS vor. Er errechnet sich in einfachster Form durch Einnahmen geteilt durch Werbekosten.[6] Es lassen sich also zwei Bestandteile ermitteln, die es zu verändern gilt, um den ROAS zu beeinflussen (zu erhöhen): Werbekosten (müssen gesenkt werden) und Einnahmen (müssen erhöht werden). Mathematische Genies könnten jetzt auf die Idee kommen und die Werbung gänzlich einstellen, um die Werbekosten auf 0 zu bringen und den ROAS bildlich gesprochen durch die Decke schießen zu lassen. Wenn es so einfach wäre, hätten Sie es längst gemacht. Aber Sie kennen die Folgen und lassen dieses unsinnige Anliegen daher sein. Sie würden nämlich gar keine Kunden mehr gewinnen. Bedienen wir uns also wieder der Annahme, dass Sie Werbung über AdWords schalten. AdWords belohnt gute Kampagnen damit, dass diese einen besseren Qualitätsfaktor erhalten. Mit einem guten Qualitätsfaktor lassen sich die guten und begehrten Anzeigenpositionen für deutlich weniger Geld buchen. Eine mittelbare Maßnahme könnte also sein, den Qualitätsfaktor der Kampagnen zu verbessern. Sie sehen, hier kommt es darauf an, dass Sie sich sehr gut auch im angrenzenden Umfeld ausken-

---

6 Es gibt mehrere Formeln, um den ROAS zu berechnen. Für unsere Zwecke ist es letztlich egal, ob Sie ROAS = Einnahmen / Werbekosten oder ROAS = (Einnahmen – Werbekosten) / Werbekosten rechnen. Im ersten Fall bedeutet ein ROAS < 100%, dass Sie mehr Werbekosten haben, als Sie einnehmen, was im zweiten Fall durch einen ROAS < 0% signalisiert wird.

nen bzw. dass alle beteiligten Fachleute im Unternehmen gut zusammenspielen und sich darüber unterhalten, was erreicht werden soll.

In der gleichen Art des Zusammenspiels können die Einnahmen gesteigert werden: Besprechen Sie mit allen Beteiligten in Ihrem Unternehmen, wie die Einnahmen erhöht werden können, bspw. durch andere Preisgestaltungen, Up-Selling, Cross-Selling, Stärkung des Besuchervertrauens, Zertifizierungen, Möglichkeiten, Daten oder Anfragen einfacher zu hinterlassen, überzeugendere Präsentationen der angebotenen Dienstleistungen und so weiter …

3. Geben Sie sich nicht mit einer Änderungsmöglichkeit zufrieden.

Ganz wichtig: Wenn Sie eine Stellschraube gefunden haben, glauben Sie nicht, dass das in diesem komplexen Zusammenspiel des Marketings die einzige Schraube ist. Finden Sie alle heraus, die Sie herausfinden können. Wenn Sie die direkten Änderungsmöglichkeiten ausgeleuchtet haben, hören Sie nicht auf, sondern suchen Sie nach den indirekt wirkenden Stellschrauben. Nur wenn Sie eine Auswahl haben, können Sie sich zunächst die wirkungsvollsten oder die am leichtesten zu drehenden Schrauben vornehmen.

4. Priorisieren Sie die Maßnahmen.

Wenn Sie einen mehr oder weniger üppigen Strauß an Änderungsmöglichkeiten beisammen haben, schauen Sie sich die damit verbundenen Aufwände und die zu erwartenden Verbesserungen an, und setzen Sie diese beiden Faktoren ins Verhältnis. Fangen Sie in der Umsetzung mit den Maßnahmen an, deren Verhältnis von Aufwand und Nutzen am besten ist. Wenn Sie im Zweifel sind, insbesondere was den zu erwartenden Nutzen angeht, denn der ist nicht immer leicht zu schätzen, ziehen Sie Maßnahmen vor, die sich in kürzerer Zeit umsetzen lassen. Wenn Sie hierbei messbare Erfolge erzielen, wird es Ihnen leichter fallen, komplexere Maßnahmen durchzusetzen.

5. Zu Risiken und Nebenwirkungen lesen Sie die Packungsbeilage …

Sie sollten sich immer dessen bewusst sein, dass es praktische keine Maßnahme gibt, bei deren Umsetzung nicht Nebenwirkungen zu erwarten sind. Leider gibt es dazu keine Packungsbeilage, die Sie lesen könnten, um sich darauf einzustellen. Die Nebenwirkungen sind aber in der Regel umso größer, je indirekter die Maßnahme Ihren KPI beeinflusst. Aber auch bei der oben beschriebenen direkten Maßnahme zur Senkung der Absprungrate in einem Bestellprozess durch das Anbieten zusätzlicher Zahlungsarten können Sie Nebenwirkungen erwarten: Was, wenn Sie feststellen, dass Lieferung auf Rechnung und Zahlung durch nachträgliche Überweisung zwar die Absprungrate im Bestellprozess senkt und die Bestellungen ansteigen lässt, die Waren aber ausgeliefert und dann nicht bezahlt werden? Die Kosten für Mahnungen, Inkasso und Gerichtsverfahren können schnell den zusätzlichen Gewinn durch die Verkäufe auffressen. Das bedeutet in der Summe, dass eine Maßnahme zwar den beobachteten KPI in den gewünschten Bereich bringen, zugleich aber weitere Auswirkungen haben kann, die nicht erwünscht und daher zu vermeiden sind. Das wird nur selten einfach so gelingen, indem Sie entsprechende Maßnahmen meiden. Entwickeln Sie stattdessen hierfür Neben-KPI, die Ihnen das Ausmaß der Nebenwirkungen anzeigen, und ergreifen Sie bei Bedarf Nebenmaßnahmen, um die ungewollten Nebenwirkungen zu kompensieren.

Den Erfolg kontrollieren

So nahe liegend es klingen mag, so häufig wird es dennoch nicht umgesetzt: Kontrollieren Sie den Erfolg Ihrer Maßnahmen! Das gelingt Ihnen ganz einfach dadurch, dass Sie die KPI beobachten, aus denen Sie die Maßnahmen abgeleitet haben. Machen Sie es sich zur Gewohnheit, nach der Durchführung von Maßnahmen in einem der Maßnahme angemessenen kurzen Abstand anhand der KPIs zu prüfen, ob der erwartete Erfolg eintritt, und dies laufend zu kontrollieren. Wie wir schon bei den Plausibilitätskontrollen erwähnt haben, sollten Sie eine ungefähre Erwartung hinsichtlich der Auswirkung der Maßnahme haben, sodass Sie auf Abweichungen von Ihren Erwartungen entsprechend reagieren können. Wenn Sie das konsequent durchführen, befinden Sie sich in einem Zyklus von Analyse und Interpretation, Umsetzung und Kontrolle, der sich beliebig fortsetzen lässt (s. *3.4.1*).

Wenn Sie sich in diesen Prozess eingefunden haben, werden Sie feststellen, dass Sie im Grunde nicht mehr aufhören dürfen, vielleicht sogar nicht mehr aufhören wollen, immer wieder Maßnahmen abzuleiten. Das ist gut so, denn genau das ist der einzige Weg, um sicherzustellen, dass die KPIs stabil bleiben, bzw. um auf äußere Änderungen schnell reagieren zu können.

Wer dagegen glaubt, dass ein einmaliges Großreinemachen reicht, um das Online-Marketing auf Vordermann zu bringen, kann es auch gleich bleiben lassen. Zu oft und schnell ändern sich die Bedingungen, sodass einmalige Aktionen nach einer gewissen Zeit einfach verpufft sind.

Tipp

Etwas sollten Sie außerdem noch beachten: Wenn Sie mehrere Maßnahmen parallel durchführen wollen (Zeit ist schließlich Geld), dann führen Sie nur solche gleichzeitig durch, die sich in ihren Auswirkungen (auch in den Nebenwirkungen) nicht gegenseitig beeinflussen oder die gleiche Kennzahl ändern. Der Grund ist einfach wie einleuchtend: Sie könnten in dem Fall in der Kontrolle nicht mehr zuordnen, welche Maßnahme für die Auswirkung auf den KPI ausschlaggebend war. So lassen sich nur schwer weitere Optimierungen in dem Bereich vornehmen. Im schlimmsten Fall führen Sie zwei Maßnahmen durch, die einen gegenläufigen Einfluss auf den KPI zur Folge haben, und sehen dadurch keine Änderung in dem KPI – und verwerfen beide Maßnahmen, obwohl eine von den beiden sehr wohl gut geeignet war! Konzentrieren Sie sich daher zunächst auf die wichtigsten Baustellen, und optimieren Sie eine Sache nach der anderen.

3.6   Saisonalität

In den folgenden Kapiteln werden wir Ihnen in Bezug auf die Elemente Ihres Online-Marketings immer wieder ans Herz legen, die Entwicklung oder den Trend dieser Elemente zu beobachten. Sei es punktuell, um im Sinne einer Evaluation zu entscheiden, ob sich Optimierungsmaßnahmen positiv oder negativ ausgewirkt haben, oder sei es kontinuierlich, um im Sinne eines Monitorings stets im Blick zu haben, ob Sie sich gerade auf dem Weg in Richtung brummendes Geschäft oder auf dem absteigenden Ast befinden.

Ein wichtiger, gern vernachlässigter und erkenntnistheoretisch schwieriger Faktor, der Ihnen hierbei unweigerlich in die Quere kommt, ist die Saisonalität. Es ist der Einfluss des zeitlichen Verlaufs, der durch unsere Kultur und Gesellschaftsstruktur geprägt wird und den Sie mikroskopisch innerhalb einer Woche oder eines Tages und makroskopisch innerhalb eines Monats, Quartals, Jahres, Jahrzehnts usw. beobachten können. Es macht nun mal einen Unterschied, ob Sie Ihr Online-Marketing an einem Samstag oder an einem Mittwoch untersuchen. Es ist nicht egal, ob Sie die erste oder die letzte Woche eines Monats betrachten. Und wenn Sie Gartenpflanzen oder Softeis verkaufen, wird sich Ihre Stirn wohl kaum in Falten legen, wenn Sie im vierten Quartal weniger Geld verdienen als im zweiten Quartal eines Jahres.

Die Krux ist, dass Sie – egal ob es bergauf oder bergab geht – schwer abgrenzen können, ob die Entwicklung Ihres Untersuchungsgegenstandes auf Ihre Maßnahme zurückgeht oder einfach das Ergebnis saisonaler Einflüsse darstellt. Sie haben es bei den dargestellten Analysen in der Regel nun mal nicht mit Laborexperimenten zu tun, in denen eine einzige Variable gezielt variiert wird und das Ergebnis kausal auf diese eine Variation zurückgeführt werden kann, weil alle anderen Variablen konstant gehalten werden. Sie befinden sich fast ausschließlich im Kontext der Feldstudie, in dem zwar bestimmte Ergebnisse zweifelsfrei gemessen werden können, die kausale Zuordnung zu einer einzigen Variable aber nicht möglich ist, weil zahlreiche potenzielle Einflussfaktoren variieren und dadurch als Ursache für ein beobachtetes Ergebnis infrage kommen. Ein Dilemma.

Wie immer gibt es aber Wege aus dem Dunkel, und wir möchten Ihnen nun drei Ansätze vorstellen, die sich in der Praxis zur annähernden Auflösung des beschriebenen kausalen Zuordnungsproblems bewährt haben.

3.6.1 Vergleich einzelner Elemente mit dem Ganzen

Wir erläutern das Bewertungsprinzip an dem Beispiel Zugriffsquellen. Sie können diese Methoden aber auch auf alle anderen Elemente Ihres Online-Marketings übertragen. Betrachten Sie dafür das Bewertungsschema in *Tabelle 3.6*.

Leistung einer einzelnen Zugriffsquelle X	Leistung aller Zugriffsquellen		
	Steigt	*Konstant*	*Sinkt*
Steigt	Saisonaler Effekt	Kleine Verbesserung von X	Große Verbesserung von X
Konstant	Kleine Verschlechterung von X	Saisonaler Effekt	Kleine Verbesserung von X
Sinkt	Große Verschlechterung von X	Kleine Verschlechterung von X	Saisonaler Effekt

Tabelle 3.6: Bewertungsschema für die Entwicklung einer einzelnen Zugriffsquelle im Vergleich zur Entwicklung aller Zugriffsquellen

In der ersten Zeile stehen mögliche Trends eines KPI, den Sie untersuchen wollen und der sich auf alle Zugriffsquellen bezieht. Der Trend steigt, er bleibt unverändert, oder er sinkt. In der ersten Spalte sind die möglichen Trends des gleichen KPI einer einzelnen Zugriffsquelle abgetragen. Dort, wo sich die entsprechenden Bewertungen kreuzen, können Sie ablesen, was das für die einzelne Zugriffsquelle bedeutet. Betrachten Sie beispielsweise die Zelle ganz rechts unten. Wenn der KPI der einzelnen Zugriffsquelle sinkt und dies auch für die Gesamtheit aller Zugriffsquellen gilt, dann ist ein saisonaler Einfluss sehr wahrscheinlich. Zwei Zellen darüber sehen Sie eine Situation, in der der KPI für alle Zugriffsquellen sinkt, dagegen der KPI der einzelnen Zugriffsquelle steigt. Der gegenläufige Trend ist ein Indiz für den Erfolg einer Maßnahme. Gleiches gilt für die Zelle links davon: Wenn sich der KPI über alle Zugriffsquellen nicht ändert, die einzelne Zugriffsquelle aber einen Zuwachs verzeichnen kann, so spricht auch diese Konstellation für den positiven Einfluss einer Maßnahme.

Gehen Sie nun ausgehend von der Zelle rechts unten zwei Zellen nach links: Wenn der KPI einer einzelnen Zugriffsquelle sinkt, obwohl er für alle Zugriffsquellen steigt, dann spricht diese Konstellation gegen den Einfluss einer Saison und eher dafür, dass etwas schiefgelaufen ist.

- - - - - -

Tipp

Die Regel für die Ableitung einer Aussage über Erfolg oder Misserfolg einer Maßnahme in Abgrenzung gegen die Saison ist relativ schlicht: Wenn sich das einzelne Element abweichend von der Entwicklung der Gesamtheit aller Elemente verhält, dann ist der Einfluss einer Maßnahme wahrscheinlicher als der Einfluss der saisonalen Entwicklung.

- - - - - -

3.6.2 Vergleichbare Phasen betrachten

Es gibt Zeiträume, die durch wiederkehrende Merkmale oder Rahmenbedingungen, die auf die Mehrheit der Menschen eines bestimmten Kulturkreises zutreffen, vergleichbar werden. Beispielsweise schlafen nachts die meisten Menschen (es sei denn, sie schreiben an einem Buch), tagsüber sind die meisten wach und aktiv. Am Wochenende hat die Mehrheit der Menschen frei (Ausnahme siehe nachts), während in der Woche die Arbeit ruft. Zu Beginn eines Monats hat das Gros der Bevölkerung mehr Geld zur Verfügung als am Monatsende usw. Diese wiederkehrenden Rahmenbedingungen spiegeln sich oftmals in wirtschaftlichen Dynamiken wider.

Zurück zu unserem Anliegen, Trends gegen diese periodischen Dynamiken abzugrenzen. Wenn Sie Zeiträume vergleichen, die durch annähernd gleiche Rahmenbedingungen geprägt sind, dann sind mögliche Unterschiede mit großer Wahrscheinlichkeit auf andere Faktoren zurückzuführen und nicht das Ergebnis periodisch wirkender Rahmenbedingungen. Mit anderen Worten: Wenn Sie wissen wollen, ob und wie sehr sich beispielsweise der Versand eines Newsletters an einem Sonntag gelohnt hat, dann sollten Sie zum Vergleich die Umsätze der letzten Sonntage hinzuziehen. Somit haben Sie den Einfluss des Wochentages auf das Ergebnis zwar nicht ganz, aber immerhin weitestgehend ausgeschlossen.

Die daraus abzuleitende Faustregel lautet: Je ähnlicher die Rahmenbedingungen eines Messwerts und seines Vergleichswerts sind, desto wahrscheinlicher gehen die beobachteten Unterschiede auf die Auswirkungen aktiven Handelns zurück.

Diese Ableitung ist natürlich nicht exakt. Sie stellt bestenfalls eine Annäherung an das dar, was landläufig als Wahrheit bezeichnet wird. Jeder Entscheider benötigt aber eine möglichst vernünftige Basis für seine Entscheidungen, und die darge-stellte Methode scheint sich in der Praxis bewährt zu haben. Wie sonst ist es zu erklären, dass in der Wirtschaft zahlreiche Bewertungen der Lage und daraus abge-leitete Entscheidungen auf Vorjahresvergleichen basieren?

3.6.3   Benchmarks

Die Antwort auf die Frage »Woran liegt's« ist, wie Sie sehen, nicht so einfach aus dem Ärmel geschüttelt, und der Boden, auf dem jede potenzielle Antwort steht, ist weich. Um ihn fester zu machen, bieten sich Benchmarks an. Stellen Sie sich vor, Sie stellen fest, dass Sie im dritten Quartal 2010 doppelt so viel Umsatz erwirtschaf-tet haben wie im gleichen Quartal 2009. Jubel, Stimmung, Sektkorken knallen. Käme nun jemand mit der Information um die Ecke, dass sämtliche Konkurrenten im dritten Quartal 2010 viermal so viel Umsatz verzeichnen konnten wie 2009, wäre die Laune wohl schlagartig verhagelt. Die Bewertung eines Trends sollte sich also nicht ausschließlich auf den eigenen Kosmos beziehen, sondern bekommt erst im Gesamtkontext einer Branche das Prädikat »Erfolg« oder »Misserfolg«. Daten über die Entwicklung einer Branche können Sie öffentlich zugänglichen Studien entnehmen oder schlichtweg einkaufen. Es gibt eine ganze Reihe von Unterneh-men, die genau diese Informationen auch für den E-Commerce bereitstellen. Wenn Sie die Ressourcen dazu haben, ist es empfehlenswert, diese Investition zu tätigen, um mittel- und langfristig im Wettbewerb zu bestehen.

3.7   Berichtswesen

Die Erstellung von Berichten ist ein wesentlicher Bestandteil Ihrer Arbeit in der Webanalyse. Da vieles vom korrekten Verständnis der Ergebnisse abhängt, sind Berichte keine Sache, die man so nebenbei erledigt. Die Strukturierung und Aufbe-reitung Ihrer Berichte soll gewährleisten, dass die Empfänger Ihrer Analysen diese verstehen und nutzen können. Das Ziel ist dabei, eine leicht verständliche und nachvollziehbare Grundlage für sinnvolle Entscheidungen zu liefern. Zeit ist in der ökonomisch orientierten Welt und insbesondere im Online-Marketing ein kriti-scher Faktor. Ihre Analysen müssen daher Sachverhalte schnell und greifbar auf den Punkt bringen. Andernfalls wird man Ihre Berichte als unnötige, arbeitsinten-sive Belastung wahrnehmen, was dazu führen kann, dass wichtige Erkenntnisse nicht ausreichend berücksichtigt werden.

Darüber hinaus ist die Frage zu klären, wie man das Berichtswesen am besten orga-nisiert. Auch dafür möchten wir Ihnen einige nützlich Tipps an die Hand geben, damit dem Erreichen der hier genannten Ziele nichts im Wege steht und die Nutzer Ihrer Berichte erfolgreich damit arbeiten können.

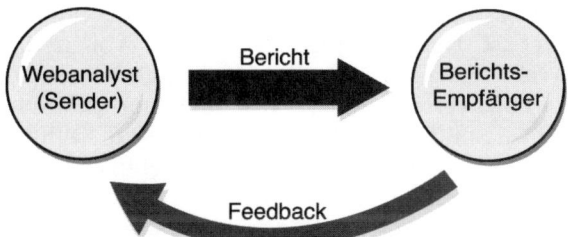

Abbildung 3.17: Kommunikation im Berichtswesen

3.7.1 Berichtsformen

Verschiedene Anlässe erfordern unterschiedliche Formen der Präsentation Ihrer Ergebnisse. Für das Controlling sind ausführliche, schriftliche Berichte erforderlich, für das Briefing einer Gruppe ist die Präsentation besser geeignet. Je nach Anlass wählen Sie die geeignete Form, um Ihre Ergebnisse zu präsentieren. Nachfolgend beschreiben wir die wichtigsten Formen und ihre Eigenschaften, damit Sie die richtige Wahl treffen können.

Schriftliche Berichte

Die schriftliche Berichtsform ist grundlegend und zugleich die Form, die für die meisten Zwecke am besten geeignet ist. Die Vorteile liegen auf der Hand: Der Leser kann selbst bestimmen, an welchem Ort, zu welcher Zeit und in welcher Menge er Ihren Bericht verarbeitet. Schriftliche Berichte sind zudem speicher- und archivierbar und stehen somit allen Beteiligten zu jeder Zeit zur Verfügung. Komplexe Sachverhalte können Sie durch entsprechende Aufbereitung verständlich darstellen und gleichzeitig dafür sorgen, dass alle wichtigen Punkte dargestellt werden.

Grundsätzlich erfordert die Erstellung eines schriftlichen Berichts, der all die zuvor genannten Kriterien erfüllt, einen entsprechenden Aufwand. Dieser Aufwand sollte sich an dem orientieren, was Sie wem vermitteln möchten. Je weniger Kenntnisse der potenzielle Leser über die Sachverhalte hat, desto genauer müssen Sie ihn aufklären.

Eine gute Struktur und ein klarer roter Faden sind unbedingte Voraussetzung für die Verständlichkeit. Wir empfehlen Ihnen folgende praxisbewährte Gliederung, die Sie auf jede einzelne Fragestellung separat anwenden sollten:

1. Fragestellung, Zweck der Analyse
2. Gewählte KPIs mit Beschreibung
3. Messergebnisse
4. Interpretation
5. Maßnahmevorschläge

Wenn Sie diese Struktur in allen Berichten konsequent beibehalten, werden sich die Empfänger zunehmend durch den damit verbundenen Lerneffekt in den verschiedensten Analysen zurechtfinden. Sie sollten außerdem eine geeignete Sprache finden, die den potenziellen Lesern gerecht wird. Vermeiden Sie unnötiges Fachchinesisch, sofern die Eindeutigkeit gewährleistet ist. Die Empfänger sollen und wollen Ihre Berichte vor allem verstehen und nicht bloß von Ihren fachlichen Fähigkeiten beeindruckt sein. Es ist ebenfalls sehr förderlich, wenn Sie zur Veranschaulichung komplexer Sachverhalte Grafiken und Bilder verwenden. Auch weniger komplexe Sachverhalte profitieren davon, da auf einen Blick erfassbar ist, was die Ergebnisse sind – denken Sie immer dran: Time is Money. Endlose Zahlenkolonnen und Texte ermüden den Leser außerdem nur. Wenn Sie sich auf Ihr Verständnis von Usability besinnen, dann sollte der Klarheit Ihrer schriftlichen Berichte nichts mehr im Wege stehen.

Mündliche Berichte

Mündliche Berichte sind das genaue Gegenteil der schriftlichen Berichte. Sind diese einmal überbracht, existieren sie nur noch im Gedächtnis des Empfängers. Bestimmt kennen Sie das Phänomen »Stille Post«: Wenn Sie jemandem etwas erzählen, der dieses wiederum einem anderen erzählt und so weiter, dann können Sie davon ausgehen, dass am Ende nicht mehr viel von dem übrig bleibt, was Sie eigentlich gesagt haben. Das gilt schon für einfache Sachverhalte und sicherlich umso mehr, je komplexer die Sachverhalte sind und je mehr Nichtexperten daran beteiligt sind, diese weiter zu geben.

Der Vorteil ist jedoch, dass Sie mündliche Berichte ohne großen Arbeitsaufwand schnell und sofort übermitteln können. Selbst wenn die mündliche Berichtsform aufgrund der offensichtlichen Nachteile nach Möglichkeit nur in Notfällen gewählt werden sollte, ist sie in der Praxis kaum zu vermeiden. Die mündliche Vermittlung wichtiger oder akuter Fakten ist eine ganz natürliche Form, jemandem etwas mitzuteilen. Ein weiterer Vorteil ist, dass Sie sofort abschätzen können, ob Ihr Gegenüber versteht, was Sie ihm mitteilen wollen. Sie können das Gespräch anpassen, wichtige Sachverhalte betonen und somit sicherstellen, dass wichtige Erkenntnisse beim Empfänger ankommen.

Diese Vorteile sind manchmal äußerst nützlich. Zum Ausgleich der Nachteile empfehlen wir Ihnen daher Folgendes: Untermauern Sie jeden mündlichen Bericht durch einen schriftlichen. Notieren Sie sich, was Sie gesagt haben, und senden Sie den schriftlichen Bericht zu einem späteren Zeitpunkt nach. So geht nichts verloren, und das Gesagte bleibt für jeden auch später noch nachvollziehbar.

Präsentationen

Manchmal ist es erforderlich, dass Sie Ihre Erkenntnisse in Form einer Präsentation mitteilen. Wenn die Ergebnisse Ihrer Arbeit einer Gruppe von Empfängern gemeinsam mitgeteilt werden sollen, dann stellen Präsentationen ein geeignetes Mittel dar und können bei entsprechend guter Aufbereitung eine starke Verbindlichkeit erzeugen.

Der Vorteil von Präsentationen ist wie bei den mündlichen Berichten der Dialog mit den Zuhörern. Sie können unmittelbar auf Fragen und Diskussionspunkte eingehen und dafür sorgen, dass die Ergebnisse ankommen und verstanden werden. Eine Präsentation ist zudem gut geeignet, Menschen zu aktivieren. Nutzen Sie audiovisuelle Mittel und das Vehikel der Geselligkeit, um Ihre Zuhörer zu motivieren, sich an dem Erlebten aktiv zu beteiligen. Planen Sie genügend Zeit für Nachfragen und für Diskussionen ein. Wenn Sie es schaffen, eine Diskussion zu entfachen, haben Sie gewonnen. Nutzen Sie Mittel wie Überraschung oder Humor. Sie müssen daraus keine Comedy machen, aber wenn Sie bierernst von Punkt zu Punkt hetzen, wird das schnell langweilig. Erzählen Sie keine Witze, sondern erzählen Sie Geschichten. Bringen Sie Beispiele, und verpacken Sie schwer Verständliches in leichter erfassbare Metaphern. Bemühen Sie eine bildhafte Sprache, um Ihre Präsentation erfassbar zu machen. Ihr Stil und die Umgebung, die Sie erschaffen, sollte dem angemessen sein, wer Ihre Zuhörer sind. Denken Sie daran, dass auch Ihr Boss nur ein Mensch ist – was für einer, das müssen Sie selbst beurteilen.

Die Nachteile einer Präsentation möchten wir Ihnen natürlich nicht verschweigen. Es kann manchmal sehr aufwendig sein, die Teilnahme bzw. den Termin für die Präsentation zu koordinieren. Außerdem benötigen Sie selbst viel Zeit und eine gute Vorbereitung, damit Ihre Präsentation die gewünschte Wirkung erzielt.[7]

Zusammenfassung der Berichtsformen

In *Tabelle 3.7* finden Sie eine Zusammenfassung dieser Punkte.

Berichtsform	Vorteile	Nachteile
Schriftlich	– Präzise – Speicherbar – Verbindlich – Unabhängig von Zeit und Ort – Einfache Darstellung komplexer Sachverhalte	– Zeitaufwendig – Kein Dialog mit Empfänger
Mündlich	– Sehr schnell – Geringer Aufwand – Direkter Dialog	– Unverbindlich – Stille-Post-Phänomen – Vergänglich
Präsentation	– Motivierend – Verbindlich – Direkter Dialog möglich	– Zeitaufwendig – Koordination der Teilnehmer

Tabelle 3.7: Vor- und Nachteile der unterschiedlichen Berichtsformen

3.7.2 Berichtsarten

In der Praxis hat es sich bewährt, Berichte in verschiedene Arten einzuteilen. Der Grund dafür ist, dass damit verschiedene Abläufe verbunden sind, die Ihnen die Arbeit erleichtern. Wir möchten Ihnen nachfolgend einige wichtige Arten zeigen. Damit haben Sie fast alles abgedeckt, was Ihnen in Ihrer täglichen Arbeit begegnen wird. Wir liefern Ihnen damit eine gute Ausgangsbasis, die Sie gegebenenfalls an Ihre eigenen Bedürfnisse anpassen können.

---

7 Wie Sie eine Präsentation erstellen, finden Sie in: »Das kleine, feine Präsentationsbuch«, Robin Williams, Addison-Wesley 2010

Standardberichte

Standardberichte erfüllen den Zweck, Ihre Ergebnisse in regelmäßigen Abständen an den Empfänger zu überliefern. Dieser kann sich auf die Auslieferung verlassen und findet alle Informationen, die er für seine Tätigkeiten benötigt, in immer gleicher Weise vor. Ihr Empfänger kann sich dadurch auf eine effiziente Verarbeitung der Ergebnisse einstellen und schon frühzeitig Raum dafür einplanen.

Der Standardbericht soll gewährleisten, dass die Informationen perfekt auf den Empfänger zugeschnitten sind. Unterschiedliche Personen haben oft unterschiedliche Sichtweisen und Denkstrukturen, selbst wenn sich die Tätigkeitsbereiche stark überschneiden oder gar die gleichen sind. Holen Sie sich deshalb Feedback, ob der Bericht seinen Zweck erfüllt. Besonders in der Anfangsphase ist dies sehr wichtig, da ein Standardbericht zu einem späteren Zeitpunkt eine gewisse formale und inhaltliche Beständigkeit haben sollte.

Diese Beständigkeit hat mehrere Vorteile: Ihr Empfänger weiß sofort, wo er welche Informationen vorfinden kann, und er benötigt immer weniger Zeit, die Erkenntnisse zu verarbeiten. Gleichzeitig werden Sie auch bei der Erstellung immer weniger Zeit benötigen, da Sie die Struktur beibehalten können und die Analysen an vielen Stellen nur wiederholen und die neuen Ergebnisse einfließen lassen müssen. Achten Sie aber unbedingt darauf, dass diese Routine nicht dazu führt, dass Sie vorschnell urteilen oder wichtige Details übersehen. Die dadurch gewonnene Zeit können Sie nutzen, um die Qualität der Aufbereitung zu verbessern oder die Analysen zu vertiefen.

Machen Sie den Standardbericht zum wichtigsten Instrument Ihres Berichtswesens. Profitieren Sie davon, dass sich die genannten Vorteile in der Praxis sehr gut bewährt haben. Wenn Sie feststellen, dass Sie häufig wiederkehrende Analysen vornehmen und immer wieder bestimmte KPIs beobachten, dann lohnt es sich, diese ab einem gewissen Grad der Häufigkeit in die Standardberichte zu integrieren. Genauso werden Sie langfristig feststellen, welche Informationen sich als unwichtig herausgestellt haben, und diese aus den Standardberichten entfernen. In Anbetracht der Möglichkeiten und der zur Verfügung stehenden Daten ist die Verlockung groß, alle denkbaren Analysen und KPIs in die Standardberichte aufzunehmen. Widerstehen Sie der Versuchung, und widerstehen Sie auch denen, die von Ihnen verlangen, nutzlose Dinge zu tun, indem Sie unwichtige Analysen durchführen. Halten Sie den Bericht so schlank wie möglich und so umfangreich wie nötig. Die Frage lautet immer: Was ist das Ziel? Sie sind Webanalyst, Sie kennen also das Prinzip der permanenten Verbesserung und Optimierung. Nutzen Sie dieses Prinzip auch für die Standardberichte, und bemühen Sie sich um eine gute Balance aus Beständigkeit und Verbesserung.

Der Standardbericht birgt bei all den schönen Vorteilen auch einige Nachteile. Es besteht durch die Routine die Gefahr, den Blick für wichtige Details zu verlieren, wenn sie nicht schon Teil des Berichts sind. Zudem kann es sein, dass die Standardanalysen nicht die nötige Tiefe aufweisen, die für bestimmte Fälle erforderlich ist. Hinterfragen Sie also laufend, was Sie an Daten vor sich haben und ob das Vorgehen jeweils angemessen ist. Wenn Sie dazu immer auch ein kleines Auge für die Details riskieren, die nicht im Fokus stehen, dann sind Sie gut gerüstet, die Nachteile nicht zu groß werden zu lassen.

Ad-hoc-Abweichungsberichte

Ad-hoc-Abweichungsberichte sind vor allem dazu da, wenn es brennt, das Feuer schnell löschen zu können. Damit können Sie vor allem plötzlich auftretende Ereignisse schnellstmöglich an die Empfänger melden. Dies gilt nicht nur für negative Auffälligkeiten, sondern auch für Abweichungen in den KPIs im positiven Sinne. Diese sind eigentlich erwünscht, aber wenn sie auffällig stark sind, sollten vielleicht begleitende Maßnahmen eingeleitet werden, die helfen, den Effekt noch mehr auszunutzen.

Beispielsweise könnte die Besuchsleistung einer verweisenden Website innerhalb eines Tages überproportional stark zugenommen haben. Das ist in den meisten Fällen positiv. Aber als Website-Betreiber möchten Sie wissen, wodurch das verursacht wird, und möglicherweise begleitende Maßnahmen einleiten, um diesen vielleicht kurzfristigen Trend optimal auszunutzen. Das geht nur, wenn Sie schnell informiert werden. Negative Ereignisse, wie zum Beispiel ein akuter Einbruch der Conversion-Leistung, müssen schnellstmöglich ergründet und behandelt werden. Zeit ist Geld. Für manche Online-Geschäfte können solche Ereignisse sogar das Ende bedeuten, wenn eine Reaktion nicht angemessen schnell erfolgt. Wir wollen den Teufel nicht an die Wand malen, aber ein Verlust von Conversions in einem umsatzstarken Online-Shop kann schon eine bedrohliche Portion Sprengstoff sein.

Das gilt besonders dann, wenn so ein Fall mehrere Tage lang unbemerkt bleibt. Sie ahnen sicherlich schon, wie man akute Fälle am besten überbringt, nämlich mündlich. Sollten der negative Fall aber weniger akut sein, kann auch eine schriftliche Klärung genügen. In dem Fall müssen Sie abwägen, aber das wird Ihnen sicherlich nicht schwerfallen, wenn die Lage unerwartet und heftig ist.

Selbstverständlich wird es Ihnen nur dann erfolgreich gelingen, solche Ad-hoc-Berichte zu liefern, wenn Sie entsprechend darauf vorbereitet sind. Das bedeutet vor allem, dass Sie ein geeignetes Monitoring installieren müssen, um die entscheidenden KPIs überwachen zu können. In *Kapitel 3.2* haben wir Ihnen die dafür geeigneten Instrumente bereits vorgestellt.

Bedarfsberichte

Bedarfsberichte haben Analysen zum Gegenstand, die aufgrund ihrer exklusiven Fragestellungen oder ihrer Einmaligkeit nicht für die Standardberichte geeignet sind.

In einem Bedarfsbericht können Sie sehr umfassend auf Fragestellungen eingehen. Sie haben dadurch natürlich einen erhöhten Aufwand in der Erstellung, da Sie für ungewöhnliche Fälle erst einmal ein geeignetes Konzept ausarbeiten müssen. Die benötigten technischen und analytischen Aufwände können sehr hoch sein, und Sie werden möglicherweise viel recherchieren und nachdenken müssen, bis Sie einen geeigneten Weg für die Messung und Interpretation gefunden haben. Darüber hinaus ist die entwickelte Analyse auch für den Empfänger neu. Es ist daher ganz normal, wenn bei ihm Klärungsbedarf besteht. Dafür hat sich in der Praxis die mündliche Nachbereitung bestens bewährt. Bei besonders komplexen Sachverhalten ist es für den Empfänger eine Entlastung, wenn Sie die mündliche Nachbereitung gleich mit Abgabe des Berichts anbieten.

Wie der Name schon sagt, sollen Bedarfsberichte bestimmte Informationsbedürfnisse befriedigen, die einmalig oder selten auftreten. Werden die Fragestellungen im Laufe der Zeit nicht nur selten, sondern häufiger gestellt, könnte sich eine Aufnahme in die Standardberichte lohnen.

In der Praxis werden Sie immer einen gewissen Mix aus Standard- und Bedarfsberichten anwenden. Deshalb empfiehlt es sich, die Bedarfsberichte nach Möglichkeit mit den Standardberichten zu verknüpfen. Dies ermöglicht es Ihnen, einige der Vorteile der Standardberichte auch für diese Berichtsart zu nutzen. Das Resultat ist ein kombinierter Bericht, auf den der Berichtsempfänger eingestellt ist.

Zusammenfassung der Berichtsarten

In *Tabelle 3.8* finden Sie eine Zusammenfassung der einzelnen Berichtsarten.

Berichtsart	Vorteile	Nachteile
Standardberichte	– Großer Lerneffekt – Zeitersparnis – klare Struktur – sicherer Informationsfluss – Integration in die Prozesse	– Potenziell oberflächlich – Übersehen wichtiger Details
Ad-hoc-Abweichungs-berichte	– Schnelle Reaktion auf kritische Ereignisse	– Aufwendiges Monitoring
Bedarfsberichte	– Große Detailtiefe – Exklusive Fragestellungen – Neue Lerneffekte	– Hoher Arbeitsaufwand – Nachbereitung und Klärung

Tabelle 3.8: Vor- und Nachteile der einzelnen Berichtsarten

4 Webanalyse in der Praxis

Wenn Sie dieses lesen, haben Sie sich entweder durch die vorangegangenen Kapitel gearbeitet und sich alle wesentlichen Grundlagen und das theoretische Hintergrundwissen angeeignet, oder Sie haben voller Ungeduld die vorangehenden Kapitel übersprungen, um gleich mit der Praxis loszulegen.

In jedem Fall möchten Sie jetzt wissen, wie Webanalyse mit Google Analytics aussieht. Denjenigen, die gleich hierher geblättert haben, möchten wir trotzdem vier Kapitel aus den vorangehenden Abschnitten ans Herz legen, die wirklich grundlegend für die Arbeit mit Google Analytics sind.

Kapitel 3.2, Analytische Herangehensweisen, liefert Ihnen die wichtigsten Methoden, um Ihre Arbeit auf sichere Beine zu stellen und Ihre Analysen zielgerichtet vorzunehmen. So verzetteln Sie sich nicht in ungerichteten Untersuchungen und sparen Zeit und Nerven.

Kapitel 3.3, Ziele und KPI, ist insofern grundlegend, weil Sie ohne Ziele einfach nicht wirklich etwas messen können. Für die Messungen und die Steuerung von Veränderungen sind KPIs unabdingbar. Deshalb sollten Sie sich wirklich gut damit auskennen. Andernfalls laufen Sie Gefahr, die Kontrolle über das Geschehen zu verlieren.

Kapitel 3.5.1, Grundgedanken zur Mathematik und Statistik, ist wichtig, weil Sie dort erfahren, wie Sie sicherstellen, dass Ihre Daten wirklich für Aussagen geeignet sind. So werden Sie keine falschen Schlüsse ziehen, was leicht geschieht, wenn man ein paar Dinge nicht beachtet.

Kapitel 3.6, Saisonalität, ist ein kleines, aber feines Kapitel, das Sie für ein zentrales Problem der Webanalyse (Wie kann ich Erfolg oder Misserfolg von saisonalen Effekten trennen?) sensibilisiert und Ihnen Methoden vermittelt, die Sie davor bewahren, in fatale Bewertungsfallen zu tappen.

4.1 Erfolgsfaktoren

Geschäftlicher Erfolg hängt im Online-Kontext von genau drei Faktoren ab: den Besucherquellen, der Website und den Produkten.

Wenn hier kurz von Produkten die Rede ist, dann sind damit nicht nur Waren aller Art, sondern auch alle denkbaren Dienstleistungen oder, sogar noch allgemeiner, Informationen gemeint. Also das, was Sie zu bieten haben. Das, was Ihren Kunden einen Nutzen bringt. Ihr Angebot.

Versetzen Sie sich einmal in dieses Szenario: Sie betreiben ein Restaurant. Ich habe Hunger und möchte heute mal essen gehen. Weil mir ein Bekannter gestern Ihr

Restaurant empfohlen hat, entscheide ich mich, es dort einmal zu probieren. Sobald ich das Restaurant betrete, vermittelt mir bereits der Gastraum binnen Sekunden einen ersten Eindruck. Ich werde begrüßt und platziere mich. Während ich mich allmählich akklimatisiere, wird die Karte gebracht. Ich studiere sie und überlege mir, was ich mir heute schmecken lassen soll. Der Kellner kommt und nimmt die Bestellung auf. In freudiger Erwartung lehne ich mich zurück. Es kann losgehen. Speisen und Getränke werden serviert und verzehrt. Schließlich zahle ich und der Restaurantbesuch endet.

Seien Sie versichert: In jeder einzelnen geschilderten Phase entscheidet sich, ob ich Ihr Restaurant wieder betreten werde oder nicht. Um genau zu sein, entscheidet sich in der ersten Phase zunächst, ob ich Ihr Restaurant überhaupt jemals betrete. Denn: Wenn ich nicht weiß, dass es existiert, werde ich wohl kaum Ihr Gast. Wenn ich mich im Gastraum nicht wohlfühle, weil ich z.B. gar nicht oder mürrisch begrüßt werde, das Licht zu grell ist, die Musik zu laut oder unerträglich, Tische und Stühle unbequem oder dreckig sind, sinkt die Wahrscheinlichkeit, dass ich wiederkomme. Werde ich freundlich begrüßt, und das Ambiente ist angenehm, steigt sie. Kommt das Essen zwei Stunden, nachdem ich bestellt habe, und es schmeckt mir einfach nicht – erst recht nicht zu dem Preis –, ist die Entscheidung gefällt: Das war das erste und letzte Mal. Kommt das Essen in der gebotenen Zeit, schmeckt köstlich, der Kellner allzeit aufmerksam oder gar zuvorkommend, zahle ich gerne, gebe 10% Trinkgeld und werde bestimmt mal wieder reinschauen.

Zurück in den Online-Kontext. Sie können einerseits die fabelhafteste Website (das schönste Restaurant) betreiben und hoch attraktive Produkte (lecker Essen und Trinken) anbieten: Wenn Sie nicht dafür sorgen, dass Sie bekannt sind und gefunden werden (Sie also Ihre Besucherquellen nicht entwickeln), werden Sie scheitern, weil niemand kommt. Sie können andererseits mit einem guten Marketing Massen von Besuchern auf Ihre Site lenken und Spitzenprodukte anbieten: Wenn die Website kurz gesagt unangenehm ist, werden die Besucher vielfach nicht zu Kunden, und Sie verdienen weniger, als Sie verdienen könnten. Wenn Sie schließlich viele Menschen auf Ihre Website bewegen, die sich auf der Website auch gut zurecht finden, bringt dies alles nichts, wenn Sie Produkte herausgeben, die keinen Nutzen entfalten. Um wieder in der Metapher zu sprechen: Wenn Sie Essen servieren, das niemandem schmeckt.

Die drei Erfolgsfaktoren sind wie die Glieder der berühmten Kette, die nur so stark ist wie ihr schwächstes Glied. Mit Webanalyse können sie unter die Lupe genommen und verbessert werden. In Bezug auf Ihre Besucherquellen können Sie Fragen nachgehen wie: Welche Leistung bzw. wie viele Besucher bringen die einzelnen Besucherquellen? In welchem Verhältnis stehen Kosten und Nutzen? Wie ist es um die Qualität der Besucher bestellt? Sie können Ihre Website untersuchen und Fragen beantworten wie: Ist mein Content effizient? Leistet die Startseite gute Dienste? Verstehen die Besucher die Conversion-Prozesse wie etwa Bestellprozesse, Anmeldungen etc.? Was sind die Landing-Pages der Website, und wie gut funktionieren sie? Was interessiert die Besucher am meisten? Was stört die Besucher? Darüber hinaus können Sie aus den Erkenntnissen, die über Webanalyse gewonnen werden, auch Hinweise auf Ihr Angebot ableiten: Wie stark ist die Nachfrage nach einzelnen Produkten? Gibt es Produkte, die neu in das Sortiment aufgenommen werden sollten? Wie sieht es mit der Kundenzufriedenheit in Bezug auf die Service-Leistungen aus?

In den nun folgenden Kapiteln werden KPIs und Analyseverfahren vorgestellt, mit denen Sie sowohl die genannten als auch weitere Fragestellungen untersuchen können.

4.2 Zugriffsquellen

Wie analysieren Sie die verschiedenen Zugriffsquellen? Zunächst halten wir fest: Eine Zugriffsquelle sorgt für *Besuche*. Diese Besuche führen teilweise zu *Conversions*, die wiederum einen bestimmten *Wert* haben. Diese drei Faktoren – Besuche, Conversions und Wert – charakterisieren eine Zugriffsquelle, und deshalb sind genau diese Faktoren zu untersuchen. Um eine umfassende Beurteilung der Zugriffsquelle zu ermöglichen, reicht es aber nicht, nur quantitative Betrachtungen anzustellen, sondern es ist gleichzeitig notwendig, die Qualität einer Zugriffsquelle zu analysieren. Nur die integrierte Betrachtung sowohl der quantitativen als auch der qualitativen KPIs macht eine Bewertung der Zugriffsquellen erst sinnvoll.

Bevor wir zu den KPIs kommen, möchten wir Ihnen die Arten der Zugriffsquellen erklären, die Sie in Google Analytics finden können.

4.2.1 Arten von Zugriffsquellen in Google Analytics

Wenn Sie noch einmal an unser Beispiel, das Restaurant, denken, so geht es in diesem Kapitel darum, Ihre Bemühungen zu optimieren, das Restaurant in der Stadt und der Umgebung bekannt zu machen, um gefunden zu werden. Auf Ihre Website bezogen bedeutet dies, Ihre Zugriffsquellen zu optimieren. Aber was ist eine Zugriffsquelle überhaupt? Dieser eher abstrakt anmutende Begriff ist eigentlich gar nicht so theoretisch geprägt, wie man meinen könnte. Wir geben Ihnen hierzu eine Definition:

Zugriffsquelle

Da der Besuch einer Website auf verschiedene Arten erfolgen kann, stellt eine Zugriffsquelle die Ursache all jener Besuche dar, die auf die gleiche Art und Weise zustande kommen.

Das bedeutet, dass beispielsweise die Google-Suche eine Zugriffsquelle darstellt. Eine weitere Zugriffsquelle sind verweisende Websites, also solche, auf denen Ihre Website verlinkt ist und die dadurch Nutzer auf Ihre Seite lenken. Im Rahmen der nachfolgenden Kapitel werden Sie noch weitere (aber bei Weitem nicht alle!) Zugriffsquellen, und was man mit ihnen anstellen kann, detailliert kennenlernen. In *Tabelle 4.1* finden Sie eine Liste der behandelten Zugriffsquellen.

Zugriffsquellen (Bezeichnung im Google Analytics-Dashboard)	Besucher kommt auf Ihre Website über ...	Medium (Bezeichnung in den Google Analytics-Zugriffsquellen-Berichten)
Direkte Zugriffe	Browser (Adresszeile)	(direct)((none))
	Browser (Lesezeichen)	(direct)((none))
Verweisende Websites	andere Website	(referral)
Suchmaschinen	Indexeintrag (SERPs)	(organic)

Zugriffsquellen (Bezeichnung im Google Analytics-Dashboard)	Besucher kommt auf Ihre Website über ...	Medium (Bezeichnung in den Google Analytics-Zugriffsquellen-Berichten)
	Werbung	(CPC), (cpc), ...
Sonstige	Newsletter	(e-mail)
	Mobile Endgeräte (Handys, PDAs)	-
	...	...

Tabelle 4.1: Zugriffsquellen und Arten des Zugriffs

Direkte Zugriffe

> **Hinweis**
>
> Direkte Zugriffe sind dem Medium *(direct)((none))* zugeordnet. Das ((none)) ist bereits ein sachter Hinweis darauf, was hier noch so alles landet: jeder Zugriff, bei dem kein Referrer übergeben wird. Beispielsweise werden alle Ihre Zugriffe über einen Newsletter den direkten Zugriffen zugerechnet, wenn Sie die Links in Ihrem Newsletter nicht besonders markieren (»taggen«). Einige Nutzer haben ihre Browser aus Datenschutzgründen so konfiguriert, dass keine Referrer übergeben werden, diese werden ebenfalls hier gesammelt.

Verweisende Websites

In diesen Berichten können Sie von kleinen privaten Websites bis hin zu großen Blogs, Foren, Preisvergleichsseiten, Affiliates und Portalen wie YouTube oder eBay eine Menge Einträge finden. Hier werden Sie aber auch auf einige Suchmaschinen stoßen wie etwa *suche.t-online.de* oder *suche.web.de*. Diese Zugriffe erfolgen streng genommen über SERPs (Search Engine Result Pages, Suchergebnisseiten) und gehören damit eigentlich zu den Suchmaschinen. Sie können diese Ungenauigkeit von Google Analytics dauerhaft über Google Analytics Tracking Code-Erweiterungen korrigieren. Wie das geht, können Sie in *4.2.6* nachlesen.

Suchmaschinen

Die Google Analytics Suchmaschinenberichte sind in drei Abschnitte *insgesamt*, *bezahlt* und *nicht bezahlt* unterteilt. Sie können dadurch die Werte der unbezahlten Zugriffe über SERPs und die bezahlten Zugriffe über Suchmaschinenwerbung in Google, Yahoo, Bing und Co. separat betrachten. Je nachdem, wie viel Sie unternehmen, um in den SERPs möglichst weit oben zu stehen, ist »nicht bezahlt« mehr oder weniger ein Euphemismus. Denn entsprechende Bemühungen sind keineswegs kostenlos erhältlich, wie Ihnen jede seriöse SEO-Agentur gerne erläutern wird.[1] Nur in den seltensten Fällen – und die werden auch immer weniger – gelingt

---

1   SEO = Search Engine Optimization; Suchmaschinenoptimierung zum Zwecke der Beeinflussung der Position in den SERPs

es Website-Betreibern ohne jeglichen Einsatz weit oben zu stehen. »Nicht bezahlt« ist daher sehr eng in dem Sinne zu verstehen, dass hierfür kein Geld an einen Suchmaschinenbetreiber fließt.

Sonstige

Korrekt markierte Newsletter und alle anderen Nicht-Suchmaschinen-Online-Kampagnen erscheinen in dem Kreisdiagramm auf dem Google Analytics-Dashboard unter SONSTIGE. In den Zugriffsquellen-Berichten finden Sie unter KAMPAGNEN alle Kampagnen (Suchmaschinen und Nicht-Suchmaschinen-Online-Kampagnen), die korrekt markiert sind. Wie Sie Ihre Newsletter- und sonstigen Kampagnen-Links markieren, können Sie in den Abschnitten ab *4.2.4* nachlesen.

Tipp

Unter SONSTIGE werden auch Zugriffe über mobile Endgeräte wie Handys oder PDAs gezählt. In den Google Analytics-Besucherberichten können Sie unter MOBIL die Marken der Mobilgeräte und die Netze der Mobilfunkbetreiber erfahren. Wenn diese Zugriffsquelle für Sie relevant ist oder relevant werden soll, dann müssen Sie gewährleisten, dass Ihre Website für mobile Endgeräte geeignet ist.

(not set)

Immer dann, wenn in den Google Analytics-Berichten *(not set)* verzeichnet ist, bedeutet dies, dass Google Analytics hierüber keine Daten zur Verfügung stehen. Wird in der internen Suchfunktion einer Website z.B. der Go-Button gedrückt, ohne dass ein Keyword eingegeben wurde, dann misst Google Analytics zwar korrekt diese Suchanfrage, aber kennzeichnet den Wert für das Keyword in dem Bericht als (not set), weil diese Information (das Keyword) eben nicht vorhanden ist. Passiert nicht? So etwas passiert häufiger, als Sie denken! Was glauben Sie, ist wohl die häufigste Eingabe in der Suche im Google Store?[2] Aber auch unter den Zugriffsquellen können sich (not set)-Einträge befinden. Dann sollten Sie überprüfen, ob der Google Analytics Tracking Code noch korrekt und vollständig implementiert ist, denn höchstwahrscheinlich ist er es in solchen Fällen nicht.

Vorbereitung

Wir empfehlen Ihnen, dass Sie ein Spreadsheet zur Berechnung der KPIs erstellen, oder Sie laden sich das von uns vorbereitete Spreadsheet für Open Office oder MS Excel herunter. Sie finden das Spreadsheet auf der Website zum Buch unter *http://analytics-und-co.de/downloads*

Conversion-Ziele einrichten

Richten Sie Ziele für Conversions ein. Eine Beschreibung der Vorgehensweise finden Sie in *Kapitel 3.3.1, Ziele.*

---

2 Das erzählte uns Patrick Singer, Senior Agency Product Consultant bei Google, auf einer internen Veranstaltung von Internet-mit-IQ

E-Commerce-Tracking einrichten

Wenn Sie Ihre Analysen an den realen Umsätzen messen wollen, die beispielsweise bei dem Betrieb eines Online-Shops anfallen, benötigen Sie die E-Commerce-Daten für Google Analytics. Richten Sie Analytics und Ihre Website daher entsprechend ein. Die Anleitung hierzu finden Sie in *Kapitel 3.3.2, KPIs*.

4.2.2   Quantitative KPIs für Zugriffsquellen

Quantitative KPIs geben Auskunft über das »Wie *viel*« eines Faktors wie hier einer Besucherquelle und geben somit einen Beurteilungsmaßstab dafür an, wie einflussreich ein Faktor ist. Damit können Sie gewichten, wo Sie Maßnahmen zur Beeinflussung von KPIs als Erstes ansetzen, denn dort, wo viel los ist, können Sie selbst kleine Veränderungen gut beobachten.

> **Hinweis**
>
> Wenn wir Formeln und KPIs angeben, sind die Werte, die sich damit abbilden lassen, immer auf einen konkreten Analysezeitraum bezogen. Die Anzahl der Besucher pro Tag ist also die Anzahl der Besucher pro Tag in einem bestimmten Zeitraum. Diese Angabe lassen wir der Einfachheit halber in unseren Formeln und KPIs weg.

Besuchsbezogene quantitative KPIs

Sobald Sie das Dashboard in Google Analytics öffnen, bekommen Sie mit einem einzigen Blick auf das Kreisdiagramm ÜBERBLICK ÜBER DIE ZUGRIFFSQUELLEN einen ersten Eindruck davon, wie hoch der Anteil der einzelnen Zugriffsquellen am gesamten Besucherstrom Ihrer Website ist. Diese Information ist besonders dann erhellend, wenn Sie mit Webanalyse gerade erst begonnen haben. Wahrscheinlich lichtet sich für Sie in diesem Moment zum ersten Mal der Schleier, von welcher Zugriffsquelle Ihre Website tatsächlich lebt und welche Zugriffsquelle eher als Kleinvieh zu bezeichnen ist, das aber bekanntlich auch Mist macht. Sie erhalten einen makroskopischen Eindruck von der *Relevanz* der jeweiligen Zugriffsquelle für Ihr Online-Business.

Abbildung 4.1: Tortenansicht der Zugriffsquellen im Dashboard

Dieses Konzept der Relevanz ist aber nur die halbe Wahrheit! Denn: Sie erkennen zwar, welchen Anteil aller Zugriffe Ihnen eine Zugriffsquelle in einem bestimmten Zeitraum beschert, aber nicht, was Ihnen diese Zugriffe bringen. Es ist uns in der Praxis durchaus schon untergekommen, dass eine Zugriffsquelle reichlich Besuche auf eine Website geleitet hat, die nahezu gänzlich unqualifiziert im Sinne der Zielsetzung der Website waren. Den umgekehrten Fall gab es auch: dass eine Zugriffsquelle zwar einen eher unscheinbaren Anteil der Besuche vermittelte, diese Besuche aber die wahren »Bringer« waren. Wie in der Einleitung zu den Zugriffsquellen beschrieben, werden wir uns später also auch um die Qualität der Besuche kümmern müssen, um nicht auf einem Auge blind für den Erfolg oder Misserfolg zu sein.

Besuchsleistung einer Zugriffsquelle

Ein weiteres Problem kommt bei der Betrachtung des prozentualen Anteils der einzelnen Zugriffsquellen an allen Besuchen der Website noch hinzu: Zu Beginn mag es zwar nützlich sein zu wissen, welche Zugriffsquelle das Gros der Besuche liefert, weil Sie erste Optimierungsmaßnahmen sinnvollerweise an der Stelle mit dem größten Hebel ansetzen. Im weiteren Verlauf tritt diese Frage aber zunehmend in den Hintergrund, und die Frage nach der Entwicklung einer Zugriffsquelle – nach dem Trend der Leistung – rückt stattdessen in das Zentrum des Interesses. Es ist nämlich möglich, dass eine Zugriffsquelle an Relevanz verliert bzw. dass der Anteil dieser Zugriffsquelle an dem gesamten Traffic sinkt, obwohl in absoluten Zahlen die Besuche über diese Zugriffsquelle und somit ihre Leistung steigen. *Tabelle 4.2* verdeutlicht dies an einem Beispiel.

Zugriffsquelle	A	B	C	D
Zugriffe alt	200	200	200	200
Anteil alt	25%	25%	25%	25%
Zugriffe neu	1.000	100	300	200
Anteil neu	62,50%	6,25%	18,75%	12,50%
Veränderung Relevanz (Anteil)	+150%	–75%	–25%	–50%
Veränderung Leistung (Zugriffe)	+400%	–50%	+50%	0%

Tabelle 4.2: Die Änderung der Relevanz einer Zugriffsquelle kann gegenläufig zur Änderung der Leistung sein.

Wenn Sie sich in Ihrer Interpretation auf die Veränderung der Relevanz stützen, ziehen Sie in dieser Situation falsche Schlüsse: Die Quellen B, C und D haben an Relevanz verloren und wurden vermeintlich schlechter. Dabei hat sich die Leistung von Zugriffsquelle D gar nicht geändert, und C kann sogar ein Leistungsplus von 50% vorweisen. Auch das überwältigende Leistungsplus von 400% der Zugriffsquelle A würde durch diese Herangehensweise nicht korrekt ausgewiesen. Das Konzept der *Leistung* einer Zugriffsquelle ist daher das deutlich bessere Konzept. Wir werden für diese Kennzahl die Anzahl der Besuche pro Tag festlegen, die eine Zugriffsquelle vermittelt, um bei Vergleichen des KPI zu verschiedenen Beobachtungszeitpunkten von der Messdauer unabhängig zu sein. Diesen KPI werden wir im Folgenden *Besuchsleistung* nennen.

$$Besuchsleistung = Besuche_{Zugriffsquelle}/Tage$$

Sie können den Wert dieses KPI ohne eigene Berechnungen unter der Bezeichnung *Zugriffe pro Tag* in den Besucherberichten unter BESUCHERTREND/BESUCHE finden.[3] Wenn Sie mit diesem KPI gelegentlich untersuchen, wie sich die einzelnen Zugriffsquellen entwickeln, gewinnen Sie sowohl einen Eindruck von der Relevanz der Zugriffsquellen (sorgt für 100, 1.000 oder 10.000 Zugriffe pro Tag) als auch ein sehr sensibles Messinstrument für den Trend, in dem sich die Zugriffsquellen befinden (geht es im Vergleich zum vorherigen Beobachtungszeitraum bergauf oder bergab?). Sie sollten die Besuchsleistung Ihrer Zugriffsquellen kontinuierlich verfolgen. Bricht Ihnen einmal der Traffic ein, können Sie mit diesem KPI schnell ermitteln, ob es sich um ein lokales oder globales Problem handelt (s. *Abschnitt 4.5, Don't panic!*) Setzen Sie eine Maßnahme in einer der Zugriffsquellen um, können Sie mit diesem KPI außerdem zeitnah messen, was die Aktion – rein an Besuchsleistung – gebracht hat.

Für die Bestimmung der Besuchsleistung können Sie auch die *Besucher* (im Gegensatz zu *Besuche*) oder die *Seitenzugriffe* pro Tag hernehmen. Welche dieser drei möglichen KPI-Varianten Sie schlussendlich betrachten, hängt von der untersuchten Fragestellung ab. Wenn es darum geht, den Erfolg einer bestimmten Maßnahme zu beurteilen, dann müssen Sie sich fragen: »Was genau bedeutet Erfolg in diesem Zusammenhang?« Ist das Ziel einer Marketing-Maßnahme, neue und insgesamt mehr Leute auf die Website zu bringen, dann sollten Sie die Besuchsleistung mit Besuchern pro Tag bilden und beobachten. Erweitern Sie dagegen Ihre Website um einen neuen Bereich, dann werden Sie prüfen wollen, wie sich die Besuchsleistung bezüglich der Seitenzugriffe pro Tag entwickelt.

Conversion-bezogene quantitative KPIs

Conversion-Leistung einer Zugriffsquelle

Nachdem wir die Besuchsleistung als den quantitativen KPI zum Monitoring des Traffics der einzelnen Zugriffsquellen identifiziert haben, können wir für die Conversions mit der *Conversion-Leistung* etwas Vergleichbares herleiten. Errechnen Sie für jede Zugriffsquelle die Anzahl der Conversions pro Tag, um die Conversion-Leistung der einzelnen Zugriffsquellen zu beurteilen.

$$Conversion\text{-}Leistung = Conversions_{Zugriffsquelle}/Tage$$

Transaktionsleistung einer Zugriffsquelle (nur E-Commerce)

Für die Analyse von E-Commerce-Websites lohnt es sich, zusätzlich die *Transaktionsleistung* zu betrachten. Damit sind umfassendere Aussagen über die Leistung

---

3 Offensichtlich hat man auch bei Google eingesehen, dass die Besuchsleistung ein wichtiger KPI ist. Allerdings hat sich diese Erkenntnis für die anderen Leistungs-KPIs, die in diesem Kapitel noch folgen, noch nicht durchgesetzt, sodass Sie diese KPIs weiterhin selbst berechnen müssen. Vielleicht hat man bei Google irgendwann Mitleid mit Ihnen und uns und stellt weitere Leistungs-KPIs in der Oberfläche zur Verfügung.

im Hinblick auf Conversions möglich, wobei dieser KPI aber parallel eingesetzt werden sollte und nicht als Ersatz für die Conversion-Leistung dient:

$$Transaktionsleistung = Transaktionen_{Zugriffsquelle} / Tage$$

Wertbezogene quantitative KPIs

Umsatzleistung einer Zugriffsquelle

Konsequenterweise können wir den Wert, den Zugriffsquellen vermitteln, quantitativ mit der *Umsatzleistung* beurteilen. Dieser Wert ist bei Websites, die im Gegensatz zu Shops keine mit jeder Conversion wechselnden Umsatzwerte vorweisen, relativ einfach festzustellen, indem hier ein fester Umsatzwert angenommen wird. Dieser Wert nennt sich im Zusammenhang mit den Google Analytics-Auswertungen *Zielwert*.

$$Umsatzleistung = Zielwert_{Zugriffsquelle} / Tage$$

Für die angesprochenen Online-Shops bzw. Websites mit E-Commerce-Daten wird dieser KPI tatsächlich ein wenig abgewandelt:

$$Umsatzleistung = Umsatz_{Zugriffsquelle} / Tage$$

Mit diesen KPIs zu Besuchen, Conversions und Wert können Sie die Zugriffsquellen Ihrer Website in ihrer Quantität vergleichen. Exakterweise müssten wir hier bspw. von einer *Tages*besuchsleistung oder *Tages*umsatzleistung sprechen, denn der zeitliche Bezug ließe sich natürlich für andere Zeiträume herstellen, sodass Sie beispielsweise eine *Wochen*umsatzleistung oder eine *Monats*umsatzleistung untersuchen können. Allerdings dürfte die Aussagekraft eines anderen Bezugs eher gering sein, da es eigentlich nur eine Verschiebung in der Skalierung bedeutet.

Apropos zeitlicher Bezug: Das Schöne an diesen KPIs ist, dass sie unabhängig von der Dauer des betrachteten Zeitraums sind. Sie können zum Beispiel problemlos die Werte für einen vier Wochen langen Zeitraum mit den Werten für einen sechs Wochen langen Zeitraum vergleichen. Das Dumme ist dabei nur, dass Ihnen Google Analytics diese KPIs mit Ausnahme der Besuchsleistung nicht liefert. Sie kommen bisher nicht darum herum, die Rohdaten per CSV-Datei zu exportieren und die KPIs mit einem Tabellenkalkulationsprogramm zu errechnen. Aber so schwer ist das gar nicht, also keine Scheu. Und wenn Sie erst einmal die Zeit investiert und Sie sich ein sogenanntes Spreadsheet hierfür erstellt haben, können Sie es immer wieder verwenden. Das spart langfristig Zeit und ist wesentlich weniger fehleranfällig als das Getippe auf dem guten alten Taschenrechner.

4.2.3 Qualitative KPIs für Zugriffsquellen

Nun also zurück zu dem Gedanken, dass quantitative und qualitative KPIs integriert betrachtet werden müssen. Lösen wir uns von dem zuvor behandelten »Wie *viel*« und konzentrieren uns jetzt auf das »Wie *gut*«. Auch hier nehmen wir der Übersicht zuliebe eine Einteilung in die drei Faktoren vor, die eine Zugriffsquelle charakterisieren: Besuche, Conversions und Wert.

Besuchsbezogene qualitative KPIs

Absprungrate einer Zugriffsquelle

Eine der wichtigsten Messgrößen in der Webanalyse, die sich oft direkt als KPI einsetzen lässt, ist die *Absprungrate*. Sie ist die einzige Messgröße in Google Analytics, bei der eindeutig gilt: Je weniger, desto besser. Sie spiegelt schließlich den Anteil der Besuche wider, die nach dem Aufruf einer einzigen Seite schon wieder enden. Mit anderen Worten: Sie offenbart Ihnen den Anteil des Traffics, den Sie – kaum über eine Zugriffsquelle gewonnen – augenblicklich wieder verlieren.

Mathematisch gesehen besteht eine negative Korrelation zwischen der Conversion-Rate und der Absprungrate. Eine negative Korrelation ist eine Art Regel über den Zusammenhang zwischen diesen beiden Raten, und diese Regel lautet: Je höher die Absprungrate, desto geringer die Conversion-Rate. Und das wollen Sie doch nicht! Sie wollen eine möglichst hohe Conversion-Rate, und die erreichen Sie nur, wenn Sie die Absprungrate minimieren. Dieser Zusammenhang zwischen Absprung- und Conversion-Rate ist inhaltlich außerdem äußerst plausibel, weil in der Regel hinter einem Absprung ein fehlgeleiteter oder abgeschreckter User steht, der folgerichtig nicht konvertiert.

Conversion-bezogene qualitative KPIs

Conversion-Rate einer Zugriffsquelle

Um das qualitative Bild weiter zu ergänzen, schauen Sie wieder auf die Conversions und bei E-Commerce-Websites auch auf die Transaktionen. Ermitteln Sie zunächst, wie hoch der Anteil der Besuche mit Conversions ist. Das ist einfach, weil dieser Anteil über die *Conversion-Rate* abgebildet wird, die Ihnen in den Google Analytics-Berichten standardmäßig zur Verfügung steht, sofern Sie ein Ziel eingerichtet haben. Wenn Sie mehrere Ziele messen, dann können Sie für jede Zugriffsquelle die Conversion-Rate für jedes eingerichtete Ziel einzeln analysieren, und die *Ziel-Conversion-Rate* liefert Ihnen auch noch für jede Zugriffsquelle die Summe aller einzelnen Conversion-Raten.

Transaktionsrate einer Zugriffsquelle (nur E-Commerce)

Zur Analyse der Zugriffsquellen einer E-Commerce-Website können Sie zusätzlich die E-Commerce-Conversion-Raten der Zugriffsquellen analysieren. Sie setzt die Anzahl der Transaktionen ins Verhältnis zu den Besuchen, und deshalb nennen wir sie auch schlicht *Transaktionsrate*. Der wesentliche Unterschied zwischen Conversion- und Transaktionsrate besteht darin, dass für jedes eingerichtete Google Analytics-Ziel nur eine einzige Conversion pro Besuch gemessen wird, obwohl möglicherweise mehrere Käufe (Transaktionen) stattgefunden haben. Kauft ein Nutzer in einem Shop einen Artikel, surft dann weiter durch den Shop und kauft später noch einen (und er hat die Website zwischendurch nicht verlassen), dann zählt Google Analytics eine Conversion für das Ziel *Bestellungen*, aber zwei Transaktionen. Die Anzahl der Transaktionen ist an dieser Stelle schlicht genauer, und würde man die beiden KPIs mit analytischem Schleifpapier vergleichen, dann hätte die E-Commerce-Conversion-Rate in Bezug auf das Ziel *Bestellungen* eine feinere Körnung als die Conversion-Rate.

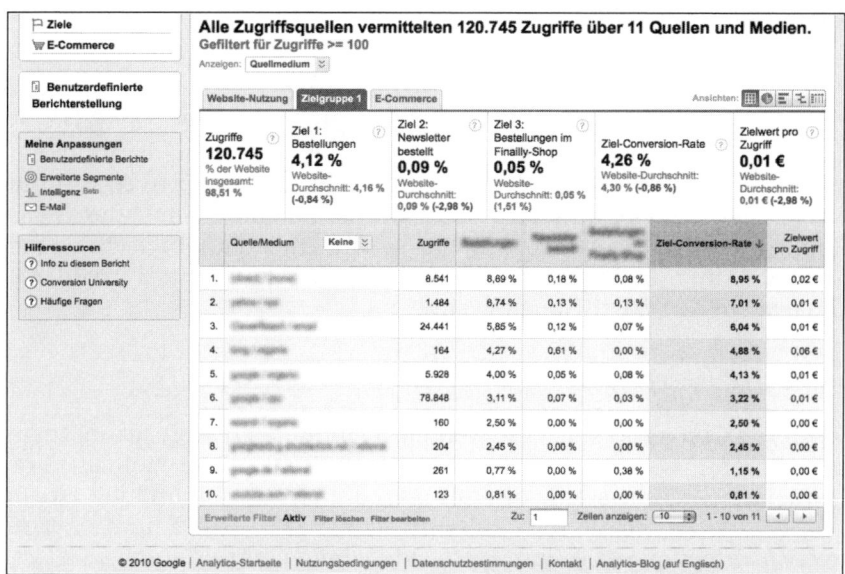

Abbildung 4.2: Ziel-Conversion-Raten für verschiedene Zugriffsquellen

Haben Sie Ziele und ggf. E-Commerce-Tracking in Google Analytics eingerichtet, dann stehen Ihnen alle diese Werte angenehmerweise standardmäßig in den Google Analytics-Berichten ohne weitere eigene Berechnungen zu Verfügung.

Abbildung 4.3: E-Commerce-Conversion-Raten für Zugriffsquellen

Wertbezogene qualitative KPIs

Zugriffsumsatz einer Zugriffsquelle

Google Analytics errechnet Ihnen mit dem Zielwert pro Zugriff für jede Zugriffs-quelle einen durchschnittlichen monetären Wert, den Ihnen ein Zugriff aus dieser Quelle bringt. Hierbei werden für einen bestimmten Zeitraum alle Conversions mit ihren jeweiligen Zielwerten multipliziert, zur Summe aufaddiert und durch die Anzahl der Zugriffe der jeweiligen Zugriffsquelle geteilt. Diesen KPI bezeichnen wir als *Zugriffsumsatz*. Damit können Sie auf einen Blick sehen, wie wertvoll die Zugriffe über die einzelnen Zugriffsquellen sind.

$$Zugriffsumsatz = Zielwert_{Zugriffsquelle} / Zugriffe_{Zugriffsquelle}$$

Einer oder mehreren Conversions per Zielwert einen monetären Wert zuzuordnen, ist absolut ausreichend, wenn es sich hierbei um statische Werte handelt. Eine Newsletter-Anmeldung beispielsweise bringt Ihnen immer EUR 10, und mit einem Online-Verkauf erwirtschaften Sie stets (oder im Schnitt) EUR 300 Umsatz. Wenn Ihre Zielwerte aber variieren, wie es zum Beispiel in einem Online-Shop der Fall ist, in dem die Preise der Produkte vielleicht von EUR 5 bis EUR 5.000 reichen und folg-lich der Wert für das Conversion-Ziel *Bestellungen* gleichfalls diesen Wertebereich umfasst, dann empfehlen wir Ihnen dringend, das E-Commerce-Tracking zu imple-mentieren. Sie sind dann einfach besser informiert, da durch das E-Commerce-Tra-cking der genaue Umsatz jedes einzelnen Kaufs gemessen wird. Das führt für den KPI *Zugriffsumsatz* zu einer geänderten Definition für E-Commerce-Analysen:

$$Zugriffsumsatz = Umsatz_{Zugriffsquelle} / Zugriffe_{Zugriffsquelle}$$

Transaktionsumsatz einer Zugriffsquelle (nur E-Commerce)

Da wir bei E-Commerce-Analysen auch noch das feinere Schleifpapier der Transak-tionen besitzen, können wir mit dem *Transaktionsumsatz* einen ähnlichen Wert für die Transaktionen ermitteln:

$$Transaktionsumsatz = Umsatz_{Zugriffsquelle} / Transaktionen_{Zugriffsquelle}$$

Durch diese beiden KPIs können Sie die Zugriffsquellen in ihrer Qualität sehr diffe-renziert beurteilen, was für Online-Shops absolut überlebensnotwendig ist. Wer-den beispielsweise von den Besuchern, die über eine Zugriffsquelle A auf Ihre Seite kommen, fast ausschließlich Produkte zum Preis von EUR 5 gekauft und von den Besuchern, die über eine Zugriffsquelle B kommen, fast ausschließlich Produkte zum Preis von EUR 5.000, dann spiegelt sich dieser Unterschied in diesen KPIs wider. Übrigens ist unser KPI *Zugriffsumsatz* in Google Analytics direkt ablesbar und heißt in den Google Analytics E-Commerce-Berichten *Wert pro Zugriff*.

Glückwunsch! Sie haben allen verfügbaren quantitativen und qualitativen KPIs zur Analyse der Besuchsleistung und Besuchsqualität der Zugriffsquellen einmal die Hand geschüttelt. Zur Übersicht haben wir noch einmal alle KPIs im folgenden Kapitel zusammengefasst.

Übersicht der KPIs

Websites ohne E-Commerce

KPI	Beschreibung	Bewertungsbezug
Besuchsleistung	Besucher, Besuche oder Seitenzugriffe pro Tag	Besuche
Conversion-Leistung	Conversions pro Tag	Conversions
Umsatzleistung	Zielwert pro Tag	Wert

Tabelle 4.3: Übersicht der quantitativen KPIs für Zugriffsquellen (Websites ohne E-Commerce)

KPI	Beschreibung	Bewertungsbezug
Absprungrate	Anteil der Besucher, die die Website gleich wieder verlassen	Besuche
Conversion-Rate	Anteil der Zugriffe mit Conversions	Conversions
Ziel-Conversion-Rate	Summe aller Conversion-Raten bei mehreren Zielen	Conversions
Zugriffsumsatz	Zielwert/Zugriffe (in Google Analytics: »Zielwert pro Zugriff«)	Wert

Tabelle 4.4: Übersicht der qualitativen KPIs für Zugriffsquellen (Websites ohne E-Commerce)

E-Commerce-Websites

KPI	Beschreibung	Bewertungsbezug
Besuchsleistung	Besucher, Besuche oder Seitenzugriffe pro Tag	Besuche
Conversion-Leistung	Conversions pro Tag	Conversions
Transaktionsleistung	Transaktionen pro Tag	Conversions
Umsatzleistung	Umsatz pro Tag	Wert
Umsatzleistung (Alternative)	Zielwert pro Tag	Wert

Tabelle 4.5: Übersicht der quantitativen KPIs für Zugriffsquellen (E-Commerce-Websites)

KPI	Beschreibung	Bewertungsbezug
Absprungrate	Anteil der Besucher, die die Website gleich wieder verlassen	Besuche
Conversion-Rate	Conversions pro Zugriff	Conversions
Ziel-Conversion-Rate	Summe aller Conversion-Raten bei mehreren Zielen	Conversions
Transaktionsrate	Transaktionen pro Zugriff (in Google Analytics: »E-Commerce-Conversion-Rate«)	Conversions

KPI	Beschreibung	Bewertungsbezug
Zugriffsumsatz	Umsatz pro Zugriff (in Google Analytics: »Wert pro Zugriff«)	Wert
Zugriffsumsatz (Alternativ)	Zielwert pro Zugriff (in Google Analytics: »Zielwert pro Zugriff«)	Wert
Transaktionsumsatz	Umsatz pro Transaktion (in Google Analytics: »Durchschnittlicher Bestellwert«)	Wert

Tabelle 4.6: Übersicht der qualitativen KPIs für Zugriffsquellen (E-Commerce-Websites)

Analysen und Maßnahmen

Wenn Sie sich Ihr Analytics-Konto anschauen, haben Sie nun einen Haufen Zugriffsquellen, die Sie untersuchen können. Doch mit welcher beginnen Sie? Diese Frage möchten wir gern an dieser Stelle beantworten.

Die Zugriffsquellen sind aufgrund ihrer Verschiedenheit nicht direkt miteinander zu vergleichen – wenn es um die Methoden geht, sie zu optimieren. In ihrer Leistung und Qualität sind sie durchaus vergleichbar, dafür haben wir ja gerade einen Satz von KPIs entwickelt und Ihnen vorgestellt. Jetzt geht es darum, diese KPIs anzuwenden.

Sie erhalten eine gewisse Zahl von Besuchern auf Ihrer Website, andernfalls würden Sie keine Webanalyse betreiben wollen. Was sind die Quellen Ihrer Besucher? Wie leistungsfähig sind diese Quellen? Was bringen Ihnen die Besucher aus diesen Quellen? Diese grundlegenden Fragen werden wichtig für Sie sein, wenn Sie Ihre Zugriffsquellen systematisch entwickeln wollen. Möglicherweise bezahlen Sie direkt für Besucher, die Sie erhalten, wie zum Beispiel beim Einsatz von Suchmaschinenwerbung. Vielleicht nutzen Sie Suchmaschinenoptimierung, um besser gefunden zu werden und so mehr Besucher zu erhalten. Was auch immer Sie unternehmen, um Zugriffe von Besuchern zu bekommen, meistens kostet es Geld. Und je mehr Sie für den Erhalt von Besuchern investieren, desto wichtiger ist es für Sie, das Maximum aus den Besucherquellen und den daraus resultierenden Zugriffen herauszuholen. Dafür liefern wir Ihnen die wesentlichen Kennzahlen und die Maßnahmen, um die Kennzahlen zu optimieren. In diesem Kapitel geht es um allgemeine Bewertungsmöglichkeiten, die auf alle Arten von Zugriffquellen angewendet werden können. In den nachfolgenden Kapiteln widmen wir uns detailliert den einzelnen Arten der wichtigsten Zugriffsquellen, um damit verbundene speziellere Fragestellungen zu bearbeiten.

Die Zugriffsquellen, um die Sie sich zuerst kümmern sollten, sind diejenigen, die sich als Schwachstelle erweisen. Bedenken Sie, dass Schwachstellen und Potenziale häufig eng miteinander verknüpft sind und teilweise sogar dasselbe bedeuten.

> **Hinweis**
>
> Die KPIs, die wir Ihnen dazu an die Hand gegeben haben, suggerieren, dass es möglich ist, Zugriffsquellen absolut als Schwachstelle zu erkennen. Doch wir möchten Sie zur Vorsicht ermahnen: Was tatsächlich eine Schwachstelle ist, hängt stark von den Bedingungen und Ihren Zielen ab. Nicht alle Zugriffsquellen, die im Ranking der KPIs unten stehen, sind automatisch Schwachstellen. Nicht alle Schwachstellen sind im Ranking auf den letzten Plätzen zu finden. Und überhaupt: Nicht alle Schwachstellen sind auf dieser Ebene erkennbar. Stellen Sie sich vor, Sie nutzen SEA[4], das im Vergleich zu den anderen Zugriffsquellen gute Werte aufweist, und würden auf dieser Ebene urteilen »Alles super, Daumen hoch«. Dann übersehen Sie dabei, dass innerhalb von SEA durchaus Schwachstellen verborgen sein könnten, die durch andere, erfolgreiche SEA-Komponenten überdeckt werden – und daher auf dieser Ebene nicht erkennbar sind.

Wir möchten mit unserer Top-down-Methode lediglich etwas Ordnung ins Chaos bringen und einen Weg zeigen, wie Sie sich um die wichtigsten Dinge zuerst kümmern. Wenn Sie diesem Schema folgen, können Sie sicher sein, dass Sie Ihre Zeit und Ressourcen nicht mit unwichtigen Zugriffsquellen und Details verplempern. Die Schritte, die Sie befolgen sollten, sind überschaubar:

1. Erstellen Sie eine Liste der Zugriffsquellen mit allen KPIs. Nutzen Sie dafür Ihr vorbereitetes Spreadsheet oder das von der Website zum Buch.

2. Bestimmen Sie die relevantesten Zugriffsquellen, indem Sie diese Liste absteigend nach Besuchsleistung sortieren. Damit erstellen Sie eine Reihenfolge nach Wichtigkeit Ihrer Zugriffsquellen.

3. Extrahieren Sie die wichtigsten Zugriffsquellen in ein separates Spreadsheet. Damit fokussieren Sie sich auf das, was Ihnen am meisten bringt. Wie viele Sie extrahieren sollten, ist nicht festgelegt. Machen Sie es so, dass die Arbeit zu bewältigen bleibt und zugleich nur wirklich wichtige Zugriffsquellen enthalten sind. Hier müssen Sie sich ein wenig auf Ihr Bauchgefühl und später auf Ihre Erfahrung verlassen.

4. Nehmen Sie in diesem neuen Spreadsheet neue absteigende Sortierungen in den verschiedenen KPIs vor, und finden Sie die Flops in den jeweiligen KPIs. So finden Sie möglicherweise eine Zugriffsquelle, die durch die hohe Besuchsleistung eine gewisse Bedeutung für Sie hat, die aber beispielsweise eine schlechte Umsatzleistung aufweist.

5. Untersuchen Sie die Zugriffsquelle genauer, und verbessern Sie sie. Wie Sie die entsprechende Zugriffsquelle genauer untersuchen, wird in den Kapiteln zu der jeweiligen Zugriffsquelle detailliert beschrieben.

6. Beginnen Sie wieder von vorn, und vergleichen Sie, wie sich die KPI geändert haben

---

4 Siehe *Kapitel 4.2.4*

Wenn Sie die schlimmsten Probleme beseitigt haben, wenn also die erzielbaren Optimierungserfolge nur noch klein sind, können Sie die Häufigkeit der Wiederholungen dieses Prozesses reduzieren.

Qualität kommt vor Quantität – aber nicht immer

Wenn Ihre Website den Traffic nicht gerade kleckerweise bekommt, dann gilt als Faustregel für das Ableiten von Maßnahmen, dass Sie zunächst die qualitativen KPIs steigern sollten, bevor Sie sich die quantitativen KPIs vornehmen. Es sei denn, die qualitativen KPIs befinden sich auf einem hohen Niveau, dann können Sie sich gleich den anderen zuwenden. Für vernünftige Analysen und Ergebnisse in endlicher Zeit ist es allerdings Voraussetzung, dass Sie ausreichend Traffic und verwertbare Ereignisse (bspw. Conversions) für Ihre Website erhalten. Ob Sie ausreichend davon bekommen, lässt sich ganz einfach daran messen, ob Sie in den Auswertungsintervallen genügend verlässliche Daten für eine Analyse bekommen (s. *Kapitel 3.5.1, Grundgedanken zur Mathematik und Statistik*). Wenn das nicht der Fall ist, brauchen Sie mehr Daten, und dann gilt obige Regel so lange nicht, bis Sie durch die Verbesserung der quantitativen KPIs genügend Traffic oder Conversions erhalten, um eine valide Analyse vornehmen zu können.

Doch das ist bei Weitem noch nicht alles. Sind nicht auch Zugriffsquellen mit geringer Besuchsleistung eine Schwachstelle? Das kommt darauf an. Wenn Sie einen gewissen Betrag investiert haben, um aus dieser Zugriffsquelle Zugriffe zu erhalten, und die Leistung schwach ist, stellt das sicherlich eine Schwachstelle dar. Wie sehr, hängt von der Investition ab, die Sie dafür getätigt haben. In dem Fall müssen Sie untersuchen, wieso diese Zugriffsquelle nicht die erwartete Leistung erbringt, oder gegebenenfalls die Investition einstellen.

Insbesondere können Zugriffsquellen mit geringer Besuchsleistung Potenziale darstellen. Das oben dargestellte Verfahren sucht im Prinzip nur nach Schwachstellen im negativen Sinne. Schwachstellen im positiven Sinn, also Potenziale, werden so nur zum Teil erschlossen. Dies lässt sich aber mit dem Rest der Tabelle wunderbar bewerkstelligen: Die um die relevantesten Zugriffsquellen (mit der höchsten Besuchsleistung) bereinigten Zugriffsquellen können nun auf außergewöhnlich gute KPIs (bspw. Umsatzleistung) untersucht werden. Ziel ist es, bei solchermaßen herausstehenden KPIs einer Zugriffsquelle für eine bessere Besuchsleistung aus dieser Quelle zu sorgen, möglichst ohne den betreffenden KPI (im Beispiel die Umsatzleistung) zu verschlechtern. Wenn Ihnen das gelingt, haben Sie Potenzial gehoben und in unserem Beispiel Ihren Umsatz verbessert. Dass es nicht immer nur um Umsatz gehen muss, braucht hier nicht extra erwähnt zu werden. Natürlich können Sie das auf andere KPIs übertragen.

Wenn Sie auf diese Art erst einmal ermittelt haben, welche Zugriffsquelle schwächelt und welche verborgenes Potenzial zur Hebung bereithält, können Sie sich im Detail den einzelnen Zugriffsquellen widmen und hierfür die Methoden in den nachfolgenden Kapiteln anwenden, in denen wir auf die speziellen Eigenheiten der einzelnen Zugriffsquellen eingehen.

Mit der Zeit, wenn Sie die Vorgehensweise systematisch und kontinuierlich ange-wendet haben, werden Sie die strikte Vorgehensweise verlassen und sich mehr und mehr auf Ihre Erfahrung stützen können, was die Beurteilung der Zugriffsquellen angeht. Grundsätzlich können Sie von vornherein alle Zugriffsquellen ausblenden, in denen Sie für Ihre Website kein Potenzial sehen oder wo Sie nicht investieren wollen (zum Beispiel SEO). Das bereinigt Ihre Übersicht, und Sie können sich auf die relevanten Zugriffsquellen konzentrieren.

In erster Linie ist diese Beobachtungsebene aber für das Monitoring, also die konti-nuierliche Feststellung des Status quo und – durch den Vergleich mit dem »Vorher« – des aktuellen Trends der Zugriffsquellen, geeignet. Je nach Traffic sollten Sie wöchentlich, vierzehntägig oder alle vier Wochen die Quantität und die Qualität Ihrer Besuche, Conversions und Ihres Umsatzes erheben.

Durch das kontinuierliche Monitoring wird Ihnen zeitnah auffallen, wenn bei-spielsweise die Besuchsleistung dramatisch nachlässt. Wie Sie in dieser Situation analytisch vorgehen, erfahren Sie in *Abschnitt 4.5*. Aber nicht nur Katastrophen werden auf diese Weise offenbar. Wenn Sie erfolgreich an einer Stellschraube der Zugriffsquellen drehen, dann können Sie die makroskopischen Auswirkungen der Aktion messen und sogar monetär bewerten. Mit anderen Worten: Sie können die Effektivität und die Effizienz Ihrer Umtriebe bewerten. Bedenken Sie dabei immer: Ob eine Aktion erfolgreich verlaufen ist, hängt schlussendlich von der Zielsetzung für die Aktion ab. Soll mehr Umsatz erzielt werden? Soll die Reichweite der Website erhöht werden? Oder geht es um viel abstraktere Ziele wie Kundenbindung oder Markenbildung? Bestimmen Sie die Ziele, bevor Sie mit Ihren Analysen beginnen.

Da Sie die Entwicklung einer einzelnen Zugriffsquelle im Kontext der Entwicklung der anderen Zugriffsquellen beobachten, erhalten Sie darüber hinaus wichtige Informationen über saisonale Effekte.[5]

Von nichts kommt nichts – oder doch?

Es ist möglich, dass die Conversion-Leistung absinkt oder einzelne Zugriffs-quellen konsequent unter dem Durchschnitt bleiben. Das könnte Ihnen mög-licherweise dann widerfahren, wenn Sie zum Beispiel eine Branding-Kampagne initiiert haben. Hier kann es zu dem Effekt kommen, dass die Conversion-Leis-tung (und bei E-Commerce-Sites naturgemäß auch die Transaktionsleistung) geringer ausfällt, als es sonst der Fall ist. Mit diesem Phänomen geht im Nor-malfall eine erhöhte Besuchsleistung einher. Insbesondere zum Start einer grö-ßer angelegten Branding-Kampagne können sich die beiden KPIs dann gegen-läufig verhalten. Aber: Hinter einer Branding-Kampagne stehen andere Ziele als etwa direkte Verkäufe. Diesen Aspekt müssen Sie bei der Bewertung der KPIs berücksichtigen. Wie bei allem in der Webanalyse müssen Sie also immer ein kritisches Auge auf alle Ergebnisse werfen und diese insbesondere in die Inter-pretationen einbeziehen, um Überraschungen zu vermeiden.

---

5 Auf dieses Thema gehen wir ausführlich in *Kapitel 3.6* ein

4.2.4   Search Engine Advertising (SEA) mit Google AdWords und Yahoo! Search Marketing

»Ich weiß, die Hälfte meiner Werbung ist hinausgeworfenes Geld. Ich weiß nur nicht, welche Hälfte.« – Henry Ford

Search Engine Advertising (SEA) ist eine Teildisziplin des *Search Engine Marketings (SEM)*. Dabei handelt es sich um die kostenpflichtige Schaltung von Werbeanzeigen, die in Textform neben und über den eigentlichen (sogenannten organischen) Suchergebnissen erscheinen. Wir werden in diesem Abschnitt die Werbesysteme von Google, Yahoo! und Bing behandeln. Zum einen handelt es sich hierbei um die am weitesten verbreiteten Suchmaschinen, und zum anderen ermöglichen diese, Eigenschaften gebuchter Keywords und Anzeigen individuell über Google Analytics zu messen, sofern die Daten korrekt übermittelt werden.

Google bietet für das Search Engine Advertising das System Google AdWords. Bing und Yahoo! sind gemeinsam zu einem Joint Venture im Yahoo! Search Marketing zusammengefasst. Das bedeutet, Sie schalten mit nur einem Werbesystem Ihre Anzeigen gleich in zwei Suchmaschinen. Trotzdem ist besonders im deutschen Sprachraum Google AdWords mit großem Abstand das SEA-System Nummer eins.

> **Hinweis**
>
> Im Analyseteil dieses Abschnitts werden wir uns daher grundsätzlich zunächst auf AdWords beziehen, aber im Grunde sind diese Analysen direkt auf Yahoo! und Bing übertragbar. Wenn es erforderlich ist, werden wir Ihnen die kleinen Unterschiede und Einschränkungen in den Analysen nach der jeweiligen Beschreibung für AdWords aufzeigen. Seien Sie daher also nicht überrascht, wenn plötzlich von AdWords-Kampagnen die Rede ist, sondern lesen Sie weiter, und schauen Sie, ob es am Ende spezielle Hinweise für Yahoo! Search Marketing gibt.

Wenn Sie Google AdWords nutzen, sollten Sie unbedingt von den sehr umfangreichen Synergien mit Google Analytics profitieren, da Google Ihnen eine beinahe uneingeschränkte Datenverknüpfung zwischen beiden Produkten bietet. Und obwohl einige Informationen aus AdWords nicht direkt in das Google Analytics-Konto übertragen werden, können sie durch Tricks, die wir Ihnen hier vorstellen werden, trotzdem sichtbar gemacht werden.

Insgesamt kann die Arbeit mit Google Analytics aber nicht alle Steuerungs- und Informationstools von Google AdWords ersetzen, die in der Summe sehr umfangreich und komplex sind. Betrachten Sie diesen Abschnitt daher bitte als eine Erweiterung, wenn Sie bereits mit diesem Werbesystem vertraut sind. Das Gleiche gilt ebenso für das Yahoo! Search Marketing.[6]

---

6   Wenn Sie an dieser Stelle Neuland betreten und Sie sich in diese sehr effektive Werbemöglichkeit hinein arbeiten wollen, möchten wir Ihnen das Buch *Google AdWords – Erreichen Sie Millionen gezielter neuer Kundenkontakte* von Andrew Goodman ans Herz legen.

Allgemeine Vorbereitung für SEA-Analysen

Tracking der website-internen Suchfunktion

Richten Sie das Tracking der Suchfunktion für Ihre Website ein (s. *5.2.4*).

Benutzerdefinierte Segmente einrichten

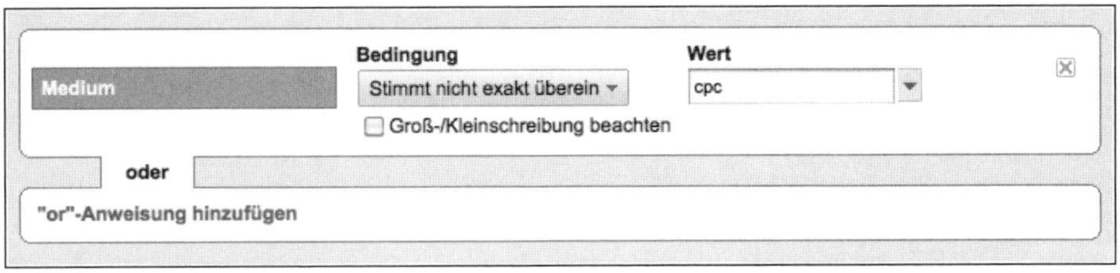

Abbildung 4.4: Segment: Ohne CPC-Zugriffe

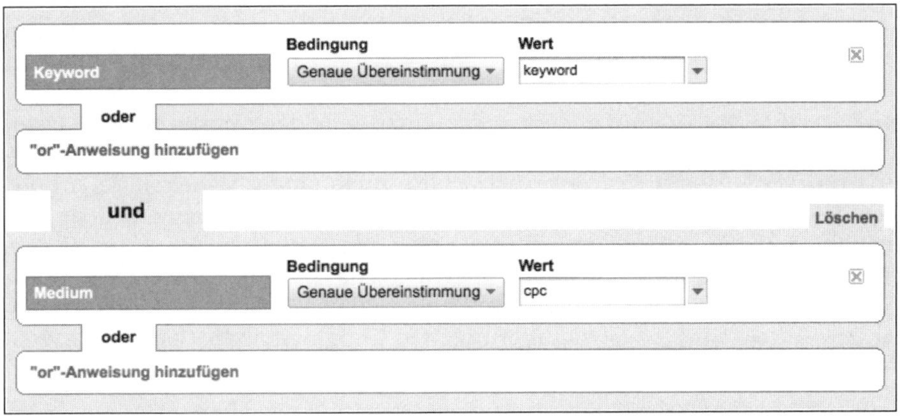

Abbildung 4.5: Segment: Bestimmtes CPC-Keyword. *keyword* ist durch das entsprechende Keyword zu ersetzen.

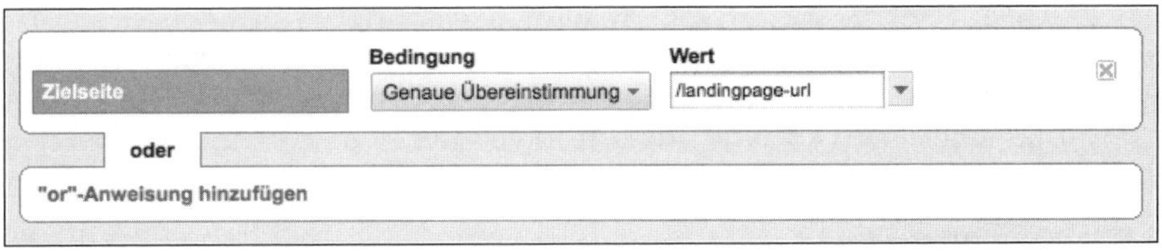

Abbildung 4.6: Segment: Bestimmte Landing-Page. *landingpage-url* ist durch die URL der entsprechenden Landing-Page zu ersetzen.

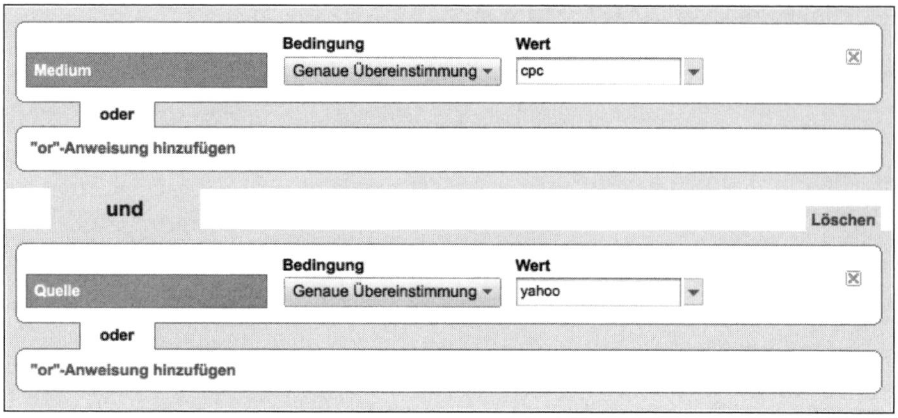

Abbildung 4.7: Segment: Yahoo CPC

Zieldefinierung

Dass Sie Ziele festlegen müssen, um Conversion-Daten zu erhalten, versteht sich von selbst. Erwähnt sei aber speziell für Nutzer von Google AdWords und Yahoo! Search Marketing, dass üblicherweise auch dort Ziele und Conversions definiert werden, die durch einen JavaScript-Code auf der entsprechenden Seite der Website ausgelöst werden. Die Conversion-Daten werden aber nicht in das Google Analytics-Konto übertragen, da die Systeme das Conversion-Tracking unabhängig voneinander implementieren. Sie müssen also in Google Analytics die Zieldefinierungen aus dem SEA-Konto nachbilden, um letztendlich über die gleichen Daten verfügen zu können. Was sich umständlich anhört, bietet aber den entscheidenden Vorteil, dass Sie die Webanalyse unabhängig von den Vorgängen im jeweiligen SEA-Werbekonto vornehmen können. Zudem sind die Zieldefinierungen in Google Analytics weit umfangreicher als die in Google AdWords oder Yahoo! Search Marketing.

Da in AdWords und im Yahoo! Search Marketing keine Engagement-Ziele zur Verfügung stehen, kann bei besonderen Website-Zielen der Fall eintreten, dass die Conversion-Daten zur Messung des Werbeerfolgs nur über Google Analytics ermittelt werden können. In dem Fall ist die Verwendung von Google Analytics unverzichtbar, um eine erfolgsorientierte Kampagnensteuerung zu ermöglichen. Das bedeutet ebenfalls, dass die Übermittlung der speziellen Conversion-Daten enorm wichtig für die Personen ist, die die SEAs-Kampagnen betreuen. Die zu liefernden Conversion-Daten bestehen konkret aus den folgenden KPIs:

◆ Conversion-Rate

◆ Conversion-Leistung

◆ Conversion-Kosten

Generell ist es leider nicht möglich, die Yahoo!-Kostendaten zu übertragen. Damit entfallen zunächst alle KPI, die die effektiven Klickpreise in die Berechnung einbeziehen.

Spezielle Vorbereitung für Google AdWords

Datenverknüpfung zwischen Google AdWords und Analytics herstellen

Um die Datenverknüpfung einzuleiten, gehen Sie einfach in Ihre AdWords-Konto-einstellungen und aktivieren den Haken bei AUTOMATISCHE TAG-KENNZEICHNUNG VOM ZIEL-URL, wie in *Abbildung 4.8*. Klicken Sie dann auf den Reiter BERICHTE und wählen GOOGLE ANALYTICS aus, um das Analytics-Konto mit Ihrem AdWords-Konto zu verknüpfen. Wichtig dabei ist, dass Sie in beiden Systemen die gleiche E-Mail-Adresse verwenden, damit Google die richtigen Konten zuordnen kann. Gehen Sie in die ANALYTICS-EINSTELLUNGEN, und richten Sie ein neues Profil mit dem Namen *AdWords* ein. Dieses Profil werden Sie für alle weiteren Analysen der AdWords-Kampagnen verwenden. In *Kapitel 5.1.2* erklären wir Ihnen die Einrichtung eines Profils.

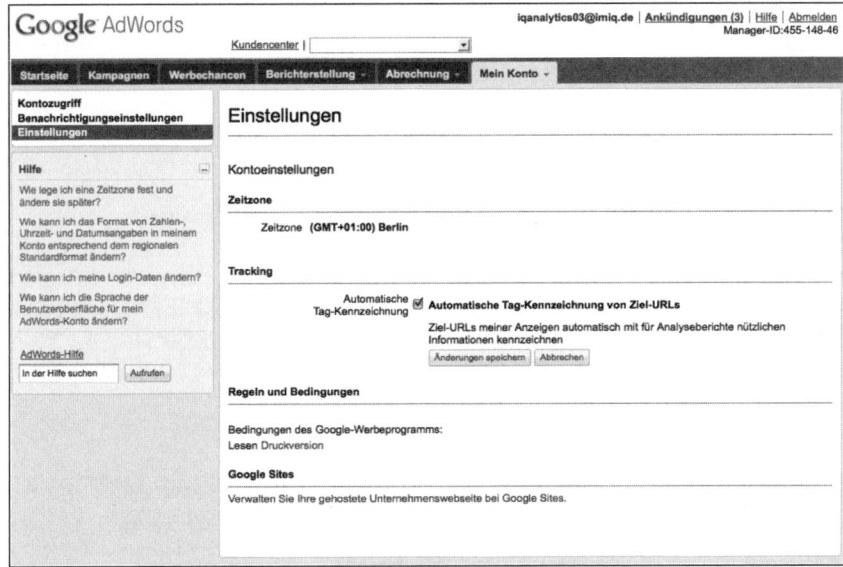

Abbildung 4.8: Für die Datenverknüpfung mit Google Analytics müssen Sie im AdWords-Konto das automatische Link-Tagging aktivieren.

Wählen Sie dann das Profil *AdWords* mit BEARBEITEN aus. In den PROFILINFORMATIO-NEN sollte nun die Google AdWords-ID hinter dem Punkt ÜBERNOMMENE KOSTENDA-TEN stehen. Sollte dies nicht der Fall sein, klicken Sie auf BEARBEITEN und setzen den Haken an der gleichen Stelle, um die Verknüpfung zu gewährleisten. Beachten Sie, dass die Daten nicht rückwirkend gemessen werden.

Profil und Parameter für Anzeigentext-Messung

Gehen Sie in die ANALYTICS-EINSTELLUNGEN, wählen Sie mit BEARBEITEN das Profil *AdWords* aus, und richten Sie dann mit Klick auf +FILTER HINZUFÜGEN einen benut-zerdefinierten Filter für Anzeigen-IDs ein (s. *Abbildung 4.9*).

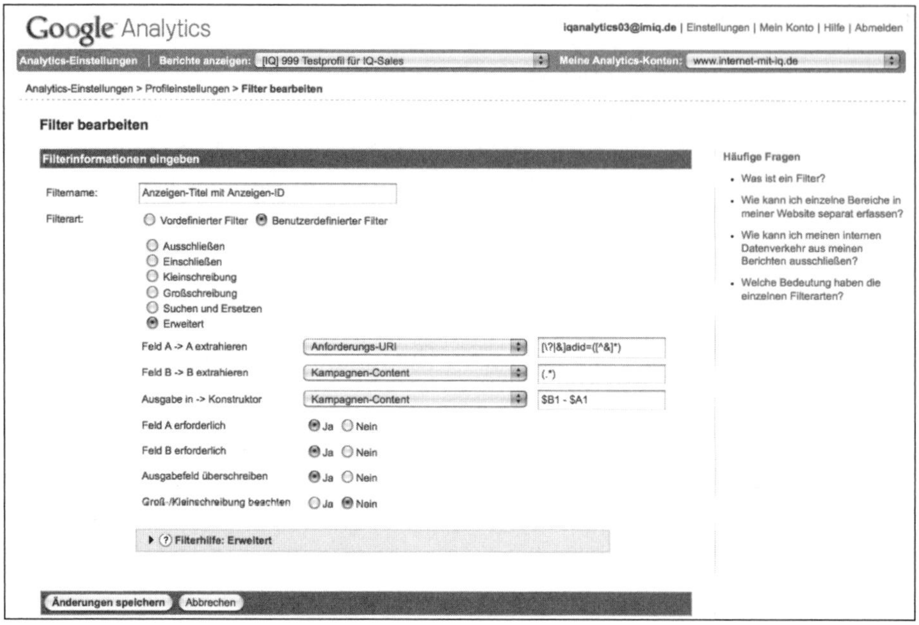

Abbildung 4.9: Filter für das Auslesen der Anzeigen-ID aus einem URL-Parameter

Als Nächstes erweitern Sie die Ziel-URL Ihrer AdWords-Anzeigen um den nötigen Parameter zur Ausgabe der Anzeigen-ID, die Ihnen das AdWords-System bereitstellt. Erweitern Sie für jede Textanzeige, deren individuellen Erfolg Sie messen wollen, die Ziel-URL um folgende Zeichenkette, die Sie ans Ende der Ziel-URL ohne Leerzeichen anfügen:

```
?adid={creative}
```

Wenn die Ziel-URL bereits URL-Parameter enthält, also bereits ein ? in der Ziel-URL enthalten ist, fügen Sie stattdessen folgende Zeichenkette ans Ende:

```
&adid={creative}
```

Das AdWords-System wird diesen Parameter erkennen und fortan die Anzeigen-ID mit in die angezeigte URL übertragen, was Google-Analytics ermöglicht, diese mit dem Anzeigen-ID-Filter auszuwerten und an gewünschter Stelle im Analytics-Bericht einzutragen.

Spezielle Vorbereitung für Yahoo! Search Marketing

Allgemeines zum Link-Tagging

Das Tracking der SEA-Daten von Yahoo! ist nur mit entsprechender Modifikation der Ziel-URLs möglich. Diese Ziel-URLs müssen Sie um entsprechende URL-Parameter erweitern, damit Google Analytics diese Daten erhält. Andernfalls können Sie die organischen Zugriffe aus Yahoo! und Bing nicht von den bezahlten Zugriffen unterscheiden. Wir empfehlen Ihnen daher unbedingt, diesen Workaround zu implementieren, wenn Sie Yahoo! Search Marketing verwenden.

Yahoo! bietet für die Erzeugung von URL-Parametern verschiedene *Enhanced Tracking-Parameters* an, die Sie in die Ziel-URLs eintragen können. Diese Parameter werden mit einem Klick auf die Anzeigentexte automatisch durch die gewünschten Werte ersetzt. Die Parameter, die Ihnen dafür zur Verfügung stehen, finden Sie in *Tabelle 4.7*.

Enhanced Tracking Parameter	Wert
OVKEY	Keyword
OVRAW	Suchanfrage
OVMTC	Match-Type
OVADID	Anzeigen-ID
OVCAMPGID	Kampagnen-ID
OVADGRIPD	Anzeigengruppe

Tabelle 4.7: Die verfügbaren Enhanced Tracking-Parameter des Yahoo! Search Marketing-Systems

Um die Parameter zu verwenden, müssen Sie diese mit geschweiften Klammern in die Ziel-URLs eintragen. Nur dann kann Yahoo! erkennen, dass es sich um die Enhanced Tracking-Parameters handelt, die durch einen entsprechenden Wert ersetzt werden sollen. Das sieht dann zum Beispiel so aus:

www.meinewebsite.de/startseite.html?utm_term={OVKEY}

Der Wert des URL-Parameters *utm_term* wird von Google Analytics als Keyword gewertet. Sobald jemand auf eine Anzeige klickt, ersetzt Yahoo! *{OVKEY}* durch das Keyword, das die Schaltung der geklickten Anzeige ausgelöst hat. So wird zum Beispiel folgende Ziel-URL generiert, wenn auf das Keyword *beispiel* die Anzeige geschaltet und angeklickt wurde:

www.meinewebsite.de/startseite.html?utm_term=beispiel

Best Practice zum Tracking der Yahoo! SEA-Zugriffe

Google Analytics stellt Ihnen mehrere genormte URL-Parameter zur Verfügung. Dies erleichtert Ihnen die Vorbereitung, und es muss für die wichtigsten Parameter kein benutzerdefinierter Filter verwendet werden, damit diese direkt in Ihren Profilen sichtbar werden. Die weiteren vorgestellten Analysen in diesem Abschnitt beziehen sich alle auf diese Methode.

Hängen Sie einfach folgende Zeichenkette an jede Ziel-URL innerhalb Ihrer Kampagnen:

```
?utm_source=yahoo&utm_medium=cpc&utm_term={OVKEY}&utm_content=
{OVADID}&utm_campaign={OVCAMPGID}
```

Wenn die Ziel-URL bereits URL-Parameter enthält, also bereits ein ? in der Ziel-URL enthalten ist, fügen Sie stattdessen folgende Zeichenkette ans Ende:

```
&utm_source=yahoo&utm_medium=cpc&utm_term={OVKEY}&utm_content=
{OVADID}&utm_campaign={OVCAMPGID}
```

Sowohl die Kampagnen-IDs, die Anzeigen-IDs und vor allem die Keywords werden nun in allen Profilen angezeigt.

Die übrigen Enhanced Tracking-Parameter sichtbar machen

Die übrigen Enhanced Tracking-Parameter für die Werte Anzeigengruppe (OVAD-GRIPD), Matchtype (OVMTC) und Suchanfrage (OVRAW) können nur dann verwendet werden, wenn Sie diese durch entsprechend benutzerdefinierte Filter auslesen und in die Berichte eintragen lassen. Für die wichtigsten und entscheidenden Analysen werden Sie dies aber kaum benötigen, und es ist in der Regel ausreichend, die zuvor vorgestellte Best-Practice-Methode zu verwenden.

Wenn Sie wissen möchten, wie Sie URL-Parameter per Filter auslesen und in die Berichte eintragen können, schlagen Sie in *Kapitel 5.1.2* nach.

KPIs für alle Websites

KPI	Beschreibung
Absprungrate	*Absprungrate*
Website-Betrachter	*Zugriffe – Zugriffe * Absprungrate*
Website-Betrachter-Kosten	*Kosten / Website-Betrachter*
Besuchsleistung	*Zugriffe / Tage*
Conversion-Rate	*Conversion-Rate*
Conversion-Leistung	*Conversions / Tage*
Conversion-Kosten	*Kosten / Conversions*
Einmalige Suchen gesamt	Anzahl der Suchvorgänge für einen Begriff (nur einmal pro Sitzung gezählt)

Tabelle 4.8: Übersicht der qualitativen und quantitativen KPIs für AdWords

Zusätzliche qualitative KPIs für Websites mit E-Commerce

KPI	Beschreibung
ROAS (Return On Advertising Spend)	*(Umsatz – Kosten) / Kosten*
Umsatzleistung	*Umsatz / Tage*

Tabelle 4.9: Weitere qualitative KPIs für AdWords (E-Commerce-Websites)

Keyword-Analyse und Maßnahmen

Die Keyword-Analyse ist die zentrale und wichtigste Analyse zur Steuerung von AdWords-Kampagnen. Interessant wird Google Analytics genau dort, wo es in AdWords an Informationen mangelt, um eine Optimierung des Keyword-Pools vorzunehmen. Diese Informationslücken sinnvoll zu füllen, ist daher Ihre zentrale Aufgabe im Umgang mit den AdWords-Daten. Sie finden die Daten innerhalb der ZUGRIFFSQUELLEN im Punkt ADWORDS.

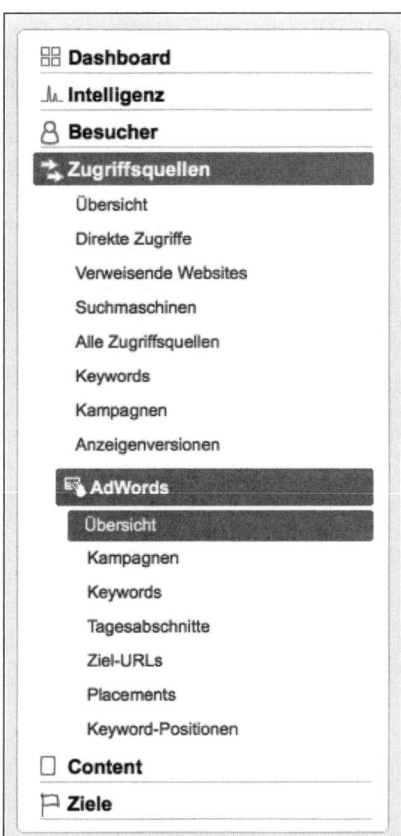

**Abbildung 4.10: Die AdWords-Berichte
befinden sich im Zugriffsquellen-Menü.**

Eine erste Informationslücke ergibt sich bei den Keywords, die nur sehr geringe oder keine Conversions erzeugt haben. Hier fällt die Bewertung der Keywords oft schwer, wobei die Einführung neuer Features in AdWords wie die Darstellung von Suchketten (*Search Funnels*) eine immer bessere Bewertung erlaubt. Die Suchketten zeigen, dass Keywords, die keine direkt zuzuordnenden Conversions erzeugt haben, trotzdem *Assist Clicks* aufweisen und so im Kaufprozess eine vorbereitende Rolle gespielt haben, auch wenn die letztendlich erzeugte Conversion einem anderen Keyword zugeordnet wird. Damit wird zu einem gewissen Teil eine Analyse des Geschehens vor dem Website-Besuch möglich. Dies ist durchaus Teil der Webanalyse, allerdings verlassen wir an dieser Stelle Google Analytics. Google Analytics selbst betrachtet die andere Seite, nämlich das, was nach dem Klick, also beim Besuch der Website geschieht. Diesem Teil widmen wir in diesem Buch unsere Aufmerksamkeit.

Die wichtigsten Stellschrauben für Keywords sind der gebotene Klickpreis und der Anzeigentext, der auch die Ziel-URL beinhaltet. Darüber hinaus stellt sich bei nicht konvertierenden Keywords die Frage, ob es sich überhaupt lohnt, mit diesen zu werben. Vielleicht müssen aber nur die Anzeigentexte oder Klickpreise verändert werden? Denn manchmal kann eine Neupositionierung des Keywords der entscheidende Schlüssel zum Erfolg sein. Zur Beantwortung dieser sehr wichtigen Fragestellungen greifen wir zu zwei wesentlichen KPIs: die *Absprungrate* und die *Kosten pro Website-Betrachter*.

Schwachstellen aufdecken mit der Absprungrate

Die Absprungrate beschreibt die Besucherreaktion auf die von Keyword, Anzeige und Landing-Page gemeinsam erzeugte Wirkung. Die Besucher entscheiden innerhalb weniger Sekunden, ob die Landing-Page das Versprechen von Keyword und Anzeige einlösen kann oder nicht. Je weniger Besucher nach einer ersten Sichtung der Landing-Page bleiben, desto höher ist die Absprungrate und desto geringer ist die Wahrscheinlichkeit, eine Conversion abzuschließen. Einen Besucher, der nicht direkt nach Sichtung der Landing-Page wieder abgesprungen ist, sondern weitere Seiten aufgerufen hat, bezeichnen wir als *Website-Betrachter*. Damit ist die Generierung eines Website-Betrachters für Sie ein erster Erfolg. Je geringer die Absprungrate ist, desto mehr Website-Betrachter erhalten Sie und desto höher ist die potenzielle Conversion-Rate.

Schauen Sie sich also an, welche Absprungrate ein Keyword hat. Ist die Absprungrate gering, ist dieses Keyword zunächst einmal als erfolgreich anzusehen. Ist die Absprungrate dagegen hoch, deutet dies auf ein Missverhältnis zwischen Keyword, Anzeigentext und Landing-Page hin, was als Schwachstelle anzusehen ist. Die Bewertung der Absprungrate nehmen Sie am besten anhand des Kampagnendurchschnitts vor. Berechnen Sie daher die Absprungrate für die Gesamtheit aller Keywords. Diese durchschnittliche Absprungrate dient Ihnen dann als Maßstab zur Bewertung einzelner Keywords.

Überwiegend gilt die (zugegebenermaßen sehr grobe) Faustregel, dass Absprungraten von 20% bis 40% akzeptabel sind. Weniger werden Sie nur selten erreichen, und mehr bedeutet ganz einfach, dass annährend die Hälfte des Werbebudgets durch Absprünge verloren geht. Diese Regel ist aber keinesfalls allgemeingültig und sehr von der jeweiligen Branche, dem Wettbewerb und der Website abhängig. In manchen Branchen ist eine Absprungrate von 50% durchaus ein Erfolg. Wählen Sie daher immer den Kampagnendurchschnitt als Ausgangspunkt für Ihre Interpretationen, und versuchen Sie, diesen Kampagnendurchschnitt durch entsprechende Maßnahmen im Laufe der AdWords-Optimierung zu verbessern. Neben der Optimierung von Landing-Pages und Anzeigentexten bedeutet dies oft, sich von diversen Keywords zu trennen. Nicht selten ist es möglich, bei ursprünglich sehr schwachen Kampagnen durch gezielte Optimierung anhand der Absprungraten eine Verbesserung von 20 Prozentpunkten innerhalb weniger Monate zu erreichen. Der gleichzeitige Anstieg der Conversion-Raten liegt in der Natur der Sache und ist dabei genau das, was Sie mit dieser Strategie erreichen wollen.

Kosten pro Website-Betrachter zur Optimierung von CPC-Geboten nutzen

Jeder Klick auf eine AdWords-Anzeige verursacht je nach effektivem Klickpreis des Keywords unterschiedliche Kosten. Der effektive Klickpreis wird neben anderen Faktoren vor allem von dem CPC-Gebot bestimmt, das für das Keyword in Google AdWords eingestellt wird. Grundsätzlich übt das CPC-Gebot einen Einfluss auf die

Anzeigenposition aus. Je höher das Gebot, desto wahrscheinlicher ist es, eine bessere Position für die Anzeige zu erhalten, was die Werbereichweite der Anzeige für das Keyword erhöht. Üblicherweise benutzt man in der Optimierung der CPC-Gebote vor allem die Conversion-Kosten als Beurteilungsmaßstab, um die Gebote entweder zu senken oder zu erhöhen. Das Ziel ist dabei ein möglichst optimales Kosten-Nutzen-Verhältnis zur Erreichung der Website-Ziele. Google AdWords bietet zudem mit dem dynamischen Conversion-Tracking die Möglichkeit, die Umsatzdaten in die Berechnung einzubeziehen, woraus sich am Ende der AdWords-KPI Return On Advertising Spend (ROAS) errechnen lässt. Was aber tun, wenn noch keine oder nur sehr wenige Conversion-Daten zur Verfügung stehen und somit eine Informationslücke besteht?

Wie wir bereits festgestellt haben, stellt ein Klick auf eine AdWords-Anzeige an sich noch keinen Erfolg für den Website-Betreiber da. Der erste Erfolg auf dem Weg zu einer Conversion ist die Generierung eines Website-Betrachters, den wir dadurch definiert hatten, dass dieser nicht direkt nach Sichtung der Landing-Page wieder die Website verlässt, sondern weitere Seiten aufruft. Ähnlich wie die Absprungrate bilden die Kosten pro Website-Betrachter einen nützlichen KPI, um die CPC-Gebote für Keywords bewerten zu können, wenn noch keine oder nur sehr geringe Conversion-Daten vorliegen. Der KPI beantwortet die Frage, wie viel für ein Keyword ausgegeben werden musste, um einen Website-Betrachter zu erzeugen. Noch konkreter lässt sich die Frage auch so formulieren: Was kostet ein Besucher, der zu einem Engagement auf der Website aktiviert wird?

Die Kosten pro Website-Betrachter bilden sich aus den effektiven Kosten des Keywords geteilt durch die Anzahl der Website-Betrachter, die durch dieses auf die Website gelangt sind. Es ergeben sich zwei Einflussgrößen: das CPC-Gebot und die Absprungrate. Daraus folgt die Feststellung, dass eine hohe Absprungrate das Werbebudget ungünstig belastet, während eine geringe Absprungrate einen effizienteren Einsatz des Werbebudgets bedeutet. Von der anderen Seite betrachtet kann ein geringes CPC-Gebot einer hohen Absprungrate kosteneffizient entgegenwirken, um mehr Website-Betrachter pro Euro zu erzeugen. Ein hohes CPC-Gebot zahlt sich umgekehrt umso mehr aus, je geringer die Absprungrate ist.

Genau hierin liegt die Stärke dieses KPI: Ist die Absprungrate für ein Keyword mit niedrigem CPC-Gebot gering, dann sind die Kosten pro Website-Betrachter sehr niedrig, und Sie können das Potenzial nutzen, indem Sie das CPC-Gebot erhöhen. Dadurch verbessern sich die Anzeigenposition und die Werbereichweite, was zu mehr Klicks und somit zu mehr Conversions führen wird, vorausgesetzt, das Potenzial kann durch die Website angemessen verarbeitet werden. Diese Technik eignet sich besonders gut, um Keywords mit viel Potenzial auf eher schwachen Anzeigenpositionen zu erkennen und zu stärken. Es empfiehlt sich für Sie, auch bei der Betrachtung der Kosten pro Website-Betrachter den Kampagnendurchschnitt als Orientierungsmaßstab zu benutzen, um das angemessene Preisniveau für ein Keyword zu erkennen.

Einschränkungen für Yahoo! Search Marketing

Wie bereits erwähnt können die Kostendaten aus Yahoo! Search Marketing leider nicht nach Google Analytics übertragen werden. Damit sind die Kosten pro Conversion und Kosten pro Website-Betrachter nicht durch Google Analytics messbar.

Das bedeutet, Sie würden diese KPI nur dann ausrechnen können, wenn Sie die
Google Analytics-Daten mit den internen Daten aus dem Yahoo! Search Marketing-
System miteinander kombinieren. Für die Praxis ist es aber zu aufwendig, dies in
Form von Standardberichten für alle Keywords zu tun. Sie sollten dieses Verfahren
daher nur für besondere Keywords durchführen, die im Fokus einer bedarfsorien-
tieren Analyse stehen.

Um die Keywords aus Yahoo! Search Marketing einzusehen, gehen Sie auf ZUGRIFFS-
QUELLEN, dann auf ALLE ZUGRIFFSQUELLEN und wählen in der Liste *yahoo / cpc* aus.
Präzisieren Sie dann Ihre Auswahl im Drop-down-Menü mit KEYWORD, um eine
Auflistung der bezahlten Kampagnen-Keywords zu sehen (s. *Abbildung 4.11*).

Abbildung 4.11: Yahoo! CPC-Zugriffe

Neue SEA-Keywords finden

Die website-interne Suchfunktion auswerten

Verfügt Ihre Seite über eine Suchfunktion, erhalten Sie sehr nützliche Informationen über die Intentionen der Besucher. Genau wie die organischen Keywords
liefern die Keywords der internen Suchfunktion der Website nützliche Erkenntnisse für neue bzw. mögliche auszuschließende Keywords. Zudem können die
Suchphrasen Aufschluss darüber geben, ob die Verlinkung der Landing-Pages
immer dem Informationsbedürfnis der Besucher entspricht. Ein Besucher, der
sofort sein Ziel findet, wird leichter konvertieren als jemand, der das gewünschte
Produkt erst auf Ihrer Website suchen muss und daher mehr Zeit und Aufwand
benötigt, um sein Ziel zu erreichen.

Wenn Sie die Berichte zur internen Suche aufrufen, wird Ihnen neben anderen
Kennzahlen die Anzahl der *Einmaligen Suchen* angezeigt. Die einmaligen Suchen
und die Conversion-Rate sind Ihre wichtigsten KPIs für die Auswertung. Überprü-

fen Sie, ob alle häufig eingegebenen Suchphrasen, die Conversions erzielt haben, bereits als Keyword in Ihre SEA-Kampagne aufgenommen wurden. Möglicherweise finden Sie hier weitere Keyword-Variationen, die Sie bisher übersehen haben, die aber für Ihre Besucher relevant sind. Überprüfen Sie auch, ob Sie diese Keywords auf die thematisch passenden Landing-Pages verlinkt haben. Falsche oder unpassende Linksetzungen können die Ursache für einen erhöhten Suchbedarf der Besucher der Website sein.

Zur Ansicht der internen Suchanfragen wählen Sie in CONTENT die WEBSITE-SUCHE und klicken dort auf SUCHBEGRIFFE (s. *Abbildung 4.12*).

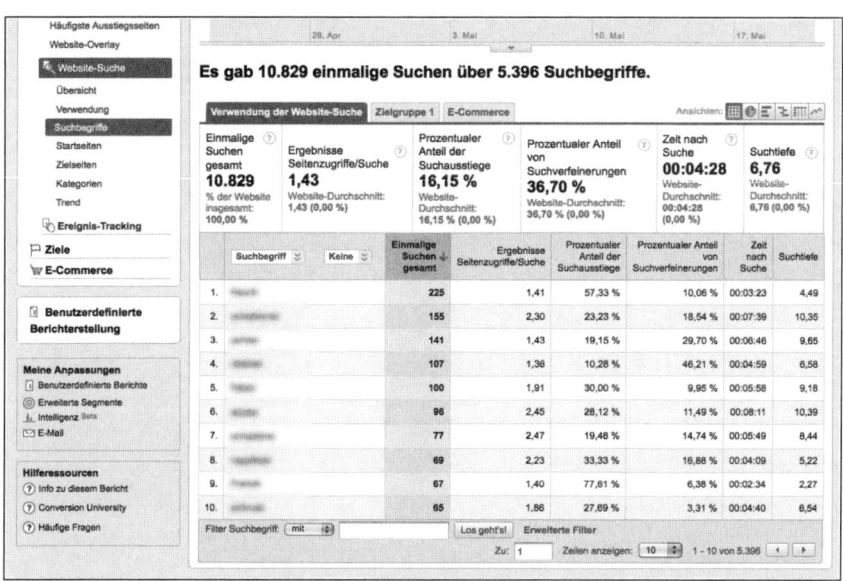

Abbildung 4.12: Ansicht der Suchbegriffe aus der website-internen Suchfunktion zum Aufdecken neuer Keyword-Potenziale

Auf besondere Schreibweisen achten

Es kann zudem vorkommen, dass Besucher in den Suchphrasen eine andere Terminologie verwenden als Sie auf Ihrer Website oder in Ihrer SEA-Kampagne. Wenn z. B. in Ihrem Online-Shop häufig und ohne Conversions zu erzeugen nach *Füllern* gesucht wird, Sie aber *Füllfederhalter* anbieten und bewerben, sollten Sie Ihre Kampagne auf diesen Terminus ausrichten, da Ihnen sonst wichtige Conversions entgehen können. Dies bedeutet: Sie bewerben fortan zusätzlich das Keyword *Füller*, verwenden den Begriff in den Anzeigentexten und setzen als Landing-Page den Website-Bereich mit den Füllfederhaltern fest. In der Praxis können die Termini sehr unterschiedlich und sehr abstrakt sein, z. B. Seriennummern, Typenbezeichnungen oder Falschschreibweisen. Die internen Suchanfragen helfen Ihnen, die Besucher Ihrer Website in ihrer Sprache und Zielsetzung besser zu verstehen und Ihre Kampagne darauf auszurichten. Natürlich können Sie diese Analyse auch nutzen, um neue ausschließende Keywords für die Kampagne zu definieren und dadurch die Zielgruppe schärfer von unrelevanten Themen abgrenzen.

Organische Keywords als weitere Informationsquelle nutzen

Ähnlich wie die internen Suchbegriffe geben auch die Zugriffe über Keywords in den Suchmaschinen Aufschluss über die Intentionen Ihrer Besucher, und ähnlich wie bei der website-internen Suchfunktion können auch hier Potenziale in Form von spezifischen Nachfragen entdeckt werden, die Sie zur Steigerung des Erfolgs Ihrer Website einsetzen können.

Zur Analyse der Keyword-Zugriffe aus den Suchmaschinen wählen Sie den Menüpunkt KEYWORDS in den ZUGRIFFSQUELLEN. Zusätzlich sollten Sie oben unter der Grafikdarstellung ANZEIGEN: NICHT BEZAHLT auswählen (s. *Abbildung 4.13*).

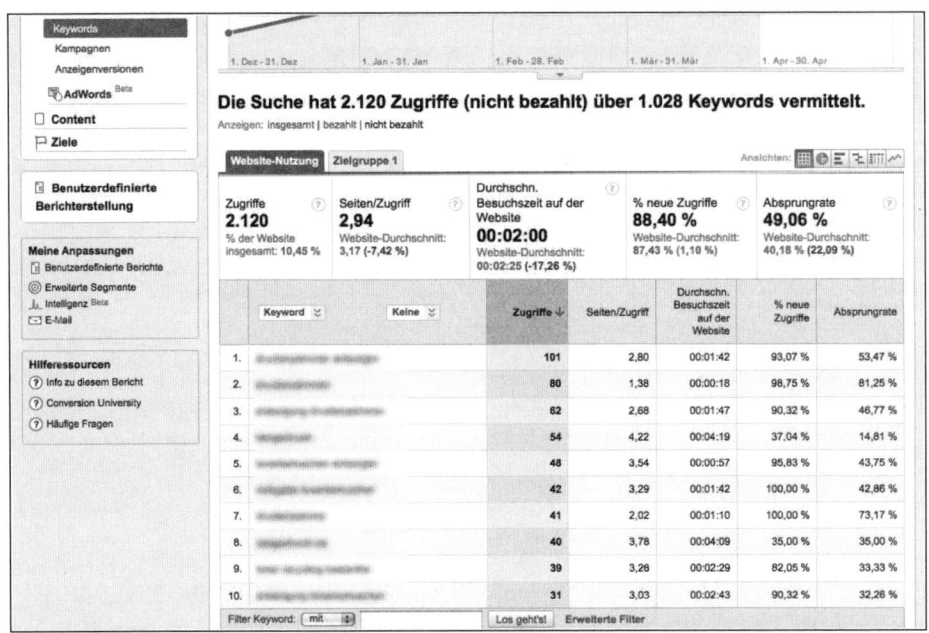

Abbildung 4.13: Ansicht der nicht bezahlten Keywords zum Aufdecken neuer Potenziale für bezahlte Keywords

Die echten Suchanfragen auswerten

Sie können in Google Analytics nicht nur die Leistung der bezahlten AdWords-Keywords analysieren, sondern auch die in der Google-Suche tatsächlich eingegebenen Suchanfragen, die zur Schaltung Ihrer Anzeigen geführt haben. Rufen Sie dazu den normalen Keyword-Bericht auf, und wählen Sie als zusätzliche Dimension im Drop-down-Menü *Passende Suchanfragen* aus (s. *Abbildung 4.14*). Genau wie bei den zuvor genannten Berichten auch helfen Ihnen die Suchanfragen beim Finden neuer Keyword-Potenziale.

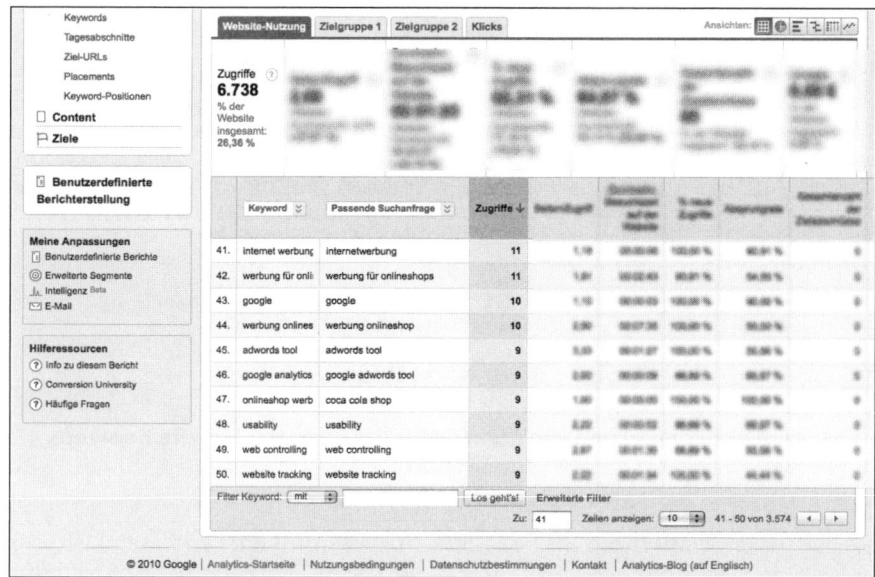

Abbildung 4.14: Ansicht der Suchanfragen, die zu einem Klick mit einem bezahlten Keyword geführt haben

Landing-Page-Analysen und Maßnahmen

In SEA-Kampagnen wird jedem Anzeigentext über die Angabe der Ziel-URL eine Landing-Page zugewiesen, auf die der Nutzer nach dem Klick auf eine Anzeige gelenkt wird. Die Auswahl der richtigen Landing-Page ist ein entscheidender Faktor, um eine möglichst niedrige Absprungrate zu erreichen. In manchen Fällen werden Sie sich fragen, welche Landing-Page für bestimmte Keywords und Anzeigentexte am besten geeignet ist. Zur Beantwortung dieser Frage ist vor allem die Methode des A/B-Tests mit verschiedenen Landing-Pages hervorragend geeignet. Am Ende wissen Sie genau, welche Landing-Page für welches Keyword zu den besten Resultaten geführt hat. Der besondere Vorteil ist hier, dass Sie mithilfe von Google Analytics nicht nur die Absprungraten erhalten, sondern auch direkt sehen können, zu welchen Conversion-Raten unterschiedliche Landing-Pages für ein Keyword geführt haben.

Im Kampagnen-Konto: Mehrere Landing-Pages für die Keywords einrichten

Treffen Sie als Erstes eine Auswahl, welche Keywords Sie untersuchen möchten, und richten Sie für die entsprechenden Keywords unterschiedliche Anzeigentexte ein, die inhaltlich gleich sind und sich nur in den Landing-Pages (Ziel-URLs) voneinander unterscheiden. Durch die gleichbleibenden Anzeigentexte sind störende Einflüsse durch Variationen ausgeschlossen.

Bevor Sie die Analyse weiter fortsetzen können, müssen erst einmal genügend Daten gesammelt werden, beachten Sie dazu die Grundlagen der Statistik aus dem Abschnitt *3.5.1*. Die Datensammlung dauert umso länger, je mehr Varianten der Landing-Page Sie testen. Beobachten Sie die Datensammlung, und warten Sie die nötige Zeit ab, bevor Sie die Analyse mit den folgenden Schritten fortsetzen.

Landing-Page-Analysen für Google AdWords

Im Bericht ZIEL-URLS erhalten Sie eine Auflistung der Leistung der Landing-Pages, die beim Klick auf eine Anzeige besucht worden sind. Wenn Sie die Leistung der Landing-Pages in Form von A/B-Tests optimieren, können Sie das Ergebnis hier ablesen. Es kann zudem hilfreich sein, die Leistung der Landing-Pages für bestimmte Keywords zu untersuchen. Hierfür können Sie die zusätzliche Dimension *Keyword* im Drop-down-Menü auswählen (s. *Abbildung 4.15*).

	Ziel-URL ⌄	Keyword ⌄	Zugriffe ↓	Seiten/Zugriff	Durchschn. Besuchszeit auf der Website	% neue Zugriffe	Absprungrate	Gesamtanzahl der Zielabschlüsse	Umsatz
4.	http://www.interne	werbung	555	13,11	00:30:52	92,74 %	3,53 %	29	
5.	http://www.interne	werbung	181	1,68	00:30:30	94,17 %	1,79 %	91	

Abbildung 4.15: Ansicht der gleichen Landing-Page für zwei unterschiedliche Keywords

Landing-Page-Analyse für Yahoo! Search Marketing

Unter ZUGRIFFSQUELLEN wählen Sie ALLE ZUGRIFFSQUELLEN und klicken in der Liste auf *yahoo / cpc*. Wählen Sie anschließend im Drop-down-Menü *Keyword* aus. Es erscheint eine Liste mit allen bezahlten Keywords im Yahoo! Search Marketing-Konto.

Aktivieren Sie nun die benutzerdefinierten Segmente, die Sie für die unterschiedlichen Landing-Pages eingerichtet haben (nutzen Sie dafür das gleichnamige Segment aus der Vorbereitungsphase). In der Keyword-Tabelle sehen Sie nun für jedes Keyword unterschiedliche Messwerte sortiert nach den Landing-Page-Segmenten. Damit sind Sie in der Lage, alle wichtigen KPIs wie Absprungrate und Conversion-Rate zu analysieren. Sollte die Tabelle nun zu groß und unübersichtlich geworden sein, behelfen Sie sich, in dem Sie ganz am Ende der Tabelle in das Feld FILTER die Keywords manuell eintragen. Da für Yahoo! Search Marketing-Kampagnen keine Kostendaten verfügbar sind, sind die Conversion-Kosten und Kosten pro Website-Betrachter nicht berechenbar. Das ist aber nicht weiter tragisch, da die effektiven CPC-Kosten für die Landing-Page-Varianten annähernd gleich sein werden.

Die jeweils schwächere Variante deaktivieren

Ihr wichtigster KPI zur Interpretation der Ergebnisse ist die Conversion-Rate. Verwenden Sie als Notbehelf die Absprungrate, wenn Sie keine Conversion-Daten zur Verfügung haben. Ist der Test abgeschlossen und haben Sie die beste Landing-Page ermittelt, vergessen Sie nicht, die jeweils schlechteren Anzeigenvarianten im SEA-Konto wieder zu deaktivieren.

Anzeigentextanalyse

Zweck der Anzeigentextanalyse und Erläuterung der Vorbereitung

In der SEA-Kampagnenoptimierung werden häufig im Rahmen der Betreuung innerhalb der gleichen Anzeigengruppe A/B-Tests mit Anzeigentexten durchgeführt, die sich nur in Details unterscheiden. Dies geschieht mit dem Ziel, schwächere Varianten nach und nach zu pausieren, um am Ende den Anzeigentext mit der besten Leistung zu erhalten. In manchen Fällen ist es nötig, die KPIs aus Google Analytics für die Auswertung der Anzeigentexte heranzuziehen.

Anzeigen-IDs von AdWords sichtbar machen

Es kann vorkommen, dass bei einem A/B-Test von Anzeigentexten sich zwar eine Textzeile unterscheidet, der Anzeigentitel jedoch unverändert geblieben ist. Ist der Anzeigentitel beider Texte aber gleich, können Sie in Google Analytics die Anzeigen nicht voneinander unterscheiden, da diese nur anhand Ihres Titels aufgeführt werden. Dies können Sie aber umgehen, indem Sie sowohl in AdWords als auch in Google Analytics die versteckte Anzeigen-ID sichtbar machen, die jede AdWords-Anzeige enthält.

Im Abschnitt *Vorbereitung* haben Sie bereits im Profil *AdWords* die Messung der Anzeigen-IDs eingerichtet und die Textanzeigen mit den nötigen Parametern ausgestattet, die für die Analysen benötigt werden. Das AdWords-System wird diesen Parameter erkennen und die Anzeigen-ID in der Ziel-URL übertragen. Google Analytics kann diese mit dem benutzerdefinierten Filter für Anzeigen-IDs auswerten und im Analytics-Bericht eintragen. Natürlich wird die tatsächliche Landing-Page dadurch nicht beeinflusst oder die Verlinkung der Anzeigen eingeschränkt.

Der hier verwendete Filter für Anzeigen-IDs erweitert den Anzeigentitel im Analytics-Bericht um die Anzeigen-ID. Um diese in AdWords zu finden, können Sie die ID einer Anzeige ganz einfach einblenden, indem Sie beim Erstellen eines Anzeigenberichts in der AdWords-Oberfläche die Option ANZEIGEN-ID HINZUFÜGEN aktivieren. Beachten Sie, dass nach der Einrichtung 24 Stunden vergehen müssen, um die Ergebnisse sehen zu können. Diese Änderung gilt nur für zukünftige Daten, eine rückwirkende Einrichtung ist leider nicht möglich.

Gehen Sie in das Profil *AdWords*, das Sie in der Vorbereitung für diese Messung eingerichtet haben. Klicken Sie in Google Analytics auf ZUGRIFFSQUELLEN, dann auf ADWORDS und wählen ADWORDS KAMPAGNEN. Wählen Sie im Drop-down-Menü über den Kampagneneinträgen *Anzeigeninhalt* aus, um die erweiterten Anzeigentitel mit der ID sehen zu können.

Sichtbarkeit der Anzeigen-IDs für Yahoo! Search Marketing

Durch die bereits eingerichtete Datenverknüpfung in der Vorbereitung werden die Anzeigen-IDs von Yahoo! direkt in die Google Analytics-Berichte übertragen. Wählen Sie in ZUGRIFFSQUELLEN den Punkt ALLE ZUGRIFFSQUELLEN und in der Liste *yahoo / cpc* aus. Präzisieren Sie Ihre Auswahl im Drop-down-Menü mit *Anzeigeninhalt*, um die Anzeigen-IDs zu sehen (s. *Abbildung 4.16*).

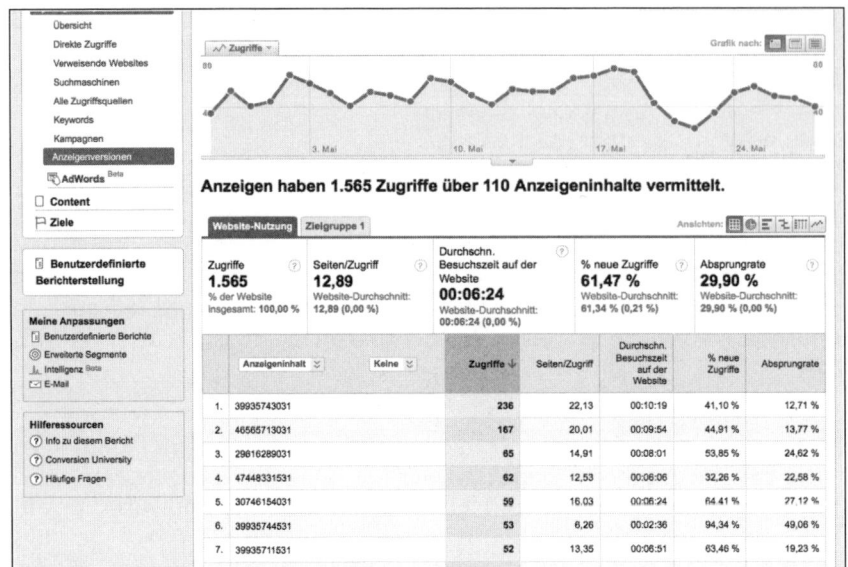

Abbildung 4.16: Anzeigen-IDs aus Yahoo!

Analyse der Werbezeitschaltung und Maßnahmen

Die Effizienz des Werbebudgets durch Zeitschaltung steigern

In SEA-Kampagnen ist die passgenaue Ausrichtung der Werbemittel auf die Zielgruppe ein entscheidender Erfolgsfaktor. Es steht nur ein begrenztes Budget zur Verfügung, das möglichst effizient eingesetzt werden muss. Das bedeutet, die Streuverluste bei der Anzeigenschaltung möglichst gering zu halten. Gelingt dies, steigt die Effizienz der Nutzung des Werbebudgets an. Nicht nur die Wahl der Anzeigentexte und Keywords ist dabei ausschlaggebend, sondern in manchen Fällen auch die Tages- oder Wochenzeit, in der die Werbung geschaltet wird. Idealerweise sollten die Anzeigentexte nur dann aktiv sein, wenn die Zielgruppe am besten angesprochen werden kann, da dies die Streuverluste reduziert.

Beispiel

Ihre Website bietet einen B2B-Service an, zum Beispiel das Leasing von Business-Druckern mit allen Extrafunktionen, die man heute in Büros zum schnellen Erstellen und Versand von Briefen, Faxen usw. benötigt. Ihre Zielgruppe sind also Entscheider und Einkäufer, die im Internet nach geeigneten Geräten suchen. Das machen diese natürlich hauptsächlich in den üblichen Büroarbeitszeiten. Eine entsprechende Platzierung der Anzeigentexte am späten Abend oder am Wochenende würde also sehr wahrscheinlich kostenaufwendig Nutzer erreichen, die für diese Produkte eigentlich gar nicht infrage kommen. Daher sollten Sie in die Anzeigenschaltung zu solchen Zeiten deaktivieren.

Die Conversion-Rate als wichtiger KPI

Nicht immer ist die Trennung auf Basis solcher hypothetischer Annahmen sinnvoll. Und so eindeutige Fälle wie oben beschrieben werden eher selten auftreten. Zielgruppen können eine hohe Komplexität aufweisen, vielschichtig sein und Angewohnheiten haben, die Sie vorher nicht erahnen. Daher ist es sinnvoll, die Fragestellung nach den besten Werbezeiten mithilfe von Google Analytics zu beantworten. An welchem KPI misst man aber die wertvollsten Werbezeiten? Eigentlich ist hierfür der ROI oder ROAS geeignet, nur ist dieser bislang nicht für einzelne Tageszeiten messbar. Ersatzweise nehmen wir daher die *Conversion-Rate*, die direkt das Ausmaß des ROAS bestimmt und in Google Analytics auch für einzelne Tageszeiten und Wochentage messbar ist.

Hohe Streuverluste spiegeln sich in unterdurchschnittlichen Conversion-Raten wider und können zu jeder möglichen Tageszeit auftreten. Ist die Conversion-Rate aber geringer und bleiben die Kosten für die Klicks ungefähr gleich, so wird das Verhältnis von Umsatz und Kosten schlechter. Sie können nur anhand der geringeren Conversion-Rate erkennen, dass der wirtschaftliche Erfolg tendenziell geringer ist, auch wenn Sie nicht genau wissen, um wie viel geringer. Für die Planung der Anzeigenschaltung reicht uns das aber völlig aus. Das Ziel ist es, die Frage zu beantworten, welche Zeiten von der Schaltung der Anzeigen ausgeschlossen werden können.

So messen Sie die Effizienz der Schaltungszeiträume für AdWords

Gehen Sie im AdWords-Menü auf den Punkt TAGESABSCHNITTE. In der *Abbildung 4.17* können Sie sich sowohl die Wochentage als auch die Stunden für verschiedene Messwerte anzeigen lassen. Wählen Sie dazu die entsprechenden Icons und Messwerte über und unter der Grafik aus. In der Tabelle wird nochmals jede Stunde des Tages einzeln aufgeführt. Mit der zusätzlichen Dimension im Drop-down-Menü können Sie die Auswahl präzisieren, zum Beispiel für einzelne Keywords.

Abbildung 4.17: Für die Zeitraumanalysen der AdWords-Zugriffe gibt es einen eigenen Berichtsmenüpunkt im AdWords-Bereich.

So messen Sie die Effizienz der Schaltungszeiträume für Yahoo!

Gehen Sie im Google Analytics-Menü auf ZIELE und wählen dort CONVERSION-RATE. Es erscheint der Graph für die unterschiedlichen Conversion-Raten der Tage im Messzeitraum. Aktivieren Sie zur Auswertung von Yahoo!-Kampagnen das benutzerdefinierte Segment *Yahoo CPC Zugriffe*. Sie sehen nun einen neuen Graphen, der ausschließlich die Conversion-Raten für Ihre SEA-Zugriffe darstellt. Mit dem Dropdown-Menü unter der Grafik können Sie festlegen, für welche Ziele die Conversion-Rate dargestellt werden soll. Zur Beurteilung der Wochentage empfiehlt es sich, die Daten zu exportieren und die Wochentagesdaten mit einem Kalkulationsprogramm (zum Beispiel OpenOffice Calc) zu errechnen. Wenn Sie die Effizienz bestimmter Tageszeiten messen möchten, klicken Sie rechts oben über dem Graphen auf STUNDE, um die Ansicht zu wechseln (s. *Abbildung 4.18*).

Halten Sie nach starken Einbrüchen der Conversion-Rate Ausschau, die diese Zeiträume als Schwachstellen kennzeichnen. Hier sind die Streuverluste höher, und eine Deaktivierung der Anzeigenschaltung für diese Zeiten kann sich lohnen.

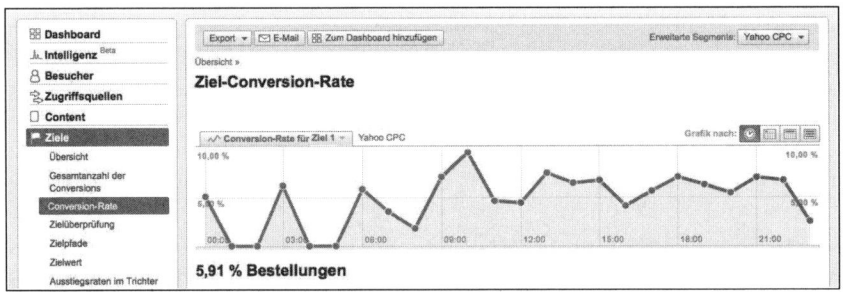

Abbildung 4.18: Mithilfe des erweiterten Segments Yahoo-CPC werden die Conversion-Raten für das Yahoo! Search Marketing für einzelne Zeiträume gemessen.

Maßnahme: Den Schaltungszeitraum einschränken

Es empfiehlt sich, erst die Wochentage zu beschränken und dann erst für die übrig gebliebenen Tage weitere Einschränkungen vorzunehmen. Führen Sie die entsprechenden Analysen also nacheinander durch. Bedenken Sie, dass durch Einschränkungen der Schaltungszeiträume vor allem die Effizienz der Werbemittel gesteigert werden kann. Das kann sich aber negativ auf die Effektivität auswirken, was konkret bedeutet, dass Sie am Ende zwar günstigere Kosten pro Conversion und somit einen höheren ROI, dafür aber möglicherweise weniger Conversions erhalten.

Sinnvoll ist eine Einschränkung der Schaltungszeiträume daher erst dann, wenn das Werbebudget voll ausgelastet ist und nicht für alle passenden Suchanfragen Anzeigen geschaltet werden. Durch die Einschränkung wird das Werbebudget effizienter eingesetzt und effektiv auch die Anzahl der Conversions gesteigert, da für das verfügbare Budget mehr Nachfrage bedient werden kann. Wenn das Werbebudget nicht ausgelastet ist und Ihre Anzeigen für jede Suchanfrage geschaltet werden, wird eine Einschränkung der Schaltungszeiträume zu einer Reduzierung der effektiven Conversion-Anzahl führen.

Analyse des Schaltungszeitraums ohne Conversion-Daten

Wenn Sie wirklich schnellstmöglich auswertbare Daten benötigen, können Sie alternativ zum Vorgenannten die Absprungrate als KPI wählen. Dies sollten Sie aber nur in Notfällen tun. Sie werden feststellen, dass in der Regel die Conversion-Rate dann am höchsten ist, wenn die Absprungrate am niedrigsten ist. Eine Zeitanalyse der Absprungrate nehmen Sie so vor: Wählen Sie im Google Analytics-Menü BESUCHER und dann ABSPRUNGRATE (s. *Abbildung 4.19* und *Abbildung 4.20*).

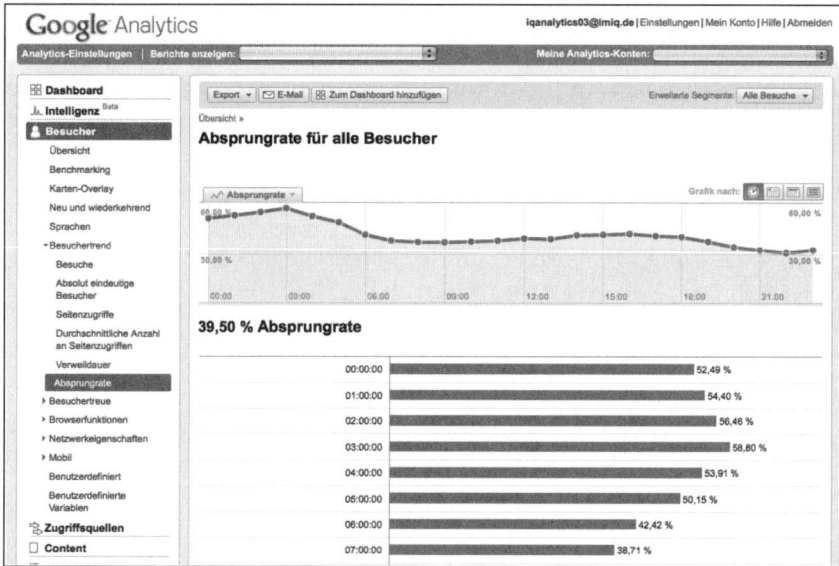

Abbildung 4.19: Die Absprungrate kann notfalls als umgekehrter Ersatz-KPI für die Conversion-Rate dienen.

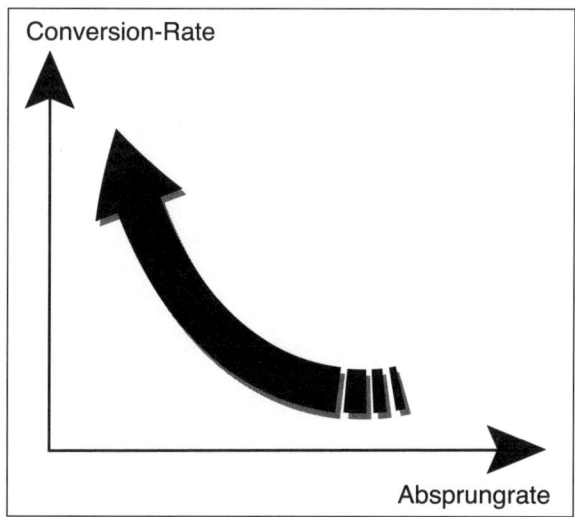

Abbildung 4.20: Absprungrate und Conversion-Rate sind negativ korreliert.

Analyse des AdWords Display-Werbenetzwerks und Maßnahmen

Hintergründe zum AdWords Display-Werbenetzwerk

Mit Google AdWords ist es möglich, Text- und Display-Anzeigen auf anderen Websites zu schalten, die am Google AdSense-Programm teilnehmen. Man bezeichnet die Gesamtheit all dieser Websites als Display-Anzeigen. Im Zuge der Anzeigenauslieferung über AdSense werden mithilfe eines speziellen Algorithmus' anhand der gebuchten Keywords und der Worte auf den Websites die passenden Websites von Google ausgewählt und die Anzeigen darauf geschaltet. Dies wird als *Auto-Placement* bezeichnet. Einige dieser Auto-Placements können so attraktiv sein, dass Sie diese als ausgewählte *Placements* in Ihre Kampagne aufnehmen sollten. Das hat zur Folge, dass Ihre Anzeigen direkt auf der manuell verzeichneten Website geschaltet werden und Sie den Erfolg Ihrer Kampagnen steuern können.

Im umgekehrten Fall können Sie in AdWords auch einfach bestimmte Websites von der Schaltung der Auto-Placements ausschließen. Dies ist dann angebracht, wenn die bisherige Leistung der Anzeige auf der entsprechenden Website unzureichend war. Damit kennen Sie also zwei wesentliche Stellschrauben zur Optimierung einer Display-Kampagne: Aufnahme der Website als ausgewähltes Placement bei guten Ergebnissen oder Ausschluss des Auto-Placements bei schlechten Ergebnissen.

Um die Leistung der Placements auszuwerten, wechseln Sie im AdWords-Berichtsmenü auf PLACEMENTS (s. *Abbildung 4.21*). Sie können dort entweder Auto- oder ausgewählte Placements betrachten.

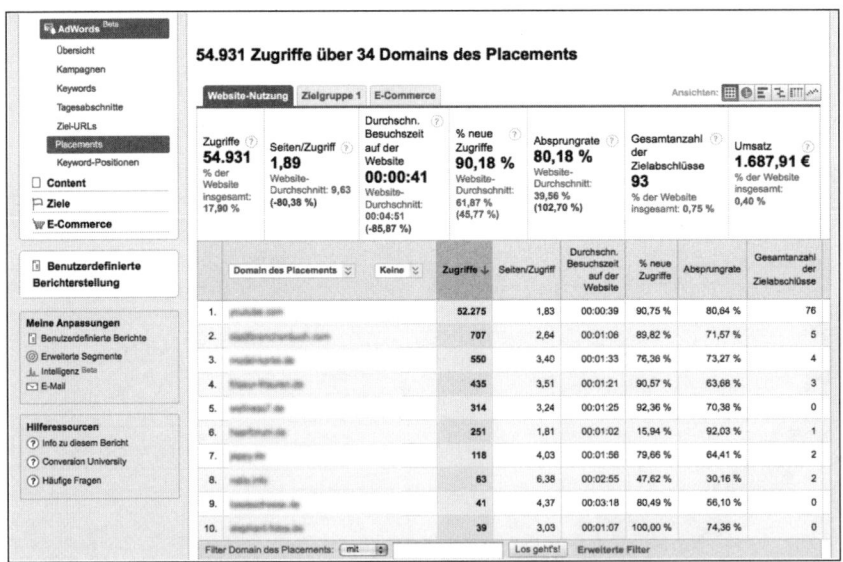

Abbildung 4.21: Die Ansicht der Placement-Berichte für das Display-Werbenetzwerk von AdWords

Ihr wichtigster KPI zur Interpretation der Ergebnisse ist natürlich auch hier die Conversion-Rate. Wählen Sie ersatzweise die Absprungrate, wenn keine oder nicht genügend Conversion-Daten verfügbar sein sollten. Wundern Sie sich nicht über sehr hohe Absprungraten von 50% und mehr. Die Streuverluste in der Display-Werbung sind in der Regel höher als in der Suchmaschinenwerbung. Orientieren Sie sich auch hier am Durchschnitt, um zu beurteilen, welche Werte schlecht und welche gut sind.

Maßnahmen: Placements ausschließen oder fest aufnehmen

Wie bereits angesprochen sollten Sie die Analyse vor allem deshalb durchführen, um Placements mit guten KPIs zu finden. In so einem Fall hätten Sie ein Potenzial entdeckt. Viel wichtiger ist aber die Minimierung von Streuverlusten und somit eine Erhöhung der Budget-Effizienz: Deaktivieren Sie die Schwachstellen, indem Sie die Auto-Placements, die eine schlechte Leistung vorweisen, in AdWords für die künftige Anzeigenschaltung ausschließen.

Analyse der AdWords-Anzeigenpositionen und Maßnahmen

Wirtschaftlichkeit der einzelnen Anzeigenpositionen

Die ideale Anzeigenposition zu besetzen, ist in der Optimierung von Google Analytics-Kampagnen ein wichtiges Ziel. Die oberste Position ist nicht immer die wirtschaftlich sinnvollste. Je höher die Position der Anzeige, desto mehr Budget muss dafür auch investiert werden. Dafür erhalten Sie aber auch mehr Zugriffe in den oberen Rängen (Dimension *Top*), weil diese einfach viel mehr wahrgenommen werden. Trotzdem kann eine Anzeigenschaltung auf der rechten Seite (Dimension *RHS*, *Right Hand Side*) wirtschaftlich sinnvoller sein, da Sie durch geringere Klickpreise einen besseren ROAS erzielen können.

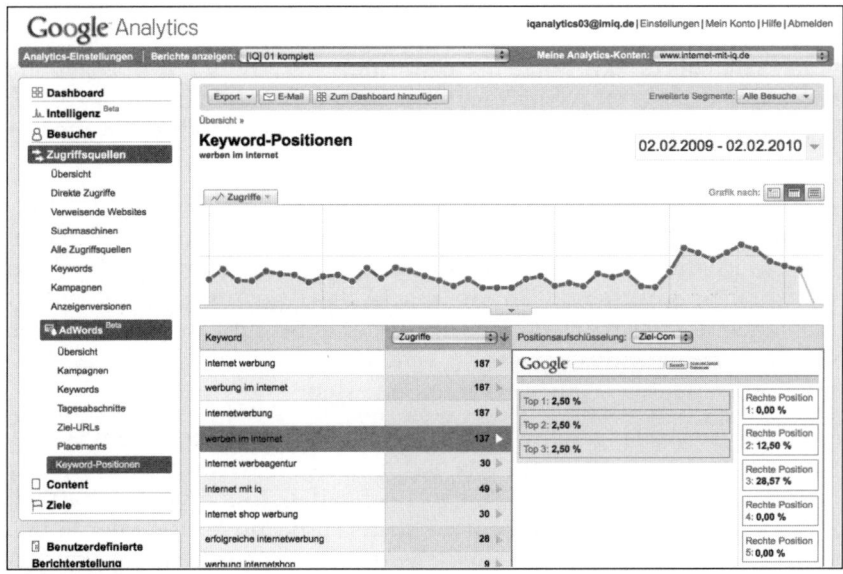

Abbildung 4.22: Analyse der Leistung der Anzeigenpositionen

So untersuchen Sie die KPIs für die Anzeigenpositionen

Wählen Sie im Punkt ADWORDS die KEYWORD-POSITIONEN. Auf der linken Seite können Sie das Keyword auswählen, das Sie untersuchen möchten. Auf der rechten Seite sehen Sie eine Modellgrafik der Google-Suche mit den auf den jeweiligen Anzeigenpositionen erzielten Ergebnissen. Im Drop-down-Menü POSITIONSAUF-SCHLÜSSELUNG können Sie die Messwerte auswählen, aus denen Sie Ihre KPIs bilden können. Insbesondere ist hier die Conversion-Rate ausschlaggebend. Verwenden Sie die Absprungrate als Alternative, wenn Sie keine oder nicht genügend Conver-sion-Daten zur Verfügung haben.

Auf die Validität achten oder diese gezielt fördern

Achten Sie darauf, dass Sie die qualitativen KPIs Conversion-Rate und Absprungrate auf Basis ausreichender Zugriffsdaten ermitteln. Sie können mit einem Klick auf das Drop-down-Menü in der rechten Seite immer die Gegenprobe machen und die Zugriffe betrachten. Bedenken Sie, dass Sie für jede Position eine ausreichende Menge an Zugriffsdaten benötigen. Selbstverständlich werden nur dort Zugriffe erzielt, wo die Anzeige tatsächlich geschaltet wurde. Sie können also im Rahmen eines A/B-Tests mehrere Anzeigenpositionen über verschiedene Zeiträume auspro-bieren, um die nötigen Daten für unterschiedliche Positionen zu erhalten. Eine gewisse Streuung über die verschiedenen Positionen ist aber nicht auszuschließen, es sei denn, Sie nutzen in AdWords die Funktion der Positionsgebote. Auch wenn es sonst eher nicht empfehlenswert ist, die Positionsgebote zu nutzen, kann dies für solche Tests sehr hilfreich sein. Achten Sie aber darauf, dass Sie während des A/B-Tests bis auf die CPC-Gebote keine anderen Stellschrauben ändern, insbesondere nicht die Anzeigentexte. Nur so erhalten Sie zuverlässige Ergebnisse.

Interpretation und Maßnahmen

Es ist leider nicht möglich, den ROAS für verschiedene Positionen direkt zu ermit-teln. Dieser ergäbe sich als direkte Folge der gewählten CPC- oder Positionsgebote, die die Anzeigenposition beeinflussen. Theoretisch wäre es möglich, den ungefäh-ren ROAS einer Position zu ermitteln, indem Sie einfach Durchschnittswerte des Umsatzes und der Kosten miteinander verrechnen.

In dem Fall hätten Sie den idealen KPI, um die perfekte Anzeigenposition zu ermit-teln. Das Problem dabei ist, dass Kosten für eine bestimmte Position Schwankun-gen unterliegen und daher kaum zuverlässig ermittelt werden können. Der auch nur durchschnittlich zu ermittelnde Umsatz macht das Ergebnis nicht unbedingt zuverlässiger. Insgesamt ist dieses Verfahren also recht aufwendig und nicht sicher. Die Berechnung der Kosten pro Conversion wäre ebenso unzuverlässig, da diese ebenfalls aus den Kostendaten ermittelt werden müssten.

Machen Sie stattdessen also Folgendes, und achten Sie auch hier vor allem auf die Effizienz unterschiedlicher Positionen: Im Rahmen der AdWords-Optimierung wird sich sowieso ein bestimmter Positionsbereich als besonders wirtschaftlich erwiesen haben, denn in AdWords werden die Kosten pro Conversion oder ROAS-Werte ohnehin berücksichtigt und bilden sich daher ganz unabhängig von der Betrachtung der Positionen als Folge der Klickpreise. Was genau bedeutet das für

Sie? Sie werden es sicher schon ahnen. Positionsanalysen sind in Google Analytics überflüssig. Es kommt immer darauf an, ob die Werbekosten effektiv und effizient sind. In AdWords stehen alle Information zur Verfügung, die nötig sind, um diese Frage beantworten zu können.

Wozu also das Ganze? Sie können die Positionsanalysen dazu verwenden, um Informationslücken zu füllen oder um Schwachstellen zu identifizieren. Besonders hohe Absprungraten oder besonders niedrige Conversion-Raten auf hohen und somit teueren Positionen bedeuten, dass Korrekturbedarf besteht, der durch die internen AdWords- Kennzahlen nicht ersichtlich geworden ist. Ermitteln Sie, welche Positionen stattdessen erfreuliche KPI-Werte aufweisen, und versuchen Sie, diese im Rahmen der AdWords-Optimierung zu halten. Wie weiter vorne bereits dargestellt, sollten aber die über AdWords ermittelten Conversion-Kosten oder ROAS-Daten Vorrang haben. Die Analyse der Anzeigenpositionen sollte nur als exploratives Mittel eingesetzt werden, um offensichtliche Missstände aufzudecken. Diskutieren Sie die Ergebnisse mit denjenigen, die für die AdWords-Kampagnen verantwortlich sind. Besonders die visuell leicht erfassbare Darstellungsweise in Google Analytics kann in der Diskussion hilfreich sein.

Keine Positionsanalysen für Yahoo!-Kampagnen

Für das Yahoo! Search Marketing sind Analysen der Auswirkung der Positionierung in Google Analytics nicht möglich, da die Positionen nicht in den URL-Parametern enthalten sind.

Evaluation

Monitoring der gesamten SEA-Leistung

Es kann für die Evaluation sehr hilfreich sein, die gesamte Kampagne inklusive aller Kennzahlen laufend zu beobachten. Sie können so generelle Trendverläufe besser erkennen und im Gesamtzusammenhang bewerten. Erstellen Sie dazu in regelmäßigen Abständen eine Tabelle, die alle KPIs enthält, die für Sie wichtig sind. Darüber hinaus können Sie hier auch die KPIs für alle Nicht-SEA-Zugriffe eintragen. So können Sie explorativ sehen, ob sich entsprechende Tendenzen in der SEA-Kampagne auch in anderen Besucherquellen widerspiegeln oder ob sich Widersprüche ergeben, was Untersuchungsbedarf signalisiert.

So können Sie übrigens am schnellsten die Nicht-AdWords-Zugriffe betrachten. Wählen Sie in Zugriffsquellen den Punkt Alle Zugriffsquellen. Tragen Sie unten im Filter Quelle/Medium ohne *google / cpc* (für AdWords, s *Abbildung 4.23*) oder Filter Quelle/Medium ohne *yahoo / cpc* (für Yahoo!) ein.

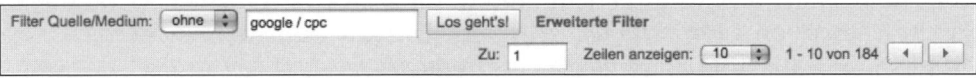

Abbildung 4.23: Ein Minifilter zum Ausblenden der AdWords-Besucher im Zugriffsquellenbericht

Evaluation Keyword-relevanter Maßnahmen

Überprüfen Sie nach einiger Zeit die KPIs aller Keywords, die Sie im Rahmen der vorher genannten Maßnahmen verändert haben. Maßnahmen sind dabei insbesondere Veränderungen der CPC-Gebote oder die Einführung neuer Keywords. Mit jeder Maßnahme verbinden Sie eine bestimmte Erwartungshaltung. Prüfen Sie, ob die gewünschten Effekte eingetreten sind. Sollte sich ein unerwünschter Verlauf einstellen, müssen Sie geeignete Korrekturen vornehmen. Insbesondere bei der Aufnahme von neuen Keywords ist die Leistung zunächst unsicher und sollte daher sehr genau beobachtet werden.

Evaluation der auf Landing-Pages und Anzeigentext bezogenen Maßnahmen

Landing-Page- und Anzeigentext-Analysen sind häufig das Ergebnis eines Ausschlussverfahrens, zum Beispiel durch einen A/B-Test. Im Grunde wurde das zu erwartende Ergebnis also vorweggenommen. In der Evaluation kontrollieren Sie, ob die Leistung der Landing-Page oder des Anzeigentextes auch weiterhin die gewünschten KPI-Werte aufweist. Sollte dies nicht der Fall sein und der Test wurde korrekt durchgeführt, wird sich die Ursache in einem anderen Bereich der Website und der entsprechende Besucherquelle befinden. In jedem Fall sind Sie gut beraten, diese Ursache zu untersuchen.

Im Falle von Anzeigenpositionen kann eine Veränderung der Konkurrenzsituation ebenfalls starke Auswirkungen auf die Conversion-Rate haben. Besonders bei der Nutzung von Positionsgeboten empfiehlt es sich, die Analysen in regelmäßigen Zyklen zu wiederholen.

Evaluation von Maßnahmen zur Veränderung der Schaltungszeiträume

Veränderungen der Schaltungszeiträume haben in der Regel eine Verknappung der entsprechenden Zeiträume zur Folge. Hier ist vor allem mittel- und langfristig zu prüfen, ob diese Verknappung nicht wieder durch eine Öffnung für weitere Zeiträume gelockert werden sollte. In dem Fall sind besonders die Nicht-CPC-Zugriffe aufschlussreich. Verwenden Sie dazu das benutzerdefinierte Segment *Ohne CPC-Zugriffe*. Prüfen Sie, ob in den nicht aktiven Werbezeiträumen die Conversion-Raten der anderen Besucherquellen angestiegen sind. Dies kann vor allem saisonale Ursachen haben. In solchen Fällen passen Sie die Planung der Werbezeiträume darauf an, indem Sie diese wieder weiter öffnen.

Tricks, Fallen und Besonderheiten

AdWords Keyword-Optionen sichtbar machen

Gehen Sie in den Keywords-Bericht, und wählen Sie im Drop-down-Menü für die zweite Dimension *Übereinstimmungstyp* aus. Die Keywords werden so nach Keyword-Option aufgelistet (s. *Abbildung 4.24* und *Abbildung 4.25*).

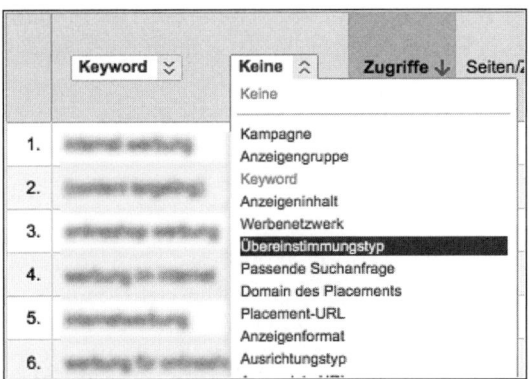

Abbildung 4.24: Die AdWords-Keyword-Optionen können mit der zusätzlichen Dimension *Übereinstimmungstyp* angezeigt werden.

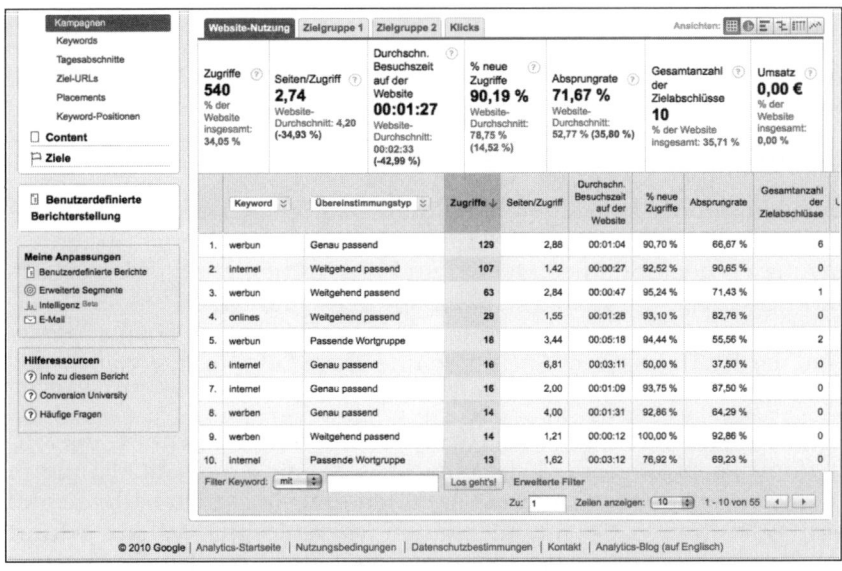

Abbildung 4.25: Anzeige der AdWords-Keyword-Optionen im Keyword-Bericht

Yahoo! Keyword-Optionen sichtbar machen

Hängen Sie statt der ursprünglichen Zeichenkette (aus der Vorbereitung) folgende Zeichenkette an jede Ziel-URL innerhalb der Kampagnen (nur der letzte, fett dargestellte Parameter ist geändert):

```
?utm_source=yahoo&utm_medium=cpc&utm_term={OVKEY}&utm_content={OVA-
DID}&utm_campaign={OVCAMPGID}&match={OVMTC}
```

Wenn die Ziel-URL bereits URL-Parameter enthält, also bereits ein ? in der Ziel-URL enthalten ist, fügen Sie stattdessen folgende Zeichenkette ans Ende:

```
&utm_source=yahoo&utm_medium=cpc&utm_term={OVKEY}&utm_content={OVA-
DID}&utm_campaign={OVCAMPGID}&match={OVMTC}
```

Verwenden Sie auch hier ein Profil mit dem Filter *Keyword-Optionen*. Die genaue Vorgehensweise bei der Einrichtung dieses Filters können Sie in *Kapitel 5.1.2* nachschlagen.

Kampagnennamen nicht verändern

Achtung

Google Analytics ordnet Keywords und Anzeigen nach Kampagnennamen. Ändert sich der Name einer Kampagne, werden die Daten nicht zusammengefasst, sondern unterhalb des neuen Kampagnennamens neu geschrieben. Dies erschwert die Analyse erheblich. Um das zu vermeiden, sollten Sie die für die SEA-Kampagne verantwortlichen Personen darauf hinweisen, dass einmal festgelegte Kampagnennamen nicht mehr geändert werden sollten.

4.2.5 Search Engine Optimization (SEO)

SEO (zu Deutsch: Suchmaschinenoptimierung) steht für das Bestreben, über geeignete Maßnahmen die Positionierung von Webseiten eines Unternehmens in den Suchergebnissen von Suchmaschinen (Search Engine Result Pages, SERPs) für bestimmte Keywords und Suchphrasen zu verbessern.

Diese Disziplin ist mittlerweile weit verbreitet, weil die Rechercheprozesse der Nutzer nach Produkten, Dienstleistungen und Informationen im Internet weitestgehend von Suchmaschinen dominiert werden und die Positionierung in den SERPs deshalb erfahrungsgemäß von hoher Relevanz für den Online-Erfolg eines Unternehmens ist. SEO komplettiert zusammen mit SEA das Feld Search Engine Marketing (SEM), und der Traffic, den eine Suchmaschine über SERPs für Ihre Website liefert, wird als organisch, natürlich oder algorithmisch bezeichnet.

Das rasche Wachstum des Internet und die damit verbundene Verdichtung der Mitbewerbersituation haben es erforderlich gemacht, sich um die Positionierung in den Suchergebnissen zu kümmern. Schon seit Jahren tobt ein extrem harter Kampf um die begehrten Positionen, der mit allen guten wie schlechten Mitteln geführt wird. Dies hat ein günstiges Klima für Agenturen geschaffen, die die Verbesserung der Positionierung von Webseiten in der SERPs als Dienstleistung anbieten.

Mit steigender Zahl der Anbieter haben sich allerdings zunehmend auch viele schwarze Schafe unter die seriösen SEO-Agenturen gemischt, die es (wie immer) auf das schnelle Geld abgesehen haben und die Unwissenheit ihrer Kunden oder besser gesagt Opfer schamlos ausnutzen. Um es Ihnen an dieser Stelle einmal in aller Deutlichkeit zu sagen: SEO braucht verhältnismäßig viel Zeit, um Erfolge zu erzielen, und das umfangreiche Wissen sowie das ständige Am-Ball-Bleiben, das für ein erfolgreiches SEO nötig ist, hat seinen Preis. Lassen Sie also besser die Finger von Leuten, die Ihnen über Nacht und für kleines Geld sensationelle und durchschlagende Ergebnisse versprechen. Der Schaden, den ein dilettantisch betriebenes SEO einem Unternehmen zufügen kann, kann immens sein, und wenn Sie erst einmal abgestraft und aus den SERPs verbannt wurden, haben Sie es sehr schwer, und es kann sehr lange dauern, bis Sie wieder aufgenommen werden.

In der Branche kursieren die Begriffe White Hat und Black Hat SEO, um den Unterschied zwischen seriösen und unseriösen Machenschaften in diesem Bereich zu verdeutlichen. Diese Begriffe sind an die alten amerikanischen Western-Filme angelehnt, in denen die Bösen stets schwarze und die Guten weiße Hüte trugen. White Hat SEO ist eine großartige Angelegenheit, die langfristig den Online-Erfolg Ihres Unternehmens gerade in Hinblick auf eine langfristige Kundenbindung begünstigen kann. Black Hat SEO ist zwar nicht illegal, geht aber stets an den Bedürfnissen der Internet-Nutzer vorbei und hat früher oder später sehr unangenehme – sprich geschäftsschädigende bis -bedrohende, in jedem Fall aber teure – Konsequenzen. Einige der größten Fehler, die Ihnen im SEO-Bereich unterlaufen können, können Sie in dem *Abschnitt 4.5, Don't panic!*, nachlesen.

Nun gehen die schwarzen Schafe natürlich nicht hin, klopfen an Ihre Tür und sagen, »Guten Tag, ich bin ein Black Hat SEO«. Neben dem bereits erwähnten verdächtig günstigen Preis und dem Versprechen, Sie in jedem Fall an eine Top-Position zu bringen, gibt es natürlich noch andere Indikatoren, die allein betrachtet aber noch kein Beweis für Black Hat SEO sind. Aber sowohl der fehlende Erfolg als auch ein überraschend durchschlagender Erfolg sollten Sie stutzig machen. Beidem können Sie im Detail mit Google Analytics auf die Spur kommen. Aber auch Ihren mit viel Mühe geprüften und ausgewählten Dienstleister für White Hat SEO können Sie mit Google Analytics auf die Finger schauen und vor allem langfristig die Investition und den Erfolg bewerten.

Die Farben der SEO-Dienstleister

Schauen Sie in den Foren und Blogs der SEO-Szene nach guten Bewertungen und nach den Erfahrungen anderer. Gelegentlich findet sich dort der Tipp, SEO nur von solchen Dienstleistern einzukaufen, die sich ihre Dienstleistung nur oder zum Teil über eine Erfolgsbeteiligung vergüten lassen. Das ist grundsätzlich der richtige Ansatz, aber längst keine Garantie dafür, dass Sie damit nicht kräftig reinfallen. Der Grund ist einfach: Black Hat SEO schaffen es gelegentlich durchaus, Sie beachtlich gut zu positionieren. Dies ist der Erfolgsfall, den sich die Agentur gut bezahlen lässt. Die Zeche dafür zahlen Sie spätestens, wenn Sie aus den SERPs fliegen. Ein anderer Grund ist der, dass möglicherweise schwammige Vertragsregelungen nicht klar festlegen, dass Sie nur für die für Sie sinnvollen Begriffe Top-Positionen benötigen, für die Sie dann auch entsprechend tief in die Tasche greifen (müssen). Möglicherweise hat der SEO-Dienstleister den Vertrag aber so gestaltet (und Sie haben es nicht durchschaut), dass er schon bei völlig unwichtigen Wortkombinationen abkassiert, für die es für ihn ein Leichtes war, Sie an die Spitze zu bringen. Das kann Ihnen theoretisch auch bei einem White Hat SEO passieren. Sie sehen, die Welt ist nicht nur schwarz-weiß.

Vorbereitung

Erstellen Sie einzelne Segmente für die Keywords und Suchphrasen, die im Zentrum Ihrer SEO-Bemühungen stehen.

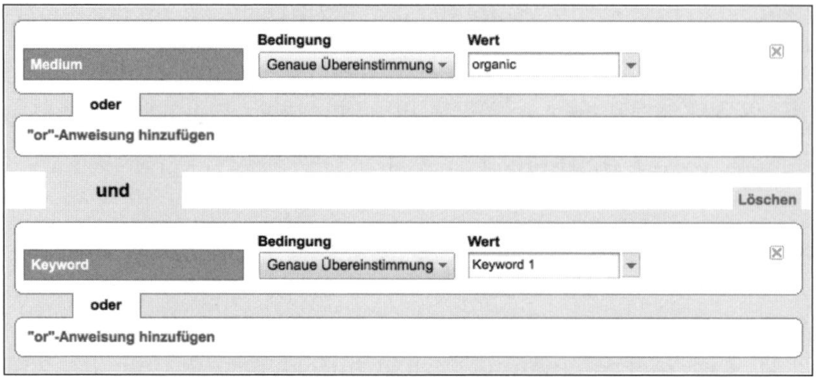

Medium	**Bedingung** Genaue Übereinstimmung ▾	**Wert** organic ▾	⊠

oder

"or"-Anweisung hinzufügen

und   Löschen

Keyword	**Bedingung** Genaue Übereinstimmung ▾	**Wert** Keyword 1 ▾	⊠

oder

"or"-Anweisung hinzufügen

Abbildung 4.26: Ein erweitertes Segment für ein einzelnes organisches Keyword. Ersetzen Sie das *Keyword 1* durch das entsprechende Keyword.

Wenn Sie die Bedingung für die Dimension KEYWORD auf ENTHÄLT setzen, führt das dazu, dass alle Suchanfragen, in denen das Keyword vorkommt, in diesem Segment erfasst werden. Lautet das Keyword beispielsweise *webanalyse*, dann sind die Zugriffe über Suchanfragen wie *webanalyse buch*, *tipps für webanalyse* oder *was ist webanalyse?* in diesem Segment enthalten. Setzen Sie die Bedingung dagegen auf GENAUE ÜBEREIN-STIMMUNG wie in *Abbildung 4.26*, dann werden dem Segment ausschließlich Zugriffe zugeordnet, die aufgrund der exakten Suchanfrage *webanalyse* zustande kamen.

Alternativ können Sie für die Analysen ein erweitertes Segment erstellen, das alle relevanten Keywords umfasst. Bilden Sie hierfür einen regulären Ausdruck, indem Sie die einzelnen Keywords auflisten und mit dem Pipe-Symbol »|« voneinander trennen (s. *Abbildung 4.27*). Das Pipe-Symbol bedeutet so viel wie *oder*. Achten Sie außerdem darauf, dass Sie keine Leerzeichen in dem regulären Ausdruck verwenden. Für eine Einführung in reguläre Ausdrücke lesen Sie *Kapitel 5.1.1*.

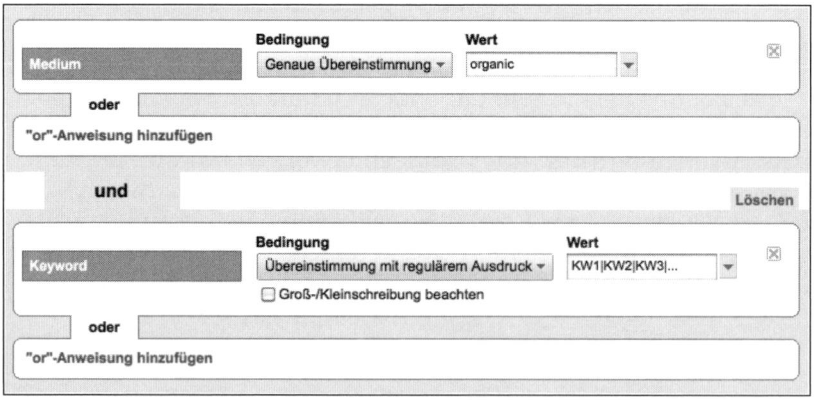

Medium	**Bedingung** Genaue Übereinstimmung ▾	**Wert** organic ▾	⊠

oder

"or"-Anweisung hinzufügen

und   Löschen

Keyword	**Bedingung** Übereinstimmung mit regulärem Ausdruck ▾ ☐ Groß-/Kleinschreibung beachten	**Wert** KW1|KW2|KW3|... ▾	⊠

oder

"or"-Anweisung hinzufügen

Abbildung 4.27: Erweitertes Segment für mehrere Keywords

Schon prinzipbedingt werden Sie sich nicht um Hunderte von Keywords kümmern müssen. SEO operiert auf der Ebene einzelner Seiten, und Sie sollten den Kern einer einzelnen Webseite stets mit einer kleinen Handvoll Keywords und Suchphrasen beschreiben können. Wenn Ihnen das nicht gelingt, dann sollten Sie sich fragen, ob der Inhalt Ihrer Webseite klar genug dargestellt und auf das Wesentliche fokussiert ist.

Richten Sie darüber hinaus die drei aufeinander aufbauenden Filter aus *Abbildung 4.28* bis *Abbildung 4.30* in einem neuen Profil in Ihrem Google Analytics-Konto ein. Sie erhalten dann in diesem Profil in den Besucherberichten unter dem Unterpunkt BENUTZERDEFINIERT die Liste der Keywords und Suchphrasen mit den zugehörigen Positionen der Einträge in den SERPs der Google-Suche. Das Grandiose an dieser Form der Positionsmessung ist, dass in den Berichten tatsächlich die exakte Position protokolliert wird, die der Eintrag auf dem Rechner des Nutzers hatte, als er auf den Eintrag klickte.

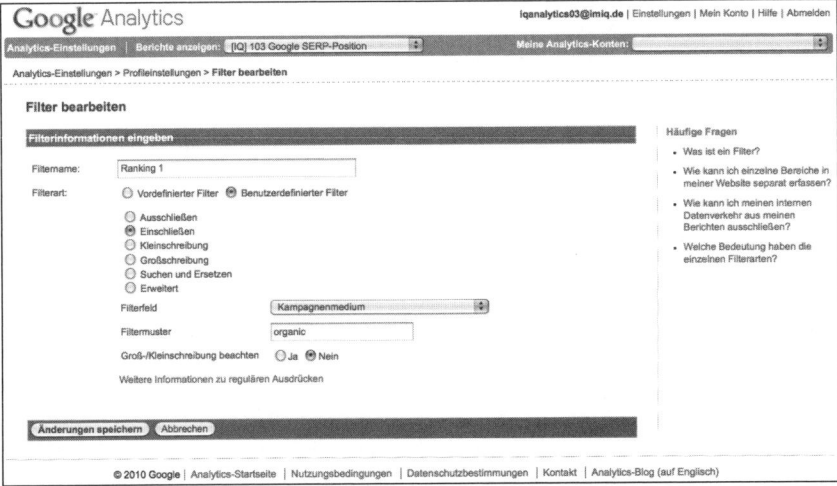

Abbildung 4.28: Filter 1 zur Ermittlung der SERP-Position auf eine bestimmte Suchphrase in der Google-Suche

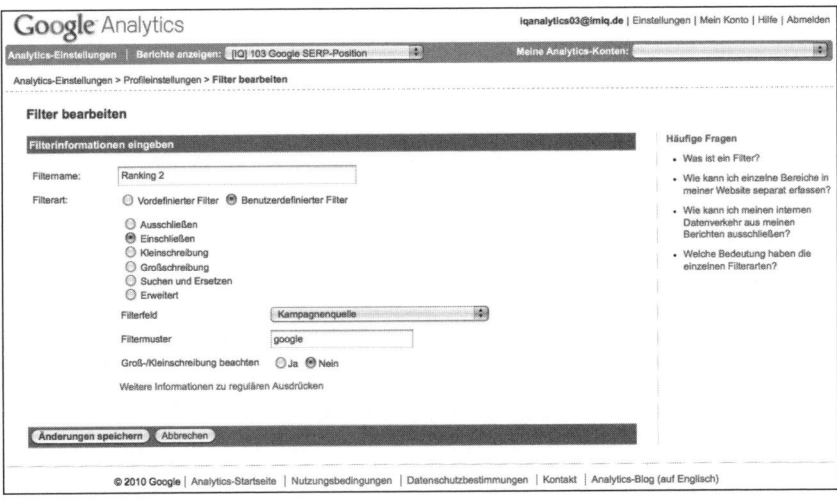

Abbildung 4.29: Filter 2 zur Ermittlung der SERP-Position auf eine bestimmte Suchphrase in der Google-Suche

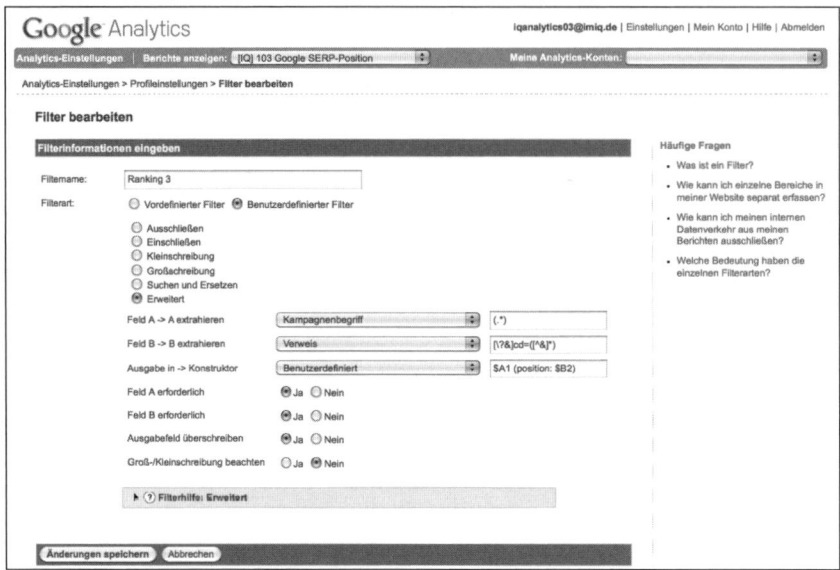

Abbildung 4.30: Filter 3 zur Ermittlung der SERP-Position auf eine bestimmte Suchphrase in der Google-Suche

Ich sehe was, was du nicht siehst

Die Google-Suche ist seit April 2009 für alle Nutzer personalisiert. Zuvor betraf die Personalisierung ausschließlich Nutzer, die in ein Google-Konto eingeloggt waren. Die Personalisierung für Nicht-Eingeloggte wurde weltweit in mehr als 40 Sprachen eingeführt. Sie hat zur Folge, dass ein SERP-Eintrag auf einem Rechner individuell weiter vorne in der Google-Suche gelistet wird, wenn der Nutzer in Verbindung mit einer bestimmten Suchanfrage diesen Eintrag in der Vergangenheit häufiger angeklickt hat. Mit anderen Worten: Die Reihenfolge der Einträge, die Sie in den Google-Suchergebnissen auf eine bestimmte Suchanfrage hin sehen, kann von der Reihenfolge eines anderen Nutzers, der eine identische Suchanfrage stellt, gehörig abweichen.

Wir formulieren es mal drastisch: Das war die Apokalypse für alle am Markt verfügbaren Ranking-Tools, mit denen SEOs und Website-Betreiber traditionellerweise die Positionen ihrer SERP-Einträge in der Google-Suche beobachteten. Diese traditionellen Ranking-Tools ermitteln die Positionierung in den SERPs auf bestimmte Keywords und Suchphrasen über den Rechner, auf dem sie installiert sind. Da es seit Erweiterung der Personalisierung auf alle Nutzer schlichtweg keine einheitlichen Google-SERPs mehr gibt, führen die Messungen seither zu individuellen, nicht mal auf eine zweite Person verallgemeinerbaren Ergebnissen. In der Folge wird es wohl einige Situationen gegeben haben, in denen Website-Betreiber und SEOs, die gerne und häufig auf ihre eigenen bzw. zu optimierenden Einträge klickten, nahezu ausschließlich Top-Positionen gemeldet bekamen und sich in Zufriedenheit zurücklehnten, obwohl die Situation in der »Welt da draußen« eine ganz andere war. In diese Falle werden Sie, nachdem Sie dies gelesen haben, wohl nicht mehr tappen.[7]

Natürlich gibt es Wege, die Personalisierung der Google-Suche zu deaktivieren oder zu umgehen. Zahlen darüber, wie viele Nutzer dies tun, fehlen allerdings. Selbst in Kenntnis dieser Zahlen steht jedoch fest, dass es unserer bescheidenen Meinung nach keine exaktere Methode zur Erfassung der SERP-Position in der Google-Suche gibt als die hier vorgestellte.

Nur Google?

Zugegeben: Mit den dargestellten Filtern können Sie bisher nur die Positionierung in der Google-Suche verfolgen. Wenn Sie sich aber vor Augen führen, dass Google laut dem Webbarometer von *www.webhits.de* im März 2010 gemessen an der Verwendung von Suchergebnissen einen Marktanteil von 89,9% in Deutschland hat (wenn Sie die Suchdienste von T-Online, AOL, web.de und freenet.de hinzurechnen, die ebenfalls Google-Ergebnisse anzeigen, dann liegt der Marktanteil sogar bei 93%), dann sind Sie sicher mit uns einer Meinung, dass die Filter den wesentlichen Teil des organischen Traffics erfassen.

KPIs

Die Ausführungen in dem vorherigen Abschnitt zur Vorbereitung legen es bereits nahe: Sie lernen im SEO-Kontext einen weiteren speziellen KPI kennen, den wir im Folgenden *Google Result Page Index (GRPI)* nennen werden. Er repräsentiert die durchschnittliche Position in der Google-Suche in einem bestimmten Zeitraum und kann sich theoretisch auf ein einzelnes Keyword, eine Menge von Keywords oder auf alle Keywords beziehen, die Ihnen über die Google-Suche Zugriffe bescheren. Im Interesse der Aussagekraft des KPI empfehlen wir Ihnen allerdings, ihn am besten nur zum Monitoring einzelner, für Sie wichtiger Keywords zu verwenden.

Die Idee, den GRPI aus praktischen Gründen über eine überschaubare Menge von Keywords bilden zu wollen, ist nachvollziehbar. Die Aussagekraft des KPI ist dann allerdings geringer, weil sich beispielsweise mehrere kleine Positionsverbesserungen einiger Keywords und ein größerer Positionsverlust eines einzigen Keywords gegeneinander aufheben können. Der KPI bleibt dann möglicherweise unverändert, obwohl sich in Wirklichkeit einiges getan hat.

---

7 Damit hat auch die simple erfolgsbasierte Form der Abrechnung von SEO-Dienstleistungen auf Positionsbasis auf dramatische Weise ihr Leben ausgehaucht, da der Website-Betreiber die Behauptungen des Dienstleisters nicht mehr zuverlässig nachvollziehen kann. Viele Website-Betreiber wissen das noch nicht einmal. Mit dem Einsatz von Google Analytics könnte diese Form – nicht mehr ganz so einfach – vielleicht noch überleben. Man darf gespannt sein, was sich die Dienstleister zum Nachweis für ihre Abrechnung einfallen lassen.

Da wir Sie nicht mit kompliziert anmutenden Formeln verschrecken wollen, erklären wir das Vorgehen und den Rechenweg zur Bildung des KPI mithilfe eines Beispiels: Angenommen Sie wollen den GRPI für ein Keyword für einen Zeitraum von drei Tagen ermitteln. Rufen Sie hierzu das Profil mit den Google-SERP-Positionsfiltern auf, und wählen Sie in den Besucherberichten den Unterpunkt BENUTZERDEFINIERT aus. Setzen Sie den Zeitraum auf drei Tage, und filtern Sie diesen Bericht, indem Sie das Keyword in den Berichtsfilter eingeben. Sie erhalten damit eine Verteilung der Zugriffe und Positionen für dieses Keyword. Angenommen die Verteilung sähe so aus wie in *Tabelle 4.10*.

	Zugriffe	Position	Zugriffe x Position
Tag 1	14	1	14
	3	2	6
Tag 2	10	1	10
Tag 3	2	1	2
	13	2	26
	3	4	12
Summe	35		70

Tabelle 4.10: Mögliche Verteilung der Zugriffe und Positionen für ein Keyword über drei Tage in der Google-Suche

Den GRPI können Sie dann folgendermaßen errechnen: Sie multiplizieren zunächst die Anzahl der Zugriffe mit der jeweiligen Position und errechnen dann die Summe dieser Produkte. Im dargestellten Fall ist diese Summe 70. Nun errechnen Sie die Summe aller Zugriffe. Die beläuft sich in unserem Beispiel auf 35. Den GRPI erhalten Sie, wenn Sie jetzt die erste durch die zweite Summe dividieren. In unserem Beispiel beträgt der GRPI für das Keyword bezogen auf einen Zeitraum von drei Tagen 70 / 35 = 2.

Wenn Sie den GRPI für mehrere Keywords ermitteln wollen, dann gehen Sie rechnerisch genauso vor wie eben beschrieben, nur mit dem Unterschied, dass Sie den Keyword-Bericht nach mehreren Keywords filtern müssen. Das geht mit dem gleichen regulären Ausdruck, den Sie für das erweiterte Segment verwendet haben. Listen Sie die einzelnen Keywords auf, und trennen Sie sie ohne Leerzeichen mit dem Pipe-Symbol »|« voneinander ab.

Websites ohne E-Commerce

KPI	Beschreibung	Bewertungs-bezug	Bewertungsmaß-stab für das Mo-nitoring (globale Ebene)	Bewertungsmaß-stab für das Moni-toring (Keyword-Ebene)
Besuchs-leistung	Besucher, Besu-che oder Seiten-zugriffe pro Tag	Besuche, Be-sucher oder Seitenzu-griffe	Entwicklung des gesamten organi-schen Traffics im zeitlichen Verlauf	Entwicklung der Keyword-Seg-mente / des Mul-tiple-Keyword -Segments im zeitli-chen Verlauf
Conversion-Leistung	Conversions pro Tag	Conversions	s. o.	s. o.
Umsatz-leistung	Zielwert pro Tag	Wert	s. o.	s. o.
GRPI	Durchschnittli-che Position in der Google-Suche innerhalb des betrachteten Zeitraums	Keyword	s. o.	s. o.

Tabelle 4.11: Übersicht der quantitativen KPIs für SEO (Website ohne E-Commerce)

KPI	Beschreibung	Bewertungs-bezug	Bewertungsmaßstab für Potenzial- und Schwach-stellenanalysen
Absprung-rate	Absprünge/Zugriffe	Besuche	Durchschnitt aller Keywords
Conversion-Rate	Anteil der Zugriffe mit Conversions	Conversions	s. o.
Ziel-Conver-sion-Rate	Summe aller Conversion-Ra-ten bei mehreren Zielen (bei einem Ziel identisch mit der Conversion-Rate für dieses Ziel)	Conversions	s. o.
Zugriffs-umsatz	Zielwert pro Zugriff (in Google Analytics: »Zielwert pro Zugriff«)	Wert	s. o.

Tabelle 4.12: Übersicht der quantitativen KPIs für SEO (Websites ohne E-Commerce)

E-Commerce-Websites

KPI	Beschreibung	Bewertungs-bezug	Bewertungsmaß-stab für das Mo-nitoring (globale Ebene)	Bewertungsmaß-stab für das Moni-toring (Keyword-Ebene)
Besuchsleis-tung	Besucher, Besu-che oder Seiten-zugriffe pro Tag	Besuche, Be-sucher oder Seitenzu-griffe	Entwicklung des gesamten organi-schen Traffics im zeitlichen Verlauf	Entwicklung der Keyword-Seg-mente/des Mul-tiple-Keyword-Segments im zeitli-chen Verlauf
Conversion-Leistung	Conversions pro Tag	Conversions	s. o.	s. o.
Transakti-onsleistung	Transaktionen pro Tag	Conversions	s. o.	s. o.
Umsatzleis-tung	Umsatz pro Tag	Wert	s. o.	s. o.
Umsatzleis-tung (Alter-native)	Zielwert pro Tag	Wert	s. o.	s. o.
GRPI	Durchschnittli-che Position in der Google-Su-che innerhalb des betrachteten Zeitraums	Keyword	s. o.	s. o.

Tabelle 4.13: Übersicht der quantitativen KPIs für SEO (E-Commerce-Websites)

KPI	Beschreibung	Bewertungs-bezug	Bewertungsmaßstab für Potenzial- und Schwach-stellenanalysen
Ab-sprungrate	Absprünge/Zugriffe	Besuche	Durchschnitt aller Keywords
Conversion-Rate	Anteil der Zugriffe mit Conversions	Conversions	s. o.
Ziel-Conver-sion-Rate	Summe aller Conversion-Raten bei mehreren Zielen	Conversions	s. o.
Transakti-onsqualität	Anteil der Besuche mit Trans-aktionen (in Google Ana-lytics: »E-Commerce-Conver-sion-Rate«)	Conversions	s. o.
Zugriffs-umsatz	Umsatz pro Zugriff (in Google Analytics: »Wert pro Zugriff«)	Wert	s. o.

KPI	Beschreibung	Bewertungs-bezug	Bewertungsmaßstab für Potenzial- und Schwach-stellenanalysen
Zugriffs-umsatz (alternativ)	Zielwert pro Zugriff (in Google Analytics: »Zielwert pro Zugriff«)	Wert	s. o.
Transakti-onsumsatz	Umsatz pro Transaktion (in Google Analytics: »Durch-schnittlicher Bestellwert«)	Wert	s. o.

Tabelle 4.14: Übersicht der qualitativen KPIs für SEO (E-Commerce-Websites)

Analysen für SEO

Schwachstellen -und Potenzialanalysen für SEO

Wenn wir gebeten würden, SEO mit sieben Worten zu erklären, dann würden wir sagen: Es geht um Links, Webseiten und Keywords. Bei der Auswahl der richtigen Keywords kann Ihnen Google Analytics im Vorfeld von SEO behilflich sein und wertvolle Hinweise liefern.[8] Natürlich richtet sich die Auswahl der Keywords für SEO zunächst nach Ihren Unternehmenszielen. Darüber hinaus können Sie mit Google Analytics Keywords identifizieren, die bereits gute Leistungen erbringen, und solche, die vergleichsweise schlecht performen, indem Sie die qualitativen KPIs der Keywords untersuchen.

Rufen Sie hierfür in den Berichten für Zugriffsquellen den Unterpunkt KEYWORDS auf. Da in diesem Zusammenhang die Leistungen aller Keywords von Interesse sind, betrachten Sie die Keywords in der Anzeige INSGESAMT. Filtern Sie den Bericht nach Keywords, die ausreichend Zugriffe vermittelt haben, damit Sie valide Daten erhalten, und analysieren Sie die Absprungraten, Conversion-/Transaktionsraten und die Zugriffs-/Transaktionsumsätze der Keywords. Verwenden Sie dabei die Ansicht VERGLEICH. Auf diese Weise können Sie die Berichte einfach über die Dar-stellung auswerten, da in dieser Ansicht alle Keywords mit überdurchschnittlichen Werten an den grünen und alle Keywords mit unterdurchschnittlichen Werten an den roten Balken zu erkennen sind.

Monitoring von SEO

◆ Globale Ebene

Starten Sie Ihre Analysen mit Beginn Ihrer SEO-Aktivitäten, und verfolgen Sie die Entwicklung Ihres organischen Traffics über die Zeit. Begeben Sie sich hierzu in die Berichte für Zugriffsquellen, und wählen Sie den Unterpunkt KEYWORDS (NICHT BEZAHLT) aus. Ermitteln Sie monatlich die Besuchs-, Conversion- und die Umsatz-leistung, und überprüfen Sie, ob sich Ihre SEO-Maßnahmen erfolgreich entwi-ckeln. Wenn Sie einen Trend wie in *Abbildung 4.31* verfolgen dürfen, dann vorerst herzlichen Glückwunsch.

---

8 Siehe Abschnitt zur Keyword-Analyse von SEA und der website-internen Suchfunktion in *4.2.4*

◆ Keyword-Ebene

Wenn Ihre SEO-Bemühungen um bestimmte Keywords Früchte tragen, dann sollten diese Keywords mit der Zeit in den SERPs weiter oben angezeigt werden. Ermitteln Sie daher zu Beginn Ihrer SEO-Aktivitäten ebenso die GRPIs Ihrer fokussierten
Keywords, und verfolgen Sie die Entwicklung im Laufe der Zeit.

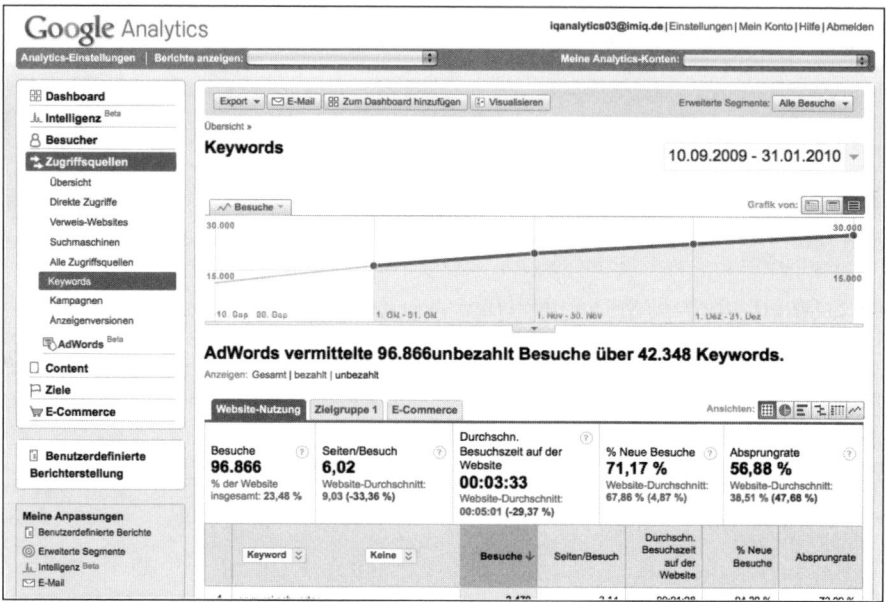

Abbildung 4.31: Trendverlauf des organischen Traffics

Wie wichtig ist die Position?

SERP-Positionen mögen SEOs und Website-Betreibern als wichtiger Indikator
für das Monitoring und die Evaluation ihrer Aktivitäten dienen. Manche
Website-Betreiber sind regelrecht versessen auf ihre Positionen im Suchma-
schinen-Index.

So viel Aufmerksamkeit hat der KPI allerdings nicht verdient, denn aus unternehmerischer Sicht ist er leider komplett unerheblich. Mit einer guten SERP-
Position kann ein Unternehmer schließlich nicht mal einen einzigen Teebeu-
tel bezahlen. Tatsächlich sieht die Wertschöpfungskette doch so aus: Sie wollen bei Suchanfragen, die Ihr Business wie den Nagel auf den Kopf treffen, mit
Ihren hoch relevanten Seiten Ihrer Website möglichst weit oben in den SERPs
stehen, damit Sie mehr qualifizierten, organischen Traffic aus den Suchmaschinen auf Ihre Website ziehen, der Ihnen kurz-, mittel- und langfristig
einen schönen Batzen Umsatz beschert.

Die KPIs, die also wirklich von Interesse sind, heißen nach wie vor Besuchs-,
Conversion-/Transaktions- und Umsatzleistung.

Verfolgen Sie standardmäßig die Besuchs-, Conversion- und die Umsatzleistung der Keyword-Segmente. Wenn Sie alle vier KPIs kontinuierlich verfolgen, dann werden Sie ein feines Gespür für die Mikroentwicklung Ihrer SEO-Aktivitäten entwickeln.

»Bis hierher wurde viel über Keywords gesagt, aber wo bleiben denn eigentlich die Landing-Pages?« Wenn Ihnen ein derartiges Statement auf den Lippen liegt, dann haben Sie recht. Und deshalb haben wir dem Thema Landing-Pages in *Abschnitt 4.3.2* ein eigenes Kapitel gewidmet, in dem Sie auch erfahren werden, wie Sie aus der SEO-Perspektive Ihre Maßnahmen auf Seitenebene kontrollieren können.

Tipp

Sie können über die erweiterte Google-Suche weitere Informationen über die Früchte Ihrer SEO-Bemühungen bzw. den Status quo Ihrer Website bei Google herausbekommen. Mit der erweiterten Google-Suche ist es möglich, ausschließlich nach Seiten einer bestimmten Domain zu suchen.

In den Suchergebnissen sind dann alle auf Google indexierten Webseiten dieser Domain enthalten. Wie Sie in *Abbildung 4.32* sehen, haben wir zur Demonstration die Domain unseres Unternehmens in die erweiterte Suche eingegeben.

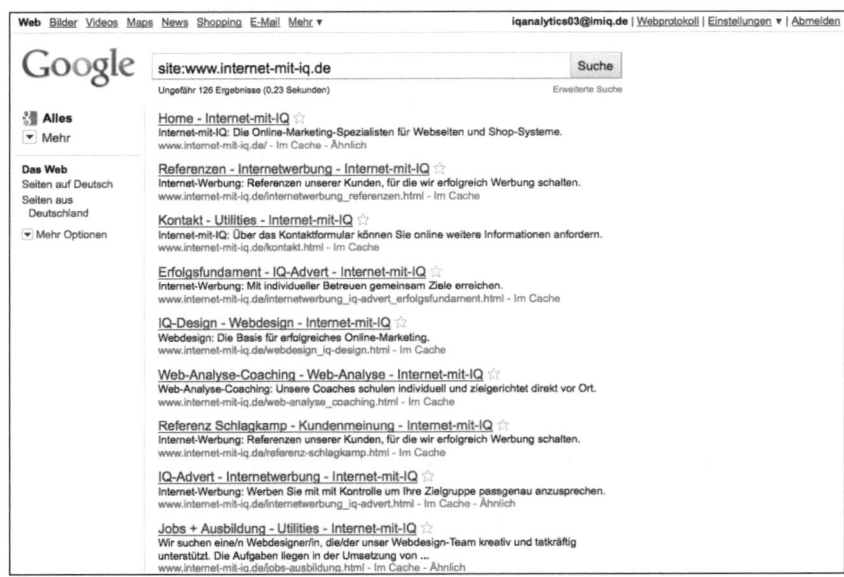

Abbildung 4.32: Ergebnisse der Suche nach den indexierten Seiten mit *site:*

Da wir natürlich wissen, wie viele Seiten unsere Website umfasst, können wir einen Quotienten errechnen, der den Grad der Indexierung unserer Website bei Google widerspiegelt.

Google-Indexierung = Anzahl der indexierten Seiten / Anzahl aller Seiten der Website

4.2.6   Verweisende Websites

Verweisende Websites als Zugriffsquelle sind Websites, die Links auf Ihre Website gesetzt haben. Streng genommen sind alle Websites, die einen Link auf Ihre Website setzen – auch Google mit seinen Suchergebnissen – verweisende Websites. Wir wollen hier jedoch darunter diejenigen Websites verstehen, die nicht eine der spezielleren Formen der Zugriffsquellen darstellen. Verweisende Websites sind zudem eine oft unterschätzte und entsprechend vernachlässigte Zugriffsquelle. Laut Untersuchungen von Google verbringen die Internet-Nutzer 5% ihrer Online-Zeit mit Recherchen in Suchmaschinen. Den weitaus größeren Teil ihrer Online-Zeit, sprich die übrigen 95%, verbringen Sie aber auf Websites jeglicher Couleur im sogenannten Content-Bereich des Internet. Das können private Websites sein, Foren, Blogs, Websites von E-Mail-Providern, Preisvergleichsseiten oder – heutzutage sehr beliebt – soziale Netzwerke wie Facebook, MySpace, die eher an Beruf und Karriere orientierte Plattform Xing oder das öffentlich einsehbare Twitter.

 **Beispiel**

Zwei Beispiele, die Ihnen die Relevanz verweisender Websites vor Augen führen sollen: Die Betreiber der Website *www.gutefrage.net* bezeichnen diese als eine Ratgeber-Community. Die einen Nutzer stellen Fragen wie »Kann man zu Hause heiraten?«, »Sind bei Klebstoffen Markenprodukte wirklich besser?« oder: »Wie viele Kilos muss man abnehmen, damit die anderen und man selber wirklich was sieht?« Andere Nutzer, die sich berufen und kompetent fühlen, versuchen, diese Fragen zu beantworten. Wir haben es nicht abschließend geprüft, aber es dürfte in dieser Community kein Aspekt des täglichen Lebens unberücksichtigt bleiben, und den Mediadaten ist zu entnehmen, dass diese Plattform monatlich stolze 4,17 Millionen Besucher erreicht. Das ebenfalls thematisch sehr breit aufgestellte Frauenportal *www.goFeminin.de* hat 61,6 Millionen Seitenaufrufe und 10,2 Millionen Besuche.[9] Die Anzahl der Besucher pro Monat beträgt 2,48 Millionen.[10]

Bei solchen Besucherzahlen muss man sich die Frage stellen, warum nicht alle Website-Betreiber das Marketing-Potenzial verweisender Websites erkennen. Die Macher der genannten Websites bieten eine ganze Reihe von Angeboten für Werbetreibende, und durch die Platzierung von Werbemitteln in ausgesuchten thematischen Bereichen wird ein hohes Maß an Genauigkeit bezüglich der Ansprache einer bestimmten Zielgruppe gewährleistet. Wenn Sie beispielsweise Hochzeiten planen, Klebstoffe herstellen oder Diätprodukte verkaufen, würde es doch durchaus sinnvoll sein, sich im Kontext einer der drei genannten Fragen auf *www.gutefrage.net* zu platzieren, oder? Wenn sich Ihre Produkte oder Dienstleistungen ausschließlich an Frauen richten, dann wäre doch eine wie auch immer gestaltete Positionierung an thematisch passender Stelle auf *www.goFeminin.de* für Sie interessant. Oder nicht?!

---

9   IVW-Statistik im Dezember 2009
10 AGOF Internet Facts (2009-III)

Dass verweisende Websites als Traffic-Lieferanten in den Köpfen der Website-Betreiber nicht so präsent sind, mag daran liegen, dass die Agenturen dünn gesät sind, die eine spezielle Dienstleistung zur Entwicklung dieser Zugriffsquelle im Portfolio haben.

Zwar wird im Zusammenhang mit SEO versucht, die Link-Popularität – also die Relevanz einer Website für Suchmaschinen gemessen an der Verbreitung von Links auf relevanten Websites – einer Website zu steigern, und im Rahmen dieser Bemühungen wird dann auch verweisenden Websites gesteigerte Aufmerksamkeit zuteil. Dies geschieht aber oft ausschließlich mit dem Fokus auf die Platzierung in den SERPs, und das eigentliche Potenzial, die Zielgruppe an thematisch passender Stelle anzusprechen und abzuholen, wird dabei zumeist völlig außer Acht gelassen.

Nun möchten Sie hoffentlich entgegnen: Selbst ist der Website-Betreiber! Ich geh das Projekt selber an! Das lobt Ihre Einsicht bezüglich der Relevanz der verweisenden Websites, scheitert in der Praxis aber leider meistens schlicht an gefühltem Zeitmangel. Sie müssten eine Strategie entwickeln und Recherchen nach thematisch relevanten Websites anstellen. Machen Sie sich die Mühe! Erwarten Sie aber nicht, dass Sie alles an einem Tag schaffen. Erwarten Sie auch nicht, dass Sie alles in einem Monat schaffen. Das ist eine langfristig angelegte, laufend zu verfolgende Aufgabe. Wenn Sie kontinuierlich in kleinen geplanten Schritten vorgehen, werden Sie feststellen, dass Sie pro Arbeitspaket mit relativ geringem Aufwand davonkommen und dass Sie auf diese Weise das Potenzial dieser Zugriffsquelle langfristig für sich nutzbar machen können. Erhöhen Sie sukzessiv Ihr *Digital Shelf* (Ihre digitale Präsenz), indem Sie auf viel besuchten und inhaltlich passenden Websites in Erscheinung treten.

Link-Aufbau: Weniger ist mehr

Vermeiden Sie dabei einen typischen Fehler, den Website-Betreiber oft machen, wenn sie versuchen, dieses Konzept umzusetzen: Übertreiben Sie es nicht. Müllen Sie Blogs, Foren und Bewertungsportale nicht mit Ihren Links zu. Erstens werden die Suchmaschinen das mit Argwohn betrachten und Ihre Website gegebenenfalls aus dem Index verbannen, und zweitens wird Ihre Zielgruppe Sie nur noch nervig und unseriös finden und Ihre Links nicht mehr anklicken. Futsch ist der Vorteil, den Sie sich eigentlich gerade damit erarbeiten wollten. Seien Sie stattdessen sparsam, bauen Sie das Netz langsam auf, und bleiben Sie vor allem relevant! Links werden nicht deswegen geklickt, weil Sie sie dort platziert haben. Sie werden allerhöchstens deshalb geklickt, weil Nutzer darin einen Mehrwert sehen. Denken Sie also einfach an und wie die Nutzer, wenn Sie Links platzieren wollen.

Vorbereitung

Suchmaschinen aus den Berichten zu verweisenden Websites entfernen

In *Abschnitt 4.2* über die Zugriffsquellen haben wir bereits darauf hingewiesen, dass einige kleinere und einige gar nicht so kleine Suchmaschinen in den Google Analytics-Zugriffsquellenberichten unter *Verweisende Websites* erscheinen. Dieser

Aspekt erschwert nicht nur möglichst exakte Analysen der verweisenden Websites. Schlimmer noch: Alle Keywords, die bei diesen Suchanfragen verwendet werden, gehen unter diesen Umständen verloren und werden in Google Analytics nicht protokolliert. Sie müssen Google Analytics aktiv mitteilen, dass es sich bei diesen Zugriffen um Suchmaschinenzugriffe handelt, und dafür sorgen, dass die Keywords protokolliert werden. Dies erreichen Sie, indem Sie den Google Analytics Tracking Code mit der _addOrganic-Methode erweitern. Zum Verständnis ein Beispiel: Eine Suchmaschine, die ohne Google Analytics Tracking Code-Erweiterung unter *Verweisende Websites* erscheint, ist die Suche von GMX. Angenommen Sie suchen bei GMX nach Wasserbetten und geben exakt diesen Begriff in die Suchmaske ein. Die URL der SERP hat dann diese Form:

http://suche.gmx.net/search/web/?mc=suche%40web%40home.suche%40web&
allparams=&smode=&su=wasserbetten&search=Suche&webRb=

Wie Sie sehen, wird das Keyword als Wert für den Parameter *su* in die URL der SERP geschrieben. Wenn Sie nun GMX als weitere Suchmaschine in den Google Analytics-Zugriffsquellenberichten hinzufügen und die verwendeten Keywords protokollieren wollen, dann muss der Google Analytics Tracking Code, den Sie auf jeder Seite Ihrer Website implementieren, die Form wie in *Listing 4.1* haben.

```
<script type="text/javascript">
   var gaJsHost = (("https:"
      == document.location.protocol)
      ? "https://ssl."
      : "http://www.");
   document.write(unescape("%3Cscript src='"
      + gaJsHost
      + "google-analytics.com/ga.js'
      type='text/javascript'%3E%3C/script%3E"));
</script>
<script type="text/javascript">
   try {
      var pageTracker = _gat._getTracker("UA-HHHHHH-H");
      pageTracker._addOrganic("gmx.de","su");
      pageTracker._trackPageview();
   } catch(err) {}
</script>
```

Listing 4.1: Suchmaschinen wie GMX als Suchmaschine ausweisen lassen und aus den Berichten zu verweisenden Websites entfernen

Das "gmx.de" in der eingefügten _addOrganic-Zeile sorgt dafür, dass die Zugriffe über die GMX-Suche in Google Analytics bei den Suchmaschinen (nicht bezahlt) gezählt werden. Durch das "su" erreichen Sie, dass gleichfalls die Keywords in diesen Berichten protokolliert werden.

Wenn Sie mehrere Suchmaschinen auf diese Weise behandeln wollen, dann fügen Sie für jede weitere Suchmaschine eine weitere _addOrganic-Zeile ein. Machen Sie sich nicht für jede einzelne Wald-und-Wiesen-Suchmaschine die Mühe, und beachten Sie dabei, dass der Keyword-Parameter nicht bei allen Anbietern lokaler Suchmaschinen einheitlich bezeichnet wird. Der Parameter der T-Online-Suche heißt beispielsweise nicht su, sondern q. Wenn Sie sich nicht sicher sind, wie der Parameter heißt, dann rufen Sie die entsprechende Suchmaschine auf, geben ein Keyword in die Suchmaske ein und überprüfen in der URL der SERP die Bezeichnung des Parameters.

Subdomain-Tracking

Es kann gute Gründe dafür geben, Teile des Contents einer Website über unterschiedliche Subdomains zu repräsentieren. Wenn Sie etwa ein Online-Magazin herausgeben, das die Themenbereiche Sport, Wirtschaft, Kultur und Wissenschaft umfasst, dann kann die Struktur der Domain so angelegt sein, dass Sie zum einen die primäre Domain *www.online-magazin.de* besitzen und zum anderen für die einzelnen Themenbereiche die Subdomains

www.sport.online-magazin.de,

www.wirtschaft.online-magazin.de,

www.kultur.online-magazin.de und

www.wissenschaft.online-magazin.de eingerichtet haben.

Wenn Sie alle Seiten der Domain samt der assoziierten Subdomains mit dem gleichen Google Analytics Tracking Code versorgen, dann hat dies aus webanalytischer Sicht unangenehme Konsequenzen. Betritt ein Nutzer Ihre Website beispielsweise über *online-magazin.de* und navigiert dann auf *www.sport.online-magazin.de*, dann interpretiert Google Analytics diesen Schritt als Verlassen der Website *www.online-magazin.de*. Das liegt daran, dass die Datensammlung in Google Analytics unter der Verwendung von sogenannten 1st Party Cookies geschieht, die spezifisch für eine Domain sind und Subdomains als fremde Websites interpretieren. Gleichzeitig werden ein neuer Besuch und der Beginn einer neuen Session gezählt, da auf *www.sport.online-magazin.de* der gleiche Google Analytics Tracking Code ausgeführt wird wie auf der primären Domain. Dadurch werden nicht nur die Besuchszahlen verfälscht. Darüber hinaus erscheint nun in den Berichten zu den verweisenden Websites *www.online-magazin.de* als Referrer, d.h. als verweisende Website.

Diese Art der Datensammlung ist inhaltlich natürlich kompletter Quatsch. Tatsächlich handelt es sich ja um einen zusammenhängenden Besuch, wenn die Domain als Ganzes betrachtet werden soll, und für brauchbare Analysen sollten in den Berichten zu verweisenden Websites ausschließlich externe Websites Dritter auftauchen, auf denen sich ein Verweis auf Ihre Website befindet.

So weit das Problem. Hier die Lösung: Indem Sie in dem Google Analytics Tracking Code, den Sie auf jeder Seite Ihrer Website implementieren, eine _setDomainName-Zeile einfügen, wird Google Analytics einen Besuch, der sich über die primäre Domain und die unterschiedlichen Subdomains hinweg erstreckt, als einen zusammenhängenden Besuch protokollieren und keine verweisenden Websites zählen, die es in Wahrheit gar nicht gibt. Der erweiterte Google Analytics Tracking Code hätte bezogen auf unser Beispiel die Form wie in *Listing 4.2*.

```
<script type="text/javascript">
  var gaJsHost = (("https:"
```

```
        == document.location.protocol)
        ? "https://ssl."
        : "http://www.");
    document.write(unescape("%3Cscript src='"
        + gaJsHost
        + "google-analytics.com/ga.js'
        type='text/javascript'%3E%3C/script%3E"));
</script>
<script type="text/javascript">
    try {
        var pageTracker = _gat._getTracker("UA-/#####/-#");
        pageTracker._setDomainName(".online-magazin.de");
        pageTracker._trackPageview();
    } catch(err) {}
</script>
```

Listing 4.2: Übergreifendes Tracking von mehreren Subdomains

Tauschen Sie dabei online-magazin.de gegen Ihre eigene primäre Domain aus, und Sie erschaffen ein Master-Profil, das alle Bestandteile Ihrer Webpräsenz als Einheit abbildet.

> **Hinweis**
>
> Im Aufruf von _setDomainName haben wir die Domain ".online-magazin.de" mit einem führenden "." angegeben. Für das Tracking von Sub-Domains direkt unterhalb von magazin.de ist dies eigentlich nicht zwingend erforderlich. Erst wenn noch Domains unterhalb der Subdomains auf diese Weise getrackt werden sollen, ist es zwingend notwendig, den Punkt anzugeben, weil die Cookies sonst nicht zwischen den Sub-Subdomains ausgetauscht werden. Sie sind in beiden Varianten aber auf der sicheren Seite, wenn Sie den führenden Punkt einfach mit angeben.

Jetzt haben wir das eine Problem gelöst, werden aber sofort mit dem nächsten konfrontiert. Wenn Sie zum Beispiel auf Ihrer primären Domain eine Startseite mit der URL *www.online-magazin.de/index.html* ausliefern und die URL der Startseiten der Subdomains ebenfalls diese Form haben (*www.subdomain.online-magazin.de/ index.html*), dann können Sie in den Google Analytics Content-Berichten nicht unterscheiden, welche Seiten konkret aufgerufen wurden, da lediglich ein Eintrag für */index.html* in den Berichten erscheinen wird. Um diese Unterscheidung für tief greifende Analysen zu ermöglichen, müssen Sie einen Filter einrichten, der dafür sorgt, dass der Subdomain-Name mit in den Seitentitel der Content-Berichte geschrieben wird (s. *Abbildung 4.33*).

Dieser Filter allerdings hat den Nachteil, dass er das Website-Overlay in dem entsprechenden Profil lahmlegt. Sie sollten daher stets sowohl ein gefiltertes Profil einrichten als auch ein ungefiltertes Profil als Master-Profil behalten.

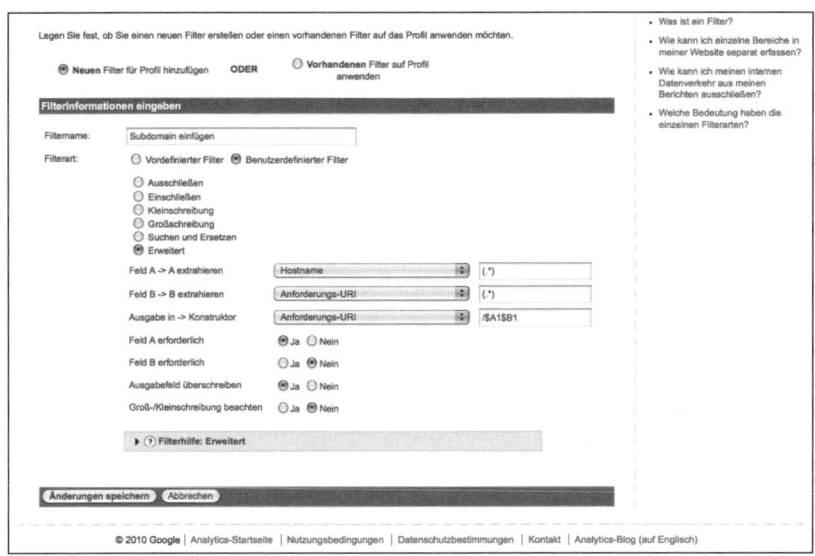

Abbildung 4.33: Filter zur Unterscheidung identischer Subdomain-Seitentitel

Zur Lösung des zuvor beschriebenen Problems möchten wir Ihnen noch einen alternativen Ansatz vorstellen. Sie können hierfür zunächst wie bereits dargestellt ein Master-Profil erschaffen, indem Sie die zusätzliche `_setDomainName`-Zeile in den Google Analytics Tracking Code einfügen. Anschließend richten Sie für jede Subdomain ein eigenes Profil ein, in dem ausschließlich der Traffic der entsprechenden Subdomain erscheint. Der Filter für ein Subdomain-Profil der Sportnachrichten aus unserem Beispiel müsste entsprechend *Abbildung 4.34* eingerichtet werden. Richten Sie nach diesem Muster weitere Profile für die übrigen Subdomains ein.

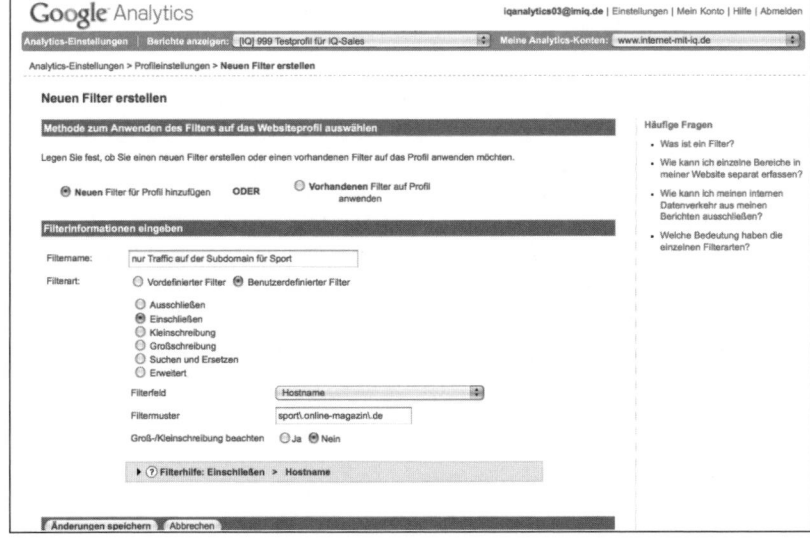

Abbildung 4.34: Filter für den Traffic auf einer Subdomain

Cross-Domain-Tracking

Wenn sich Ihr Content nicht auf eine primäre Domain und unterschiedliche Subdomains verteilt, sondern über komplett unterschiedliche, aber untereinander verlinkte Domains, weil Sie zum Beispiel unterschiedlich Zweige Ihres Unternehmens mit jeweils eigenen Corporate Identities über separate Domains und Websites repräsentieren wollen und gleichzeitig das vorhandene Cross-Selling-Potenzial nutzen möchten, dann werden diese weitergeleiteten Zugriffe ohne Ihr weiteres Zutun ebenfalls in den Berichten zu den verweisenden Websites erscheinen. Wie zuvor werden auch in dieser Situation zwei Besuche gezählt, obwohl es sich genau genommen um eine zusammenhängende Session handelt, und bei dem Übergang von Domain A zu Domain B und umgekehrt geht auch die Information verloren, woher der Besucher ursprünglich kam. War eine SEA-Kampagne dafür verantwortlich, dass ein Nutzer über Domain A auf Domain B kam und dort konvertierte, oder war es ein Newsletter, eine verweisende Website oder ein SERP-Eintrag? Sie wissen es unter diesen Umständen ganz einfach nicht, weil der Referrer, der beim Übergang von Domain A zu Domain B oder umgekehrt übergeben wird, sich stets auf Domain A oder B beziehen wird, aber nie auf die ursprüngliche Quelle.

Das Problem wurzelt wiederum in den 1st Party Cookies, die an der Datensammlung für Google Analytics beteiligt sind. Bei einem Übergang von Domain A auf Domain B legt Domain A genauso einen Cookie auf dem Rechner des Nutzers ab wie Domain B, und beide können den Cookie der jeweils anderen nicht auslesen. Mit einer Erweiterung des Google Analytics Tracking Codes können Sie aber dafür sorgen, dass die Cookies von Domain A auf Domain B übertragen werden und umgekehrt. Den Google Analytics Tracking Code, den Sie wiederum auf allen beteiligten Seiten einfügen, finden Sie in *Listing 4.3*.

```
<script type="text/javascript">
   var gaJsHost = ((("https:"
      == document.location.protocol)
      ? "https://ssl."
      : "http://www.");
   document.write(unescape("%3Cscript src='"
      + gaJsHost
      + "google-analytics.com/ga.js'
      type='text/javascript'%3E%3C/script%3E"));
</script>
<script type="text/javascript">
   try {
      var pageTracker = _gat._getTracker("UA-#######-#");
      pageTracker._setDomainName("none");
      pageTracker._setAllowLinker(true);
      pageTracker._trackPageview();
   } catch(err) {}
</script>
```

Listing 4.3: Domain-übergreifendes Tracking

- - - - - -

Tipp

Im Prinzip ist es ausreichend, nur die Seiten mit dem erweiterten Code zu versorgen, die einen Cross-Domain-Link beinhalten. Da sich aber erfahrungsgemäß mehrere Stellen mit Übergängen auf den einzelnen Domains befinden, können Sie auch gleich die gesamten Websites mit dem erweiterten Code versorgen. Dieses Vorgehen geht bei einigen Content-Management-Systemen sogar schneller, als einzelne Seiten zu präparieren.

- - - - - -

Wenn Sie nur von Domain A auf Domain B verlinken und nicht umgekehrt, dann ist `_setAllowLinker(true)` nur auf der Zieldomain, also Domain B notwendig.

Durch die Aufrufe von `_setDomainName` mit dem Wert `"none"` und von `_setAllowLinker` werden die Cookies der einen Domain zwar auf die andere übertragen, der eigentliche Übergang geschieht aber über Links, die für das Cross-Domain-Tracking mit der `_link`-Funktion erweitert werden müssen. Angenommen Sie haben auf Domain A einen Link, der auf Domain B verweist, dann wird der Link beispielsweise diese Form haben:

```
<a href="http://www.domain-b.de">Zu unseren Partnern</a>
```

Ändern bzw. erweitern Sie den Link wie folgt:

```
<a href="www.domain-b.de" onclick="pageTracker._link('www.domain-b.de'); return
false;">Zu unseren Partnern</a>
```

Modifizieren Sie auf diese Weise jeden Link, der von Domain A zu Domain B und umgekehrt führt. Damit alles funktioniert, muss dabei stets der erweiterte Google Analytics Tracking Code aus *Listing 4.3 oberhalb* der `_link`-Funktion des Links im Quellcode der Seite positioniert werden.

Wenn der Übergang eines Besuchs von der einen Domain zu anderen Domains dadurch geschieht, dass ein Formular ausgefüllt wurde, dann müssen Sie die `_linkByPost`-Methode verwenden. Auch in diesem Fall muss der Google Analytics Tracking Code oberhalb der `_linkByPost`-Funktion platziert werden. Der erweiterte Quellcode für Domain A sieht dann beispielsweise folgendermaßen aus:

```
<form action="http://domain-b/form.cgi" onSubmit="javascript:pageTracker._
linkByPost(this)">
```

Dieses Verfahren funktioniert sowohl bei Formularen mit `method="POST"` als auch bei Formularen mit `method="GET"`.

Nun werden alle Domain-übergreifenden Besuche korrekt erfasst. Sie haben aber auch in dieser Situation das Problem, dass Sie standardmäßig nicht die Domain in den Content-Berichten einsehen können. Verwenden Sie zur Lösung des Problems den Filter aus *Abbildung 4.33*, den Sie statt auf Subdomains auf Domains ausrichten, indem Sie einen entsprechenden Titel angeben.

Wenn Sie darüber hinaus wissen wollen, wie sich die einzelnen Websites so schlagen, dann richten Sie für beide Domains ein eigenes Profil ein, in dem die jeweils andere Domain herausgefiltert wird. Verwenden Sie hierfür einen Filter, wie er in

Abbildung 4.34 dargestellt ist, und richten Sie ihn statt auf Subdomains auf Domains aus, indem Sie einen entsprechenden Titel angeben und im FILTERMUSTER statt einer Subdomain eine Domain.

KPIs für verweisende Websites

Websites ohne E-Commerce

Kennzahl	Beschreibung	Bewertungsbezug	Bewertungsmaßstab
Besuchsleistung	Besucher, Besuche oder Seitenzugriffe pro Tag	Besuche, Besucher oder Seitenzugriffe	Entwicklung im zeitlichen Verlauf
Conversion-Leistung	Conversions pro Tag	Conversions	s. o.
Umsatzleistung	Zielwert pro Tag	Wert	s. o.

Tabelle 4.15: Übersicht der quantitativen Kennzahlen für verweisende Websites (Websites ohne E-Commerce)

Kennzahl	Beschreibung	Bewertungsbezug	Bewertungsmaßstab
Absprungrate	Absprünge pro Zugriff	Besuche	Website-Durchschnitt
Ziel-Conversion-Rate	Summe aller Conversion-Raten bei mehreren Zielen (bei einem Ziel identisch mit der Conversion-Rate für dieses Ziel)	Conversions	s. o.
Zugriffsumsatz	Zielwert pro Zugriff (in Google Analytics: »Zielwert pro Zugriff«)	Wert	s. o.

Tabelle 4.16: Übersicht der qualitativen KPIs für verweisende Websites (Websites ohne E-Commerce)

E-Commerce-Websites

Kennzahl	Beschreibung	Bewertungsbezug	Bewertungsmaßstab
Besuchsleistung	Besucher, Besuche oder Seitenzugriffe pro Tag	Besuche, Besucher oder Seitenzugriffe	Entwicklung im zeitlichen Verlauf
Conversion-Leistung	Conversions pro Tag	Conversions	s. o.
Transaktions-leistung	Transaktionen pro Tag	Conversions	s. o.
Umsatzleistung	Umsatz pro Tag	Wert	s. o.
Umsatzleistung (Alternative)	Zielwert pro Tag	Wert	s. o.

Tabelle 4.17: Übersicht der quantitativen KPIs für verweisende Websites (E-Commerce-Websites)

Kennzahl	Beschreibung	Bewertungsbezug	Bewertungsmaßstab
Absprungrate	Absprünge pro Zugriff	Besuche	Website-Durchschnitt
Conversion-Rate	Anteil der Zugriffe mit Conversions	Conversions	s. o.
Ziel-Conversion-Rate	Summe aller Conversion-Raten bei mehreren Zielen	Conversions	s. o.
Transaktions-qualität	Anteil der Besuche mit Transaktionen (in Google Analytics: E-Commerce-Conversion-Rate)	Conversions	s. o.
Zugriffsumsatz	Umsatz pro Zugriff (in Google Analytics: »Wert pro Zugriff«)	Wert	s. o.
Zugriffsumsatz (Alternativ)	Zielwert pro Zugriff (in Google Analytics: »Zielwert pro Zugriff«)	Wert	s. o.
Transaktionsum-satz	Umsatz pro Transaktion (in Google Analytics: »Durchschnittlicher Bestellwert«)	Wert	s. o.

Tabelle 4.18: Übersicht der qualitativen KPIs für verweisende Websites (E-Commerce-Websites)

Analysen und Maßnahmen für verweisende Websites

Schwachstellen- und Potenzialanalysen

Begeben Sie sich in die Zugriffsquellenberichte, und wählen Sie den Unterpunkt VERWEISENDE WEBSITES aus. Filtern Sie den Bericht in ERWEITERTE FILTER nach verweisenden Websites, die mindestens 30 Zugriffe vermittelt haben, damit Sie valide Daten erhalten. Standardmäßig werden Ihnen die zehn verweisenden Websites mit den meisten Zugriffen aufgelistet. Analysieren Sie die Rangreihe absteigend bezüglich der Absprungraten, Conversion-/Transaktionsraten und der Zugriffs-/Transaktionsumsätze, indem Sie die Ansicht VERGLEICH auswählen. Alle Websites, deren Qualität schlechter als der Website-Durchschnitt ist, sind an den roten Balken zu erkennen (s. *Abbildung 4.35*). Dies sind Ihre Schwachstellen. Je länger der Balken, desto schlechter fällt der KPI im Vergleich aus bzw. desto größer ist die Schwachstelle.

Drehen Sie nun die Reihenfolge bezüglich der Zugriffe um, indem Sie in der Ansicht TABELLE in dem Tabellenkopf auf ZUGRIFFE klicken. Wechseln Sie anschließend wieder in die Ansicht VERGLEICH, und überprüfen Sie nun die Rangreihe absteigend nach verweisenden Websites, die hinsichtlich der qualitativen KPIs überdurchschnittliche Werte aufweisen. Diese weisen grüne Balken auf und stellen Ihre verweisenden Websites mit Potenzial dar.

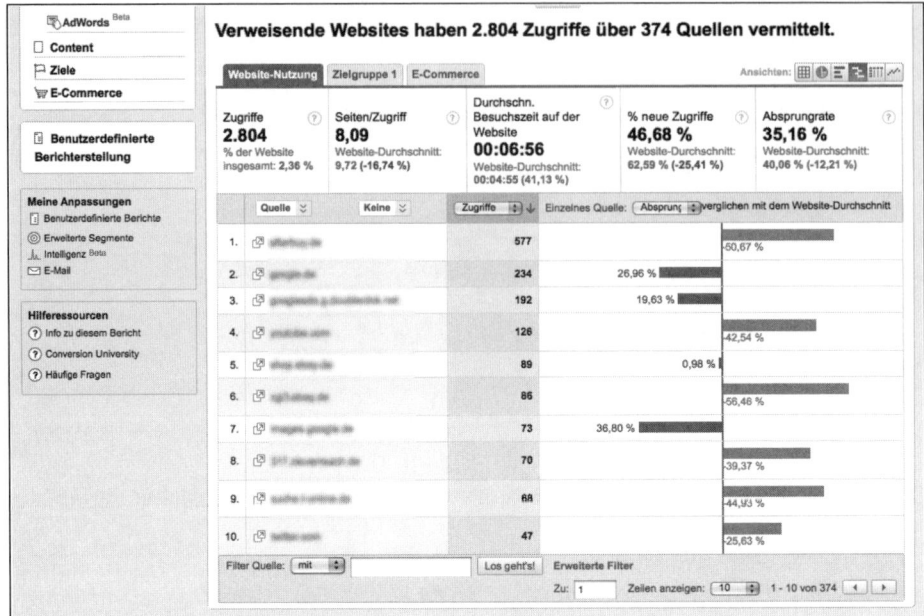

Abbildung 4.35: Schwachstellenanalyse der verweisenden Websites mithilfe der Absprungrate

Schwachstellen sollten Sie dahingehend überprüfen, ob die Aussagen, die im Zusammenhang mit dem Verweis geäußert werden, in Übereinstimmung zu den Inhalten der Landing-Page auf Ihre Website stehen. Ebenso ist es wichtig, dass der Kontext, in dem der Verweis erscheint, die Nutzer nicht zu falschen Annahmen darüber veranlasst, was sie nach dem Klick auf den Verweis erwartet. Auch in Bezug auf die Landing-Page lohnt sich die Überlegung, ob nicht möglicherweise eine andere Seite besser als Landing-Page für den Verweis geeignet ist.

Das Ausschöpfen identifizierter Potenziale läuft für gewöhnlich darauf hinaus, dass Sie versuchen, den Verweis prominenter zu platzieren. Das kann bedeuten, dass Sie eine prominentere Stelle auf der Website für den Verweis erwirken oder dass durch eine auffälligere Gestaltung des Verweises die Wahrscheinlichkeit erhöht wird, dass die Nutzer der verweisenden Website auf Ihren Verweis aufmerksam werden.

Evaluation

Überprüfen Sie Ihre Maßnahmen zur Optimierung der verweisenden Websites, indem Sie sich auf die Trends der quantitativen KPIs konzentrieren. Bewerten Sie steigende oder sinkende Tendenzen der Besuchsleistung, der Conversion- bzw. Transaktionsleistung und der Umsatzleistung dabei stets im saisonalen Kontext.

Nicht jeder Traffic ist guter Traffic

Wir haben einmal für einen Kunden die verweisenden Websites analysiert und über das Monitoring festgestellt, dass die Besuchsleistung aus einem großen Forum enorm angestiegen war. Die anfängliche Freude war schnell verflogen, als wir den Verweis, der für den Anstieg der Besuchsleistung verantwortlich war, identifiziert hatten und anschauten. Mit – sagen wir mal diplomatisch – deutlichen Worten echauffierte sich die Autorin in diesem Beitrag über die schlechte inhaltliche Qualität eines Videos, das die Anwendung eines der Produkte unseres Kunden erklärte. Da die besagte Autorin dem Beitrag einen Verweis auf die Seite mit dem Video hinzugefügt hatte, besuchten nun viele Leser die Website unseres Kunden, um die vermeintliche Katastrophe mit eigenen Augen zu sehen.

Wie Sie sehen, kann also auch ein negativer Eintrag in einem großen Forum zu vielen Besuchen führen, die aber wohl kein Website-Betreiber haben will. Deshalb unser Tipp: Richten Sie Google Alerts ein, und verfolgen Sie alle Online-Publikationen zu Ihrem Unternehmen und Ihrer Website.

Und in diesem Zusammenhang noch ein Tipp: Sie sollten auf Kritik, ob gerechtfertigt oder nicht, immer reagieren. Zunächst bedanken Sie sich (eine Beschwerde ist schließlich ein Geschenk), und bringen Sie zum Ausdruck, dass Sie die Angelegenheit eingehend und umgehend prüfen werden. Diesen Worten sollten Sie natürlich unbedingt Taten folgen lassen. Wenn die Kritik berechtigt ist, dann beheben Sie den Mangel schnellstmöglich, und kommunizieren Sie Ihre Reaktion anschließend mindestens in dem besagten Beitrag. Vielleicht lassen Sie dem Autor darüber hinaus zum Dank noch eine kleine Aufmerksamkeit zukommen. Sie werden erleben, wie Sie auf diese Weise aus einem verärgerten Menschen einen regelrechten Fan machen, und Sie haben gleichzeitig die Qualität Ihres Angebots verbessern können. Wenn Sie nach eingehender Prüfung zu dem Ergebnis kommen, dass die Kritik unberechtigt ist, dann legen Sie Ihre Argumente und Ihren Standpunkt sachlich dar. Lassen Sie sich aber nicht auf Endlosdiskussionen ein. Sie haben schließlich alles zum Thema gesagt.

Es ist in dieser Situation übrigens keine gute Idee, sich in dem Forum als neues Mitglied anzumelden, so zu tun, als sei man eine neutrale Person, und einen Kommentar nach dem Motto zu posten: »Also ich finde das Video spitze.« Das wird von den anderen Mitgliedern augenblicklich durchschaut, geht immer nach hinten los und gehört in die Kategorie Bullshit-Marketing.

4.2.7 E-Mail-Marketing

Beim Stichwort E-Mail-Marketing fällt vielen Website-Betreibern und auch Nutzern eigentlich nur eines ein: Spam! Aber professionelles E-Mail-Marketing zielt keineswegs darauf ab, die Empfänger mit Viagra-Mails zuzumüllen, sondern es ist ein legitimes und richtig genutzt ein äußerst effektives Instrument zur Kundengewinnung, Kundenbindung und Verkaufsförderung. Ein weiterer Vorteil von E-Mail-Marketing ist der, dass die Botschaft auch bei Abwesenheit des Empfängers in seinem Postfach verbleibt und auch später noch wirken kann. Ein Fernsehspot beispielsweise, der nicht in dem Moment gesehen wird, in dem er ausgestrahlt wird, ist gewissermaßen verloren, weil die Auseinandersetzung mit ihm nicht nachgeholt werden kann.

Abgesehen davon, dass wir insbesondere den Website-Betreibern mit einem ausreichend großen Interessenten- oder gar Kundenstamm nahelegen möchten, dieses Instrument zu nutzen, können wir an dieser Stelle keine erschöpfende Beratung zum Thema E-Mail-Marketing liefern. Ansonsten müssten wir aus diesem Buch mindestens zwei Bände machen. Was wir Ihnen hier allerdings bieten möchten, sind Instrumente, um das E-Mail-Marketing zu analysieren, zu bewerten und zu optimieren. Der angesprochene ausreichend große Interessenten- bzw. Kundenstamm ist notwendig, um eine statistisch ausreichende Anzahl an Ereignissen aufzeichnen zu können. Sowohl die Analyse der Durchführung als auch die spätere qualitative Beurteilung der Mailings können mit Google Analytics hervorragend realisiert werden. Zudem ist E-Mail-Marketing eine der leicht zu beeinflussenden Zugriffsquellen, sodass Maßnahmen schnell und direkt umgesetzt werden können, was die Optimierung erheblich erleichtert.

Den Inhalt einer E-Mail-Marketing-Kampagne nennen wir in diesem Kapitel nur kurz *Newsletter*, weil das die häufigste Form des E-Mail-Marketings ist. Es ist aber keineswegs die einzige Form. In einem breiteren Interpretationsansatz sind allerdings alle Aussendungen des E-Mail-Marketings Newsletter, sodass wir hier den breit zu verstehenden Begriff verwenden möchten.

Vorbereitung

Tracking von Newsletter-Zugriffen

Besuche, die über Newsletter erfolgen, werden in Google Analytics nicht automatisch als solche erkannt. Sie müssen Google Analytics aktiv mitteilen, dass es sich um einen Newsletter-Zugriff handelt. Das erreichen Sie, indem Sie jeden Link im Newsletter um einige – mindestens drei – Parameter erweitern. Sie markieren dadurch den Zugriff oder, wie Programmierer es zu sagen pflegen: Sie taggen die Ziel-URLs.

Zum Tagging von URLs stellt Google das Tool zur URL-Erstellung (engl.: *URL-Builder*) für jeden online und kostenlos zur Verfügung (s. *Abbildung 4.36*). Der Einsatz des Tools ist nicht zwingend notwendig. Wenn Sie sich mit HTML auskennen, dann werden Sie die Newsletter-Links auch ohne das Tool taggen können. Es ermöglicht aber auch Laien, schnell und fehlerfrei die zusätzlichen Parameter in die Ziel-URL des Links zu integrieren. Wenn Sie sich also nicht ganz sicher sind, dann rufen Sie den URL-Builder mit folgendem Link auf:

http://www.google.com/support/analytics/bin/answer.py?hlrm=en&answer=55578

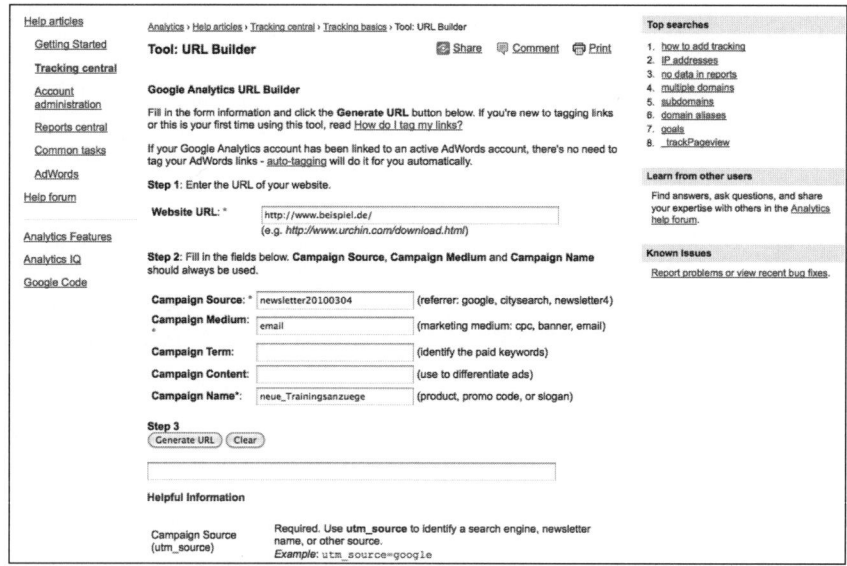

Abbildung 4.36: Mit dem URL-Builder können Sie URLs *taggen*.

Stellen Sie sich vor, Sie verkaufen Sportartikel und wollen eine neue Kollektion von Trainingsanzügen über einen Newsletter lancieren. Dann gehen Sie folgendermaßen vor:

1. Kopieren Sie die URL des ersten Newsletter-Links in das Feld WEBSITE-URL.

2. In das Feld KAMPAGNENQUELLE tragen Sie nun *newsletter* und das Datum des Versands ein (der Versandtag ist in diesem Beispiel der 4. März 2010).

3. In das Feld KAMPAGNENMEDIUM geben Sie *email* ein.

4. In das Feld KAMPAGNENNAME tragen Sie nun einen sprechenden Namen für Ihre Newsletter-Kampagne ein. Für unser Beispiel bietet sich *neue_Traningsanzuege* an.

5. Klicken Sie auf den Button URL ERSTELLEN

6. Der URL-Builder erzeugt nun im untersten Feld eine Version der URL, die die nötigen Parameter enthält. In unserem Beispiel nimmt sie diese Form an:
    http://www.beispiel.de/?utm_source=newsletter20100304&utm_medium=email& utm_campaign=neue_Trainingsanzuege

7. Diese URL verwenden Sie nun für den Link in Ihrem Newsletter.

8. Fahren Sie nun mit dem zweiten, dritten, vierten Link fort, bis Sie jeden Link innerhalb des Newsletters auf diese Weise getaggt haben.

Manche Newsletter-Dienstleister haben längst auf den Wunsch der Kunden reagiert, die Leistung von Newslettern zu messen und zu verfolgen. Daher bieten einige bereits eine einfache Möglichkeit an, die Links in den Newslettern automatisch so zu erweitern, dass Google Analytics sie auswerten kann. Schauen Sie einmal in Ihr Konto, oder fragen Sie direkt bei Ihrem Anbieter nach, ob diese Möglichkeit besteht. Vielleicht müssen Sie nur irgendwo das richtige Häkchen setzen.

Über weitere Möglichkeiten der Datensammlung durch das Link-Tagging erfahren Sie mehr in den Abschnitten *4.2.4* (dort im Unterabschnitt *Vorbereitung für Yahoo!*) und *5.1.2* (dort im Unterabschnitt *Filter/Erweiterte Filter mit regulären Ausdrücken einrichten*).

> **Hinweis**
>
> Wenn Sie sich einmal für eine Bezeichnung des Kampagnenmediums entschieden haben, achten Sie darauf, dass Sie diese Bezeichnung konsequent einhalten. Wenn Sie beim ersten Newsletter *e-mail* als Kampagnenmedium angeben, beim zweiten *email* und beim dritten *eMail*, dann werden diese Newsletter jeweils einem eigenen Medium zugeordnet. Auf diese Weise werden die Zugriffsquellen-Berichte schnell unübersichtlich, und Analysen werden unnötig erschwert.

Segment für Newsletter-Zugriffe

Erstellen Sie entsprechend der *Abbildung 4.37* ein Segment, um Ihre Newsletter-Zugriffe zu analysieren. Achten Sie darauf, dass Sie exakt die Bezeichnungen der Kampagnenquelle und des Kampagnenmediums angeben, die Sie beim Markieren der Link-URLs verwendet haben.

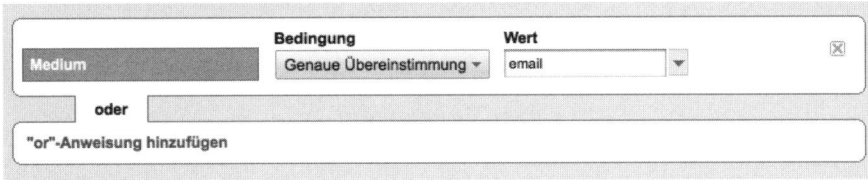

Abbildung 4.37: Erstellung eines benutzerdefinierten Segments zur Analyse der Newsletter-Zugriffe

KPIs für das E-Mail-Marketing

Drei qualitative KPIs werden wir hier neu definieren, die anderen kennen Sie bereits. Die neuen KPIs sind spezielle Kennzahlen aus dem E-Mail-Marketing und ermöglichen die Steuerung der Reichweite. Sie spiegeln inhaltlich das Interesse der Nutzer an Ihren Newslettern wider und geben an, ob sie einen Nutzen für die Empfänger entfalten. Diese Kennzahlen sind allerdings nicht in Google Analytics verfügbar. Die uns bekannten E-Mail-Marketing-Anbieter liefern sie, und auch dann, wenn Sie keinen Anbieter für Ihr E-Mail-Marketing beauftragt haben, werden Sie eine Software verwenden, die diese Kennzahlen protokolliert oder dazu gebracht werden kann, sie zu protokollieren. Sofern Sie abschließend feststellen, dass Ihre Software hierzu nicht in der Lage ist, sollten Sie ernsthaft in Erwägung ziehen, eine andere Software zu verwenden. Die KPIs sind unserer Meinung für die Analyse Ihres E-Mail-Marketings absolut unverzichtbar.

$$\textit{Öffnungsrate} = \textit{Mails}_{\textit{geöffnet}}/\textit{Mails}_{\textit{zugestellt}}$$

$$\textit{Klickrate} = \textit{Klicks}/\textit{Mails}_{\textit{geöffnet}}$$

$$\textit{Abmelderate} = \textit{Abmeldungen}/\textit{Mails}_{\textit{zugestellt}}$$

Tipp

Die Anzahl der geöffneten Mails sowie alle davon abhängigen KPIs können durch das Weiterleiten einer solchen E-Mail höher ausfallen. Theoretisch kann die Anzahl der Öffnungen sogar über der Anzahl der zugestellten Mails liegen, allerdings ist ein so begehrter Newsletter, der von nahezu allen geöffnet und dann auch noch oft weitergeleitet und erneut geöffnet wird, sodass die Öffnungsrate über 100% liegt, ein sehr unwahrscheinliches Ereignis. Sollte Ihnen einmal eine solche Messung unterkommen, ist Skepsis angebracht, ob die Messung wirklich korrekt erfolgt ist. Aber wer weiß, nicht immer sind Fehler die Ursache solcher Phänomene. Dann können Sie sich wirklich beglückwünschen.

Quantitative KPIs

Da Newsletter einen speziellen Dynamikverlauf besitzen, müssen Sie beim Einsatz der bekannten quantitativen KPIs Besuchsleistung, Conversion-Leistung und Umsatzleistung den Faktor Zeit in Ihren Analysen ganz besonders berücksichtigen.

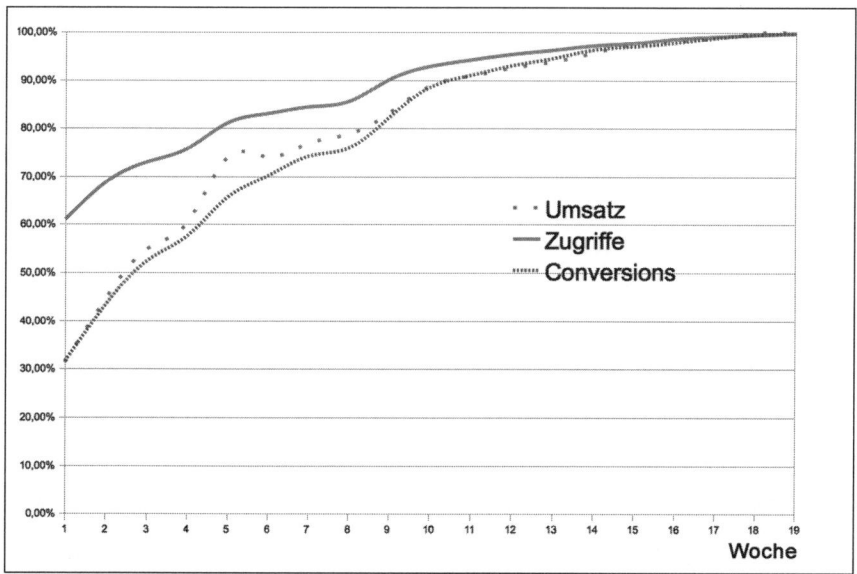

Abbildung 4.38: Kumulierter Anteil der Zugriffe, der Conversions und des Umsatzes eines Newsletters über die Zeit

Abbildung 4.38 zeigt exemplarisch den Verlauf eines Newsletters, den wir über einen Zeitraum von 20 Wochen analysiert haben. Der Verlauf ist prototypisch für einen Newsletter. Der Versandtag und die folgenden Tage sind für gewöhnlich sehr besuchs-, conversion- und umsatzstarke Tage. Sie können erkennen, dass der Newsletter 2/3 der Besuche und 1/3 der Conversions und des Umsatzes bereits in der ersten Woche erzeugt. In der dritten Woche passiert er die 50%-Umsatzlinie. Nach vier Wochen hat der Newsletter ¾ der Besuche und 2/3 der Conversions und des Umsatzes erzielt. Nach zwölf Wochen sind schließlich 95% der Zugriffe und 93% der Conversions und des Umsatzes erreicht.

Sie sehen in der Abbildung auch, dass die Kurven zunehmend abflachen. Mathematiker würden das eine asymptotische Annäherung der Werte an 100% nennen. Mit anderen Worten: Die Steilheit oder auch die Steigungen der Kurven nehmen mit fortschreitender Zeit ab. Diese Steigungen sind die Besuchsleistung, die Conversion-Leistung und die Umsatzleistung! Die Anstiege werden im Laufe der Zeit immer flacher. Das gilt natürlich auch für die Transaktionsleistung eines Newsletters für eine E-Commerce-Website. Kurz gesagt bedeutet das: Es ist ganz und gar nicht egal, welche Phase Sie quantitativ untersuchen. Ist der Newsletter gerade frisch verschickt worden, weisen alle quantitativen KPIs Bestwerte auf. Ist der Versand schon eine Weile her, sinken die Werte deutlich ab. Das bedeutet wiederum: Wenn Sie die Leistung der Newsletter untereinander vergleichen wollen, dann müssen Sie bei jedem Newsletter die gleiche Laufzeit als Untersuchungszeitraum anlegen. In der Praxis hat sich ein Zeitfenster von zwei Wochen ab Versandtag bewährt.

Was Sie in der Abbildung nicht sehen können (was aber absolut bemerkenswert ist), ist die Tatsache, dass dieser Newsletter auch nach vier Monaten (17 Wochen!) immer noch Umsatz erzeugt hat. Dies unterstreicht noch einmal den eingangs erwähnten Vorteil des E-Mail-Marketings gegenüber anderen Medien und Formen des Marketings.

Qualitative KPIs

Neben den drei neu eingeführten KPIs treffen Sie auch im E-Mail-Marketing wieder auf bereits bekannte KPIs: Absprungrate, Conversion- bzw. Transaktionsrate und Zugriffs- bzw. Transaktionsumsatz.

Es ist möglich, dass Sie einige der zuvor genannten KPIs nicht verwenden, je nachdem, wie Ihr E-Mail-Marketing-Konzept gestaltet ist. Verbreiten Sie beispielsweise in Ihrem E-Mail-Marketing eine Telefonnummer statt eines Links auf Ihre Website, werden Sie keine Klickrate messen können. Die Öffnungsrate allerdings bleibt als mindestens zu messender KPI in jedem Fall erhalten.

Da unserer Erfahrung nach auch die qualitativen KPIs von dem Faktor Zeit betroffen sind, empfehlen wir, bei der Analyse der qualitativen KPIs die Werte der einzelnen Newsletter ebenfalls für identische Phasen und gleich große Zeiträume zu betrachten.

Websites ohne E-Commerce

Kennzahl	Beschreibung	Bewertungsbezug
Besuchsleistung	Besucher, Besuche oder Seitenzugriffe innerhalb eines festen Zeitraums ab Versandtag	Besuche, Besucher oder Seitenzugriffe
Conversion-Leistung	Conversions innerhalb eines festen Zeitraums ab Versandtag	Conversions
Umsatzleistung	Zielwert innerhalb eines festen Zeitraums ab Versandtag	Wert

Tabelle 4.19: Übersicht der quantitativen Kennzahlen für das E-Mail-Marketing (Websites ohne E-Commerce)

Kennzahl	Beschreibung	Bewertungsbezug
Absprungrate	Absprünge pro Zugriff	Besuche
Ziel-Conversion-Rate	Summe aller Conversion-Raten bei mehreren Zielen (bei einem Ziel identisch mit der Conversion-Rate für dieses Ziel)	Conversions
Zugriffsumsatz	Zielwert pro Zugriff (in Google Analytics: »Zielwert pro Zugriff«)	Wert
Öffnungsrate	Anteil der geöffneten Mails an allen versendeten Mails	Interesse/Nutzen
Klickrate	Klicks pro geöffneter Mail	s. o.
Abmelderate	Anteil der Abmeldungen an allen versendeten Mails	s. o.

Tabelle 4.20: Übersicht der qualitativen KPIs für das E-Mail-Marketing (Websites ohne E-Commerce)

E-Commerce-Websites

Kennzahl	Beschreibung	Bewertungsbezug
Besuchsleistung	Besucher, Besuche oder Seitenzugriffe innerhalb eines festen Zeitraums ab Versandtag	Besuche, Besucher oder Seitenzugriffe
Conversion-Leistung	Conversions innerhalb eines festen Zeitraums ab Versandtag	Conversions
Transaktionsleistung	Transaktionen innerhalb eines festen Zeitraums ab Versandtag	Conversions
Umsatzleistung	Umsatz innerhalb eines festen Zeitraums ab Versandtag	Wert
Umsatzleistung (Alternative)	Zielwert innerhalb eines festen Zeitraums ab Versandtag	Wert

Tabelle 4.21: Übersicht der quantitativen KPIs für das E-Mail-Marketing (E-Commerce-Websites)

Kennzahl	Beschreibung	Bewertungsbezug
Absprungrate	Absprünge pro Zugriff	Besuche
Conversion-Rate	Anteil der Zugriffe mit Conversions	Conversions
Ziel-Conversion-Rate	Summe aller Conversion-Raten bei mehreren Zielen	Conversions
Transaktionsqualität	Anteil der Besuche mit Transaktionen (in Google Analytics: »E-Commerce-Conversion-Rate«)	Conversions
Zugriffsumsatz	Umsatz pro Zugriff (in Google Analytics: »Wert pro Zugriff«)	Wert
Zugriffsumsatz (Alternativ)	Zielwert pro Zugriff (in Google Analytics: »Zielwert pro Zugriff«)	Wert
Transaktionsumsatz	Umsatz pro Transaktion (in Google Analytics: »Durchschnittlicher Bestellwert«)	Wert
Öffnungsrate	Anteil der geöffneten Mails an allen versendeten Mails	Interesse/Nutzen
Klickrate	Klicks pro geöffneter Mail	Interesse/Nutzen
Abmelderate	Anteil der Abmeldungen an allen versendeten Mails	Interesse/Nutzen

Tabelle 4.22: Übersicht der qualitativen KPIs für das E-Mail-Marketing (E-Commerce-Websites)

Analysen und Maßnahmen

Einflussgrößen im E-Mail-Marketing

Maßnahmen ergreifen bedeutet in diesem Zusammenhang die folgenden Standardeinflussgrößen zu variieren und die Effekte anhand der genannten KPIs zu testen. Zu den einzelnen Einflussgrößen vermerken wir in der Detailbeschreibung, auf welche KPIs sich die Größe auswirkt.

1. Versandzeitpunkt
2. Frequenz (Aussendungshäufigkeit)
3. Betreffzeile
4. Absender
5. Layout
6. Inhalt

◆ Versandzeitpunkt

Der Zeitpunkt des Versands kann sowohl im großen als auch im kleinen Maßstab geändert werden. Um die Weihnachtszeit und ca. bis vier Wochen danach werden viele Newsletter zu allen möglichen Themen verschickt, und die Konkurrenzsituation ist entsprechend groß, sodass bspw. ein Newsletter – wenn er nicht wirklich gut gemacht und interessant ist – sich kaum gegen die Masse der anderen durchsetzen und die Maßnahme dadurch verpuffen kann. In kleineren Dimensionen ist es interessant zu sehen, wann die Empfänger am ehesten auf die Aussendungen reagieren. So werden Sie beispielsweise bestimmte Wochentage beobachten können, an denen die Empfänger eher bereit sind, die Mail zu öffnen oder auf einen enthaltenen Link zu klicken. Ebenso lassen sich bestimmte Tageszeiten feststellen, zu denen die Aussendungen bevorzugt geöffnet werden.

Der Versandzeitpunkt wirkt sich indirekt auf alle angesprochenen KPIs aus. Es ist zu erwarten, dass die Auswirkung auf die Öffnungsrate und die Klickrate am größten sind.

◆ Frequenz

Klar, je häufiger Sie einen Empfänger mit Botschaften beglücken, desto größer ist die Wahrscheinlichkeit, dass er Ihrer Mails überdrüssig wird und Ihnen oder zumindest Ihrem E-Mail-Marketing den Rücken kehrt. Lassen Sie es nicht so weit kommen. In unserer beruflichen Praxis sind wir allerdings bei einigen regelmäßigen Newslettern durchaus auf Frequenzen gestoßen, die wir in einer ersten Einschätzung als zu häufig angesehen hätten. Da es aber auf den Inhalt der Newsletter und den Nutzen für die Empfänger ankommt, kann eine Einschätzung a priori gar nicht zuverlässig vorgenommen werden. Braucht es aber auch nicht, schließlich haben Sie mit der Absprungrate und der Abmelderate zwei KPIs, die Sie im Falle eines Anstiegs rechtzeitig warnen, dass Sie entweder zu oft aussenden oder zu wenig Nutzen vermitteln. Sinkt gleichzeitig die Öffnungsrate, haben Sie einen dritten KPI, der Ihnen sagt: Weniger ist mehr. Im Prinzip können Sie einen Newsletter auch mehrmals am Tag senden – vorausgesetzt der Nutzen für die Empfänger ist entsprechend groß.

Die Häufigkeit kann je nach Wert Auswirkungen auf alle KPIs entfalten. Bei zu häufiger Aussendung ist zu erwarten, dass die Abmelderate steigt oder die Öffnungsrate sinkt. Bewegt sich die Häufigkeit in einem für den Erfolg ungefährlichen Rahmen, kann sie auf alle anderen KPIs zu gewissen Teilen wirken.

◆ Betreffzeile

Die Betreffzeile ist der Teaser, der Opener, der Leckermacher – nennen Sie es, wie Sie wollen. Aber Sie stimmen sicherlich mit uns überein, dass diese erste Berührung des Empfängers mit Ihrer Aussendung ausschlaggebend dafür ist, ob er überhaupt bereit ist, die Mail zu öffnen.

Welche Strategie für die Betreffzeile geeignet ist, ein Maximum an Öffnungen (oder ein Maximum in anderen KPIs) zu erzielen, ist eine Wissenschaft für sich. Holen Sie sich fachkundigen Rat über Literatur, eine Agentur, oder machen Sie eigene Erfahrungen durch systematische Tests. Grundlegend sollten Sie sich dessen bewusst sein, dass erkennbar »müllige« Angebote oder durchschaubare Tricks, jemanden zum gewünschten Verhalten zu bewegen, meist böse abgestraft werden. Manchmal müssen Sie Umwege gehen, manchmal ist der direkte Weg der Wahrheit erfolgreicher. Wenn Sie beispielsweise Markenprodukte verkaufen, kann es hilfreich sein, Angebote, die sich auf die Marke beziehen, schon im Betreff zu nennen: »Puma-Sneaker – jetzt neue Modelle«. Wenn Sie beispielsweise Rabatte anbieten, kann es wirksam sein – muss es aber nicht immer –, wenn Sie diesen Rabatt benennen: »Puma-Sneaker: Jetzt neue Modelle – schnell sein und 10% Rabatt sichern«. Manchmal entfalten banal wirkende Elemente eine subtile, aber gravierende Auswirkung: »Jetzt neu für Sportfreunde! Future Cat von Puma«. Wir könnten die Liste endlos fortsetzen. Sie können mit der Reihenfolge von Wörtern arbeiten, oder Sie können die Empfänger schon im Betreff persönlich ansprechen: Ihrer Fantasie sind keine Grenzen gesetzt. Machen Sie einfach systematische Tests, und verbessern Sie dadurch Ihre KPIs.

Übrigens: Wir haben hier Beispiele genutzt, die sich auf einen Online-Shop beziehen. Aber es können auch Dienstleistungen entsprechend vermarktet werden: »Neu: Kostenloses Beratungsgespräch für das Web-Controlling Ihrer Website« – Sie sehen: Kein Problem!

Die Betreffzeile wirkt hauptsächlich auf die Öffnungsrate. In Verbindung mit dem Inhalt ist auch eine deutliche Auswirkung auf die Klickrate möglich. Auf alle anderen KPIs wirkt sie ebenfalls, aber schwächer.

◆ Absender

Einen gewissen, aber nicht unbedingt den größten Einfluss hat die Wahl des Absenders. Zumindest im negativen Sinne können Sie aber einiges damit anrichten. Sie sollten sich daher schon ein paar Gedanken zum Absender machen. Viele Mail-Clients stellen nur den ersten Teil der Mail-Adresse dar und verbergen die Domain (*h.haller* statt *h.haller@internet-mit-iQ.de*). Stellen Sie sich jetzt vor, dort steht so etwas Belangloses wie *news* oder *info*. Mehr nicht. Schlechter kann man es kaum machen, denn damit haben Sie die Aufmerksamkeit schon mal um die Hälfte reduziert. Nutzen Sie diese Informationsfläche ruhig aus, und experimentieren Sie auch hier. Nutzen Sie dabei auch die Möglichkeit, dem Absender einen Klartextnamen beizufügen. So könnte dort »*Supershop.xy Angebote*« stehen. Oder etwas, von dem Sie herausgefunden haben, dass es gut funktioniert, wie zum Beispiel der echte Name eines Kundenbetreuers.

Die Auswirkung des Absenders ist hauptsächlich in der Öffnungsrate zu erkennen. In Verbindung mit dem Inhalt ist auch eine nicht unerhebliche Wirkung auf die Klickrate zu erwarten. Alle anderen KPIs sind ebenfalls, wenngleich nur schwach, betroffen.

◆ Layout

Wie an so vielen Stellen in diesem Buch berühren wir auch mit diesem Thema ein so weites Feld, dass wir damit locker einen weiteren Band füllen könnten. Unsere Empfehlung vorweg: Lassen Sie sich durch eine professionelle Agentur beraten. Seien Sie sicher, dass eine gut gestaltete Mail viel bewirken kann. Eine durchdachte Gestaltung erleichtert es dem Empfänger, die Botschaft schnell und ohne Umwege aufzunehmen. Zudem wächst das Vertrauen in Ihr Unternehmen. Übrigens: Nur eine gute Agentur bekommt es in den Griff, dass die gestaltete Mail in allen wichtigen Mail-Clients und auf allen Plattformen immer gleich gut aussieht. Vielleicht haben Sie es schon selbst erlebt, wie kaputt das Layout aussehen kann, teilweise bis zur kompletten Unleserlichkeit, wenn Sie eine Ihnen bekannte Mail einmal in einem anderen, vielleicht etwas weniger verbreiteten Mail-Client als Outlook gesehen haben.

Es gibt natürlich auch die Möglichkeit, reine Text-Mails zu verschicken. In der heutigen Zeit wirkt das aber antiquiert und ist meist wenig übersichtlich. Aber keineswegs würden wir grundsätzlich davon abraten. Sie wissen ja: Es ist alles eine Frage der Ziele und der KPIs. Probieren Sie es im Zweifel einfach einmal aus.

Das Layout wirkt sich vor allem auf die Klickrate und alle nachgeordneten KPIs aus. Auf die Öffnungsrate hat das Layout keinen Einfluss.

◆ Inhalt

Je nach Ziel und Zweck des Mailings gibt es verschiedene Arten von Aussendungen. Dienstleistungs- oder Informationsanbieter bevorzugen redaktionelle Newsletter, während für Shop-Betreiber eher konkrete Angebote, Hinweise auf Sortimentserweiterungen oder Rabattangebote infrage kommen. Allerdings lässt sich dieses so scharf nicht trennen. Zu sehr ist die benötigte Konzeption davon abhängig, welche Unternehmens-, Website- und Mailing-Ziele verfolgt werden, welche Zielgruppe angesprochen wird und was letztlich der Anlass ist. Ein Mailing ist nämlich auch eine super Sache, wenn man nur Neuigkeiten verbreiten möchte wie eine neue komfortablere Zahlart im Shop oder einen tollen neuen Bereich auf der Website.

Der Inhalt hat im Wesentlichen einen Einfluss auf die Klickrate und etwas schwächer auf die nachgeordneten KPIs. Die Öffnungsrate wird durch den Inhalt nicht beeinflusst.

Schwachstellen- und Potenzialanalysen

Wenn Sie bereits über die Daten einiger historischer Newsletter verfügen, dann sollten Sie retrospektiv eine positive und eine negative Benchmarking-Analyse durchführen. Hinter diesen Respekt einflößenden Begriffen steht tatsächlich etwas ganz Simples:

1. Finden Sie mit den genannten KPIs heraus, welche Newsletter im Sinne der Zielsetzung den größten Erfolg erzielt haben. Finden Sie die Stars. Analysieren Sie ihre Eigenschaften, und versuchen Sie, diese Eigenschaften zum allgemeinen Prinzip für zukünftige Newsletter zu erheben.

2. Finden Sie mit den genannten KPIs heraus, welche Newsletter im Sinne der Zielsetzung den geringsten Erfolg erzielt haben. Analysieren Sie ihre Eigenschaften, und versuchen Sie, den oder die Fehler zu erkennen, und vermeiden Sie diese Fehler zukünftig.

A/B-Tests

Einige E-Mail-Marketing-Systeme bieten die einfache Möglichkeit, die Empfänger nach dem Zufallsprinzip in zwei oder mehr Gruppen aufzuteilen, um diesen Gruppen jeweils eine spezielle Variante der E-Mail zuzustellen. Damit sind auf einfache Weise A/B-Tests realisierbar. Auch wenn das verwendete System diese Möglichkeit nicht bietet, können Sie mit einfachen Mitteln selbst diese Einteilungen vornehmen. Ein übliches Tabellenkalkulationsprogramm reicht dafür völlig aus.

A/B-Tests

A/B-Tests werden eingesetzt, um die Auswirkungen von Variantenbildungen zu untersuchen. Eine Probandenmenge wird in Gruppen aufgeteilt und jeder Gruppe eine Variante des zu testenden Gegenstands präsentiert. Die Reaktion der Gruppenmitglieder auf die Variante wird gemessen und ermöglicht so die Beurteilung der Auswirkung der Varianten. Streng genommen wird in einem A/B-Tests immer genau ein Element in genau einer Eigenschaft variiert, um die Reaktionen auf die Änderungen isolieren zu können. Werden mehrere Elemente oder Eigenschaften gleichzeitig geändert, um eine Variante zu erzeugen, kann die Reaktion der Probanden auf diese Variante nicht mehr eindeutig auf ein geändertes Element oder eine geänderte Eigenschaft zurück-geführt werden. Dennoch ist es aus verschiedenen Gründen in der Praxis manchmal angebracht, so zu verfahren, etwa wenn nicht genügend Zeit oder Probanden zur Verfügung stehen, um jedes Element separat zu variieren oder einen multivariaten Test durchzuführen.

Die Zeit- bzw. Probandenersparnis erkauft man sich dann aber mit dem Ver-lust einer eindeutigen Aussage, welches Element oder welche Eigenschaft für eine bestimmte Reaktion verantwortlich ist. Es besteht sogar die Gefahr der Auslöschung von gegenläufigen Auswirkungen, sodass gar keine Änderung in der Reaktion zu erkennen ist, obwohl mindestens eine der Änderungen posi-tive Auswirkungen hatte.

Je nach Größe der Empfängerliste können Sie ausgefeilte A/B-Tests systematisch vornehmen und einzelne Elemente wie beispielsweise die Betreffzeile in ihren Eigenschaften variieren. Wenn die Liste genügend groß ist, können Sie weitere Gruppen bilden und dort andere Elemente wie beispielsweise den Inhalt oder das Layout variieren. Steht Ihnen nur eine kleine Empfängerzahl zur Verfügung, soll-ten Sie sich auf die wichtigsten Elemente beschränken und diese nach und nach in Tests optimieren. In der Regel empfiehlt es sich, mit der Betreffzeile oder dem Ver-sandzeitpunkt zu beginnen, dort eine gute Variante zu ermitteln und darauf auf-bauend die in der Reihenfolge ihrer Wirkungsmöglichkeiten nachgelagerten Ele-mente zu variieren.

Hinweis

Beachten Sie dabei aber, dass manchmal auch Abhängigkeiten bestehen kön-nen, die die Elemente gegenseitig beeinflussen. So ist es möglich, dass der Versandzeitpunkt eine Rolle für die Akzeptanz bestimmter Betreffzeilen spie-len kann und umgekehrt. Ein optimaler Versandzeitpunkt kann nach der Änderung einer Betreffzeile weniger geeignet sein als vorher. Ob diese Beein-flussung jedes Mal stattfindet, wenn Sie eine Variante testen, ist nicht vorher-sagbar. Deshalb sollten Sie in jedem Fall immer mal wieder auch die Elemente testen, für die Sie schon in einem früheren Test ein gutes Ergebnis ermittelt haben.

Betrachten Sie übrigens die Empfängergruppen ebenfalls als A/B-testbares Element. Sie können die gleiche E-Mail mehreren nach bestimmten Kriterien unterscheidbaren Empfängergruppen zustellen und so feststellen, welche Gruppe besser angesprochen wird.

Tipp

Sorgen Sie dafür, dass die Empfängergruppen, die eine bestimmte Variante im Test erhalten sollen, immer so groß sind, dass Sie statistisch relevante Zahlen erhalten. Wenn Sie die Anzahl etwaiger Conversions und damit in Verbindung stehende KPIs testen wollen, brauchen Sie größere Gruppen für eine einzelne Variante, als wenn Sie nur die Öffnungsrate durch Variation von Betreffzeilen optimieren wollen, da mit zunehmender Schrittzahl, die notwendig ist, um zu den Werten zu gelangen, immer weniger Probanden diesen Schritt gehen (Öffnungen stehen am Anfang, Conversions liegen sehr viel weiter am Ende).

4.2.8 Offline-Zugriffsquellen

Für den in Webanalyse bzw. Marketing erfahrenen Leser sollte es keine Überraschung sein, aber dennoch möchten wir allen Lesern in Erinnerung rufen: Online und offline sind sehr eng miteinander verzahnt. Egal ob Sie Anzeigen in Zeitungen, Zeitschriften oder Magazinen schalten, Funkwerbung im Radio oder Fernsehen senden, in der Einkaufsstraße Flyer verteilen, Interviews geben, auf Messen einen Stand aufbauen, Pressemeldungen veröffentlichen, Plakate kleben, Kataloge herausgeben oder klassische Brief-Mailings verschicken, alle Aktivitäten dieser Art haben Auswirkungen im Online-Bereich. Und sie lassen sich messen.

Sie können die Auswirkungen in einem gewissen Rahmen steuern, indem Sie in den Offline-Medien auf Ihre Website verweisen. Aber selbst wenn Sie das nicht tun, ist die vernetzte Welt, in der insbesondere die Suchmaschinen eine Rolle spielen, der Grund dafür, dass Sie dennoch Auswirkungen feststellen können. Der Name Ihres Unternehmens oder Ihrer Produkte und Dienstleistungen wird von interessierten Empfängern Ihrer Offline-Botschaften gesucht. Zumindest in Deutschland ist ein Großteil der Bevölkerung mit der Nutzung von Suchmaschinen so vertraut, dass es zu ihrem Lebensalltag gehört, dass sie, wenn sie etwas interessiert, kurz schnell im Netz nach mehr Informationen und auch gezielt nach der zugehörigen Website recherchieren. Dazu möchten wir Ihnen zwei Beispiele aus der Praxis nennen, die sich zwar beide auf das Medium TV beziehen, sich aber genauso ereignen, wenn beispielsweise in einer Zeitschrift oder Zeitung ein Fachartikel mit Hinweis auf Ihr Unternehmen erscheint, eine Werbung geschaltet wird oder ein Brief-Mailing rausgeht. Sie müssen also nicht unbedingt ins Fernsehen.

 **Beispiel 1**

Die *Hockstars*, ein Verein von durch und durch verrückten Menschen, die den Sport *Hockern* erfunden haben, waren zu Gast in der Sendung *TV Total* mit Stefan Raab. Die Jungs haben ihren Sport eindrucksvoll vorgestellt, aber mit keinem einzigen Wort ihre eigene Website *www.hockern.com* ins Spiel gebracht. Dennoch war in den Statistiken eine gewaltige Spitze in den Zugriffszahlen festzustellen (s. *Abbildung 4.39*). Die Zuschauer fanden es einfach interessant und wollten noch mehr Videos mit diesen Verrückten sehen. Natürlich konnten sie den Fernseher nicht fragen, also sind sie ins Netz gegangen. Im wahrsten Sinne des Wortes ...

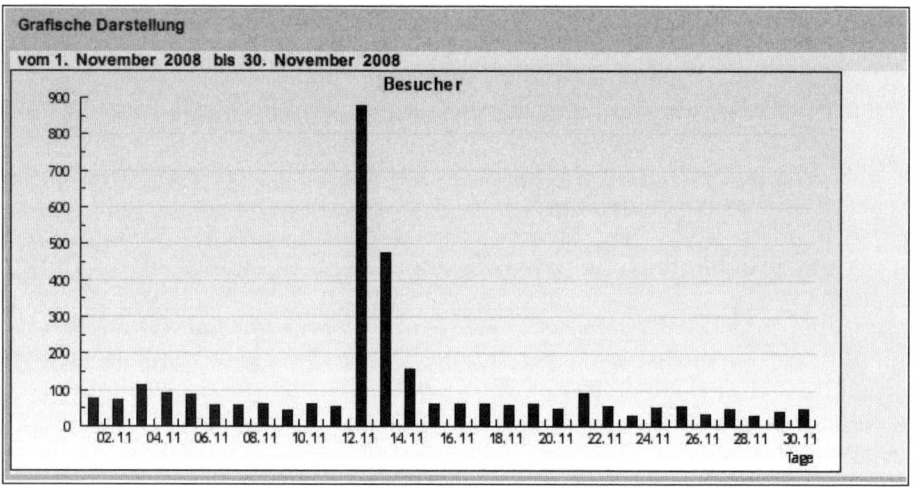

Abbildung 4.39: Anstieg der Zugriffszahlen nach TV-Auftritt ohne Nennung der Domain

 **Beispiel 2**

Ein Reporter des *KIKA* (Kinderkanal) berichtete, wie er jedes Mal, wenn er in einer Sendung auf die Website des KIKA verwies, die Zugriffe auf die Website mit einer sehr geringen Verzögerung deutlich anstiegen. Es gab also eine direkte Reaktion seiner Zuschauer auf seine Hinweise.

⌐ **Offline profitiert**

Das ist beileibe keine Einbahnstraße: Ihre Online-Aktivitäten wirken sich ebenfalls offline aus. Dies natürlich nur, wenn Sie Offline-Anlaufstellen wie Büros, Ladengeschäfte, Filialen oder Stände betreiben. Als reiner Onliner können Sie diesen Effekt nicht ausnutzen. ⌐

Durch die Messbarkeit gelangen Sie in den Besitz eines weiteren Controlling-Instruments für Ihr Offline-Marketing. Sie können die Bewertungen für diese Aktivitäten um die Resultate ergänzen, die Sie online in Google Analytics messen können. Dadurch können Ergebnisse, die zuvor ohne Online-Auswertung nur durchschnittlich abschnitten, am Ende deutlich besser aussehen. Wäre es nicht schön, wenn Sie aktiv in die Online-Auswirkung eingreifen könnten? Das können Sie. Mithilfe geeigneter Analysen der quantitativen und qualitativen Zugriffsquellen-KPIs möchten wir Sie in die Lage versetzen, genau das tun zu können.

Nun könnte man einwenden, dass irgendwo ja der Übergang zwischen offline und online stattfinden muss; entweder über die Suche in einer Suchmaschine, über die direkte Eingabe einer URL oder über verweisende Websites, die aber aufgrund einer Offline-Kampagne gefunden und aufgesucht wurden. Mit Ausnahme der direkten Eingabe einer bestimmten URL in den Browser wird man alle anderen Zugriffsquellen mit den hier vorgestellten Methoden ohnehin schon erfassen, wieso braucht man dann noch diese »unsichere« Analyse? Es nützt einem Unternehmer wenig, wenn er weiß, *woher* die Zugriffe kommen, aber nicht weiß, *warum*. Es ist für uns ein Leichtes, das Woher zu klären, aber viel wichtiger für die Bewertung und Steuerung von Kampagnen und Maßnahmen ist das Warum. Nur mit dem Wissen über das Warum lässt sich der Marketing-Erfolg steigern.

Messbarkeit von Offline-Zugriffsquellen

Wie lässt sich diese Menge an möglichen Einflüssen zuverlässig messen? Der Wunsch nach zuverlässiger Messung ist nachvollziehbar, aber wir müssen Ihnen an dieser Stelle ehrlich sagen, dass Sie die Auswirkungen nicht in absoluter Größe exakt messen können. Was Sie aber messen können, sind die relativen Veränderungen der Kennzahlen, was unserer Meinung nach das wichtigste Kriterium für die Beurteilung des Erfolgs einer Offline-Maßnahme ist.

Um doch genaue absolute Zahlen zu erhalten, ist es natürlich der erste Gedanke, zu allen Gelegenheiten eine speziell gekennzeichnete URL zu veröffentlichen und deren Aufrufe auszuwerten. Diese schön ausgedachte Methode scheitert in der Praxis allerdings an zwei Dingen: Erstens werden Sie kaum in der Lage sein, in einem Interview, einem Fernsehspot oder einem ähnlichem Medium eine URL wie »Wehwehweh Punkt MeineWebsite Punkt Deh Eeh Slash Tschännel ist gleich Zwo Drei Eff Geh Zet« (*www.MeineWebsite.de/channel=23fgz*) zu nennen, und können auch kaum davon ausgehen, dass sich jemand diesen Wahnsinn merken wird. Zweitens – auch wenn die URL gedruckt vorliegt – sind die Nutzer von Natur aus faul und vergesslich und geben doch nur die Domain ein. Futsch ist die Markierung, und die Messung bleibt ungenau.

Etwas besser sind spezielle Domains wie *MeineWebsite.fm* bei Radiospots oder *Produkt.MeineWebsite.de*, um ein bestimmtes Produkt direkt aufrufbar zu machen. Dies lässt sich zum einen mit Google Analytics messen, zum anderen ist hierbei die Wahrscheinlichkeit kleiner, dass Nutzer abkürzen. Aber es ist kein Allheilmittel, denn auch hier kommt es auf die leichte Merkbarkeit an. Und ungewöhnliche Domainbestandteile werden sich nicht etwa gemerkt, weil sie außergewöhnlich sind, sondern vergessen, weil sie schlicht ungewohnt sind. Über ».de« muss kein Nutzer mehr nachdenken.[11] Obwohl also auch dieser Weg keineswegs optimal, geschweige denn ein Garant für exakte Messungen ist, lässt sich dieses Mittel dennoch durchaus parallel zu den anderen Möglichkeiten einsetzen, die wir Ihnen vorstellen möchten.

Um exakte zuverlässige Messungen mit absoluten Zahlen, die nur in der zweiten Nachkommastelle abweichen, braucht es an dieser Stelle auch gar nicht zu gehen. Uns interessieren die Auswirkungen auf die KPIs, die auch nur in relativer Größe durch Vergleich mit vorigen oder veränderten Zuständen gewaltige Aussagekraft besitzen.

Durch die folgenden Analysen der quantitativen und qualitativen Zugriffsquellen-KPIs wird die optimale Ausrichtung Ihrer Offline-Kampagnen steuerbar. Selbst verschiedene Medien können miteinander verglichen werden, und auf diese Weise bekommen Sie die Möglichkeit, Ihren Marketing-Mix zu optimieren. In Zeiten schrumpfender Werbebudgets wird es schließlich immer wichtiger, die Zielgruppe mit weniger finanziellen Mitteln nach wie vor möglichst zahlreich und häufig zu erreichen und Streuverluste so weit wie möglich zu minimieren. Im Idealfall läuft es für Sie sogar so, wie es der Herr Pareto dereinst beschrieben hat: 80% des Ergebnisses mit 20% des Einsatzes.

Vorbereitung

Veröffentlichen Sie in einer Offline-Kampagne eine spezielle Domain (wie beispielsweise *www.MeineWebsite.fm* für einen Radiospot), und richten Sie hier eine 301-Weiterleitung auf Ihre Haupt-Domain ein, um duplizierten Content und die dadurch zu erwartenden Sanktionen durch Suchmaschinen zu vermeiden. Lesen Sie mehr zu diesem Thema in dem *Abschnitt 4.5*. Erstellen Sie ein erweitertes Segment für die Analysen der Zugriffe über die spezielle Domain (s. *Abbildung 4.40*).

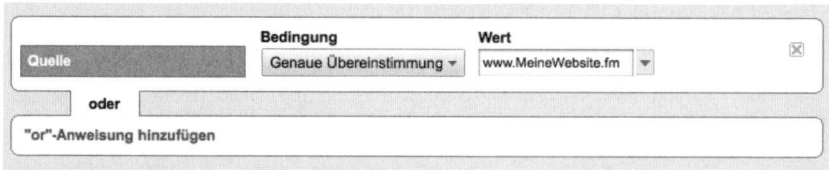

Abbildung 4.40: Erweitertes Segment für eine spezielle Domain einer Offline-Kampagne (beispielsweise für einen Radiospot)

---

11 Viele Nutzer in Deutschland geben automatisch ».de« ein, selbst wenn die Website also ».com« veröffentlicht wurde. Oft finden sie dann einen Mitbewerber oder etwas völlig anderes, als sie erwartet haben, und geben dann auf.

KPIs für Offline-Zugriffsquellen

Websites ohne E-Commerce

KPI	Beschreibung	Bewertungsbezug
Besuchsleistung	Besucher, Besuche oder Seiten-zugriffe pro Tag	Besuche
Conversion-Leistung	Conversions pro Tag	Conversions
Umsatzleistung	Zielwert pro Tag	Wert

Tabelle 4.23: Übersicht der quantitativen KPIs für Offline-Zugriffsquellen (Websites ohne E-Commerce)

KPI	Beschreibung	Bewertungsbezug
Absprungrate	Anteil der Besucher, die die Website gleich wieder verlassen	Besuche
Conversion-Rate	Anteil der Zugriffe mit Conversions	Conversions
Ziel-Conversion-Rate	Summe aller Conversion-Raten bei mehreren Zielen	Conversions
Zugriffsumsatz	Zielwert/Zugriffe (in Google Analytics: »Zielwert pro Zugriff«)	Wert

Tabelle 4.24: Übersicht der qualitativen KPIs für Offline-Zugriffsquellen (Websites ohne E-Commerce)

E-Commerce-Websites

KPI	Beschreibung	Bewertungsbezug
Besuchsleistung	Besucher, Besuche oder Seiten-zugriffe pro Tag	Besuche
Conversion-Leistung	Conversions pro Tag	Conversions
Transaktionsleistung	Transaktionen pro Tag	Conversions
Umsatzleistung	Umsatz pro Tag	Wert
Umsatzleistung (Alternative)	Zielwert pro Tag	Wert

Tabelle 4.25: Übersicht der quantitativen KPIs für Offline-Zugriffsquellen (E-Commerce-Websites)

KPI	Beschreibung	Bewertungsbezug
Absprungrate	Anteil der Besucher, die die Website gleich wieder verlassen	Besuche
Conversion-Rate	Conversions pro Zugriff	Conversions
Ziel-Conversion-Rate	Summe aller Conversion-Raten bei mehreren Zielen	Conversions

KPI	Beschreibung	Bewertungsbezug
Transaktionsrate	Transaktionen pro Zugriff (in Google Analytics: »E-Commerce-Conversion-Rate«)	Conversions
Zugriffsumsatz	Umsatz pro Zugriff (in Google Analytics: »Wert pro Zugriff«)	Wert
Zugriffsumsatz (Alternativ)	Zielwert pro Zugriff (in Google Analytics: »Zielwert pro Zugriff«)	Wert
Transaktionsumsatz	Umsatz pro Transaktion (in Google Analytics: »Durchschnittlicher Bestellwert«)	Wert

Tabelle 4.26: Übersicht der qualitativen KPIs für Offline-Zugriffsquellen (E-Commerce-Websites)

Analysen und Maßnahmen für Offline-Zugriffsquellen

Zeitliche Analysen

Wenn Sie zum Beispiel eine Anzeige in einer Zeitschrift schalten, dann hat diese natürlich ein konkretes Veröffentlichungsdatum. Selbst wenn es Ihnen nicht gelungen ist, für dieses Ereignis extra eine Domain einzurichten und exklusiv zu publizieren, um die Wirkung mithilfe der quantitativen und qualitativen KPIs in dem Segment für die spezielle Domain direkt zu messen, haben Sie die Möglichkeit, eine approximative Schätzung für den unmittelbaren Effekt der Anzeige abzuleiten.

Erscheint die Anzeige beispielsweise an einem Montag, dann ermitteln Sie die durchschnittlichen Werte der KPIs für die vorangegangenen vier bis fünf Montage. Die Differenz zwischen dem durchschnittlichen Wert ohne Anzeigenschaltung und dem Wert am Veröffentlichungsdatum ist dann ein Schätzer für die unmittelbare Wirkung der Anzeige. Die unmittelbare Wirkung kann dann wiederum als Schätzer für die gesamte Wirkung der Anzeige hergenommen werden.

Wie gesagt: Wirklich wertvoll werden diese Daten – mit oder ohne extra Domain – aber erst durch den Vergleich. Veröffentlichen Sie die gleiche Anzeige wenig später in einer anderen Zeitschrift, dann können Sie über den Vergleich der unmittelbaren Wirkungen die bessere Platzierung für Ihre Anzeige identifizieren und zukünftig ausschließlich hier Ihre Anzeige schalten. Behalten Sie bei der Bewertung der Anzeige oder einer anderen Offline-Aktion aber stets die Zielsetzung und den Inhalt im Auge. Soll die Anzeige pauschal auf Ihr Unternehmen aufmerksam machen, dann priorisieren Sie die Besuchsleistung und die Absprungrate bei der Bewertung. Wird ein Knaller-Bestpreis-Sonderangebot lanciert, dann legen Sie bei Ihrer Betrachtung das Gewicht auf die quantitativen und qualitativen KPIs, die sich auf Wert und Umsatz beziehen.

Wozu?

Oft wird bei der Entwicklung einer Kampagne intensiv über Inhalt und Gestaltung – über das *Wie?* und *Was?* – nachgedacht. Die Zielsetzung – das *Wozu?* – wird dabei vernachlässigt. Auch wenn es unbequem ist: Nehmen Sie das Heft in die Hand, und stellen Sie diese Frage bereits im Vorfeld energisch! Das schafft für alle Beteiligten Klarheit bei der Datensammlung und bei der späteren Evaluation.

Gehen wir nun einen Schritt weiter. Einige Kampagnen, wie etwa Funkwerbung im Radio oder Fernsehen, folgen in der Regel einer bestimmten zeitlichen Abfolge. Dies gibt Ihnen die Möglichkeit, die Wirkung der Kampagne hinsichtlich der Dimension Zeit zu analysieren und zu vergleichen.

Angenommen Sie strahlen ein paar Wochen lang immer sonntags und mittwochs einen Spot im Radio aus. Es handelt sich bei jeder Ausstrahlung um denselben Spot, in dem eine spezielle Domain exklusiv genannt wird und der stets um die gleiche Uhrzeit gesendet wird.

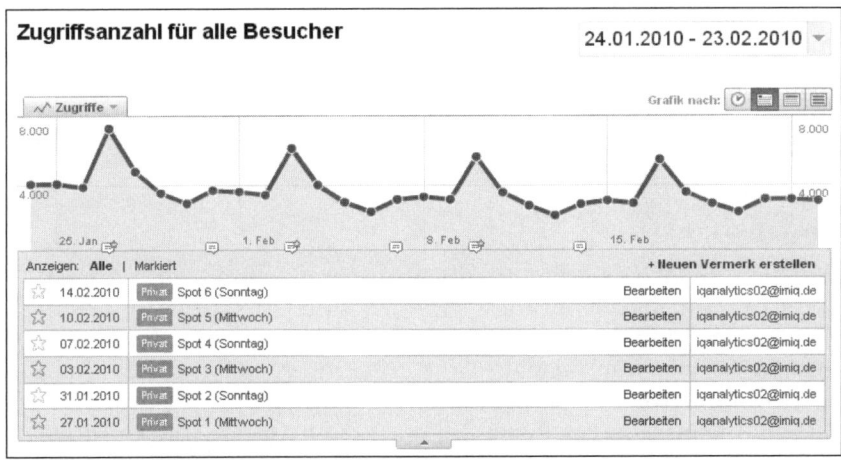

Abbildung 4.41: Verteilung der Zugriffe während einer Radio-Kampagne unter Verwendung der Annotationsfunktion in Google Analytics

Sie können nun durch den Vergleich der quantitativen und qualitativen KPIs am Tag der Ausstrahlung die unmittelbare Wirkung des Mittwoch-Spots mit der des Sonntag-Spots vergleichen. In Reaktion auf das Ergebnis werden Sie zukünftig den effektiveren Termin weiterhin buchen und möglicherweise den weniger effektiven Termin nicht weiter berücksichtigen. Oder Sie buchen für eine zweite Ausstrahlung einen anderen Wochentag und analysieren, wie hoch die Effizienz des Spots zu diesem Sendetermin ist, und optimieren auf diese Weise sukzessive die Wirkung Ihrer Spots.

Aber aufgepasst! Wenn sich Ihre Daten in Google Analytics wie in *Abbildung 4.41* darstellen, dann könnten Sie schon rein durch den optischen Eindruck auf die Idee kommen, dass die Spots am Mittwoch einen stärkeren Effekt auf die Besuchsleistung entfalten als die Spots am Sonntag, und wahrscheinlich ist es auch so. Was aber, wenn zum Beispiel die Besuchsleistung am Mittwoch grundsätzlich – also auch ohne Radiospot – sehr stark ist und am Sonntag für gewöhnlich nahe der Nulllinie, weil die Konstellation aus Ihrem Angebot und Ihrer Zielgruppe nun mal einen bestimmten Verlauf der Website-Nutzung über die Woche hinweg vorgibt? Dann wäre es womöglich so, dass in Wahrheit der Effekt des Sonntag-Spots größer ausfällt als der des Mittwoch-Spots. Sie kommen in dieser Situation nicht darum herum: Sie benötigen Vergleichswerte der Besuchsleistung und der anderen KPIs der jeweiligen Wochentage ohne Radiospots.

Diese Werte erhalten Sie zum Beispiel, wenn Sie die Ausstrahlung der Spots pausieren. Wenn es aber so ist, dass die besagte Konstellation ein bestimmtes Muster in der Website-Nutzung über die Woche hinweg vorgibt, dann können Sie auch die Werte Ihrer Haupt-Domain zum Vergleich heranziehen. Wie auch immer: Erst über den Vergleich der KPI-Mittelwerte mit und ohne Spot können Sie das Ausmaß des Effekts für den Mittwoch und den Sonntag vernünftig schätzen und in Reaktion auf das Ergebnis zukünftig selektiv diejenigen Sendetermine buchen, die die besseren Ergebnisse produzieren.

Machen Sie sich an dieser Stelle wieder klar: Egal welcher der im vorherigen Abschnitt genannten Effekte Ihre Messung verzerrt, die Verzerrung wird alle Messungen in gleichem Maße betreffen, wodurch die Vergleichbarkeit der Werte wiederum absolut gegeben ist.

Annotationsfunktion

Notieren Sie sich Sende- und Veröffentlichungstermine und alle anderen Ereignisse, die für Ihr Online-Business relevant sind, in Google Analytics grundsätzlich mit der Annotationsfunktion (vgl. *Abbildung 4.41*). Dieses relativ neue Feature ist eigentlich banal, dafür aber ungemein nützlich. Denn ohne Dokumentation wird es mit fortschreitender Zeit immer schwieriger nachzuvollziehen, was wann geschehen ist, und Fehlinterpretationen werden sehr wahrscheinlich, wenn Sie wichtige Ereignisse in Ihren Analysen nicht berücksichtigen. Seit dieses neue Feature in Google Analytics zur Verfügung steht, ist eine eigene Dokumentation außerhalb des Tools nun endlich nicht mehr notwendig. Ein kleiner Segen für die Praxis!

Die dargestellten Analysen können Sie selbstverständlich auf weiteren zeitlichen Ebenen durchführen. Nehmen wir an, die Analyse der Radiospots aus unserem Beispiel führt zu der Erkenntnis, dass der Mittwoch tatsächlich der bessere Tag für Ihren Spot ist. Dann können Sie einen Schritt weiter gehen und verschiedene Tageszeiten testen, indem Sie die Spots zwar immer mittwochs, aber abwechselnd früh morgens, um die Mittagszeit und in den Abendstunden ausstrahlen lassen und die direkten Wirkungen der Spots auf dieser zeitlichen Ebene miteinander vergleichen. Genauso gut können Sie untersuchen, ob sich für Ihre Spots die optimale

Woche innerhalb eines Monats finden lässt oder die besten Monate im Jahr. Ermitteln Sie auf diese Weise nach und nach Ihre optimalen Zeitfenster, und platzieren Sie entsprechend gezielt.

Räumliche Analysen

Um die Wirkung Ihrer Offline-Kampagnen zu analysieren und zu optimieren, sollten Sie ebenfalls die Dimension Raum betrachten. Wenn Ihre Zielgruppe nicht überall gleichermaßen präsent ist, sondern sich beispielsweise eher in Städten oder – im Gegenteil – in ländlichen Regionen aufhält, dann werden Sie mit den beschriebenen Methoden wertvolle und weniger wertvolle Regionen unterscheiden können. Die wertvolleren Regionen werden Sie doch wohl verstärkt bewerben wollen, oder?! Spezielle Angebote oder Botschaften, die in manchen Regionen sehr gut und in anderen so gut wie gar nicht funktionieren, werden Sie gleichfalls verstärkt in den Regionen lancieren, die sich als vielversprechend erwiesen haben.

Tipp

Es gibt in Google Analytics bisher keine Möglichkeit (und aller Wahrscheinlichkeit nach wird es sie nie geben), die Besuche geografisch nach deutschen Bundesländern zu gruppieren. Dies kann aber für die Analyse und anschließende Planung einer Kampagne äußerst nützlich sein. Wir haben daher ein Spreadsheet erstellt, mit dem genau das möglich ist. Es steht Ihnen samt Anleitung auf der Website zum Buch unter *http://www.analytics-und-co.de/downloads* zum Download zur Verfügung.

Analyse von Inhalt und Gestaltung

Neben den bisher vorgestellten Untersuchungen, die langfristig dafür sorgen werden, dass Sie zur rechten Zeit am rechten Ort mit Ihren Botschaften in Erscheinung treten, sollten Sie Ihr analytisches Augenmerk ebenfalls auf Inhalt und Gestaltung Ihrer Marketing-Aktionen richten. Führen Sie A/B-Tests durch, um zu untersuchen, welche Varianten hinsichtlich ihrer Gestaltung und ihres Inhalts für Ihre Zielgruppe am besten geeignet sind. Dabei werden Sie feststellen, dass schon minimale Unterschiede großen Einfluss auf die Wirkung Ihrer Offline-Kampagnen entfalten können. Das gilt selbstverständlich auch – wenn nicht sogar erst recht – im Online-Kontext.

Nicht alles auf einmal!

Damit Ihre Analysen in endlicher Zeit und bei vertretbarem Aufwand zu verwertbaren Ergebnissen und Aussagen führen, ist es wichtig, dass Sie möglichst immer nur einen Aspekt Ihrer Offline-Kampagnen variieren und untersuchen. Wenn Sie an unser Beispiel zurückdenken und zwei Radiospots mit unterschiedlichem Inhalt miteinander vergleichen wollen, die außerdem zu unterschiedlichen Tageszeiten, an unterschiedlichen Wochentagen und in unterschiedlichen Regionen ausgestrahlt werden, dann werden Sie zwar den erfolgreicheren Spot ermitteln können, aber eine kausale Zuordnung, weshalb der eine besser funktioniert als der andere, wird Ihnen nicht gelingen. Am Ende wissen Sie also nicht, nach welchen Kriterien Sie sich bei Ihrer zukünftigen Planung der Kampagne richten sollen.

Theoretisch gibt es zwar statistische Verfahren (sogenannte multivariate Verfahren oder Faktorenanalysen), mit denen Sie den ausschlaggebenden Faktor auch bei einer Vielzahl variierter Merkmale ermitteln können. Dafür benötigen Sie aber einerseits eine ganze Menge mathematisches Know-how. Obwohl wir vielen unserer Leser durchaus zutrauen, dass sie dieser Herausforderung gewachsen sind, besteht bei dieser Vorgehensweise nach wie vor ein großer Nachteil: Sie blähen nämlich andererseits mit jeder variierten Variablen (Inhalt, Tageszeit, Wochentag, Region etc.) die Matrix der zu betrachtenden Varianten auf. Dies führt dazu, dass Sie sehr schnell eine sehr große Stichprobe (Anzahl der Spots, Besucher, Besuche oder Seitenaufrufe) benötigen, um genügend Daten zu kommen. Das bedeutet dann wiederum wahrscheinlich, dass Sie sehr lange auf eine valide Auswertung warten müssen. Eine weitere unangenehme Eigenschaft ist die, dass Sie diese vielen Radiospots auch eine ordentliche Stange Geld kosten werden.

Online und offline sind verbunden

Wie gesagt, online und offline sind nicht durch eine Einbahnstraße miteinander verbunden, sofern Ihr Unternehmen in beiden Welten – der On- und der Offline-Welt – existiert. Wenn Sie beispielsweise in dem Text einer SEA-Anzeige oder auf einer verweisenden Website eine bestimmte Telefonnummer veröffentlichen, die Sie nur hierfür einsetzen, dann können Sie den Erfolg der Anzeige oder des Verweises schlicht daran messen, wie viele Anrufe über diese Telefonnummer eingehen. Wenn Sie dabei darüber hinaus gewissenhaft dokumentieren, wie viele Anrufe zu welchem Umsatz geführt haben, können Sie mit Zahlen aus der Offline-Welt Ihre Online-Aktionen bewerten und KPIs wie Anrufleistung, Anruf-Conversion-Rate oder Anrufswert bilden. »Entschuldigung, da habe ich mich wohl verwählt,« wäre dann übrigens einem Absprung gleichzusetzen.

4.2.9   Online-Markenbekanntheit

Ein gänzlich anderer KPI als die bisherigen Kennzahlen für Zugriffsquellen ist die *Online-Markenbekanntheit*. Dieser KPI bewertet keine Zugriffsquelle in dem Sinne wie alle vorangegangenen KPIs, sondern bewertet die Sichtbarkeit des Unternehmens oder bestimmter Produkte im Web. Allerdings basiert dieser KPI weiterhin auf den Zugriffen auf Ihre Website, weshalb wir ihn unter den Zugriffsquellen-KPIs führen.

Wir müssen allerdings noch ein paar Dinge klären, bevor Sie damit sinnvoll arbeiten können. Zunächst einmal sollten Sie wissen, dass wir sowohl die bezahlten als auch die unbezahlten Zugriffe (über Suchergebnisse) in die Messungen einfließen lassen. Der Grund dafür ist, dass Nutzer oft nicht zwischen den Textanzeigen und den Suchergebnissen in Suchmaschinen unterscheiden können und so mehr oder weniger wahllos auf die Einträge klicken, die ihnen am meisten zusagen. Hier eine Trennung vorzunehmen, würde das Ergebnis verzerren.

Wir werden von Marken-Keywords sprechen. Damit sind alle Begriffe gemeint, die im Zusammenhang mit dem stehen, dessen Bekanntheit Sie ermitteln möchten. Das können neben echten Marken beispielsweise Produktbezeichnungen oder der Name Ihres Unternehmens sein. Auch Falschschreibweisen oder Abwandlungen davon müssen Sie in Betracht ziehen, denn Nutzer geben eine Menge Dinge – auch einfache – falsch ein.

Da Sie im Prinzip alle Zugriffe ermitteln wollen, die in Kenntnis der Marke erfolgen, gehören die direkten Zugriffe natürlich auch in die Kalkulation des KPI, wenn die Marke und die Second Level Domain Ihrer Website identisch sind.

Im Zusammenhang mit den direkten Zugriffen gibt es weitere Phänomene, die die Zuordnung erschweren. Erstaunlich viele Nutzer verwenden das Eingabefeld der Suchmaschine wie die Adresszeile des Browsers. Sehr häufig finden wir in den Berichten zu organischen Keywords Einträge wie *www.EineBestimmteWebsite.de*, also gerade die Domain der untersuchten Website. Diese Zugriffe sind eigentlich den direkten Zugriffen zuzuordnen, kommen aber über Suchmaschinen zustande.

Wenn Sie jetzt denken: »Moment mal! Direkte Zugriffe? Da werden doch pauschal auch alle die Zugriffe gezählt, bei denen Google Analytics keine Information über den Referrer erhält. Die Daten sind doch verzerrt!«, dann machen Sie sich Folgendes klar: Eine Verzerrung der Daten in den direkten Zugriffen ist in der Regel zwar gegeben, aber das Wichtige ist, dass das Ausmaß der Verzerrung über die Zeit hinweg nahezu konstant verläuft und damit keinen *systematischen* Einfluss auf die Werte hat. Der Trend ist das Maß der Dinge. Eine konstante Verzerrung ist aus analytischer Sicht letztendlich immer dann vollkommen egal, wenn sie konstant ist.

Was fangen Sie mit der Online-Markenbekanntheit an? Nun, das ist ein Instrument, mit dem Sie eine gute Einschätzung vornehmen können, wie weit Ihr Unternehmen, Ihre Website oder eines Ihrer Produkte bei den Nutzern im Allgemeinen und den Nutzern von Suchmaschinen im Speziellen (und das sind eine Menge Nutzer) ein Begriff für etwas geworden sind.

Viel wichtiger aber: Sie können mit diesem KPI hervorragend den Erfolg verschiedener Branding-Kampagnen vergleichen. Was relativ gut gelaufen ist, möchten Sie bestimmt wiederholen. Uneffektive Initiativen, die womöglich auch noch teures Geld gekostet haben, können Sie so identifizieren und gegebenenfalls einstellen. Darüber hinaus können Sie mit dem KPI den Wert von Branding-Kampagnen langfristig beobachten und durch entsprechende Maßnahmen steuernd eingreifen. Möglicherweise stellen Sie fest, dass Sie bereits gut bekannt sind. Daraus lassen sich etliche Vorteile ziehen, die letztlich in mehr Kunden, treueren Kunden und in mehr Umsatz und Gewinn münden.

Oder Sie stellen fest, dass Sie fast keine Markenbekanntheit besitzen. Dann bauen Sie sich eine auf! Markenbekanntheit bedeutet, dass Nutzer und Interessenten bereits einen gewissen Vertrauensvorschuss in Ihre Marke geben. Das, was Sie unter dieser Marke verkaufen, lässt sich leichter verkaufen, und vor allem werden eine Marke und die damit verbundenen Eigenschaften weitertransportiert – von den Menschen da draußen!

Gehen Sie dabei langfristig vor, stecken Sie sich mittelfristige Ziele, und evaluieren Sie die Erfolge der Teilschritte, indem Sie diesen KPI in Ihre Analysen einfließen lassen. So können Sie feststellen, ob sich Ihre Mühen in Sachen Markenbildung gelohnt haben.

Vorbereitung

Die Umsetzung der Messungen für diesen KPI ist nicht ganz so einfach wie bei den meisten anderen KPIs in diesem Buch. Das liegt an der Verwendung von sogenannten regulären Ausdrücken, die benötigt werden, um in den vollständigen Keyword-Berichten alle Marken-Keywords nach verschiedenen Varianten und auch Falschschreibweisen zu filtern. Wenn Sie nicht gerade Informatiker oder Physiker sind (aus irgendeinem Grund können die meisten Physiker genauso gut programmieren wie Informatiker, manchmal sogar besser, vor allem aber verstehen sie reguläre Ausdrücke sehr schnell) oder Sie es sich nicht aus irgendwelchen Gründen angeeignet habe, dann sind reguläre Ausdrücke zunächst einmal etwas verwirrend. Wir benutzen sie aber trotzdem. Wenn Sie wissen wollen, was wir Ihnen da eigentlich vorsetzen, dann empfehlen wir zunächst die Lektüre von *Kapitel 5.1.1, Reguläre Ausdrücke*, wo wir Ihnen die wichtigsten Konzepte der regulären Ausdrücke erläutern.

Erstellen Sie ein erweitertes Segment, das Ihre direkten Zugriffe und die Varianten Ihrer Marken-Keywords umfasst (s. *Abbildung 4.42*).

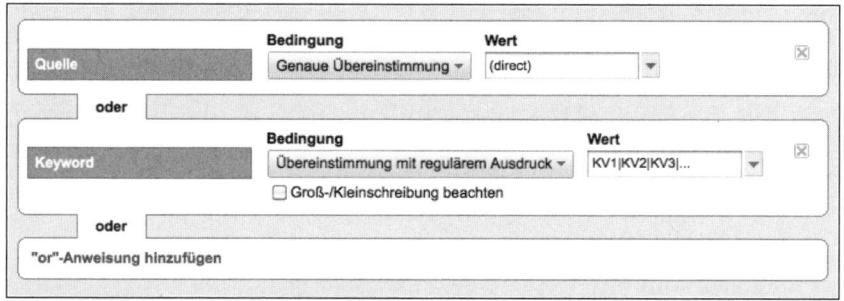

Abbildung 4.42: Erweitertes Segment für die Online-Markenbekanntheit

Ersetzen Sie bei der Erstellung des Segments die Beispiel-Keywords KV1, KV2, KV3 usw. mit den Varianten Ihrer Marken-Keywords.

KPI für Online-Markenbekanntheit

$$\textit{Online-Markenbekanntheit} = (\textit{Zugriffe}_{Direkt} + \textit{Zugriffe}_{Marken\text{-}Keywords}) \ / \ \textit{Wochen}$$

In $\textit{Zugriffe}_{Marken\text{-}Keywords}$ sind sowohl organische als auch bezahlte Zugriffe zusammengefasst.

Wie Sie in der Formel erkennen können, schlagen wir vor, die Online-Markenbekanntheit pro Woche zu betrachten. Je nach Traffic kann es aber sinnvoller sein, einen anderen Zeitraum zu wählen. Bei geringem Traffic sollten Sie beispielsweise den KPI pro Monat untersuchen.

Analysen für die Online-Markenbekanntheit

Evaluation

Analysieren Sie die Entwicklung der Online-Markenbekanntheit im zeitlichen Verlauf. Hierzu aktivieren Sie das eingangs beschriebene erweiterte Segment. Je nach Traffic betrachten Sie den Trendverlauf nach Woche oder Monat Wenn Sie Branding-Kampagnen zur Entwicklung Ihrer Marke durchführen, dann werden Sie die Effekte an dem Trend des KPI ablesen können.

4.3 Website

Die Website dient dazu, den zuweilen unter viel Mühen gewonnenen Besucherstrom in Kunden oder zumindest in Interessenten zu wandeln. Letztlich soll ein möglichst großer Teil der Besucher eine Conversion abschließen. Dieses Ziel zu erreichen, liegt allein in der Verantwortung der Website. Wie gut sie dieses Ziel unterstützt und umsetzt, hängt allein davon ab, wie gut die Website auf die Bedürfnisse der Besucher ausgerichtet ist. Schon ein einziger Stolperstein kann einen großen Teil des mühsam gewonnenen Traffics mit einem leisen »Puff« ins Nirwana verschwinden lassen.

Letztendlich kann jede einzelne Seite Ihrer Website dafür verantwortlich sein, einen Nutzer zu begeistern und zu einer Conversion zu leiten, oder ihn verstören, abschrecken und in die Flucht schlagen. Darüber hinaus gibt es zwei grundlegende Elemente, die besonders wichtig für den Erfolg einer Website sind: die Landing-Pages und die Conversion-Prozesse. Richtig angewendet dient die Webanalyse den Zielen dieser beiden Elemente als Katalysator und beschleunigt und verstärkt die Leistung der Website hinsichtlich der Conversions. In diesem Abschnitt erfahren Sie, wie Sie Landing-Pages beurteilen und optimieren, um die Conversion-Absicht des Besuchers zu verstärken, und wie Sie Conversion-Prozesse systematisch analysieren, um die Stolpersteine und Schwachstellen auszuräumen, die dafür verantwortlich sind, dass Besucher ihre Conversions letztlich nicht abschließen.

4.3.1 Content-Seiten

Zunächst ist jede Seite Ihrer Website eine sogenannte Content-Seite. Wie Sie in den später folgenden Ausführungen zu Landing-Pages und Conversion-Prozessen sehen werden, gibt es darüber hinaus Content-Seiten (im Folgenden auch kurz Seiten genannt), die entweder eine zusätzliche oder eine ganz spezielle Funktion erfüllen.

In Bezug auf Conversion-Prozesse werden wir Seiten betrachten, die Teil einer linearen Abfolge bei der Vollendung einer Conversion sind. Begreift man den Conversion-Prozess aber weniger eng, dann könnte man sagen, dass im Prinzip jede Seite einer Website potenziell Teil eines Conversion-Prozesses sein kann, indem sie den Nutzer gewissermaßen in den Trichter leitet und somit ebenfalls zur Entstehung einer Conversion beiträgt.

Wenn wir uns von dem Online-Shop als Website-Modell lösen und beispielsweise eine Website betrachten, deren Ziel darin besteht, dem Nutzer zu einer bestimmten

Thematik möglichst viele Informationen zu vermitteln, dann könnte man auch radikal sagen, dass jeder Seitenaufruf eine Conversion ist. Ein linearer Conversion-Prozess existiert in diesem Zusammenhang dann überhaupt nicht mehr.

Neben den speziellen Rollen, die eine Seite spielen kann, ist es daher wichtig, die Leistung jeder einzelnen Seite aus einer allgemeinen Perspektive zu betrachten, wie Sie es im Folgenden sehen werden.

Vorbereitung

Dynamische URL-Parameter filtern

Damit Sie brauchbare Daten für die später folgenden Analysen zur Verfügung haben, müssen Sie zunächst alle dynamischen URL-Parameter Ihrer Website in Google Analytics filtern. Viele Websites und insbesondere Shop-Systeme arbeiten zum Beispiel mit Session-IDs. Jedes Mal, wenn ein Nutzer das erste Mal innerhalb einer Sitzung auf eine solche Website zugreift, wird eine neue Session-ID erstellt und in die URLs der aufgerufenen Seiten geschrieben. Darüber kann das System den Nutzer identifizieren und ihm nutzerspezifische Daten wie bspw. einen Warenkorb anzeigen. Da Google Analytics standardmäßig die URLs der aufgerufenen Seiten ausliest und diese mit jedem neuerlichen Besuch wegen der neuen Session-ID als neue URL ansieht, taucht ein und dieselbe Seite vielfach in den Berichten auf, wenn die Session-IDs nicht gefiltert werden. Wie gesagt: Die hier im Folgenden beschriebenen Analysen können Sie dann vergessen.

Neben Session-IDs kann eine ganze Reihe weiterer dynamischer Parameter zum Einsatz kommen. Wenn Sie sich nicht sicher sind, ob und welche dynamischen Parameter auf Ihrer Website verwendet werden, dann fragen Sie Ihren Webmaster oder Ihre Agentur. Sie können aber auch einfach selbst ein paar Mal die Website aufrufen und die URLs im Browser auf dynamische Parameter untersuchen.

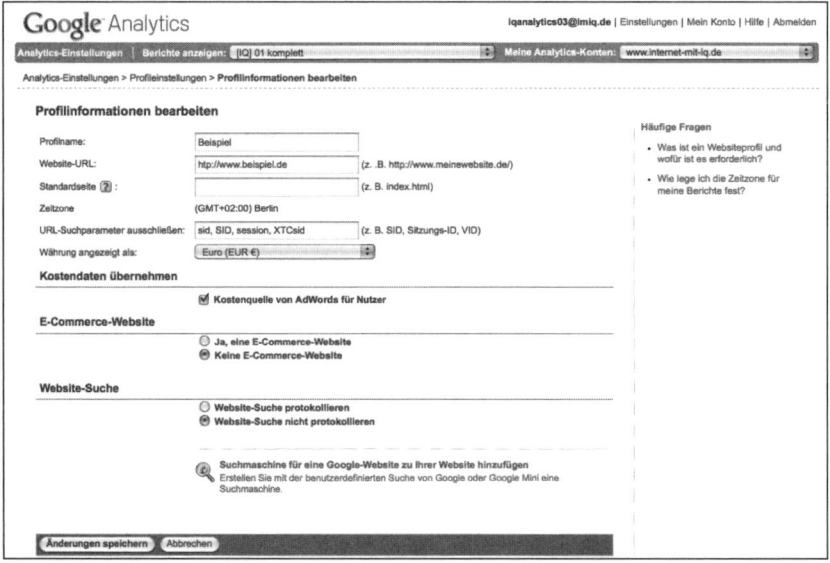

Abbildung 4.43: Ausschluss von dynamischen URL-Parametern in den Google Analytics-Profileinstellungen

Sofern dynamische Parameter auf Ihrer Website zum Einsatz kommen, können Sie sie in den Google Analytics PROFILEINSTELLUNGEN filtern. Dazu wählen Sie den Bereich PROFILINFORMATIONEN FÜR HAUPTWEBSITE zur Bearbeitung aus. Hier geben Sie den Name des Parameters (so wie er in den URLs steht) in das Feld URL-SUCHPARA-METER AUSSCHLIESSEN ein. Wenn Sie mehrere Parameter ausschließen müssen, dann geben Sie eine Liste mit allen Parametern ein und trennen sie mit Kommata voneinander. In *Abbildung 4.43* sind einige Beispiele für mögliche Bezeichnungen von Session-IDs zu sehen.

Standardseite definieren

In Bezug auf die Startseite müssen Sie unter Umständen einen ähnlichen Aspekt beachten. Viele Websites haben die Eigenart, dass sie bei einem ersten Aufruf der Startseite eine URL wie diese ausliefern: *www.ihrewebsite.de*. Surft ein Besucher nun weiter und ruft die Startseite später erneut auf, so liefert diese möglicherweise eine andere Startseiten-URL wie diese aus: *http://www.ihrewebsite.de/index.php*.

Zwei unterschiedliche URLs? Das bedeutet für Google Analytics, dass zwei unterschiedliche Seiten vorliegen, obwohl es sich ja in beiden Fällen de facto um ein und dieselbe Seite handelt. In der Konsequenz werden die Daten in den Berichten für beide Seiten getrennt dargestellt, was sich ebenfalls störend auf die in diesem Kapitel dargestellten Analysen auswirkt.

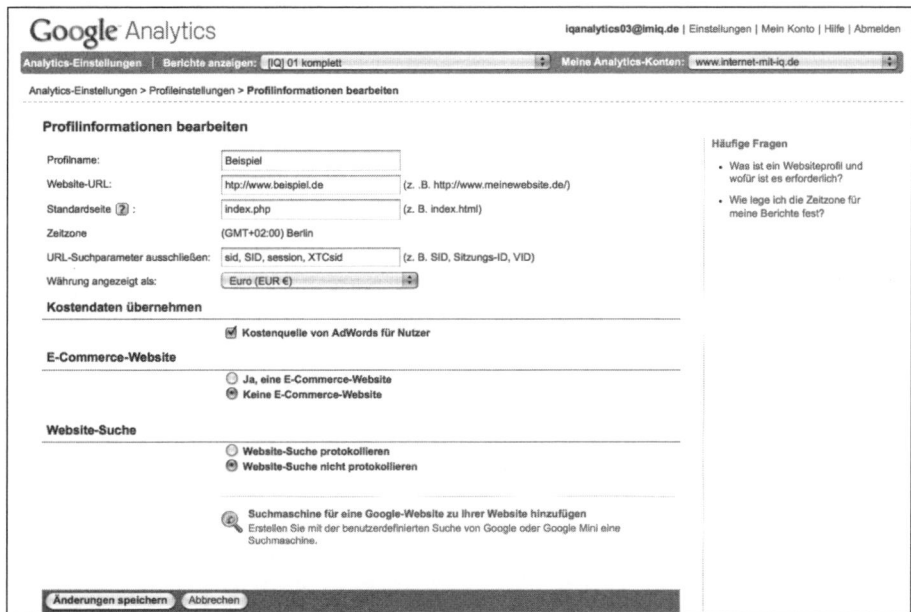

Abbildung 4.44: Definition der Standardseite in den Google Analytics-Profileinstellungen

Auch in dieser Situation helfen die PROFILEINSTELLUNGEN weiter. Um den beschriebenen Effekt zu verhindern, geben Sie in dem Bereich PROFILINFORMATIONEN FÜR HAUPTWEBSITE in das Feld STANDARDSEITE den Teil ein, der bei erneutem Aufruf der

Startseite an die ursprüngliche URL angehängt wird. Wenn es sich so wie in dem Bei-
spiel verhält, dann müssen Sie /index.php in das Feld eingeben (s. *Abbildung 4.44*).
Auf diese Weise werden beide URL-Varianten der Startseite in Google Analytics als
Einheit dargestellt.

OnClick-Ereignisse für Outbound-Links einrichten

Erweitern Sie die Outbound-Links (das sind die Links, die von Ihrer Website weg führen) mit einem onClick-Ereignis, oder richten Sie ein Ereignis mithilfe des Event-Trackings ein. Die Anleitung hierfür finden Sie in *Kapitel 5.2.2, Event-Tracking*.

KPIs für Content-Seiten

Quantitative KPIs für Content-Seiten

◆ Seitenpopularität

Sie erhalten in den Google Analytics Content-Berichten für jede Seite die Anzahl der
Seitenzugriffe innerhalb eines bestimmten Zeitraums. Der Wert gibt also an, wie oft
die Nutzer auf die Inhalte der Seite treffen bzw. wie verbreitet die Seite unter den Nutzern ist. Der Messwert spiegelt damit die Sichtbarkeit oder Popularität der Seite wider,
und deshalb werden wir im Folgenden den KPI, der auf der Anzahl der Seitenzugriffe
basiert, *Seitenpopularität* nennen. Damit der KPI dazu geeignet ist, die Entwicklung
der Seitenpopularität einer einzelnen Seite bezogen auf unterschiedlich große Beobachtungszeiträume zu verfolgen, errechnen Sie die Seitenzugriffe pro Tag.

Seitenpopularität = Seitenzugriffe$_{Seite}$ / Tage

Google Analytics unterscheidet zwischen Seitenzugriffen und eindeutigen Seitenzugriffen. Eindeutige Seitenzugriffe werden im Gegensatz zu den Seitenzugriffen
nur ein Mal pro Besuch gezählt. Wenn eine bestimmte Seite während eines Besuchs
vier Mal aufgerufen wurde, dann werden demnach vier Seitenzugriffe, aber nur ein
eindeutiger Seitenzugriff gezählt. Dies bietet die Möglichkeit, je nach Fragestellung
zwei Varianten der Seitenpopularität zu untersuchen. Lautet die Fragestellung:
»Wie populär ist eine Seite insgesamt?«, dann betrachten Sie die Seitenpopularität
entsprechend der obigen Formel. Lautet die Fragestellung dagegen: »Bei wie vielen
Besuchen wird die Seite aufgerufen?«, dann bilden Sie den KPI unter Verwendung
der eindeutigen Seitenzugriffe, weil diese die Anzahl der Besuche angibt, bei denen
eine bestimmte Seite aufgerufen wurde.

Seitenpopularität = eindeutige Seitenzugriffe$_{Seite}$ / Tage

Qualitative KPIs für Content-Seiten

◆ Korrigierte Ausstiegsrate

Google Analytics liefert für jede Seite einen Wert, der mit *% Ausstiege* bezeichnet
wird. Ein Ausstieg bezeichnet das Verlassen einer Website. Im Unterschied zu
einem Absprung erfolgt das Verlassen der Website bei einem Ausstieg nach dem
Aufruf mehrerer Seiten und nicht wie bei einem Absprung nach dem Aufruf einer

einzigen Seite und markiert damit das Ende eines längeren Besuchs. Der Wert *% Ausstiege* gibt die Ausstiegsrate – also den Prozentsatz der Seitenzugriffe – einer Seite wieder, bei denen die Website anschließend von dem Nutzer verlassen wurde. Dies ist der Fall, wenn er das Browserfenster schließt oder über einen Outbound-Link auf eine andere Website gelangt.

Der Messwert wurde in der Vergangenheit verwendet, um Schwachstellen im Content einer Website aufzuspüren. Die Seiten mit hohen Ausstiegsraten wurden als Löcher bezeichnet, durch die der Traffic gleichermaßen verschwindet wie Wasser durch einen Abfluss. Das Problem mit diesem Messwert ist: Jeder Besucher steigt irgendwann aus einer Website aus. Ob dieser Ausstieg von einem zufriedenen Besucher an völlig zufälliger Stelle durchgeführt wurde oder von einem unzufriedenen Besucher, der durch die schlechte Qualität der angebotenen Inhalte an dieser Stelle endgültig die Nase voll hat, ist dem Ereignis Ausstieg nicht anzusehen. Dadurch lassen sich weder Ausstiege noch die Ausstiegsrate einer Seite analytisch positiv oder negativ bewerten, und somit stellt die Ausstiegsrate ein äußerst fragwürdiges Bewertungskriterium für eine Seite dar.

Damit der Messwert *% Ausstiege* zu Aussagekräften kommt, müssen Sie die guten Ausstiege von den schlechten trennen. Dies erreichen Sie, indem Sie diejenigen Ausstiege von der Gesamtheit aller Ausstiege einer Seite subtrahieren, die nach einer Conversion erfolgten. Den zu subtrahierenden % Ausstiege-Wert erhalten Sie, wenn Sie das Standardsegment BESUCHE MIT CONVERSIONS aktivieren. Darüber hinaus subtrahieren Sie alle Ausstiege, die erwünscht sind, weil sie durch Klicks auf bereitgestellte Outbound-Links zustande kommen. Übrig bleiben dann die schlechten Ausstiege bzw. die *korrigierte Ausstiegsrate*. Sie spiegelt natürlich immer noch nicht die hundertprozentige Wahrheit wider, weil auch ein Ausstieg ohne Conversion und ohne Klick auf einen Outbound-Link positiv bewertet werden kann. Etwa wenn ein Nutzer nach dem Ausstieg und etwas Bedenkzeit und Recherche an anderer Stelle sich aufgrund der zuvor auf der Seite erhaltenen Informationen entscheidet, bei einem nächsten Besuch doch zu konvertieren. Die Aussagekraft der korrigierten Ausstiegsrate ist aber allemal höher als die rohe, unbereinigte Ausstiegsrate und dadurch ein besserer KPI für eine Analyse.

Korrigierte Ausstiegsrate$_{Seite}$ = (*Ausstiege*$_{Seite}$ – *Ausstiege*$_{Seite\ für\ Besuche\ mit\ Conversions}$ – *Outbound-Link-Klicks*$_{Seite}$) /*Seitenzugriffe*$_{Seite}$

◆ **$Index**

Eines gleich vorweg: Der *$Index* liefert Ihnen in Google Analytics nur dann Werte, wenn Sie mindestens einen Zielwert in den ZIELEINSTELLUNGEN definiert haben, E-Commerce-Umsätze messen oder beides. Der *$Index* ist generell nur in dem Bereich CONTENT innerhalb der Google Analytics-Oberfläche verfügbar und gibt den monetären Wert einer Seite innerhalb der gesamten Website an. Er orientiert sich an den Umsätzen, die durch Besuche erzeugt wurden, die mit dem Aufruf der betrachteten Seite einhergingen. Je öfter die Besucher sich vor Ausführung einer Conversion eine bestimmte Seite angesehen haben, desto größer ist auch der *$Index* für diese Seite. Hingegen erhalten Seiten einen niedrigen *$Index* oder gar einen Wert von null, wenn sie selten oder nie in Klickpfaden enthalten sind, die am Ende zu einer Conversion führen. Die mathematische Berechnung sieht so aus:

$Index_{Seite}$ = (*gesamter Zielwert_{überSeite}* + *E-Commerce-Umsatz_{überSeite}*) / *eindeutige*
Seitenzugriffe_{Seite}

Gesamter Zielwert_{überSeite} und *E-Commerce-Umsatz_{überSeite}* bezeichnen hierbei die
Summe aller Zielwerte und aller E-Commerce-Umsätze, die während der Besuche
entstanden sind, in deren Verlauf die Seite mindestens einmal aufgerufen wurde.
Mathematisch lässt sich das deutlich präziser, aber leider auch deutlich unver-
ständlicher für Nichtmathematiker beschreiben, weshalb wir uns für diese verein-
fachte Darstellung entschieden haben.

Der *$Index* soll Aufschluss darüber geben, wie wichtig eine Seite für die Erzeugung
von Conversions ist. Aus dieser Perspektive betrachtet sind damit alle Seiten uninteressant, die zwangsläufig fester Bestandteil einer Conversion sind. Für eine
Bestellung in einem Online-Shop gilt beispielsweise, dass im Bestellvorgang
mehrere Seiten wie Adresseingabe und Zahlungsmethode unbedingt aufgerufen
werden müssen, um die Bestellung abzuschließen. Dadurch steigt der *$Index* dieser
Seiten ganz automatisch, ohne Rückschlüsse auf die individuellen Navigationsent-
scheidungen des Besuchers zuzulassen, weil ein Bestellabschluss ohne den Aufruf
dieser Seiten ganz einfach nicht möglich wäre. Interessant wird der *$Index* für Sei-
ten, die *nicht* fester Bestandteil eines Conversion-Prozesses sind. In Bezug auf diese
Seiten kann der KPI Aufschluss darüber geben, ob sie für die Kaufentscheidungen
der Nutzer wichtig sind.

 **Beispiel**

Nehmen wir zum Beispiel eine Website, die eine Dienstleistung bewirbt. Das
Ziel ist die Erzeugung von Kontaktanfragen, und die Danke-Seite nach dem
zugehörigen Formular wurde als URL-Ziel samt Zielwert definiert. Die Daten
in den Content-Berichten könnten dann wie in *Tabelle 4.27* aussehen.

Seite	Eindeutige Seitenzugriffe	$Index
Vorteile	100	EUR 50
Preise	100	EUR 10
Referenzen	100	EUR 0

Tabelle 4.27: Hypothetische Werte eines Content-Berichts mit $Index

Da der *$Index* für die Seite *Vorteile* am größten ist, wissen Sie, dass diese Seite
besonders häufig von konvertierenden Besuchern aufgerufen wurde. Die Seite
Referenzen hingegen wurde zwar bei genauso vielen Besuchen aufgerufen,
aber nicht ein einziges Mal von konvertierenden Besuchern. Der *$Index* hat in
der Konsequenz den Wert null. Daraus könnten Sie Folgendes schließen: Die
Seite *Vorteile* hat im Gegensatz zur Seite *Referenzen* einen wesentlichen Einfluss darauf, ob die Besucher das Kontaktformular ausfüllen. Daher könnte es
sich zum Beispiel lohnen, die Website so umzugestalten, dass die Vorteile prominenter präsentiert werden.

Diese Interpretation ist natürlich nicht allgemeingültig und nur zum grundlegenden Verständnis des *$Index* in Form eines simplen Beispiels gedacht. Fakt ist: Besucher, die Conversions erzeugen, sind die wichtigsten Besucher Ihrer Website und hinterlassen mit dem *$Index* eine Art gewichteten Fingerabdruck. Stellen Sie sich also im Interesse einer validen Interpretation die Fragen: »Welche Seite müssen konvertierende Besucher zwangsläufig aufrufen?«, »Welche Seiten werden dagegen freiwillig angesehen, und warum haben diese zu einer Conversion beigetragen?« und »Welche der zuletzt genannten Seiten tragen nicht oder nur sehr selten zu Conversions bei und warum?«

Der *$Index* ist kein KPI, der sich gewissermaßen blind einsetzen lässt, weil Sie stets die Rolle der betrachteten Seite im Auge haben müssen. Richtig angewendet hilft er dabei, die Wege Ihrer Besucher zu bewerten und zu verstehen. Wir möchten Sie an dieser Stelle gleichzeitig davor warnen, die Aussagekraft des *$Index* zu hoch zu bewerten. Er ist als Hinweis- und Ideengeber geeignet, spielt jedoch als KPI aufgrund des hohen Interpretationsaufwandes in Abhängigkeit von der Seitengestaltung meist eine untergeordnete Rolle. Er kann Schwachstellen und Potenziale lediglich andeuten und Ihnen dabei helfen, nach Verbesserungsansätzen zu forschen.

Seiten pro Zugriff und durchschnittliche Besuchszeit auf der Seite

Diese beiden Messwerte beziehen sich auf die gesamte Website und sind standardmäßig Bestandteil des Google Analytics Dashboards. Bevor uns nicht jemand eines Besseren belehrt, vertreten wir den Standpunkt, dass Sie diese Messwerte getrost ignorieren können, weil weder ein kurzer oder langer Besuch noch ein Besuch mit wenigen oder vielen aufgerufenen Seiten sich pauschal als gut oder schlecht bewerten lässt.

Zwei Beispiele: Wenn Sie interessante Informationen zu diversen Themen bieten, dann sind viele Seiten pro Besuch und lange Besuchszeiten natürlich gut. Zeichnet sich Ihre Website durch eine kryptische Navigation aus und die Nutzer irren verzweifelt durch Ihren Website-Wald, dann sind viele Seiten pro Besuch und eine lange durchschnittliche Besuchszeit wohl eher schlecht. Werden die Nutzer durch abstoßenden Content dazu veranlasst, Ihre Website schleunigst wieder zu verlassen, dann sind wenige Seiten pro Besuch und kurze Besuchszeiten natürlich das negative Indiz für die schlechte Qualität Ihres Contents. Wissen die Nutzer dagegen genau, was sie wollen, und erreichen ihr Ziel einfach und mit wenigen Schritten, dann sind wenige Seiten pro Besuch und kurze Besuchszeiten der Beweis Ihrer fantastischen Website.

Es gilt allerdings die Ausnahme, dass diese Messwerte sehr wohl als KPI taugen, wenn Sie Ihre Website-Ziele randscharf auf eine der folgenden Formeln bringen können:

1. Je mehr/weniger Seitenzugriffe pro Besuch desto besser
2. Je länger/kürzer der Besuch desto besser

Richten Sie in dem Fall entsprechende Engagement-Ziele mit inhaltlich begründeten Schwellwerten ein, und definieren Sie diese Besuche als Conversion.

KPI	Beschreibung	Bewertungsmaßstab für das Monitoring
Seitenpopularität	Seitenzugriffe einer Seite pro Tag	Entwicklung im zeitlichen Verlauf
Seitenpopularität	eindeutige Seitenzugriffe einer Seite pro Tag	s. o.

Tabelle 4.28: Übersicht der quantitativen KPIs für Content-Seiten

KPI	Beschreibung	Bewertungsmaßstab
Korrigierte Ausstiegsrate	Ausstiege abzüglich der Ausstiege mit Conversions und Outbound-Link-Klicks/Seitenzugriffe	Website-Durchschnitt der korrigierten Ausstiegsrate
$Index	(Gesamter Zielwert + E-Commerce-Umsatz)/eindeutige Seitenzugriffe	

Tabelle 4.29: Übersicht der qualitativen KPIs für Content-Seiten

Analysen für Content-Seiten

Analyse der Seitenpopularität

Die Analyse der Seitenpopularität ist äußerst simpel: Rufen Sie in den Content-Berichten den Unterpunkt TOP-WEBSEITEN auf. Der Bericht ist standardmäßig nach der Anzahl der Seitenzugriffe geordnet und listet die Seiten somit automatisch gemäß ihrer Popularität auf. Wenn Sie entsprechend Ihrer Fragestellung eindeutige Seitenzugriffe betrachten wollen, dann sortieren Sie den Bericht neu, indem Sie in dem Tabellenkopf des Berichts auf EINDEUTIGE SEITENZUGRIFFE klicken (siehe *Abbildung 4.45*).

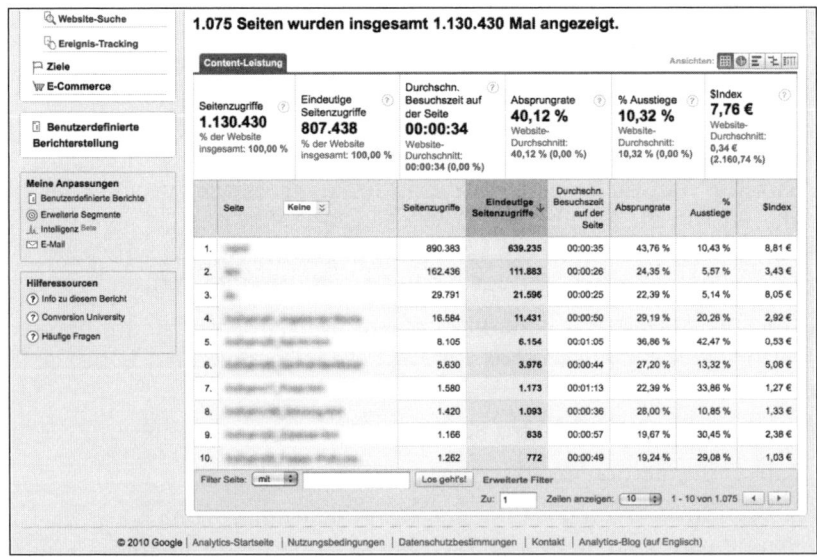

Abbildung 4.45: Bericht in Top-Webseiten absteigend sortiert nach eindeutigen Seitenzugriffen

Bevor wir Ihnen nun denkbare Analysen Ihrer Seiten auf Basis der korrigierten Ausstiegsrate und des *$Index* vorstellen, vorab ein paar klare Worte zur Bewertung:
Diese qualitativen KPIs sind verglichen mit anderen KPIs, die wir in diesem Buch
vorstellen, weniger aussagekräftig. Viele von Ihnen werden aus ganz unterschiedlichen Gründen feststellen, dass die folgenden Analysen in der Praxis oftmals einen
geringen, manchmal überhaupt keinen Wissensgewinn nach sich ziehen. Das ist
übrigens keine Katastrophe, sondern dem Wesen der explorativen Analysen grundsätzlich immanent. Die Gründe, warum wir Ihnen diese Analysen trotz der vermeintlich geringen Wahrscheinlichkeit vorstellen, handlungsweisende Erkenntnisse zu erhalten, sind die folgenden:

◆ Wer diese Werte nicht ansatzweise kennt, wird sie nicht verwenden, und wer sie
   nicht verwendet, kann ihren Informationsgehalt nicht beurteilen und steht Aussagen Dritter, die sich auf genau diese KPIs stützen, ohne das nötige Rüstzeug gegenüber.

◆ Es gibt keine Regel ohne Ausnahme, und es besteht potenziell immer die Möglichkeit, dass Sie ausgerechnet durch die Analysen dieser KPIs auf großartige Optimierungspotenziale stoßen.

◆ Webanalysten laufen Gefahr, sich in den unzähligen Berichten und Daten zu verlieren bzw. die Website selbst – das eigentliche Zentrum des Interesses – überhaupt
   nicht mehr zu beachten. Manche sind irgendwann so weit, dass sie sich über lange
   Phasen hinweg nur noch in den Google Analytics-Berichten bewegen und aus dieser
   isolierten Welt heraus ihre Schlüsse ziehen. Wahrscheinlich hat es auch schon den ta-
   gelang über den Daten rätselnden und brütenden Webanalysten gegeben, der dann
   von den Kollegen aus der IT-Abteilung darüber aufgeklärt wird, dass die Website vor
   ein paar Tagen einen Relaunch hatte. Würde uns nicht wundern. Die dargestellten
   Analysen geben einfach einen guten Anlass, sich mit den konkreten Inhalten der
   Website – den einzelnen Seiten und nicht irgendwelchen Berichten – auseinander-
   zusetzen und sich darüber hinaus die unbequeme Frage zu stellen, ob da nicht an
   der einen oder anderen Stelle möglicherweise seit Jahren sauber an den Bedürfnissen der Nutzer vorbei gearbeitet wurde. Es geht uns also um den Widerstand gegen
   die Betriebsblindheit für Fortgeschrittene!

Schwachstellenanalyse mit der korrigierten Ausstiegsrate

Rufen Sie in den Content-Berichten den Unterpunkt TOP-WEBSEITEN auf, und aktivieren Sie das Standardsegment BESUCHE MIT CONVERSIONS. Errechnen Sie die durchschnittliche korrigierte Ausstiegsrate für die gesamte Website und die korrigierten
Ausstiegsraten der einzelnen Seiten. Überprüfen Sie die Rangreihe der populärsten
Seiten, indem Sie die korrigierten Ausstiegsraten der einzelnen Seiten mit dem
Website-Durchschnitt vergleichen. Die Seiten, die über dem Website-Durchschnitt
liegen, sind die Schwachstellen der Website. Rufen Sie diese Seiten auf, und diskutieren Sie mit anderen, was an der Seite verändert werden könnte, um die Traffic-
Abfluss abzudichten.

Analysen mit dem $Index

Rufen Sie in den Content-Berichten den Unterpunkt Top-Webseiten auf. Wählen Sie in Erweiterte Filter die Dimension *Seite*, und geben Sie die Seiten ein, die feste Bestandteile der Conversion-Prozesse sind. Wenn Sie mehrere Seiten ausschließen, dann trennen Sie die einzelnen Seiten in dem Filter mit dem Pipe-Symbol | und setzen den Filter auf *Ausschließen*. Fügen Sie eine weitere Bedingung hinzu, und definieren Sie die Dimension Eindeutige Seitenzugriffe auf Grösser als oder gleich *30*, um aussagekräftige Daten zu erhalten (siehe *Abbildung 4.46*). Abschließend sortieren Sie den Bericht *absteigend* nach dem *$Index*, indem Sie in dem Tabellenkopf des Berichts auf $Index klicken (siehe *Abbildung 4.47*). Da sind sie: Ihre zehn wertvollsten Seiten.

Abbildung 4.46: Einstellungen eines erweiterten Filters für die Analyse mit dem $Index

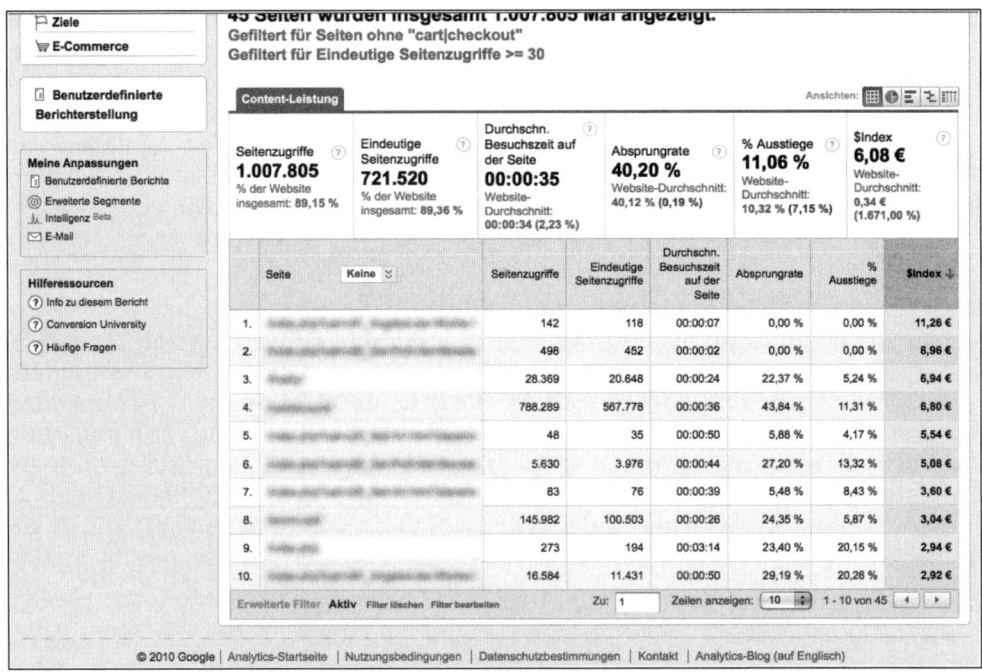

Abbildung 4.47: Gefilterter Bericht in Top-Webseiten absteigend sortiert nach dem $Index

Um diese Analyse in verwertbare Ergebnisse umzuwandeln, empfehlen wir Ihnen folgende Methode: Fragen Sie im Vorfeld der Analyse sich selbst, Ihren Chef oder Mitarbeiter der Vertriebsabteilung, welche Seiten sie für die zehn wertvollsten Seiten halten. Erstellen Sie eine Liste, und gleichen Sie diese im Rahmen eines Meetings mit den Ergebnissen ab. Decken sich die Listen? Unsere Erfahrung zeigt, dass die Listen in der Regel deutlich voneinander abweichen. Diese Abweichungen sind es, die interessante Diskussionen entfachen und nützliche Ideen hervorbringen.

Führen Sie die beschriebene Prozedur ein weiteres Mal durch. Diesmal fragen Sie nach den zehn wertlosesten Seiten und sortieren den gefilterten Bericht entsprechend *aufsteigend* nach dem *$Index*, um den Abgleich der Listen vorzunehmen. Hierfür genügt ein weiterer Klick auf $INDEX in dem Tabellenkopf des Berichts.

Monitoring

Überprüfen Sie Ihre Maßnahmen zur Steigerung der Seitenpopularität einzelner Seiten, indem Sie den KPI im zeitlichen Verlauf beobachten. Er sollte selbstverständlich steigen, wenn Sie erfolgreiche Maßnahmen umgesetzt haben.

Aktivitäten zur Senkung der korrigierten Ausstiegsraten einzelner Seiten sollten sich in einem Absinken des KPI niederschlagen.

Sofern Sie die Benutzerführung oder die Inhalte einzelner Seiten ändern, um Ihre unterstützende Wirkung bei der Erzeugung von Conversions zu erhöhen, dann sollten Sie über die Zeit einen Anstieg des *$Index* für diese Seiten beobachten können.

4.3.2 Landing-Pages – die Türen der Website

Wenn das Konzept für den Aufbau einer Website erstellt wird, dann wird der Gestaltung und dem Inhalt der Startseite in der Regel sehr viel Zeit und Aufmerksamkeit geschenkt. Sie ist schließlich das große Eingangstor, das in die Website führt. Das Aushängeschild. Und in der Tat hat die Startseite besondere Aufgaben zu leisten und sollte möglichst großartig sein. Keine Frage.

Der eine oder andere von Ihnen wird überrascht sein zu erfahren, dass die Startseite in Wirklichkeit nur eine von vielen mehr oder minder großen Türen darstellt und oft sogar eine untergeordnete Rolle spielt. Die Besucher betreten die Website über eine Vielzahl sogenannter Landing-Pages oder Zielseiten. Diesen Zutritt erhalten sie – oft im erheblichen Ausmaß – beispielsweise über die Treffer in Suchmaschinen, über Newsletter, Verlinkungen auf Portalen oder über bezahlte Anzeigenschaltungen in Suchmaschinen, die an Ihrer Startseite spurlos vorbei gehen. Haben Sie diesen Seiten auch schon mal Ihre ungeteilte Aufmerksamkeit zuteil werden lassen? Nein? Sollten Sie tun!

Vorbereitung

Dynamische URL-Parameter filtern

Richten Sie die Filterung dynamischer URL-Parameter wie im vorangegangenen *Abschnitt 4.3.1* ein.

Standardseite definieren

Richten Sie die Standardseite wie im vorangegangenen *Abschnitt 4.3.1* ein.

Benutzerdefinierte Berichte erstellen

Erstellen Sie spezielle Berichte, um alle relevanten Daten auf einen Blick bzw. mit einem Export zur Verfügung zu haben. Rufen Sie hierfür die BENUTZERDEFINIERTE BERICHTERSTELLUNG auf.

◆ Websites ohne E-Commerce

Wählen Sie als Dimension ZIELSEITE aus dem Bereich CONTENT aus. Für die Rohdaten der quantitativen KPIs erstellen Sie eine Registerkarte, die die Messdaten *Einstiege*, *Anzahl der einzelnen Conversions*, die *Gesamtzahl der Conversions* und den *Gesamten Zielwert* enthält (s. *Abbildung 4.48*).

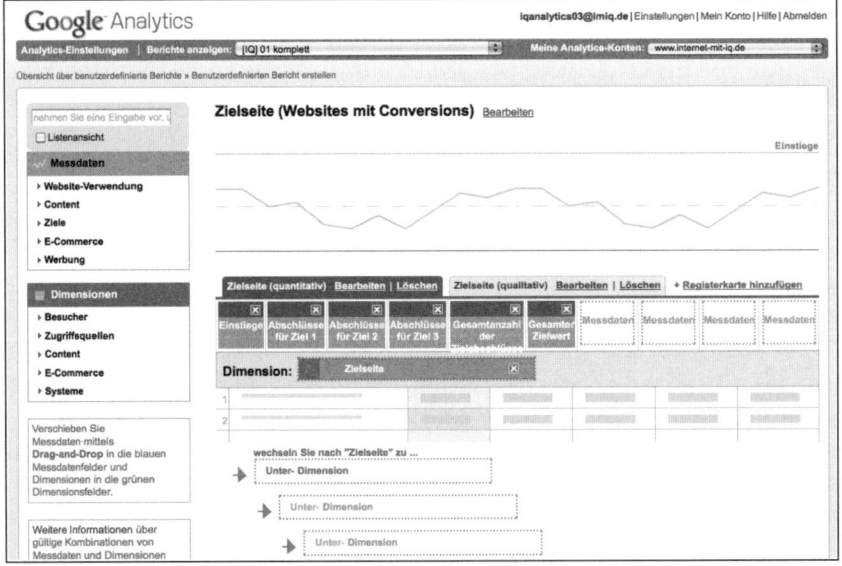

Abbildung 4.48: Erstellung eines benutzerdefinierten Berichts für Landing-Pages (Registerkarte mit Rohdaten für quantitative KPIs einer Website mit drei definierten Conversions)

Für die qualitativen KPIs erstellen Sie eine weitere Registerkarte, die die Messdaten *Einstiege*, die einzelnen *Conversion-Raten*, die *Ziel-Conversion-Rate* und den *Zielwert pro Zugriff* umfasst (s. *Abbildung 4.49*).

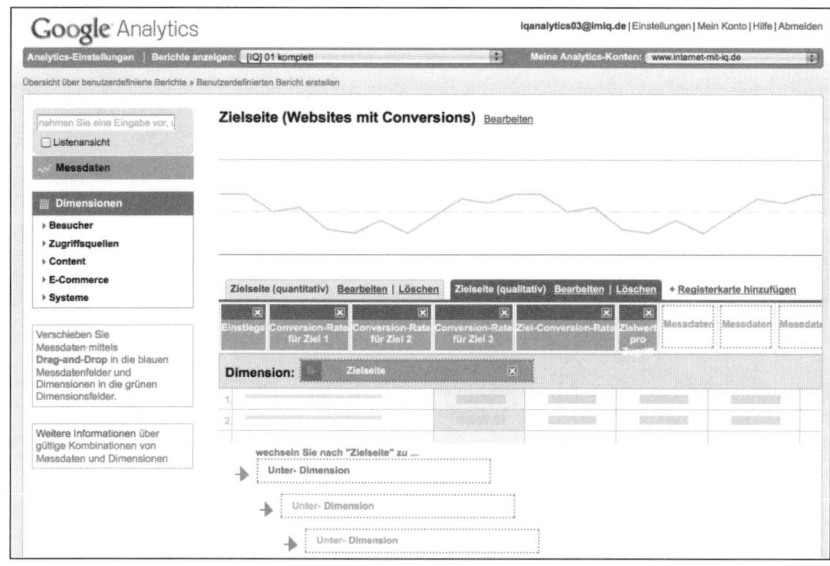

Abbildung 4.49: Erstellung eines benutzerdefinierten Berichts für Landing-Pages (Register-karte mit Messdaten für qualitative KPIs einer Website mit drei definierten Conversions)

◆ E-Commerce-Websites

Gehen Sie bei E-Commerce-Websites genau so vor wie eben beschrieben. Ergänzen Sie lediglich die Registerkarte für die Rohdaten der quantitativen KPIs um die Messdaten *Transaktionen* und *Umsatz* (s. *Abbildung 4.50*).

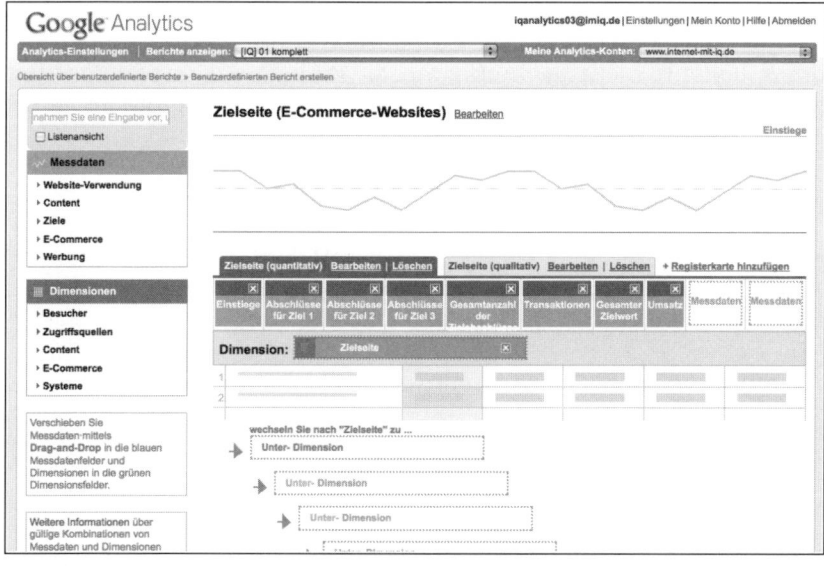

Abbildung 4.50: Erstellung eines benutzerdefinierten Berichts für Landing-Pages (Register-karte mit Rohdaten für quantitative KPIs einer E-Commerce-Website mit drei definierten Conversions)

Die Registerkarte der qualitativen KPIs ergänzen Sie um die Messdaten *Wert pro Zugriff* und *Durchschnittlicher Wert* (s. *Abbildung 4.51*).

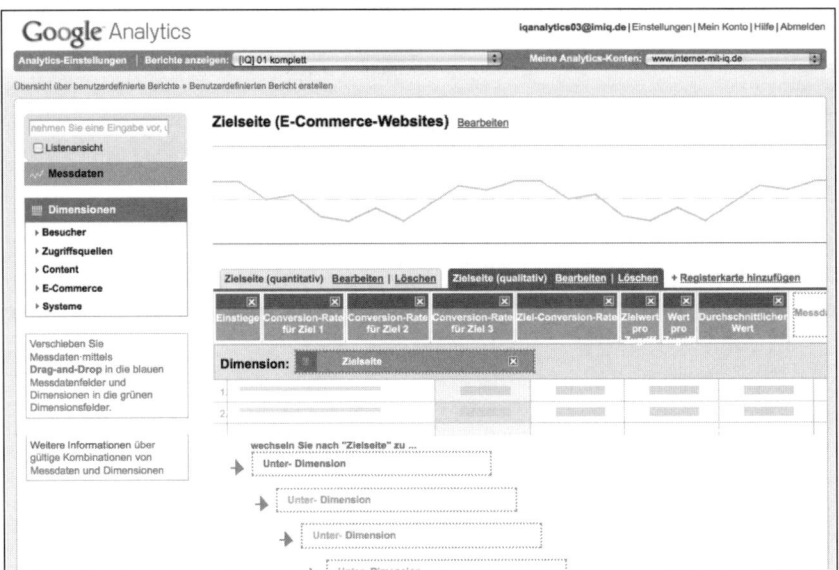

Abbildung 4.51: Erstellung eines benutzerdefinierten Berichts für Landing-Pages (Register-karte mit Messdaten für qualitative KPIs einer E-Commerce-Website mit drei definierten Conversions)

Wie Ihnen spätestens nach der später folgenden Übersicht der KPIs auffallen dürfte, fehlt an dieser Stelle die Transaktionsrate bzw. E-Commerce-Conversion-Rate. Dies hat einen einfachen Grund: Die E-Commerce-Conversion-Rate steht für benutzerdefinierte Berichte nicht zur Verfügung. Sie können die Transaktionsqua-lität aber mithilfe eines Tabellenkalkulationsprogramms errechnen, indem Sie die Anzahl der Transaktionen durch die Anzahl der Einstiege dividieren.

Ladezeiten der Landing-Pages messen

Ein wichtiges Kriterium, das eine Landing-Page erfüllen sollte, ist eine kurze Ladezeit. Nicht nur, dass dies im Zusammenhang mit AdWords-Kampagnen wichtig ist, weil die Ladezeit der Zielseite in die Berechnung des Qualitätsfak-tors einfließt. Viel wichtiger ist dieser Aspekt für einige Nutzer, die eine Lan-ding-Page prompt wieder verlassen, wenn sie nicht binnen Sekunden auf dem Bildschirm erscheint.

Um die Ladezeit einer Webseite mit Google Analytics zu messen, definieren Sie ein Ereignis und ordnen ihm einen Wert zu, indem Sie in JavaScript die getTime-Methode der Date-Klasse nutzen. Hierfür platzieren Sie am Anfang und am Ende einer HTML-Seite jeweils einen Zeitstempel (in *Listing 4.4* fett markiert). Das Tracking platzieren Sie entgegen unserer sonstigen Empfehlung diesmal ganz am Ende der Seite, um die Zeit bis zum vollständigen Laden messen zu können.

```
<body>
    <script type="text/javascript">
        var Begin = new Date();
        var Start = Begin.getTime();
    </script>

[... Inhalt des Seiten-Body ...]

    <script type="text/javascript">
        var gaJsHost = (("https:"
            == document.location.protocol)
            ? "https://ssl."
            : "http://www.");
        document.write(unescape("%3Cscript src='"
            + gaJsHost
            + "google-analytics.com/ga.js'
            type='text/javascript'%3E%3C/script%3E"));
    </script>
    <script type="text/javascript">
        try {
            var pageTracker =
                    _gat._getTracker("UA-######-#");
            pageTracker._trackPageview();
            var End = new Date();
            var Stop = End.getTime();
            var Ladezeit = Stop - Start;
            pageTracker._trackEvent('Ladezeit der Seite',
                                'Name_der_Seite.htm',
                                Ladezeit);
        } catch(err) {}
    </script>
</body>
```

Listing 4.4: Eine einfache Erweiterung zur Messung der Ladezeit

In den Content-Berichten erscheint dann unter EREIGNIS-TRACKING ein Bericht, der die Ladezeit der Seite in Millisekunden wiedergibt. Wenn Sie den Google Analytics Tracking Code wie beschrieben auf alle Seiten erweitern, können Sie die Ladezeiten für jede einzelne Seite und den Durchschnitt für die gesamte Website messen.

Die Ladezeit auf diese Weise zu messen, ist naturgemäß nicht exakt. Verschiedene Faktoren beeinflussen die Ergebnisse mehr oder minder stark. So ist zum Beispiel die Bandbreite des Internetzugangs der Nutzer ausschlaggebend für die Ladezeit. Ein weiterer Faktor, der die Ladezeitmessung verzerren kann, ist die Tatsache, dass der Browser die Skripte in der Hauptseite bereits ausführen und abschließen kann, bevor alle anderen Objekte wie zum Beispiel ein sehr großes Bild vollständig geladen sind, da diese in der Regel über separate Ladeanweisungen heruntergeladen werden. Nicht zuletzt haben wir der Einfachheit halber hier auch noch auf die Behandlung von Zugriffen verzichtet, bei denen das Laden der Seite über die Mitternachtsgrenze hinweg geschieht und die dadurch zu negativen Ladezeiten führen.

Der Vorteil dieser Messmethode ist allerdings, dass sie eine Messung über alle Nutzer der Website ermöglicht. Damit lassen sich die Ladezeiten auch mit den anderen Daten von Google Analytics verknüpfen und sich so mit geografischen Daten oder Umsatzdaten verknüpfen. Kauft jemand mehr, wenn die Seite schneller lädt?

Wenn es nur darum geht, einen schnellen Überblick zu bekommen, wie sich die Ladezeit der Website verhält, bietet sich für Nutzer des Webbrowsers Firefox mit dem Firefox-Add-On *Firebug* eine einfache Alternative an (s. *5.3.4, Nützliche Firefox-Add-Ons*). Mit diesem Add-On können Sie ohne weitere Vorbereitungen die Ladezeit einer beliebigen Seite messen. Rufen Sie hierzu in Firebug den Karteireiter NETZWERK auf und dann die Landing-Page, die Sie untersuchen wollen. Firebug misst nicht nur die Ladezeit der Seite, sondern liefert auch einen zeitlichen Verlauf des Ladevorgangs. Dadurch haben Sie die Möglichkeit zu erkennen, welche Elemente auf der Seite besonders viel Zeit zum Laden in Anspruch nehmen (s. *Abbildung 4.52*).

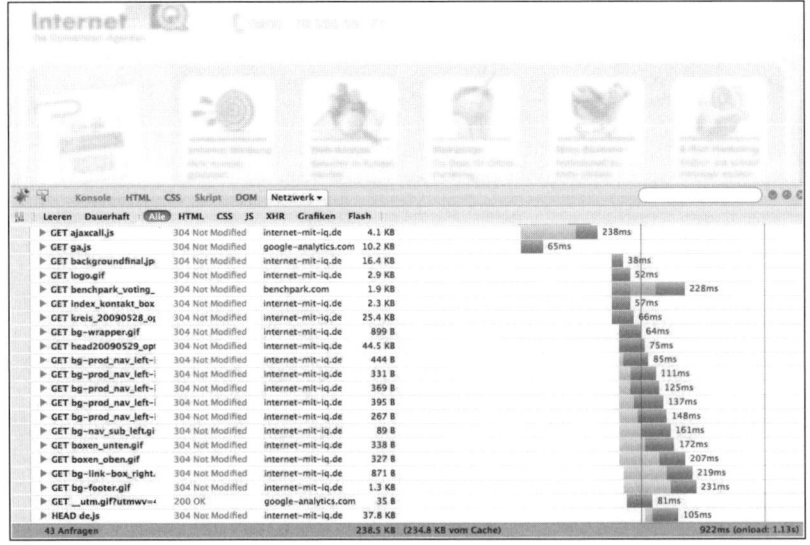

Abbildung 4.52: Messung der Ladezeit einer Seite mit dem Firefox-Add-On *Firebug*

KPIs für Landing-Pages

Websites ohne E-Commerce

KPI	Beschreibung	Bewertungsbezug	Bewertungsmaßstab für das Monitoring (Seitenebene)
Einstiegs-leistung	Einstiege pro Tag	Besuche	Entwicklung der Landing-Page im zeitlichen Verlauf
Conversion-Leistung	Conversions pro Tag	Conversions	s. o.
Umsatzleistung	Zielwert pro Tag	Wert	s. o.

Tabelle 4.30: Übersicht der quantitativen KPIs für Landing-Pages (Website ohne E-Commerce)

KPI	Beschreibung	Bewertungs-bezug	Bewertungs-maßstab für Schwachstel-lenanalysen (globale Ebene)	Bewertungs-maßstab für Schwachstel-lenanalysen (Seitenebene)
Absprungrate	Absprünge pro Einstieg	Besuche	Website-Durch-schnitt	Website-Durch-schnitt
Conversion-Rate	Anteil der Ein-stiege mit Con-versions	Conversions	s. o.	n. v.
Ziel-Conver-sion-Rate	Summe aller Con-version-Raten bei mehreren Zielen (bei einem Ziel identisch mit der Conversion-Rate für dieses Ziel)	Conversions	s. o.	n. v.
Zugriffsumsatz	Zielwert pro Einstieg	Wert	s. o.	n. v.

Tabelle 4.31: Übersicht der qualitativen KPIs für Landing-Pages (Websites ohne E-Commerce)

E-Commerce-Websites

KPI	Beschreibung	Bewertungsbezug	Bewertungsmaßstab für das Monitoring (Seitenebene)
Einstiegsleis-tung	Einstiege pro Tag	Besuche	Entwicklung der Landing-Page im zeitlichen Verlauf
Conversion-Leistung	Conversions pro Tag	Conversions	s. o.
Transaktions-leistung	Transaktionen pro Tag	Conversions	s. o.

KPI	Beschreibung	Bewertungsbezug	Bewertungsmaßstab für das Monitoring (Seitenebene)
Umsatzleistung	Umsatz pro Tag	Wert	s. o.
Umsatzleistung (Alternative)	Zielwert pro Tag	Wert	s. o.

Tabelle 4.32: Übersicht der quantitativen KPIs für Landing-Pages (E-Commerce-Websites)

KPI	Beschreibung	Bewertungs-bezug	Bewertungs-maßstab für Schwachstel-lenanalysen (globale Ebene)	Bewertungs-maßstab für Schwachstel-lenanalysen (Seitenebene)
Absprungrate	Absprünge pro Einstieg	Besuche	Website-Durch-schnitt	Website-Durch-schnitt
Conversion-Rate	Anteil der Ein-stiege mit Con-versions	Conversions	s. o.	n. v.
Ziel-Conver-sion-Rate	Summe aller Con-version-Raten bei mehreren Zielen	Conversions	s. o.	n. v.
Transaktions-qualität	Anteil der Ein-stiege mit Trans-aktionen (in Google Analytics: E-Commerce-Conversion-Rate)	Conversions	s. o.	n. v.
Zugriffsumsatz	Umsatz pro Einstieg	Wert	s. o.	n. v.
Zugriffsumsatz (Alternativ)	Zielwert pro Einstieg	Wert	s. o.	n. v.
Transakti-onsumsatz	Umsatz pro Transaktion (in Google Analytics: »Durchschnittli-cher Bestellwert«)	Wert	s. o.	n. v.

Tabelle 4.33: Übersicht der qualitativen KPIs für Landing-Pages (E-Commerce-Websites)

Analysen für Landing-Pages

Globale Schwachstellenanalysen

Wählen Sie in den Google Analytics Content-Berichten den Unterpunkt BELIEB-TESTE ZIELSEITEN aus. Sie sehen standardmäßig die zehn wichtigsten Landing-Pages Ihrer Website, gemessen an der Anzahl der Einstiege.

Betrachten Sie die Absprungraten in der Ansicht VERGLEICH. Untersuchen Sie die Rangreihe absteigend auf Seiten, die schlechter als der Website-Durchschnitt sind. Die Schwachstellen erkennen Sie leicht an den roten Balken. Sofern Sie unter den ersten zehn Seiten keine Schwachstelle entdecken, herzlichen Glückwunsch. Fahren Sie trotzdem mit der Analyse der nächsten zehn Seiten fort.

Absprungrate der Startseite

Oftmals liegt die Absprungrate der Startseite über dem Website-Durchschnitt. Das ist in der Regel kein Anlass, Aufregung zu verbreiten. Die Startseite muss schließlich eine ganze Reihe von Aufgaben erfüllen und ist entsprechend wenig spezialisiert. Konzentrieren Sie sich bei der Schwachstellenanalyse lieber auf die Landing-Pages, denen eine konkrete und spezielle Aufgabe zukommt.

Rufen Sie Ihre benutzerdefinierten Berichte auf, und analysieren Sie zusätzlich zur Absprungrate die Conversion-/Transaktionsraten und die qualitativen Umsatz-KPIs.

Schwachstellenanalysen auf Seitenebene

Wenn Sie mithilfe der zuvor beschriebenen Analysen eine Schwachstelle entdecken, dann haben Sie gleichzeitig einen Ansatzpunkt für »geht besser« identifiziert. Grundsätzlich kommen für die schlechte Leistung einer Landing-Page allerdings zwei Faktoren in Betracht: die Zugriffsquellen und die Seite selbst. Oder beides zusammen.

Untersuchen Sie die Zugriffsquellen einer schwachen Landing-Page genauer, indem Sie in dem Bericht BELIEBTESTE ZIELSEITEN auf die abgebildete URL der Seite klicken. Sie erhalten dann eine Detail-Ansicht dieser Seite (s. *Abbildung 4.53*).

Auf der rechten Seite finden Sie unter der Überschrift ZIELSEITENOPTIMIERUNG weiterführende Berichte zu den EINSTIEGSQUELLEN und den EINSTIEGS-KEYWORDS der Seite.

Mithilfe des Einstiegsquellenberichts können Sie analysieren, über welche Zugriffsquellen die Nutzer auf diese Seite gelangen. Wählen Sie wieder die Ansicht VERGLEICH, und betrachten Sie die Absprungraten der einzelnen Zugriffsquellen. Wählen Sie außerdem MEDIUM als zweite Dimension aus. Auf diese Weise können Sie die Zugriffe über Suchmaschinen dahingehend unterscheiden, ob es sich um bezahlte SEA-Zugriffe oder organische Zugriffe über Einträge in den SERPs handelt. Wiederum verraten Ihnen die roten Balken, welche Zugriffsquellen für die schlechte Leistung der Landing-Page verantwortlich sind. Finden Sie beispielsweise eine verweisende Website, deren Leistungswerte schlecht aussehen, dann sollten Sie den Link auf der verweisenden Website überprüfen. Möglicherweise wird dem Besucher dort ein Versprechen gegeben, das die Landing-Page nicht einhält. Betrachten Sie anschließend die Einstiegs-Keywords. Sind es die Keywords, die Sie erwartet haben? Passen Sie zum Inhalt der Landing-Page?

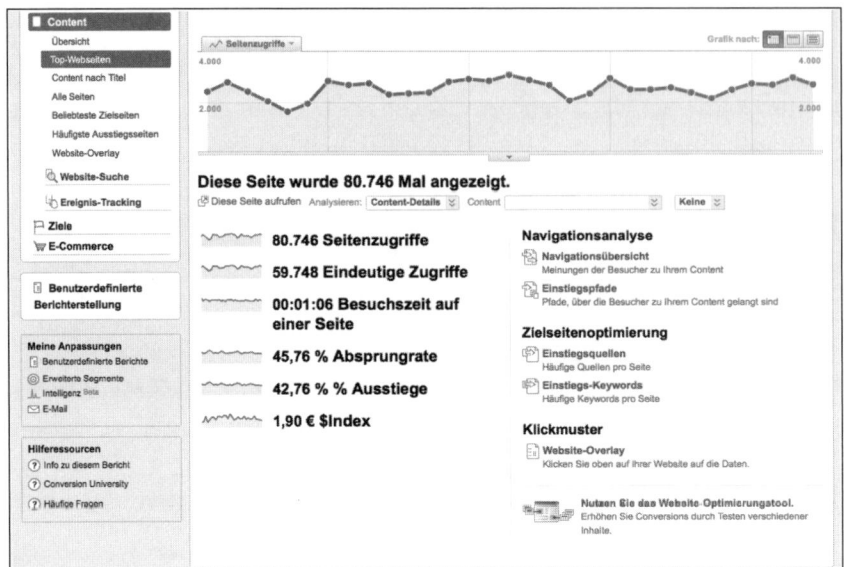

Abbildung 4.53: Detail-Bericht einer Landing-Page

Diese Analysen auf Seitenebene sind gleichfalls diejenigen, die Ihnen auch im Zusammenhang mit Ihren SEO-Aktivitäten helfen. Klar: Bei der Analyse der Einstiegsquellen interessiert an dieser Stelle einzig das Medium *organic*. Wenn Sie gute SEO-Arbeit leisten, dann sollte die Absprungrate dieser Zugriffsquelle im zeitlichen Verlauf sinken.

Noch reichhaltiger im SEO-Kontext ist allerdings der Bericht zu den Einstiegs-Keywords. Hier sollten Sie in der Anzeige *nicht bezahlt* Ihre anvisierten Keywords wieder finden. Falls nicht, gibt es offensichtlich noch eine Menge zu tun. Falls doch, können Sie anhand des Vergleichs der Absprungraten erkennen, ob Sie bei der Auswahl der Keywords auf die richtigen Pferde gesetzt haben.

Wie gesagt: Die schlechte Leistung einer Landing-Page kann ebenso auf die Seite selbst zurückgehen. Deshalb sollten Sie sich nach der Analyse der Einstiegsquellen und Einstiegs-Keywords und dem Ausschöpfen sämtlicher entdeckter Optimierungspotenziale die Seite selbst kritisch betrachten. Stellen Sie sich vor, Sie besuchen Ihre Website zum ersten Mal und sehen diese Seite als erste vor allen anderen Seiten. Seien Sie kritisch, seien Sie eiskalt. Was fehlt? Was passt nicht?

Schwierig. Wissen wir. Holen Sie sich alternativ vier Leute zu Hilfe – fast egal wen – und setzen Sie sie vor die Seite. Führen Sie einen kleinen Usability-Test durch, und es wird garantiert Erkenntnisse hageln. Dafür brauchen Sie ein paar Stunden Zeit, etwas Menschenverständnis, einen Notizblock und einen Stift. Voilà!

Oder Sie setzen Designer, Programmierer, Usability- und Marketingspezialisten vor diese Seite und fragen: »Was stimmt nicht in diesem Bild?« Sie werden Hypothesen aufstellen. Testen Sie die Hypothesen!

Monitoring von Landing-Pages

Überprüfen Sie sowohl Maßnahmen zur Optimierung der Einstiegsquellen und Einstiegs-Keywords als auch Veränderungen an der Landing-Page selbst, indem Sie die Entwicklung der quantitativen KPIs der Landing-Page über die Zeit beobachten. Die dahinter stehende Hypothese ist schlicht: Wenn sich die Maßnahmen erfolgreich durchsetzen, dann steigen die quantitativen KPIs der Landing-Page.

> **Tipp**
>
> Sie können sich grundsätzlich nicht aussuchen, welche Seiten die Suchmaschinen in den Index aufnehmen. Sie können aber bestimmen, welche Seiten Sie *nicht* aufnehmen. Wenn Sie beispielsweise ein Produkt auf zwei Seiten detailliert beschreiben, die eine Seite aber definitiv Ihre Wunsch-Landing-Page ist, dann kann es passieren, dass die Suchmaschinen ausgerechnet die andere Seite indexieren. Diesen Effekt können Sie verhindern, indem Sie die als Landing-Page weniger geeignete Seite über eine `robots.txt`-Datei für die Suchmaschinen sperren.[13]

4.3.3 Conversion-Prozesse

Eine Conversion, also das Erreichen eines bestimmten Ziels auf der Website, ist in der Regel kein isoliertes Ereignis, sondern der Endpunkt eines Prozesses. Das zweite »A« wie »Action« in dem AIDA-Modell. Sie wissen schon: Sie haben bei jemandem erst Aufmerksamkeit, dann Interesse und später sogar Bedarf geweckt. Jetzt ist die Conversion bzw. »Action« da.

Oder eben nicht. Das hängt davon ab, ob Sie es geschafft haben, die richtigen Leute mit der richtigen Botschaft zu erreichen. Schaffen es Ihre Zielseiten, Ihre Besucher richtig anzusprechen und zu empfangen? Schafft Ihre Website im Verlauf des Besuchs genügend Vertrauen?

Wenn Sie das alles guten Gewissens bejahen können, möchten wir Ihnen anerkennend auf die Schulter klopfen. Gratulieren lieber noch nicht, denn eine Frage ist noch zu klären: Ist Ihre Website von Anfang bis Ende so benutzerfreundlich, dass der Umgang mit ihr ein kinderleichtes Vergnügen ist, oder geht durch die Summe vieler kleiner, verstörender Details das Wohlwollen und die mühsam aufgebaute Kundenmotivation erst sukzessive und dann endgültig den Bach runter?

Eine Conversion nicht zu erhalten, weil der Conversion-Prozess irgendwo versagt (und es ist immer der Prozess, der versagt, nie der Nutzer!), ist die reinste Verschwendung. Wir staunen manchmal nicht schlecht, was einige Website-Betreiber ihren Besuchern an Forschungsbereitschaft, blindem Vertrauen und Frustrationstoleranz abverlangen. Wir wissen nicht, woran es liegt, dass immer wieder solche Websites auf die Nutzer losgelassen werden, letztlich spielt es aber auch keine große Rolle, solange man als Betreiber die Website systematisch optimiert. Das ist aber genau die Stelle, an der viel zu oft kehrtgemacht wird.

---

12 Mehr Informationen hierzu finden Sie auf *http://www.robotstxt.org*.

Pfadanalysen

Mit dem Begriff Klick- oder Navigationspfad (kurz Pfad) ist die Abfolge von Seiten gemeint, die ein Nutzer während eines Besuchs auf einer Website aufruft. In frühen Zeiten der Webanalyse wurden tatsächlich komplette Berichte über die relativen Häufigkeiten aller betretenen Navigationspfade einer Website – sogenannte Pfadanalysen – angefertigt. Das waren kleine Bücher, deren Erstellung in der Regel sehr zeitaufwendig war. Schlauer war nach Durchsicht der Berichte – wenig überraschend – niemand. Zu groß die Anzahl möglicher Pfade (Sie können sich vorstellen, dass schon bei einer übersichtlichen Anzahl von 20 Seiten, die untereinander komplex verlinkt sind, die Anzahl möglicher Navigationspfade astronomisch hoch ist), zu klein der Prozentsatz der Nutzer, die die einzelnen Pfade beschritten. Selbst der am häufigsten betretene Pfad wurde in der Regel von einem geringen einstelligen Prozentsatz der Besucher betreten. Wie also zwischen guten und schlechten Pfaden unterscheiden?

Wahrscheinlich ist genau aus dieser Not heraus die Idee geboren worden, die Nutzer auf diejenigen Pfade zu zwingen, die der Website-Betreiber für gut befunden hat. Dieses Vorhaben, Nutzer auf ganz bestimmte Pfade zu lenken, ist schon deshalb unsinnig, weil sich die Nutzer mit absolut unterschiedlichen Absichten auf einer Website bewegen, wie wir Ihnen bereits in dem *Kapitel 3.3, Ziele und KPIs*, anhand der Nutzertypen Stöber- und Intentions-Surfer erläutert haben. Da die Nutzer die Website mit völlig unterschiedlichen Voraussetzungen betreten, resultieren komplett unterschiedliche Nutzungsmuster, die sich nicht auf ein pauschales Gut oder Schlecht reduzieren lassen.

Ein Trichter beschreibt hingegen einen linearen Navigationspfad oder einen linearen Teil eines Navigationspfades, in dem der nächste Schritt des Nutzers aus dem vorherigen zwingend folgt, wie in einem Bestellprozess, in dem auf die Angabe von Rechnungs- und Lieferadresse in der Regel die Auswahl der Versandart, dann der Zahlart und schließlich der Abschluss der Bestellung folgt. Der Trichter stellt eine Sonderform der Navigationspfade dar, und unserer bescheidenen Meinung nach ist die Trichteranalyse die einzige sinvolle Pfadanalyse überhaupt.

Wenn Sie Ihre Conversion-Prozesse untersuchen wollen, dann zäumen Sie das analytische Pferd am besten von hinten auf. Nehmen Sie die Spur der Conversion auf, und verfolgen Sie sie zurück.

Um das Vorgehen zu verdeutlichen, illustrieren wir die Analysen in diesem Kapitel mit einem Klassiker: dem Bestellprozess in einem Online-Shop. Doch nicht nur Bestellprozesse sind Conversion-Prozesse. Alles, an dessen Ende eine Conversion steht oder stehen soll, ist ein Conversion-Prozess; eine Newsletter-Anmeldung genauso wie ein ausgefülltes und abgeschicktes Kontaktformular. Sogar das bloße Erreichen einer bestimmten Seite, ohne dass irgendwelche Daten an den Website-Betreiber fließen, kann eine Conversion darstellen. Was als Conversion gezählt werden soll, hängt wie vieles von den Zielen Ihrer Website ab.

Versetzen wir uns also in die Kunden eines Shops. Wir legen etwas kaufwillig in den Warenkorb. Anmelden, herausfinden, was es kostet und wann es geliefert wird, Zahl- und Versandarten auswählen, Gutscheine oder Rabattcodes einlösen, Liefer- und Rechnungsadresse angeben, vielleicht noch die Bankverbindung, und schon haben wir eingekauft.

Manchmal läuft es jedoch nicht so reibungslos, und das meist lange unbemerkt. Wie bekommen Sie nun also heraus, ob es irgendwo hakt und wo?

Vorbereitung

Mit Google Analytics können Sie den beschriebenen Conversion-Prozess detailliert untersuchen, indem Sie ihn mithilfe eines Ziel- oder Conversion-Trichters in den ZIELEINSTELLUNGEN von Google Analytics abbilden. Dadurch erhalten Sie in den Zielberichten unter dem Unterpunkt TRICHTER-VISUALISIERUNG einen Bericht, der eine leicht zu handhabende Schau-drauf-und-erkenne-Analyse ermöglicht (s. *Abbildung 4.54*).

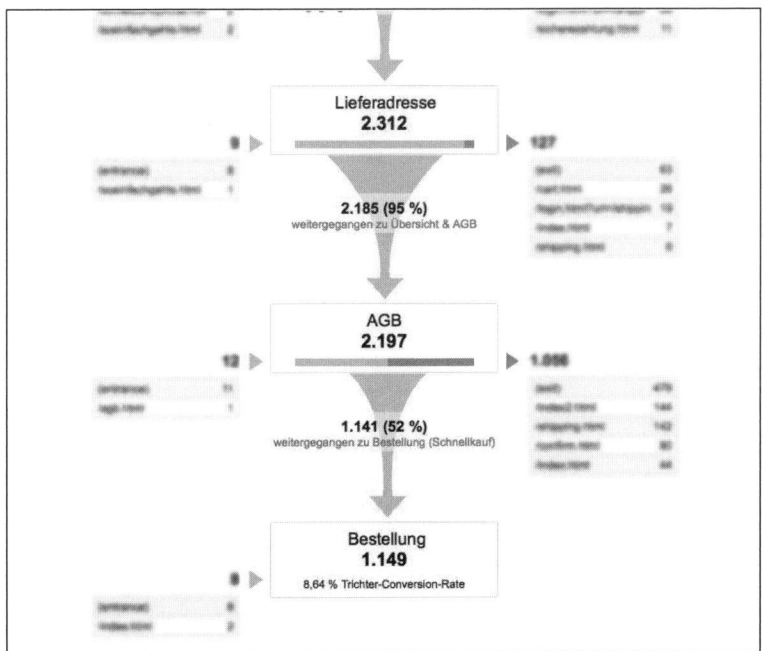

Abbildung 4.54: Die Trichter-Visualisierung in Google Analytics

Richten Sie für jeden Conversion-Prozess Ihrer Website einen Trichter ein. Lesen Sie hierzu auch die Ausführungen in dem *Kapitel 3.3.1.*

KPIs für Conversion-Prozesse

Seitenausstiegsrate

In den Berichten zur Trichter-Visualisierung wird die Reihenfolge der Schritte abgebildet, die Sie als Etappen auf dem Weg zur Conversion-Seite definiert haben.

> **Tipp**
>
> Achten Sie bei der Einrichtung des Trichters darauf, dass Sie den Teilschritten möglichst sprechende Namen geben, damit Sie bei der Interpretation stets einen Eindruck davon haben, was sich inhaltlich auf den jeweiligen Seiten abspielt. Benennen Sie die Teilschritte also nicht »Schritt 1«, »Schritt 2«, »Schritt 3« etc., sondern dem zuvor beschriebenen Beispiel folgend »Warenkorb«, »Anmeldung«, »Zahlart«, »Versandart«, »Gutschein/Rabatt«, »Liefer-/ Rechnungsadresse«, »Bankverbindung« und »Bestellung abgeschlossen«.

Auf der rechten Seite ist für jeden definierten Teilschritt des Trichters die Anzahl der Nutzer zu erkennen, die an dieser Stelle den Bestellprozess verlassen. Den Anteil dieser Aussteiger, gemessen an der Anzahl der Nutzer, die den Schritt erreichen, nennen wir die *Seitenausstiegsrate*. Wenn also 100 Nutzer den Schritt »Warenkorb« erreichen und zehn von ihnen den Bestellprozess hier verlassen, also nicht den nachfolgenden Schritt »Anmeldung« erreichen, dann liegt die Seitenausstiegsrate für Schritt »Warenkorb« bei 10%.

Pfadausstiegsrate

Auf der rechten Seite, unterhalb der Anzahl der Aussteiger, finden Sie für jeden definierten Teilschritt eine kleine Tabelle. Sie listet die URLs der Seiten auf, die die Nutzer im Anschluss aufgerufen haben. Die *Pfadausstiegsrate* gibt für jeden Teilschritt an, zu welchen Anteilen die Besucher andere Seiten aufrufen oder die Website verlassen. Wenn also von den oben beschriebenen zehn Aussteigern im Schritt »Warenkorb« acht anschließend beispielsweise die Seite »AGB« aufrufen, dann beträgt die Pfadausstiegsrate für Seite »AGB« in Schritt »Warenkorb« 80%.

> **Tipp**
>
> In den Tabellen mit den URLs der Einstieg- und Ausstiegsseiten werden maximal die fünf häufigsten Pfade angezeigt. Alle anderen Pfade werden schlicht nicht dargestellt. Es muss Sie also nicht weiter beschäftigen, wenn die Summe der Besucher in den Tabellen nicht der Summe der Ein- und Aussteiger entspricht.

Tipp

Befindet sich in einer der Tabellen der Einstiegspfade ein Eintrag namens (Entrance), dann bedeutet dies, dass diese Nutzer zuvor nicht auf einer anderen Seite Ihrer Website waren, sondern dass sie die Seite über die direkte Eingabe der kompletten URL, ein Lesezeichen oder eine Verlinkung von einer anderen externen Quelle betreten haben. Befindet sich in einer der Tabellen der Ausstiegspfade ein Eintrag namens (Exit), dann bedeutet dies, dass die Nutzer, statt eine andere Seite aufzurufen, Ihre Website verlassen haben.

Trichter-Conversion-Rate

Die *Trichter-Conversion-Rate* spiegelt den Anteil der Besucher wider, die den Bestellprozess abschließen, im Verhältnis zu allen Besuchern, die in den Bestellprozess einsteigen.

Sie dient dazu, die Leistung des Trichters zu messen, und stellt einen Grad für die »Enge« oder »Weite« des Trichters dar. Liegt sie bei 0%, ist der Trichter verstopft und muss dringend gereinigt werden, ebenso wenn die Trichter-Conversion-Rate nur knapp darüber liegt. Zu versuchen, eine Trichter-Conversion-Rate von 100% zu erreichen, ist übrigens unrealistisch, denn das würde bedeuten, dass ausnahmslos jeder Nutzer, der in den Trichter einsteigt, auch konvertiert. Es ist nicht sehr wahrscheinlich, dass das geschieht.

Welche Trichter-Conversion-Rate für Ihre Website erreichbar ist, müssen Sie durch Tests und Evaluation ermitteln. Wir können Ihnen hier keine allgemeingültigen Werte nennen, weil die tatsächlich erzielbaren Werte stark von dem Ziel Ihrer Website, der Art der Conversions, Ihren Produkten, Ihrer Zielgruppe usw. abhängen.

Kennzahl	Beschreibung	Bewertungsbezug
Seitenausstiegsrate	Anteil der Aussteiger an allen Besuchern, die den Schritt erreichen	Einzelner Schritt im Prozess
Pfadausstiegsrate	Anteil eines Ausstiegspfades an allen Aussteigern des Schrittes	s. o.
Trichter-Conversion-Rate	Anteil der Besucher mit Conversions an allen Besuchern, die in den Prozess einsteigen	Gesamter Prozess

Tabelle 4.34: Übersicht der KPIs für Conversion-Prozesse

Analysen und Maßnahmen für Conversion-Prozesse

Trichteranalysen

Einen Trichter zu analysieren, läuft darauf hinaus, dass Sie eine Schwachstelle – besser gesagt den Engpass oder den Flaschenhals – in Ihrem Conversion-Prozess entdecken werden. Die erste Stufe der Analyse ist dabei denkbar einfach und gleichzeitig sehr mächtig: Sie müssen in dem Bericht zur Trichter-Visualisierung schlicht nach demjenigen Schritt im Trichter suchen, der den längsten roten Balken hat. Der rote Balken verbildlicht nämlich die Seitenausstiegsrate, und je höher diese ist, umso länger ist der rote Balken. An dieser Stelle werden die meisten Conversions abgebrochen, hier entstehen die größten Verluste. Die Frage »Wo im Conversion-Prozess verlieren wir die meisten Nutzer?« können Sie jetzt binnen Sekunden beantworten. Positiv formuliert würde man sagen, dass hier das größte Optimierungspotenzial schlummert, und deshalb sollten Sie sich zunächst auf diese Stelle konzentrieren.

Damit aber nicht genug. Zwar wissen Sie nun, dass an dieser Stelle irgendetwas stört bzw. dass die Besucher durch irgendetwas daran gehindert werden, den Conversion-Prozess abzuschließen. Festzustellen, dass etwas schiefläuft, reicht aber nicht. Die Frage »Warum verlieren wir die meisten Nutzer an dieser Stelle?« schließt sich zwangsläufig direkt an die Beantwortung der Frage nach dem »Wo verlieren wir sie?« an. Leider wird Ihnen kein Webanalyse-Tool der Welt diese Frage eindeutig beantworten, aber wenn Sie in einem zweiten Schritt die Pfadausstiegsraten des Engpasses betrachten, dann gewinnen Sie unter Umständen erste deutliche Hinweise auf die Beweggründe der Nutzer, den Conversion-Prozess zu verlassen. Rufen Sie die Ausstiegsseiten auf, und fragen Sie sich, warum einige Nutzer ausgerechnet diese Seite aufrufen. Der Pfad mit der höchsten Pfadausstiegsrate ist möglicherweise ein ablenkendes Element (im Bestellprozess sollten Sie die Nutzer nicht ablenken) oder etwas, was einen Kaufwilligen an dieser Stelle gerade sehr interessiert. Möglicherweise fehlen ihm Informationen, die er sich zunächst einholen möchte, wie zum Beispiel Datenschutzinformationen, AGB, Versandbedingungen etc. Finden Sie durch die Analyse der Pfadausstiegsraten Hinweise auf solche fehlenden Elemente, sollten Sie überlegen, wie Sie sie in dem jeweiligen Schritt transparenter vermitteln.

In dieser Situation sind neben dem Webanalysten aber auch alle verfügbaren Webdesigner, Programmierer, Usability- und Marketingspezialisten zurate zu ziehen. Versammeln Sie alle vor dem Bildschirm, und stellen Sie die Frage: »Was stimmt nicht in diesem Bild?« Stellen Sie Hypothesen auf, welche Aspekte die schlechte Leistung des Teilschritts verursachen könnten. Setzen Sie diese Hypothesen entweder direkt in eine alternative Variante der Seite um, und verfolgen Sie die Entwicklung der Trichter-Conversion-Rate dieser Variante. Wenn sie steigt, haben Sie einen ersten Schritt in Richtung Verbesserung getan. Dies sollte sich dann gleichfalls in einer gesunkenen Seitenausstiegsrate des Engpasses widerspiegeln und, wenn Sie aufgrund der Analyse der Ausstiegsraten sogar noch gezielter vorgegangen sind, auch in einer niedrigeren Pfadausstiegsrate. Oder Sie lassen das Original und die neue Variante im Rahmen eines Google Website Optimizer-Tests gegeneinander um die Conversions wetteifern (s. *Kapitel 5.3.1, Google Website Optimizer*).

Wenn Sie erfolgreich waren – sprich den größten Engpass erweitern konnten – und Sie jetzt denken »So, fertig, alles geschafft«, dann müssen wir Sie leider enttäuschen. Sie haben vorerst lediglich das schlimmste Manko in dem Prozess behoben. Setzen Sie wieder neu an, und widmen Sie sich dem Teilschritt, der nun den größten Engpass darstellt. Ist auch dieser Engpass erfolgreich beseitigt, dann schließt sich erneut die Beseitigung des nächsten Flaschenhalses an. Sie merken, dass es sich bei diesem Optimierungsprozess – wie bei jedem anderen auch – um einen theoretisch endlosen, zyklischen Prozess von Analyse, Veränderung und Evaluation handelt.

Halten Sie sich außerdem wieder vor Augen, dass eine Trichter-Conversion-Rate von 100 % in einem Online-Shop eine unrealistische Wunschvorstellung ist und einer unbefriedigenden »never ending Story« gleichkommt.

Veränderungen an der einen Stelle können darüber hinaus einen Einfluss auf das Nutzerverhalten an anderer Stelle haben. Im besten Falle einen positiven, im schlimmsten Falle einen negativen oder unerwünschten. Folglich ist die Trichter-Analyse nicht nur ein fortwährender Prozess, sondern eine Methode, die standardmäßig in die Webanalysepraxis gehört.

Tipp

Wir möchten Ihnen davon abraten, alle Elemente eines Bestellprozesses auf einer einzigen Seite unterzubringen. Zum einen gestalten Sie damit den Bestellprozess für Ihre potenziellen Kunden sehr unübersichtlich, weil Sie sie zwingen, sich durch einen endlosen Schlauch von Eingabefeldern zu arbeiten. Außerdem erhalten die Nutzer zwischendurch keinerlei Rückmeldung, ob der eine oder andere Teilabschnitt, wie etwa die Angabe der Lieferadresse, bereits erfolgreich abgeschlossen ist oder nicht. Hat der Nutzer ein Pflichtfeld übersehen und wird hierüber erst nach dem Klick auf den Bestell-Button aufgeklärt, dann ist er gezwungen, sich erneut durch den besagten unübersichtlichen Schlauch durchzuwühlen, um die Korrektur vorzunehmen. Das hebt bestimmt nicht die Stimmung Ihres Besuchers.

Zum anderen können Sie unter diesen Umständen auch analytisch einpacken. Sie können für eine einzelne Seite schließlich keinen Trichter definieren, und damit ist Ihnen die Möglichkeit genommen, das Problem einzukreisen. Sie erhalten keinerlei Hinweise mehr darauf, ob die meisten Nutzer wegen der angebotenen Zahlarten die Conversion nicht abschließen, ob die Versandarten vielleicht das Problem sind oder ob die Nutzer etwas an einer anderen Stelle stört. Besser ist es, den Bestellprozess in seine Einzelteile zu zerlegen und den Nutzer Schritt für Schritt bis zur Conversion zu führen. Das schafft Übersichtlichkeit, macht Fehlerkorrekturen einfacher und ermöglicht dem Webanalysten eine systematische Optimierung des Prozesses.

Allerdings sollten Sie es auch nicht übertreiben und aus einem Bestellprozess eine endlose Kette von Einzelschritten gestalten. Alles über fünf Schritte hinaus ist meist keine gute Idee und wird die Conversion-Leistung senken.

⌐ **Sonderfall Warenkorb**

Dem Warenkorb als Ausgangspunkt eines Bestellprozesses kommt in diesem Zusammenhang eine Sonderstellung zu. Erfahrungsgemäß nutzen viele Besucher den Warenkorb als Merkzettel, um sich einen Überblick zu verschaffen. Eine konkrete Kaufabsicht muss damit noch gar nicht verbunden sein. Auch das Vorhandensein eines Merkzettels in einem Online-Shop mindert diesen Effekt nur teilweise, da einige Nutzer trotz dieser Alternative bei ihren gewohnten Verhaltensweisen bleiben. In der Folge kann die Seitenausstiegsrate des Warenkorbs sehr hoch sein, manchmal sogar am höchsten, wobei diese Seitenausstiegsrate folglich nicht zwangsläufig als Hinweis auf vorhandene Mängel zu bewerten ist. Sofern also der Warenkorb den Ausgangspunkt des Bestellprozesses bildet und eine hohe Seitenausstiegsrate aufweist, stellen mit hoher Wahrscheinlichkeit andere Schritte mit hoher Seitenausstiegsrate die wahren Engpässe dar. ⌐

4.3.4 Seitenelemente

Das Internet hat sich seit seiner Entstehung konsequent und rasant weiterentwickelt, und mittlerweile bieten Websites ihren Nutzern längst nicht mehr nur Texte und Bilder, sondern auf breiter Flur auch zahlreiche Formen interaktiver, multimedialer Inhalte. Diese Entwicklung stellte seiner Zeit die Entwickler von Google Analytics vor neue Herausforderungen, denn die Datensammlung während eines Besuchs basiert in Google Analytics im Prinzip auf der Protokollierung der aufgerufenen URLs. Dies stellt aber keine taugliche Methode dar, um die Nutzung multimedialer Inhalte zu messen, weil die Interaktionen der Nutzer mit Online-Videoplayern und Widgets nicht zu Aufrufen neuer URLs führen. Die Lösung dieser Tracking-Problematik kommt in Gestalt des *Event-Trackings*, und seither ist es möglich, die Interaktionen der Nutzer mit diesen modernen Seitenelementen aufzuzeichnen und zu analysieren.

Obwohl der entsprechende Menüpunkt Ereignis-Tracking heißt, unter dem Sie die Daten zu definierten Ereignissen in der Google Analytics-Oberfläche vorfinden, sprechen wir von *Event-Tracking*. Zum einen weil wir so weit wie möglich auf Denglisch verzichten wollen, zum anderen handelt es sich hierbei einfach um einen branchenüblichen Begriff.

Des Weiteren werden wir Ihnen in diesem Abschnitt zeigen, wie Sie mit dem Website-Overlay der Frage nachgehen können, an welchen Stellen Ihre Seiten Optimierungspotenzial hinsichtlich der Benutzerführung aufweisen.

Vorbereitung

Event-Tracking einrichten

Implementieren Sie für Ihre Videos, Widgets und alle anderen interaktiven Seitenelemente Event-Tracking. Wir empfehlen, dies auch für etwaige Download-Links durchzuführen. Sie können für jedes Objekt eine Kategorie, ein Label, eine oder mehrere Aktionen und für jede denkbare Kombination einen individuellen Wert festlegen. Eine ausführliche Anleitung hierzu finden Sie in dem *Kapitel 5*.

Hinweis

Durch die Implementierung des Event-Trackings auf einer Seite verzerren Sie leider die Messung der Absprungrate auf dieser Seite. Die Absprungrate der Seite wird sinken, und das liegt daran, dass in Google Analytics ein Absprung als ein Besuch mit einer einzigen Anfrage (engl.: Request) an den Google-Server definiert ist. Wird nun eine Seite aufgerufen, auf der Event-Tracking installiert ist, dann führt der Seitenaufruf zu einer ersten Anfrage an den Google-Server und die Ausführung der Event-Tracking-Methode zu einer zweiten. Der Google-Server registriert dann zwei Anfragen, und damit liegt für Google Analytics kein Absprung vor, obwohl die aufgerufene Seite durchaus die erste und letzte Seite sein kann, die ein Nutzer während seines Besuchs zu Gesicht bekommt.

Interne Links eindeutig bezeichnen

Die Nutzer bewegen sich auf einer Website, indem sie über interne Links von der einen auf die andere Seite gelangen. Wenn Sie nun auf einer Seite zwei Links haben, die auf dasselbe Ziel verweisen, dann werden Sie im Website-Overlay nicht erkennen können, über welchen der beiden Links die nächste Seite tatsächlich erreicht wurde bzw. welchem der Links die Klicks schlussendlich zuzuordnen sind. Sie können aber dafür sorgen, dass die Links durch individuelle URL-Parameter erweitert und gekennzeichnet werden, sodass die Klicks in dem Website-Overlay eindeutig dem korrespondierenden Link zugeordnet werden können. Die URL-Parameter können Sie dabei frei wählen, für das Website-Overlay spielen die Bezeichnung und ihr Wert keine Rolle. Sie dienen lediglich dazu, die gleichen Verlinkungen unterscheidbar zu machen.

KPIs für Seitenelemente

Quantitative KPIs für Seitenelemente

◆ Objektnutzung

Sie erhalten in den Content-Berichten unter EREIGNIS-TRACKING für jede Kategorie, jedes Label und jede Aktion die Anzahl der Ereignisse innerhalb eines bestimmten Zeitraums. Die Werte geben an, wie oft die Nutzer mit den Objekten interagieren, und deshalb werden wir im Folgenden den KPI, der auf der Anzahl der Ereignisse basiert, *Objektnutzung* nennen. Um die Vergleichbarkeit des KPIs für unterschiedlich große Beobachtungszeiträume zu gewährleisten, errechnen Sie die Objektnutzung pro Tag.

$$Objektnutzung_{Ereignis} = Ereignisse\ gesamt_{Ereignis}\ /\ Tage$$

So wie Google Analytics zwischen Seitenzugriffen und eindeutigen Seitenzugriffen unterscheidet, werden auch Ereignisse und eindeutige Ereignisse differenziert. Genau wie bei den Seitenzugriffen besteht der Unterschied zwischen Ereignissen und eindeutige Ereignissen darin, dass eindeutige Ereignisse nur ein Mal pro Besuch gezählt werden. Wenn beispielsweise ein bestimmtes Video während eines Besuchs sechs Mal abgespielt wurde und keine weiteren Interaktionen mit dem Player stattfinden, dann werden sechs Ereignisse und ein eindeutiges Ereignis gezählt. Mit anderen Worten: Die Anzahl der eindeutigen Ereignisse entspricht der Anzahl der Zugriffe, bei denen die entsprechende Interaktion durchgeführt wurde.

Dadurch können Sie je nach Fragestellung wieder zwei Varianten der Interaktionshäufigkeit untersuchen. Lautet die Fragestellung »Wie oft wird insgesamt mit dem Objekt interagiert?«, dann betrachten Sie die Interaktionshäufigkeit gemäß der obigen Formel. Lautet die Fragestellung dagegen »Bei wie vielen Besuchen wird mit dem Objekt interagiert?«, dann bilden Sie den KPI unter Verwendung der eindeutigen Ereignisse, weil dieser Wert die Anzahl der Besuche angibt, bei denen mit dem Objekt interagiert wurde.

$$Objektnutzung_{Ereignis} = eindeutige\ Ereignisse_{Ereignis}\ /\ Tage$$

◆ Umsatzleistung

Sie können wie gesagt jedem Ereignis einen Wert zuweisen. Dadurch erhalten Sie in den Berichten sozusagen eine abgespeckte Version des Zielwerts, den Sie schon aus der Definition der Google Analytics-Ziele kennen. Dies geschieht allerdings ohne die Zuordnung zu einer Einheit wie etwa einer Währung, obwohl es natürlich sinnvoll wäre, diese Daten im Sinne von Euro-, Dollar- oder sonstigen monetären Werten zu interpretieren. Der Messwert für das Event-Tracking nennt sich *Ereigniswert*. Wenn Sie jedem Ereignis einen individuellen Wert zuweisen, ermöglicht er den Vergleich der einzelnen Objekte untereinander. Dahinter steckt eine ganz simple Multiplikation, die wiederum aus der Perspektive der Kategorie, des Labels oder der Aktion betrachtet werden kann. Auch hier dient die Normierung der Anzahl der Tage des beobachteten Zeitraums dem Vergleich unterschiedlich großer Zeiträume.

$$Umsatzleistung_{Ereignis} = Ereigniswert_{Ereignis}\ /\ Tage$$

Wenn Sie das E-Commerce-Tracking für Ihre Website nutzen, dann werden die Umsätze einem Ereignis zugeordnet, wenn dieses während des Besuchs stattgefunden hat. Dies hat eine alternative Berechnung der Umsatzleistung zur Folge:

$$Umsatztleistung_{Ereignis} = Umsatz_{Ereignis}\ /\ Tage$$

◆ Transaktionsleistung

Sofern Sie das E-Commerce-Tracking eingerichtet haben, erhalten Sie in den Berichten darüber hinaus auch die Anzahl der Transaktionen, die mit den jeweiligen Ereignissen einhergehen.

$$Transaktionsleistung_{Ereignis} = Transaktionen_{Ereignis} \, / \, Tage$$

◆ Link-Nutzung

Wenn Sie eine Seite mit dem Website-Overlay aufrufen, dann sehen Sie standardmäßig eine Ansicht der jeweiligen Seite samt der Verteilung der Klicks auf die einzelnen Links in Form von kleinen Boxen mit den prozentualen Anteilen der Links an allen Klicks, die auf der Seite gemessen wurden. Diese Werte, die die Intensität der Link-Nutzung widerspiegeln, errechnen sich wie folgt:

$$Link\text{-}Nutzung_{Link} = Klicks_{Link} \, / \, Klicks_{\,Seite\ gesamt}$$

Qualitative KPIs für Seitenelemente

◆ Transaktionsrate, Zugriffsumsatz und Transaktionsumsatz

Sie erhalten ebenso die qualitativen KPIs Transaktionsrate, Zugriffsumsatz und Transaktionsumsatz bezogen auf ein Ereignis, wenn Sie das E-Commerce-Tracking installiert haben. Die Formeln für die KPIs haben die folgende Form:

$$Transaktionsrate_{Ereignis} = Transaktionen_{Ereignis} \, / \, Zugriffe_{mit\ Ereignis}$$

$$Zugriffsumsatz_{Ereignis} = Umsatz_{Ereignis} \, / \, Zugriffe_{mit\ Ereignis}$$

$$Transaktionsumsatz_{Ereignis} = Umsatz_{Ereignis} \, / \, Transaktionen_{Ereignis}$$

Websites ohne E-Commerce

KPI	Beschreibung	Bewertungsmaßstab für das Monitoring
Objektnutzung	Ereignisse gesamt pro Tag oder eindeutige Ereignisse pro Tag	Entwicklung im zeitlichen Verlauf
Umsatzleistung	Ereigniswert pro Tag	s. o.
Link-Nutzung	Klicks auf einen Link/alle Klicks auf der Seite	s. o.

Tabelle 4.35: Übersicht der quantitativen KPIs für Seitenelemente (Websites ohne E-Commerce)

E-Commerce-Websites

KPI	Beschreibung	Bewertungsmaßstab für das Monitoring
Objektnutzung	Ereignisse gesamt pro Tag oder eindeutige Ereignisse pro Tag	Entwicklung im zeitlichen Verlauf
Umsatzleistung	Ereigniswert pro Tag	s. o.
Umsatzleistung (alternativ)	Umsatz pro Tag	s. o.
Transaktions-leistung	Transaktionen pro Tag	s. o.
Link-Nutzung	Klicks auf einen Link/alle Klicks auf der Seite	s. o.

Tabelle 4.36: Übersicht der quantitativen KPIs für Seitenelemente (E-Commerce-Websites)

KPI	Beschreibung	Bewertungsmaßstab
Transaktionsrate	Transaktionen pro Zugriff mit Ereignis (in Google Analytics: »E-Commerce-Conversion-Rate«)	Website-Durchschnitt
Zugriffsumsatz	Umsatz pro Zugriff mit Ereignis (in Google Analytics: »Wert pro Zugriff«)	s. o.
Transaktionsumsatz	Umsatz pro Transaktion mit Ereignis (in Google Analytics: »Durchschnittlicher Wert«)	s. o.

Tabelle 4.37: Übersicht der qualitativen KPIs für Seitenelemente (E-Commerce-Websites)

Analysen für einzelne Seitenelemente

Schwachstellenanalyse für E-Commerce-Websites

Vergleichen Sie die interaktiven Objekte auf Ihrer Website, indem Sie in den Content-Berichten den Unterpunkt EREIGNIS-TRACKING aufrufen. Analysieren Sie die Transaktionsrate, den Zugriffsumsatz und den Transaktionsumsatz. Ihre Schwachstellen verraten sich in der Ansicht VERGLEICH wiederum an den roten Balken. Stellen Sie diese Untersuchungen auf jeder definierten Ereignisebene an. Überprüfen Sie also, welche Kategorien, welches Labels und welche Aktionen unterdurchschnittliche KPIs aufweisen. Dies versetzt Sie in die Lage, die Schwachstellen exakt zu lokalisieren.

Tipp

Wenn Sie auf interaktive Objekte stoßen, die besonders gute Leistungen aufweisen, dann platzieren Sie diese Objekte prominenter.

⌐ **Alternative Analyse von Seitenelementen**

Einer unserer Kunden konfrontierte uns einmal mit einer Fragestellung, die eine alternative Vorgehensweise verlangte. Bei dem besagten Unternehmen handelt es sich um einen Anbieter für besonders beratungsintensive Individualreisen. Aus diesem und anderen Gründen besteht das Website-Ziel nicht wie üblich in der Erzeugung und Abwicklung von Buchungen, sondern dient vor allem dem Vertrieb des hauseigenen Reisekatalogs in Papierform. Der Vertrieb der gedruckten Variante hat aus unternehmerischer Sicht absolute Priorität, da er mit der Gewinnung von Adressen einhergeht, die für die Kundenakquise genutzt werden.

Unser Kunde wünschte nun den Papierkatalog in Form eines Online-Blätterkatalogs auf der Website für die Nutzer bereitzustellen. Nachdem dieses Feature bereits einige Zeit in Aktion war, begann sich unser Kunde die Frage zu stellen, ob sich der Online-Blätterkatalog möglicherweise negativ auf den Vertrieb seiner gedruckten Variante auswirken könnte (ein durchaus nachvollziehbarer Gedanke), und nahm Kontakt zu uns auf.

Da für den Online-Blätterkatalog kein Event-Tracking eingerichtet worden war, standen diese Daten nicht für Analysen zur Verfügung. Da unser Kunde sich aber zunehmend Sorgen machte, durch das neue Feature sein eigenes Geschäft zu torpedieren, galt es, eine Ad-hoc-Analyse zu erstellen.

Wie sich herausstellte, war der Aufruf des Online-Blätterkatalogs anhand der URL auch nachträglich zu identifizieren. Um die Fragestellung unseres Kunden zu beantworten, bildeten wir daher zwei benutzerdefinierte Segmente: Das eine enthielt alle Besuche, bei denen der Online-Blätterkatalog aufgerufen wurde, das andere umfasste alle Besuche, bei denen der Online-Blätterkatalog nicht aufgerufen wurde. Diese beiden Segmente verglichen wir hinsichtlich ihrer Conversion-Raten in Bezug auf das primäre Website-Ziel *Bestellung des gedruckten Katalogs*.

Was glauben Sie? Welchen Effekt hatte das neue Feature? Fluch oder Segen? Die Analyse ergab, dass die Conversion-Rate in dem Segment ohne Aufruf des Online-Blätterkatalogs 1,03% betrug. In dem Segment der Besuche mit Aufruf des Online-Blätterkatalogs belief sie sich auf stolze 15,98%. Wir empfahlen unserem Kunden daher, das Feature weiterhin auf der Website anzubieten. ⌐

Klickdichteanalysen

Rufen Sie in den Content-Berichten den Unterpunkt TOP-WEBSEITEN auf, und analysieren Sie die Klickverteilung der zehn Seiten mit der höchsten Seitenpopularität. Rufen Sie hierfür die einzelnen Seiten auf, indem Sie auf die URLs der Seiten klicken und in dem erscheinenden Detailbericht unter KLICKMUSTER das WEBSITE-OVERLAY aufrufen. Halten Sie pro Seite nach den zwei, drei, maximal vier Links mit den größten Klickanteilen Ausschau. Wohin führen sie? Wie sind sie bezeichnet? Wo sind sie positioniert? Sind es die Links, die Sie erwartet haben? Sind es die Links, die Sie sich wünschen? Warum klicken die meisten Nutzer ausgerechnet auf diese Links?

Sollten Sie mit diesen Analysen feststellen, dass die Links, die Sie für wichtig halten, zu geringe Klickanteile verzeichnen, dann überlegen Sie, wie Sie die Links prominenter platzieren können oder wie Sie über gestalterische Veränderungen dafür sorgen, dass die Links auffälliger und dadurch häufiger von den Nutzern wahrgenommen werden.

Keine Segmentierung im Website-Overlay

Leider ist es in Google Analytics nicht möglich, die Verteilung der Klicks im Website-Overlay zu segmentieren. Die Idee, den Traffic über einen Profilfilter einem bestimmten Segment zuzuweisen, scheitert, weil das Website-Overlay dann keine Werte mehr anzeigt. Erweiterte Standardsegmente und benutzerdefinierte Segmente werden beim Aufruf des Website-Overlays schlichtweg nicht übernommen. Sie erhalten stets die Daten für alle Besucher.

Das ist schade, denn es wäre sicher sehr aufschlussreich zu erfahren, ob – und wenn ja inwiefern – sich die Besucher in ihrem Klickverhalten unterscheiden, die über unterschiedliche Zugriffsquellen gewonnen werden, die aus unterschiedlichen Regionen stammen oder die anderen definierbaren Segmenten angehören. Es gibt Webanalyse-Tools, die diese Form der Segmentierung unterstützen, und es gibt Programme auf dem Markt, die auf die Aufzeichnung von Klicks spezialisiert sind. Bleibt zu hoffen, dass es nur eine Frage der Zeit ist, bis auch Google Analytics die Segmentierung des Website-Overlays zu bieten hat.

Monitoring

Wenn Sie Veränderungen an interaktiven Objekten vornehmen oder diese an anderer Stelle auf der Website positionieren, dann überprüfen Sie die Effekte Ihrer Maßnahmen, indem Sie die Entwicklung der quantitativen KPIs über die Zeit hinweg beobachten.

Veränderungen an der Navigation, der Gestaltung oder Positionierung einzelner Links überprüfen Sie mithilfe des Website-Overlays.

Sowohl in Bezug auf interaktive Objekte als auch hinsichtlich einzelner Links steigen die KPIs, wenn die Maßnahmen von Erfolg gekrönt sind.

4.4　Produkte und Dienstleistungen

Nachdem Sie erfahren haben, wie Sie Ihre Besucherquellen und mit der Website Ihren Conversion-Generator optimieren können, sagen wir Ihnen nun, wie Sie aus den gewonnenen Daten außerdem Hinweise zur Verbesserung Ihres Angebots erlangen. Es gibt in den Daten etliche Hinweise auf die Bedürfnisse der Nutzer, und Sie können diese mit dem abgleichen, was Sie ihnen bieten. Dies kann, wenn Sie dadurch mehr Erfolg haben sollten, bis zur Erneuerung und Umgestaltung Ihres Angebots führen. Wie bei allen anderen Analysen auch empfehlen wir, diese konsequent und kontinuierlich durchzuführen. Keine Sorge, Sie müssen nicht jedes Mal Ihr Angebot überarbeiten. Aber Sie gewinnen dadurch einen Einblick in den

Markt, der Ihnen die Erkennung neuer Trends und die Verlagerung der Bedürfnisse der Nutzer frühzeitig anzeigt. Das ist ein handfester Vorteil, den Sie unbedingt nutzen sollten.

4.4.1 Neue Produkt- und Dienstleistungspotenziale aufdecken

In Google Analytics können Sie interessante Hinweise entdecken, um Ihr Produkt- und Dienstleistungsprogramm entsprechend den Besucherwünschen zu erweitern. Je besser Sie die verschiedenen Bedürfnisse der Besucher Ihrer Website befriedigen können, desto erfolgreicher wird Ihre Website am Ende sein. Möglicherweise schlummert in Ihrem Online-Marketing-Konzept ein erhebliches Potenzial, das nur darauf wartet, von Ihnen entdeckt zu werden. Das bedeutet nicht zwangsläufig, dass Sie von Ihren bisherigen Angeboten abweichen müssen, weil Sie eine neue Nachfrage entdeckt haben. Oft genügt es, gezielter auf die unterschiedlichen Interessen Ihrer Besucher einzugehen, um eine Brücke zu dem zu schlagen, was Sie letztendlich auf Ihrer Website anbieten.

Vorbereitung

Tracking der website-internen Suchfunktion

Richten Sie das Tracking der internen Suchfunktion für Ihre Website ein (s. *5.2.4*).

Einrichtung eines negativen URL-Ziels

> **Tipp**
>
> Sie können einen kleinen Trick verwenden und die Messung einer negativen Conversion einrichten. Dadurch können Sie eindeutig sehen, welche Suchanfragen keinen Erfolg hatten und ohne Ergebnis geblieben sind. Voraussetzung dafür ist, dass die Seite, die dem Besucher mitteilt, dass für den Suchbegriff kein Ergebnis vorliegt, eine eindeutige URL besitzt. Diese richten Sie in einem neuen Profil als URL-Ziel ein.

Benutzerdefiniertes Segment: Besuche ohne Conversions

Richten Sie sich das Segment *Besuche ohne Conversions* ein (s. *Abbildung 4.55*). Es kann Ihnen die Analysen erleichtern, da Sie nur die Besucher sehen, die möglicherweise vergebens die Suchfunktion bemüht haben. Das ist genau die Gruppe der Suchenden, die Ihnen ungenutzte Potenziale bieten kann.

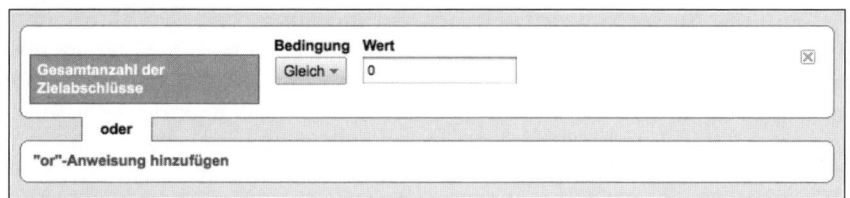

Abbildung 4.55: Segment: Besuche ohne Conversions

KPIs

Quantitative KPIs

KPI	Beschreibung	Bewertungs-bezug
Einmalige Suchen gesamt	Anzahl der Suchvorgänge für einen Begriff (nur einmal pro Sitzung gezählt)	Suchen
Anzahl der Zugriffe	Anzahl der Zugriffe	Besuche

Tabelle 4.38: Übersicht der quantitativen KPIs

Qualitative KPIs

KPI	Beschreibung	Bewertungs-bezug
Conversion-Rate	Anteil der Zugriffe mit Conversions	Conversions

Tabelle 4.39: Übersicht der qualitativen KPIs

Analysen

Analyse der Suchbegriffe in der website-internen Suche

Es gibt verschiedene Anlässe für einen Besucher, die interne Suchfunktion Ihrer Website zu bemühen. Zunächst einmal ist jede Nutzung dieser Funktion etwas Positives für Ihre Website. Der Besucher signalisiert damit, dass er ein erhöhtes Interesse an den präsentierten Produkten und Informationen hat, aber diese bisher nicht gefunden hat. Er gibt Ihrer Website eine Chance, das zu finden, was er sucht. Ihre Website hat es also geschafft, den Besucher zumindest davon zu überzeugen, dass diese Chance überhaupt besteht, und dafür ist Ihr Besucher sogar bereit, etwas zu investieren. Diese Investition ist insofern sehr interessant. Sie haben bereits in *Kapitel 3.3* den Unterschied zwischen Intentions- und Stöber-Surfern kennengelernt und festgestellt, dass Intentions-Surfer Ihrer Website tendenziell eher wenig Zeit geben, die Intentionen zu befriedigen. Mit der Benutzung der internen Suchfunktion signalisiert der Besucher ganz deutlich: *Ich weiß, was ich suche, und räume dieser Website einen begrenzten Toleranzbereich an persönlichem Aufwand ein, um mir das zu präsentieren, was ich suche.*

Neben der Besuchszeit besteht dieser Toleranzbereich noch aus anderen Komponenten: Der Intentions-Surfer konzentriert sich auf die Aufnahme von sachlichen Informationen, die Sie ihm bieten, und dafür investiert er neben der Navigation mit der Maus sogar eine erhöhte körperliche Aktivität: Er greift zur Tastatur. Denn nur so lassen sich Suchfunktionen bedienen. Das Ergebnis ist Folgendes: Vor Ihrer Website sitzt ein stark involvierter Besucher, der im wahrsten Sinne des Wortes mit allen Händen bemüht ist, sein Ziel zu erreichen. Ihre Website hat die Chance erhalten, diese Investition mit einem befriedigenden Ergebnis zu beantworten. Idealerweise benötigt Ihr Besucher nur eine einzige Suchanfrage und ist sofort am Ziel seiner Suche. Sie können sich vorstellen, was in Ihrem ungeduldigen Besucher vorgeht, wenn Sie ihm nach diesem Aufwand nicht das bieten, was er möchte. Er wird die Website in der Regel nach wenigen Anläufen wieder verlassen und woanders seine Suche fortsetzen.

Es wäre doch sehr schade, einen so engagierten Besucher Ihrer Website einfach wieder gehen zu lassen. Also warum sollten Sie diese unbefriedigten Intentionen nicht einfach aufgreifen und fortan Suchergebnisse dafür liefern, nach dem auf Ihrer Website bislang vergeblich gesucht worden ist?

Zur Ansicht der internen Suchanfragen wählen Sie in Ihrem Google Analytics-Profil CONTENT und rufen dort den Bereich WEBSITE-SUCHE auf. Unter SUCHBEGRIFFE finden Sie die Eingaben der suchenden Besucher (s. *Abbildung 4.12*).

Die Suchphrasen sind per Voreinstellung nach dem Messwert *Einmalige Suchen gesamt* sortiert, der gleichzeitig den quantitativen KPI für diese Analyse darstellt. In den jeweiligen Reitern ZIELGRUPPE finden Sie zusätzlich die Conversion-Raten der einzelnen Suchphrasen, die Sie als qualitative KPIs nutzen können.

Im Fokus Ihrer Potenzialanalyse steht folgende Fragestellung: Welche Suchphrasen führten zu keinem befriedigenden Ergebnis für die Besucher? Dies lässt sich recht einfach beantworten, denn dabei handelt es sich offensichtlich um alle eingegebenen Suchbegriffe, die keine Conversions erzeugen konnten, also eine Conversion-Rate von 0% aufweisen. Alternativ können Sie auch das Standardsegment *Besuche ohne Conversions* für diesen Bericht anwenden, sodass Sie nur die Suchbegriffe sehen, die nicht zu Conversions geführt haben. Dies kann besonders in unübersichtlichen Datenmengen eine Erleichterung für Sie darstellen.

Die Conversion-Rate eines Suchbegriffs ergibt sich aus der Menge der Besucher, die diesen Suchbegriff eingegeben haben und im Verlauf ihres Besuchs Conversions generiert haben. Dies erweckt den Eindruck, zwischen der getätigten Suche und der Conversion besteht ein direkter kausaler Zusammenhang, das muss aber gar nicht so sein. Beispielsweise kann ein Besucher auch nach oder vor einer Shop-Bestellung nebenbei etwas völlig anderes gesucht haben, als bestellt wurde. Die Suchfunktion kann also eine Rolle im Entscheidungsprozess eines Besuchers spielen, muss es aber nicht. Diese Rolle ist individuell für jeden Besucher unterschiedlich. Wenn ein Besucher in der Suchfunktion kein passendes Ergebnis vorgefunden hat, kann dieser trotzdem im weiteren Verlauf seines Besuchs eine Conversion ausgelöst haben. Zum Beispiel durch die Bestellung eines anderen Produktes, als mit der Suchfunktion gesucht wurde.

Das bedeutet, dass auch Suchbegriffe mit Conversions in Wahrheit ergebnislose Suchanfragen sein können. Daher sollten Sie zusätzlich auch die in solchen Fällen sehr geringen Conversion-Raten betrachten und mit Kenntnis über Ihr Angebot herausfinden, ob es sich um ergebnislose oder ergebnisträchtige Suchprozesse gehandelt hat. Eine gute Ergänzung besteht auch darin, für bestimmte Begriffe selbst die Suche zu bemühen, um zu sehen, zu welchen Ergebnissen die Suche führt. Dieser Schritt wird Ihnen auch helfen, das Mindset des suchenden Besuchers besser zu verstehen.

Nachdem Sie herausgefunden haben, welche Suchanfragen kein Ergebnis geliefert haben, gehen Sie einen Schritt weiter und bewerten die Suchanfragen quantitativ. Die Auswertung *Einmalige Suchen gesamt* als quantitativer KPI beantwortet Ihnen folgende Frage: Welche Suchanfragen waren besonders häufig ergebnislos? Je häufiger diese getätigt wurden, desto größer ist folglich auch die Nachfrage und somit das Potenzial. Dabei können sich thematisch gleiche Begriffskategorien auch auf mehrere Suchbegriffe verteilen, besonders durch unterschiedliche Schreibweisen. Wenn dies sehr häufig bei Ihnen auftreten sollte, ordnen Sie die thematisch gleichen Begriffe am besten mithilfe einer Tabellenkalkulation manuell zu und bilden daraus eine Summe für das entsprechende Produktthema, damit Sie die thematischen Gewichtungen auch so sehen, wie sie tatsächlich bestehen.

Vergewissern Sie sich, dass die verschiedenen Schreibweisen nicht deshalb kein Suchergebnis geliefert haben, weil diese nicht vermerkt sind. Andernfalls sollten Sie dringend eine Verbesserung der Verknüpfungen vornehmen, damit die Begriffe richtig zugeordnet werden können. In vielen Systemen geschieht dies zum Beispiel über die Vergabe der richtigen *Tags*, die alle passenden Suchbegriffe abdecken sollten. Die Nutzer aktueller Suchfunktionen erwarten außerdem, dass diese fehlertolerant arbeitet und auch Falschschreibweisen korrekt erkennt. Unterstützung erfährt der Nutzer dadurch, dass während der Eingabe von Begriffen vom System bereits passende Vorschläge zur Vervollständigung der Suchanfrage gemacht werden, was wiederum die Häufigkeit der Eingabe von Falschschreibweisen minimiert.

Analyse der Keyword-Zugriffe aus Suchmaschinen

Ähnlich wie die internen Suchbegriffe geben auch die Zugriffe über Keywords in den Suchmaschinen Aufschluss über die Intentionen Ihrer Besucher, und ähnlich wie bei den internen Suchbegriffen können auch hier Potenziale in Form von spezifischen Bedürfnissen entdeckt werden, die Sie zur Steigerung Ihres Website-Erfolgs einsetzen können.

Zur Analyse der Keyword-Zugriffe aus den Suchmaschinen wählen Sie den Menüpunkt KEYWORDS in den ZUGRIFFSQUELLEN. Zusätzlich sollten Sie oben unter der Grafikdarstellung ANZEIGEN: *nicht bezahlt* auswählen, wenn Sie Suchmaschinenwerbung wie z.B. Google AdWords verwenden, da die hier auftretenden Keywords nicht von den Website-Besuchern gewählt werden, sondern von der Werbekampagne festgelegt sind (s. *Abbildung 4.56*).

Der Unterschied zu den internen Suchbegriffen ist der, dass bei den Suchmaschinen praktisch Ihre gesamte Website als Suchergebnis gilt, insbesondere die Landing-Page. Die Identifizierung von nicht genutzten Potenzialen erfordert daher auch etwas mehr Interpretationsvermögen, denn es ist aufgrund einer möglichen Produkt- und Angebotsvielfalt auf Ihrer Website möglicherweise nicht immer sofort ersichtlich, ob bestimmte Suchbegriffe wirklich neue Potenziale sind oder die Schreibweise einfach nur nicht der Kategoriesprache Ihrer Website entspricht. Wir empfehlen Ihnen deshalb, für die Analyse der Keyword-Zugriffe aus Suchmaschinen hauptsächlich die Quantität der *Zugriffe* zu messen und individuell zu bewerten, ob die Website das entsprechende Produkt bieten kann oder ob eine Angebotslücke besteht, was natürlich noch stärker als bei den internen Suchbegriffen voraussetzt, dass Sie das Angebot der Website gut kennen.

Alle Zugriffsquellen
Keywords
Kampagnen
Anzeigenversionen
AdWords ^Beta
Content
Ziele

Benutzerdefinierte
Berichterstellung

Meine Anpassungen
Benutzerdefinierte Berichte
Erweiterte Segmente
Intelligenz Beta
E-Mail

Hilferessourcen
Info zu diesem Bericht
Conversion University
Häufige Fragen

Die Suche hat 717 Zugriffe (insgesamt) über 113 Keywords vermittelt.

Anzeigen: insgesamt | bezahlt | nicht bezahlt

Website-Nutzung | Zielgruppe 1 | Zielgruppe 2   Ansichten:

Zugriffe	Seiten/Zugriff	Durchschn. Besuchszeit auf der Website	% neue Zugriffe	Absprungrate
717	**3,53**	**00:01:53**	**86,05 %**	**61,79 %**
% der Website insgesamt: 47,96 %	Website-Durchschnitt: 4,16 (-15,19 %)	Website-Durchschnitt: 00:02:19 (-18,46 %)	Website-Durchschnitt: 77,99 % (10,33 %)	Website-Durchschnitt: 53,04 % (16,48 %)

	Keyword	Keine	Zugriffe ↓	Seiten/Zugriff	Durchschn. Besuchszeit auf der Website	% neue Zugriffe	Absprungrate
1.	werbun		169	2,85	00:01:21	92,31 %	66,86 %
2.	internet		116	1,69	00:00:57	93,10 %	86,21 %
3.	internet		115	5,78	00:03:35	63,48 %	34,78 %
4.	onlinesl		45	1,96	00:01:20	95,56 %	75,56 %
5.	werben		35	2,14	00:00:50	97,14 %	77,14 %
6.	werbun		20	2,70	00:00:56	70,00 %	60,00 %
7.	werbun		16	3,31	00:02:12	93,75 %	81,25 %
8.	internet		12	3,75	00:02:49	50,00 %	50,00 %
9.	sophys		11	1,00	00:00:00	100,00 %	100,00 %
10.	internet		10	4,90	00:01:12	70,00 %	30,00 %

Abbildung 4.56: Analyse der Keyword-Zugriffe aus Suchmaschinen

Der Vorteil gegenüber den internen Suchbegriffen ist aber, dass in Suchmaschinen sehr viel häufiger sogenannte *generische Keywords* verwendet werden, während in der internen Suche eher nach spezifischen Produkt- und Markenbezeichnungen gesucht wird. Generische Keywords zeichnen sich dadurch aus, dass diese eben keine spezifischen Zusätze wie zum Beispiel Typenbezeichnungen enthalten, sondern allgemeine Bezeichnungen darstellen. Statt zum Beispiel *schokoladentafel bitter* wäre das entsprechende generische Keyword einfach *schokolade*.

Einen Zusammenhang wird es aber in jedem Fall geben, andernfalls hätte die Suchmaschine Ihre Website gar nicht erst in den Suchergebnissen zu diesem Thema aufgeführt. Daher werden Sie meistens nur Keywords finden, die auch in irgendeiner Form mit Ihren Produkten zu tun haben, wenn man mal von generischen Keywords mit mehreren grundverschiedenen Bedeutungen absieht (»Boxen«: Lautsprecher vs. Kisten vs. Sportart). Es kann aber trotzdem vorkommen, dass Sie aufgrund des Inhalts Ihrer Website von Suchmaschinen gelistet und somit auch von Besuchern gefunden werden, obwohl die entsprechenden Keywords etwas anderes ausdrücken, als Sie anbieten. Suchen Sie die Zugriffe also explorativ nach solchen Keywords ab, denn vielleicht befinden sich hier interessante Möglichkeiten zur Erweiterung Ihres Produkt- und Dienstleistungsangebots.

Tendenzen beobachten

Wenn Sie entsprechende Potenziale entdeckt haben, die im Rahmen Ihrer wirtschaftlichen Unternehmung interessante Erweiterungsmöglichkeiten Ihrer Produkte und Dienstleistungen darstellen, lohnt es sich auch, entsprechende Suchbegriffe zu untersuchen, um die Frage zu beantworten, welche Tendenzen sich hinter diesen Potenzialen verbergen. Sind die quantitativen KPI der Zugriffe über einen längeren Zeitraum angestiegen, verbirgt sich dahinter ein wachsendes Interesse der Besucher

Ihrer Website, was eine Investition in das Potenzial natürlich sehr viel attraktiver macht. Eine rückläufige Tendenz ist dagegen sehr viel riskanter und möglicherweise wirtschaftlich unvernünftig. Um die Tendenzen zu beobachten, können Sie die Suchbegriffe in allen zuvor vorgestellten Google Analytics-Berichten anklicken und die Tendenz für diesen Suchbegriff in der grafischen Darstellung des Berichts ablesen. Es empfiehlt sich zudem, einen sehr langen Messzeitraum einzustellen, damit Sie einen potenziellen Langzeittrend sicher erkennen können (s. *Abbildung 4.57*).

Abbildung 4.57: Die tendenzielle Entwicklung für das Keyword *werbung*

Google bietet Ihnen zusätzlich mit dem Tool *Insights for Search* die Möglichkeit, globale oder regionale Tendenzen zu bestimmten Suchbegriffen zu analysieren, die in der Google-Suche verwendet worden sind. Auf der Seite *www.google.com/insights/ search* können Sie Suchbegriffe Ihrer entdeckten Potenziale eingeben. Die grafische Darstellung der Suchtendenzen können Sie unter FILTER regional und zeitlich eingrenzen.

Bedenken Sie, dass *Insights for Search* keine absoluten Informationen über die tatsächliche Anzahl der getätigten Suchanfragen preisgibt, sondern lediglich die Tendenzen sichtbar macht (mehr wollen wir an dieser Stelle auch nicht). Die Ordinate der dort präsentierten Grafiken stellt also einen relativen Richtwert dar, der sich am Maximum des jeweiligen Suchvolumens orientiert (s. *5.3.2*).

Maßnahmen

Wenn Sie interessante Potenziale entdeckt haben und vielleicht sogar eine ansteigende Tendenz feststellen konnten, stellt sich nun die Frage, wie Sie das Potenzial effektiv nutzen können. In welcher Form Sie eine Angebotserweiterung vornehmen, hängt natürlich sehr von den Zielen, Inhalten und der Struktur Ihrer Website ab. Zudem wird die Entscheidung nicht allein von Ihnen als Webanalyst getroffen werden. Wichtig für Sie als Webanalyst ist es daher, eine Empfehlung abgeben zu können, die eine diskutierbare Basis für die darauf aufbauenden unternehmerischen Entscheidungsprozesse darstellt. Die Maßnahmen lassen sich in verschiedene Kategorien einteilen, an denen Sie sich bei Ihrer Formulierung orientieren können:

◆ Das Produkt- und Dienstleistungsangebot wird durch Varianten des bereits bestehenden Angebots erweitert.

Die neuen Potenziale sind eng verwandt mit den bisherigen Angeboten und können durch neue Varianten genutzt werden. Als Ergebnis wird die ursprüngliche Angebotspräsentation auf der Website weitgehend beibehalten und nur im Detail erweitert.

◆ Es werden völlig neue Produkt- und Dienstleistungsangebote in die Website integriert.

Dementsprechend muss die Website in manchen Fällen intensiv erweitert werden, um den neuen Angeboten gerecht zu werden. In Extremfällen kann auch die Entwicklung einer gänzlich neuen und zusätzlichen Website die richtige Lösung sein, wenn das Angebot durch die Erweiterung zu starke Unterschiede zum ursprünglichen Angebot aufweist.

◆ Das Produkt- und Dienstleistungsangebot bleibt unverändert bestehen.

Dafür wird die Website angepasst, um die Intentions-Besucher durch gestalterische und inhaltliche Veränderungen so zu motivieren, dass diese von den bereits bestehenden Angeboten überzeugt werden können. Dies kann zum Beispiel durch Präsentation der Produkte als bessere Alternative zum eigentlich gesuchten Produkt oder durch gezielte Aufklärung über thematisch verwandte Sachverhalte gelingen. Bedenken Sie, dass Intentions-Surfer sachlichen Informationen für kurze Zeit eine erhöhte Aufmerksamkeit widmen. Nutzen Sie die Chance, und überzeugen Sie schnell und präzise!

Evaluation

Ebenso wie die verschiedenen Maßnahmen wird sich die Evaluation unterschiedlich gestalten. Das Wichtigste ist jedoch, dass Sie den Erfolg der Angebotserweiterungen oder der anderen Modifikationen im Nachgang messen. Beobachten Sie gezielt die Entwicklung der neuen Angebote anhand der Conversion-Raten für die Zugriffe zu den Sucheingaben, von denen Sie die entsprechenden Besucherintentionen erwarten.

Da die Präsentation neuer Angebote niemals gleich von Anfang an perfekt gelingen wird, sondern für das volle Potenzial kontinuierlich durch Webcontrolling optimiert werden muss, werden Sie hier vor allem zyklische Analysen inklusive Ableitungen von Korrekturmaßnahmen in den Details vornehmen müssen. Damit geht die erste Evaluation in manchen Fällen direkt in weitere Analysen über. Die Phase der Potenzialanalyse ist nach der erstmaligen Evaluation aber abgeschlossen.

Je höher die Erwartungen und die Investitionen in die Erweiterung des Produkt- und Dienstleistungsangebots sind, desto bedeutender wird Ihre Evaluation sein. Sollte eine Maßnahme auch nach umfassenden Optimierungsanstrengungen scheitern, versuchen Sie vor allem, die Ursachen dafür zu finden, um für Ihre nächste Potenzialanalyse auf mehr Erfahrung zurückgreifen zu können.

4.5   Don't panic!

Hin und wieder erreicht uns eine aufgeregte E-Mail oder ein mehr oder weniger panischer Anruf. Website-Betreiber berichten von dramatischen, manchmal sogar kompletten Einbrüchen in den Google Analytics-Daten und sorgen sich ernsthaft um ihr Geschäft. Verständlich. Wie aber jeder weiß, der per Anhalter durch die Galaxis reist, lautet Regel Nummer eins: Don't panic!

Nicht selten ist es so, dass mit dem Geschäft alles prima läuft und in Wahrheit die Datensammlung in Google Analytics nicht mehr einwandfrei funktioniert. Es kann aber auch tatsächlich andere Probleme geben. Dann müssen Sie natürlich so schnell wie möglich die Ursache finden und handeln.

4.5.1   Analysen

Bekommen Sie zuerst möglichst genau heraus, seit wann die Werte eingebrochen sind. Dann untersuchen Sie ad hoc mit einem Vorher-nachher-Vergleich die KPIs Besuchsleistung, die Conversion-Leistung und bei E-Commerce-Websites zusätzlich die Transaktionsleistung. Starten Sie mit der Besuchsleistung.

Besuchsleistung

Wenn die Besuchsleistung zusammengebrochen ist, brauchen Sie die anderen Werte gar nicht erst zu betrachten, denn ohne Besuche gibt es nichts, was danach noch kommen könnte, also keine Conversions oder Transaktionen. Damit entfällt logischerweise die Notwendigkeit einer Analyse der Conversion-Leistung oder der Transaktionsleistung.

Analysieren Sie nun, ob ein lokales oder ein globales Problem besteht. Mit anderen Worten: Untersuchen Sie, ob die Besuchsleistung aller Besucherquellen eingebrochen ist oder ob nur eine Besucherquelle betroffen ist.

Globaler Einbruch

Wenn die Zugriffe global und zur Gänze aus allen Quellen versiegen, dann sind mit allergrößter Wahrscheinlichkeit technische Probleme für den Einbruch der Besuchsleistung verantwortlich. Ist Ihre Website eigentlich online? Schauen Sie mal nach! Server sind manchmal überlastet oder fallen vorübergehend aus. Domain-Umzüge gehen auch nicht immer ganz glatt. Relaunches haben oft technische Anlaufschwierigkeiten, weil kleinere oder größere Bugs gefixt werden müssen. Das ist leider ganz normal. Auch wenn Sie die Technologie der Programmierung wechseln, kann mal was schiefgehen. Das sind dann Missionen für Programmierer und Administratoren.

> **Tipp**
>
> Wenn Ihre Website offline ist, dann pausieren Sie schnellstmöglich Ihre SEA- und auch alle anderen Kampagnen. Die laufen nämlich sonst weiter und produzieren Kosten für Klicks, die ins Leere führen.

Im Zuge einiger der eben genannten Aktionen – oder aus anderen Gründen – kann es auch passieren, dass der Google Analytics Tracking Code auf der Website verloren geht. So komisch das klingt, aber dann können Sie vorerst aufatmen, weil ja schließlich nur die Werte in Google Analytics eingebrochen sind und mit Ihrem Online-Geschäft alles in Ordnung sein dürfte. Überprüfen Sie hierzu stichprobenartig im Quellcode einiger Seiten, ob der richtige Code überhaupt noch irgendwo implementiert ist. Wenn Sie hierbei das Firefox-Add-On *Counterpixel* benutzen, können Sie sich das Aufrufen des Quellcodes für eine erste Analyse sogar sparen (s. *5.3.4, Nützliche Firefox-Add-Ons*). Parallel scannen Sie Ihre Website mit dem *SiteScan*-Tool (s. *5.3.5, Empfehlenswerte Links*). Der Bericht des Tools wird Ihnen sagen, ob der Code noch korrekt und vollständig eingebaut ist.

Achtung

Es gibt Website- und Shop-Systeme, die bei einer Änderung nicht nur den geänderten Teil, sondern den gesamten Quellcode der Seite überschreiben. Das kann schon dann der Fall sein, wenn Sie bloß einen Artikelpreis ändern. Wenn Sie nicht daran denken, den Google Analytics Tracking Code jedes Mal erneut in den neuen Quellcode einfügen, dann werden Sie ihn zwangsläufig mit jeder kleinen Änderung sukzessive von Ihrer Website löschen.

Wenn Sie global in allen Zugriffsquellen ein nur teilweises Absinken der Besuchsleistung beobachten können, dann liegt dies höchstwahrscheinlich daran, dass Sie sich in einer saisonalen Flaute befinden. Einige Branchen und Angebote sind sehr stark von der Saison abhängig, was sich natürlich entsprechend deutlich in der Besuchsleistung niederschlägt. Lesen Sie mehr zu diesem Thema in *Kapitel 3.6*.

Lokaler Einbruch

Wenn Sie eine einzelne Zugriffsquelle entdecken, deren Besuchsleistung eingebrochen ist, dann haben Sie ein lokales Problem identifiziert. Als lokales Problem bezeichnen wir solche, die nicht die Gesamtheit betreffen, sondern wie hier eine einzelne Zugriffsquelle. Je nachdem, welche Zugriffsquelle es ist, kommen verschiedene Maßnahmen zur Behebung in Betracht. Im Folgenden beschreiben wir die Erste-Hilfe-Maßnahmen für die einzelnen Zugriffsquellen.

◆ Einbruch der verweisenden Websites

Betrachten Sie in Google Analytics die einzelnen verweisenden Websites, und identifizieren Sie diejenige oder diejenigen, deren Besuchsleistung sich im Abwärtstrend oder auf der Nulllinie befindet. Überprüfen Sie nun die Verweise selbst. Wenn die Besuchsleistung einer verweisenden Website auf null gesunken ist, dann werden Sie wahrscheinlich feststellen, dass entweder der Verweis, die Seite oder gleich die ganze Website gar nicht mehr existiert. Dass Ihnen ein Verweis abhanden kommt, kann Ihnen ebenfalls in Foren widerfahren, in denen ab und zu Beiträge und Verweise gelöscht werden. Aber auch das allmähliche Absinken der Besuchsleistung, kann im Zusammenhang mit Foren zu beobachten sein. Das liegt dann daran, dass die Aktualität des Beitrags nicht mehr gegeben ist und er deswegen immer seltener wahrgenommen wird und folglich immer weniger Besucher auf Ihre Website leitet. Gleiches gilt für Blogs, in denen alle Beiträge – auch diejenigen mit Verweisen – immer weiter nach unten wandern, je älter sie werden. Es ist ebenso möglich, dass ein Verweis auf einer Website umplatziert wurde. Wenn die neue Position des Verweises dann nicht mehr so prominent ist wie zuvor, ist klar, dass Sie weniger Zugriffe über diesen Link erhalten werden.

◆ Einbruch in den SERPs

Der Verlust von Zugriffen über SERPs kann gleichfalls mehrere Gründe haben. Kreisen Sie deshalb auch hier die Verlustquelle durch die Betrachtung der einzelnen Suchmaschinen in Google Analytics möglichst eng ein.

Sie können sich zum Beispiel selbst ein Suchmaschinen-Bein gestellt haben und dadurch von heute auf morgen in den SERPs entweder weit abgeschlagen erscheinen oder ganz aus ihnen verbannt worden sein. Uns sind in der Praxis einige Fälle von sogenanntem Keyword- oder Suchmaschinen-Spamming untergekommen. Diese engagierten, aber schlecht informierten Website-Betreiber platzieren in der Hoffnung, in den SERPs besser platziert zu werden, endlose Keyword-Listen auf der Website. Für die Internetnutzer entfalten solche Listen natürlich überhaupt keinen Nutzen – sie stören sogar regelrecht –, und deshalb strafen Suchmaschinenbetreiber wie Google derart billige Tricks ab, wenn sie sie entdecken. Und glauben Sie uns: Die heutigen Spider können Suchmaschinen-Spamming in der Regel sehr gut erkennen, und die Strafe lässt nicht lange auf sich warten.

- - - - - -

Tipp

Die Fehler, die Sie heutzutage dabei machen können, sind nicht mal so offensichtlich wie unsere Beispiele. Die Suchmaschinen können inzwischen sehr fein unterscheiden, ob jemand versucht zu tricksen, trotzdem liegen sie damit nicht immer richtig. Dabei muss der Website-Betreiber gar nicht mal selbst aktiv geworden sein. Schon ein ungeschickt ausgewählter Dienstleister für Suchmaschinenoptimierung (SEO) mit wenig Ahnung oder unseriösen Methoden kann Ihnen auf diese Weise Ihr Geschäft schädigen. Es gibt sogar Methoden, mit denen ein Konkurrent Ihnen auf diese Weise schaden kann, ohne dass Sie sich dagegen wehren können. Ist eine Seite erst einmal aus dem Index verbannt, wird es sehr schwer, ja sogar unmöglich, in kurzer Zeit wieder in den Index aufgenommen zu werden. Es vergehen Monate, bis Sie wieder mitspielen dürfen. Google ist nicht nur Marktführer, sondern hierbei auch unnachgiebig, sodass Sie also alles daransetzen sollten, dass Ihnen das nicht passiert.

- - - - - -

Wiederholen sich dieselben Inhalte auf einer oder mehreren Domains, so spricht man von *dupliziertem Inhalt* (engl.: Duplicate Content). Da dieser Aspekt im Suchmaschinenkontext zu negativen Nutzererfahrungen führen kann, indem ein Nutzer in einer Reihe von Suchergebnissen mehrmals auf ein und denselben Inhalt stößt, sind Suchmaschinenbetreiber grundsätzlich bestrebt, duplizierten Inhalt zu vermeiden. Duplizierter Inhalt entsteht teilweise ungewollt wie etwa bei der Bereitstellung von Druckversionen von Webseiten. Teilweise wird Inhalt aber auch bewusst dupliziert, um die Rangfolge von Suchmaschinen zu manipulieren. Wenn die Crawler der Suchmaschinenbetreiber duplizierten Inhalt von Ihnen entdecken, dann kann dies ebenfalls zur Folge haben, dass Ihre Website in den SERPs niedriger eingestuft oder zur Gänze aus dem Index entfernt wird.

Tipp

Wenn Sie mit Ihrer Domain umziehen, dann richten Sie für die alte Domain lieber eine 301-Weiterleitung ein, die auf Ihre neue Domain verweist, anstatt die alte Domain unverändert weiter zu betreiben und mit Links auf die neue zu versehen. Damit stellen Sie sicher, dass Sie den eben beschriebenen Sanktionen entgehen.

Es kann auch sein, dass Sie völlig unschuldige Änderungen an Ihrer Website vornehmen, die dazu führen, dass Sie schlechter indexiert werden. Wenn Sie zum Beispiel Ihre statische HTML-Website in Flash oder als Frame-Set umprogrammieren, dann wird sie höchstwahrscheinlich schlechter indexiert. Das liegt daran, dass die Suchmaschinen auf Merkmale fokussiert sind, die bei solchen Websites schlechter oder gar nicht erkannt werden. Bei Flash hat sich die Situation inzwischen deutlich gebessert, dennoch ist es aus unserer Sicht nicht erste Wahl, wenn es um die Gestaltung einer Website geht.

Schließlich sei an dieser Stelle noch erwähnt, dass natürlich auch die Suchmaschinenbetreiber selbst ab und zu Änderungen an ihren Algorithmen vornehmen, die sich auf Ihre Position in den SERPs auswirken können.

Die Liste möglicher Effekte ist schlussendlich sehr lang, und anstatt sie hier erschöpfend zu behandeln, empfehlen wir Ihnen für weitere Informationen lieber fachkundigen Rat einzuholen.

Wechselwirkung zwischen AdWords und SERP-Einträgen

Wir haben in der Praxis einmal erlebt, dass einem Website-Betreiber ab einem bestimmten Datum abrupt die organischen Besuche aus der Google-Suche einbrachen. Durch die Analyse der organischen Keywords konnten wir feststellen, dass die Besuchsleistung der Marken-Keywords betroffen war. Die Überprüfung der Position in den SERPs auf Suchanfragen mit diesen Keywords brachte allerdings keinerlei Erkenntnisse. Die Website wurde wie zuvor für alle überprüften Keywords durchweg auf Position eins gelistet. Die Analyse der Besuchsleistung der AdWords-Kampagnen zeigte aber, dass eben diese Marken-Keywords, die in einigen Anzeigengruppen verwendet wurden, interessanterweise Zugewinne in der Besuchsleistung zu verzeichnen hatten. Was war da passiert? Wir konnten feststellen, dass an dem besagten Datum die CPCs für diese Keywords deutlich erhöht wurden, was dazu führte, dass die entsprechenden AdWords-Anzeigen ab dem Zeitpunkt konsequent auf der Top-Position noch vor den Suchergebnissen geschaltet wurden. Nun konnten wir uns und dem Website-Betreiber das Phänomen erklären, denn offensichtlich verhielt es sich so, dass eine Vielzahl der Nutzer, die zuvor nach der Suchanfrage auf den SERP-Eintrag geklickt hatten, seither auf die AdWords-Anzeigen klicken.

◆ Einbruch im SEA

Bricht Ihnen die Besuchsleistung beispielsweise Ihrer AdWords-Kampagnen ein, dann begeben Sie sich zuerst in Ihr AdWords-Konto, und überprüfen Sie, ob sich die Verluste hier ebenso in Form ausbleibender Klicks beobachten lassen. Falls ja, schauen Sie mal nach, ob Sie Benachrichtigungen in Ihrem Konto finden, dass beispielsweise Ihre Anzeigentexte abgelehnt wurden oder dass eine offene Rechnung aussteht.

Wenn der Verlust nicht total, sondern partiell ist, dann überprüfen Sie die Besuchsleistung erst auf Kampagnen- und dann auf Anzeigengruppenebene. Möglicherweise haben Sie zuungunsten der Besuchsleistung an einer Stellschraube gedreht.

Sofern Sie feststellen, dass sich der Verlust der Besuchsleistung in Ihrem AdWords-Konto anhand der Klicks nicht nachvollziehen lässt, dann besteht sehr wahrscheinlich ein Problem mit dem *gclid*-Parameter (gclid, *Google Click Identifier*). Der *gclid*-Parameter ist ein sogenannter Get-Parameter, der in die URL der Zielseite geschrieben wird, wenn Sie Ihr AdWords- und Ihr Analytics-Konto verknüpft haben und die automatische Tag-Kennzeichnung aktiviert ist. Bei einigen Websites wird das Einfügen von Get-Parametern in die URLs aber nicht zugelassen, was zwei Konsequenzen haben kann: Entweder landet ein Nutzer nach dem Klick auf eine Ihrer AdWords-Anzeigen ganz normal auf der Zielseite, oder er bekommt eine Fehlerseite präsentiert. Der zuerst genannte Fall ist nicht so schlimm, weil durch den fehlenden Parameter lediglich die Datensammlung in Google Analytics nicht funktioniert und die AdWords-Zugriffe nicht mehr in den Google Analytics-Berichten erfasst werden. Der zuletzt genannte Fall ist allerdings fatal, da die Klicks zwar Kosten verursachen, aber ins Leere gehen.

Wenn Sie überprüfen wollen, ob ein Problem mit dem *gclid*-Parameter vorliegt, geben Sie in die Google-Suche ein Keyword ein, das definitiv in Ihrer Kampagne enthalten ist. Suchen Sie nun Ihre Anzeige, und beachten Sie dabei, dass Sie das Keyword u. U. mehrmals eingeben müssen, bis Ihre Anzeige erscheint. Das ist insbesondere dann möglich, wenn Sie die Anzeigenschaltung in den AdWords-Kampagneneinstellungen auf kontinuierlich eingestellt haben. Wenn Sie Ihre Anzeige gefunden haben, dann klicken Sie einfach drauf.[13] Die URL der Zielseite muss nun diese Form haben:

http://www.internet-mit-iq.de/webanalyse.html?nav= left&gclid=CPj72ZC7058CFQMSzAodQQEscQ

Fehlt der *gclid*-Parameter in der URL oder wird gar eine Fehlerseite angezeigt, haben Sie den Übeltäter gefunden. Sprechen Sie dann mit Ihrem Webmaster, und schildern Sie ihm das Problem. Er kann bestimmt für Abhilfe sorgen. Sollten Sie eine Fehlerseite ausgeliefert bekommen, dann deaktivieren Sie aber vorerst unbedingt die automatische Tag-Kennzeichnung. Melden Sie sich hierzu in Ihrem AdWords-Konto an, wählen Sie in dem Menü unter dem Reiter MEIN KONTO den Unterpunkt KONTOEINSTELLUNGEN aus, und deaktivieren Sie hier unter TRACKING die automatische Tag-Kennzeichnung.

---

13 Das kostet Sie in dem Moment zwar ein bisschen Geld, aber angesichts des zu untersuchenden Problems, das einen großen Teil Ihres Geschäfts bedeuten kann, ist das sicherlich zu verschmerzen.

Wenn plötzlich keine Get-Parameter mehr verarbeitet werden

Wir haben erlebt, wie ein Shop-Betreiber, der seinen Shop von einem Anbieter gemietet hatte, über eine Aktualisierung nicht informiert wurde und mit blassem Gesicht die AdWords-Nulllinie in den Google Analytics-Berichten verfolgte. Ab dem Zeitpunkt der Änderung wurden einfach keine dem System unbekannten Get-Parameter mehr verarbeitet. In diesem Fall war es besonders perfide, weil das Verbot für Get-Parameter alle Seiten bis auf die Startseite betraf. Ergo: Es wurden zwar einige Zugriffe über AdWords gemessen, aber eben nur ein Bruchteil der vorherigen Zugriffe, weil nur wenige Anzeigen der Kampagne mit der Startseite verknüpft waren. Das Gros der Anzeigen verwies aber auf Unterseiten, die das Get-Parameter-Debakel betraf.

Wenn Sie Ihre Yahoo-, Bing- oder sonstigen Suchmaschinen-Kampagnen korrekt getaggt haben, diese Parameter aber im Zuge von Optimierungen verloren gehen, dann werden Sie ebenfalls einen Verlust der Besuchsleistung feststellen. Die Probe aufs Exempel funktioniert dann genau so, wie gerade im Zusammenhang mit AdWords beschrieben: Überprüfen Sie in dem entsprechenden Konto, ob sich die Verluste in den Klickzahlen nachvollziehen lassen. Falls nein, bringen Sie das Tagging wieder in Ordnung. Falls ja, forschen Sie nach Benachrichtigungen, kontraproduktiven Maßnahmen und neuen oder erstarkten Konkurrenten.

Conversion-/Transaktionsleistung

Wenn sich Ihr Problem nicht auf die Besuchsleistung zurückführen lässt, dann fahren Sie mit der Untersuchung der Conversion-Leistung bzw. der Transaktionsleistung fort. Wieder ist zunächst zu untersuchen, ob ein lokales oder ein globales Problem besteht.

Globaler Einbruch

Global kann in diesem Zusammenhang einerseits bedeuten, dass die Conversion-Leistung für alle in Google Analytics definierten Ziele in allen Zugriffsquellen verebbt. In dieser Situation spricht wieder alles für ein technisches Problem auf Ihrer Website. Wenn beispielsweise die Navigation nach einer Modifikation nicht mehr funktioniert, dann ist klar, dass Sie zwar Besuche, aber keine Conversions erhalten.

Navigation in verschiedenen Browsern

Manchmal funktioniert die Navigation einer Website zwar in dem einen Browser, in einem oder mehreren anderen aber nicht. Um herauszubekommen, ob dies der Fall ist, analysieren Sie in den Google Analytics-Besucherberichten in dem Unterpunkt BROWSERFUNKTIONEN die Conversion-Leistung der einzelnen Browser.

Sie können aber auch Veränderungen an der Website vorgenommen haben, die zwar gut gemeint sind, aber ganz und gar nicht gut von den Nutzern angenommen werden. Wenn Sie zum Beispiel dem Zugang zu Ihrem Inhalt einen spannenden Film oder eine aufwendige Animation mit langen Ladezeiten voranstellen, dann kann es passieren, dass die ungeduldigen Nutzer – und im Internet ist Ungeduld sehr verbreitet – Ihrer Website augenblicklich den Rücken kehren. In dieser Situation werden Sie ebenso einen deutlichen Anstieg der Absprungrate beobachten können.

Global kann andererseits bedeuten, dass die Conversion-Leistung zwar über alle Zugriffsquellen hinweg sinkt, aber nur im Falle eines einzigen Ziels. Wenn Ihnen beispielsweise ausschließlich die Transaktionsleistung einbricht, dann ist der Bestellprozess wahrscheinlich kaputt (oder Sie haben Ihre Preise verzehnfacht). Bleiben andere Conversions aus, dann ist der entsprechende Prozess technisch gestört, oder Sie haben vor Kurzem etwas hinzugefügt, das Ihre conversion-willigen Besucher erfolgreich vertreibt. Überprüfen Sie die betroffenen Prozesse, indem Sie zum Test Transaktionen oder Conversions durchführen. Sind noch alle Buttons da? Bricht der Prozess irgendwo mit einer Fehlermeldung vorzeitig ab?

Webanalyse ist keine Kleinigkeit

Ein Website-Betreiber berichtete uns zu Beginn unserer Zusammenarbeit einmal, dass der Online-Shop nicht wirklich im Zentrum des Interesses stünde, da man es mit sehr beratungsintensiven Produkten zu tun habe und dadurch lediglich 2% des Umsatzes über den Shop erwirtschaftet würden. Der Versuch, eine Test-Conversion durchzuführen, misslang, weil der Bestellprozess mit einer Fehlermeldung abbrach. Wie sich später herausstellte, war ein Fehler bei einem schon einige Wochen zurückliegenden Domain-Umzug verantwortlich für die Fehlfunktion.

An diesem Beispiel können Sie zwei Aspekte der Webanalyse schön erkennen: Zum einen ist es oft so, dass sich außer dem Webanalysten niemand kontinuierlich darum kümmert, ob auf der Website alles funktioniert. Zum anderen erwirtschaftet das Unternehmen, von dem hier die Rede ist, laut Angabe des Geschäftsführers ca. EUR 10.000.000 Umsatz pro Jahr. Sie haben richtig gerechnet: 2% Umsatz über den Shop entsprechen dann immerhin noch EUR 200.000! Wer in dieser Situation noch die Meinung vertritt, Webanalyse sei zu teuer und würde sich nicht lohnen, hat die Rechnung definitiv ohne den Webanalysten gemacht.

Für den Einbruch der Conversion-Leistung kommt darüber hinaus ein relativ banaler Grund infrage: Wenn sich die in Google Analytics als Ziel definierten URLs ändern, dann sind die Verluste der Conversion-Leistung abermals das Artefakt einer nicht funktionierenden Datensammlung. Prüfen Sie daher, ob Ihre Zieleinstellungen in Google Analytics noch auf dem neusten Stand sind. Sorgen Sie außerdem dafür, dass Sie im Falle einer Umbenennung informiert werden. Das spart eine Menge Aufregung.

- - - - - -

Tipp

In allen Situationen, die in diesem Abschnitt beschrieben wurden, herrscht die Konstellation vor, dass zwar unvermindert Besuche, aber keine Conversions oder Transaktionen erfolgen. Unter diesen Umständen ist es logisch, dass alle qualitativen KPIs gleichfalls und zwangsläufig sinken werden, mit Ausnahme der Absprungrate und des Transaktionsumsatzes, die nicht zwangsläufig wesentliche Änderungen aufweisen werden. Richten Sie deshalb für die qualitativen KPIs in Google Analytics *Benutzerdefinierte Benachrichtigungen* (engl.: Custom Alerts) ein, und schauen Sie in den Google Analytics-Intelligenz-Berichten hin und wieder nach dem Rechten. Beachten Sie hierbei, dass durch eine besonders erfolgreiche Branding-Kampagne oder neue Werbeformen wie etwa die InVideo-Kampagnen auf YouTube die Zugriffe schlagartig ansteigen können, was natürlich kein Grund zur Sorge ist, sich aber dennoch mindernd auf die qualitativen KPIs auswirken kann.

- - - - - -

Besuchsleistung gut, Conversions brechen ein

Wir wünschen es natürlich niemandem, aber wer mit vernichtender Presse in der Öffentlichkeit steht, dem bricht vielleicht nicht unbedingt die Besuchsleistung zusammen, aber die Conversion- oder Transaktionsleistung ganz bestimmt und leider auch global.

Lokaler Einbruch

Wenn Sie eine einzelne Zugriffsquelle entdecken, deren Conversion-Leistung eingebrochen ist, dann nehmen Sie diese Zugriffsquellen genauer unter die analytische Lupe.

◆ Einbruch der verweisenden Websites

Im Prinzip gehen Sie an dieser Stelle genauso vor wie im Falle der Analyse des Verlustes der Besuchsleistung. Kreisen Sie das Problem ein, und identifizieren Sie es. Rufen Sie den identifizierten Verweis auf. Mit großer Wahrscheinlichkeit passt das Versprechen, das dem Nutzer an dieser Stelle gegeben wird, nicht mehr zu dem Angebot auf Ihrer Website. Dies ist beispielsweise der Fall, wenn Sie Ihre Preise ändern, ohne die Verweise anzupassen, die Preisangaben kommunizieren. Es ist auch möglich, dass der Verweis an eine neue Position gesetzt wurde und sich der neue Kontext als irreführend oder unpassend herausstellt.

◆ Einbruch in den SERPs

Sie können die Suchmaschinen leider nicht zwingen, eine bestimmte Seite zu indizieren. Auch können Sie das Problem haben, dass die Suchmaschinen entscheiden, dass sich die Verlinkung eines SERP-Eintrags auf Ihre Website ändert. Wenn Sie dann Verluste registrieren, wissen Sie, dass die neue Verlinkung schlechter funktioniert als die vorherige. Überlegen Sie, wie Sie die neu indexierte Seite umgestalten können, damit mindestens der Leistungslevel des vorherigen Verweises erreicht werden kann.

◆ Einbruch im SEA

Da die Liste der möglichen Gründe für den Verlust der Conversion- bzw. Transaktionsleistung im SEA-Kontext sehr umfangreich ist, begnügen wir uns an dieser Stelle mit einigen Beispielen. Es kann sein, dass Sie einen Anzeigentext mit einem falschen bzw. zu niedrigen Preis publiziert haben. Auch das Hinzufügen eines falschen ausschließenden Keywords kann die Ursache sein, oder Sie haben ein wichtiges generisches Keywords entfernt. Wenn Sie für ein Keyword den CPC zu hoch ansetzen, kann es passieren, dass conversion-starke Keywords nicht mehr genug von dem Budget abbekommen.

5 Tools und Hilfsmittel

An dieser Stelle beschreiben wir handwerkliche und technische Hilfsmittel innerhalb und außerhalb von Google Analytics, mit denen Sie besonders komplexe Herausforderungen und manchmal auch einfachere Fragestellungen bewältigen können. Je mehr Sie von dem hier dargestellten Repertoire anwenden können, desto flexibler und kreativer können Sie die Methoden aus diesem Buch umsetzen. Sie brauchen dieses Kapitel nicht in einem Zug durchzulesen, da es vor allem als Nachschlagewerk gedacht ist. An vielen Stellen des Buchs verweisen wir immer wieder auf einzelne Abschnitte in diesem Kapitel. Da Sie mittlerweile das Prinzip der explorativen Analyse beherrschen, die nicht nur auf die Daten in Google Analytics, sondern auch auf dieses Buch angewendet werden kann, empfehlen wir Ihnen, zumindest die hier aufgeführten Themen einmal kurz zu überfliegen, damit Sie später auch wissen, welche Fülle an Tools und Hilfsmitteln sich hier verbirgt.

5.1 Google Analytics Tools

Wir fangen gleich mit den regulären Ausdrücken an. Falls Sie davon schon gehört haben und nun voller Grausen an die komplizierten Konstrukte denken, lassen Sie sich davon nicht abschrecken. Es ist gar nicht so schwer, wie es aussieht, und wir haben uns große Mühe gegeben, das Thema so einfach und verständlich wie möglich zu erklären. Reguläre Ausdrücke sind an vielen Stellen besonders hilfreich, vor allem bei den benutzerdefinierten Filtern, die wir gleich im Anschluss an die regulären Ausdrücke besprechen.

5.1.1 Reguläre Ausdrücke

Aus irgendeinem Grund schrecken reguläre Ausdrücke (engl.: *Regular Expression*, kurz *regex*) viele ab, sich mit ihnen zu beschäftigen. Dabei kann man damit so wunderschöne Sachen machen. Aber glauben Sie uns: In Google Analytics benötigen Sie nur eine Handvoll regulärer Ausdrücke. Reguläre Ausdrücke gehören zum Handwerkszeug des Webanalysten und helfen auch in anderen Anwendungen weiter wie beispielsweise in dem Suchen-Ersetzen-Dialog von OpenOffice. Selbst wenn Sie aus diesem Kapitel nur ein einziges Zeichen mitnehmen, werden Sie davon profitieren. Wenn Sie alles aus diesem Kapitel mitnehmen, dann können Sie die Möglichkeiten von Google Analytics sehr weit ausreizen.

Das Prinzip ist einfach und mächtig: Mit regulären Ausdrücken können Sie Textmuster beschreiben. Mithilfe solcher Muster lassen sich Texte nach Zeichenfolgen durchsuchen. Solche Texte können unter anderem Google Analytics Keyword- oder URL-Berichte sein.

Wer reguläre Ausdrücke beherrscht, kann in Google Analytics damit einiges anstellen. Reguläre Ausdrücke können Sie unter anderem für folgende Elemente nutzen:

◆ Filter

◆ Segmente

◆ Berichtsfilter

◆ Ziel-URLs

◆ Trichter-URLs

Damit lassen sich die erweiterten Filter in den vollständigen Berichten richtig nutzen, erhellende erweiterte Segmente definieren, aufschlussreiche Ziele und Trichter einrichten, spektakulär informative Profilfilter und clevere benutzerdefinierte Benachrichtigungen erstellen. Da wollen Sie doch dabei sein, oder?

Reguläre Ausdrücke bestehen aus einzelnen, zusammengesetzten Zeichen, und grob lässt sich die Welt dieser Zeichen in zwei Kategorien teilen: Zeichen mit einer speziellen Bedeutung und Zeichen ohne eine spezielle Bedeutung.

Literale Zeichenmuster

Zeichen ohne eine spezielle Bedeutung stehen für sich selbst und werden *Literale* genannt. Zu den Literalen gehören Buchstaben, Zahlen und der Doppelpunkt. Was hochtrabend klingt, ist ganz einfach: *a* bedeutet *a*, *1* bedeutet *1*, *:* bedeutet *:* und *acme:24* bedeutet in einem regulären Ausdruck genau *acme:24*.

Das Prinzip eines regulären Ausdrucks ist das gleiche wie das eines ganz normalen Satzes. Ein Satz wie *Haben Sie Turnschuhe in der Größe 42, die gut zum Joggen sind?* besteht aus Buchstaben, Zahlen und Satzzeichen. Die Buchstaben und Zahlen stehen für sich selbst. Sie werden zu Worten (Textmustern) zusammengesetzt Die Satzzeichen haben eine übergeordnete Bedeutung. Das Komma trennt den Haupt- vom Relativsatz, und das Fragezeichen bedeutet: Hier ist der Satz zu Ende, und außerdem handelt es sich um eine Frage.

Der einzige Unterschied zwischen der normalen Schriftsprache und regulären Ausdrücken besteht bis hierher in der Rolle des Doppelpunkts. In regulären Ausdrücken gehört er zu den literalen Zeichen, hat also keine spezielle Bedeutung. In der normalen Schriftsprache gehört er zu den Satzzeichen, die eine spezielle, übergeordnete Bedeutung haben.

Metazeichen

Metazeichen sind Zeichen mit einer speziellen, nicht literalen Bedeutung. Sie haben innerhalb von regulären Ausdrücken eine Funktion wie die Satzzeichen in einem Satz. Die wichtigsten Metazeichen haben wir in *Tabelle 5.1* zusammengestellt.

Metazeichen	Bedeutung/Funktion
| (Pipe)	Verknüpft Teilausdrücke mit logischem ODER
/ (Slash)	Markiert Anfang und Ende eines regulären Ausdrucks
. (Punkt)	Passt auf jedes beliebige Zeichen
\ (Backslash)	Leitet Escape-Sequenz ein
^ (Dach)	Entspricht dem Anfang eines Texts (siehe Anker) oder steht für Negation (siehe Zeichenklassen)

Tabelle 5.1: Beispiele für Metazeichen und ihre speziellen Bedeutungen innerhalb von regulären Ausdrücken

Das Pipe-Symbol |

Wenn Sie Anfänger sind und reguläre Ausdrücke begreifen wollen, dann fangen Sie am besten einfach damit an, ein erstes Zeichen zu verwenden. Ein gutes Zeichen für einen Einstieg ist das Pipe-Symbol.

Es bedeutet so viel wie *oder* und gehört als Metazeichen zu der Untergruppe der Operatoren, auf die wir später noch genauer eingehen werden. Wenn Sie einen Text nach *Sonntag* oder *Montag* durchsuchen wollen, dann lautet der passende reguläre Ausdruck: `Sonntag|Montag`. Das Pipe-Symbol ist beispielsweise ein Mittel, um einen Text oder Google Analytics-Bericht nach mehreren Alternativen zu durchsuchen.

Allein mit dem Pipe-Symbol können Sie in den ERWEITERTEN FILTERN der VOLLSTÄN-DIGEN BERICHTE bereits einiges erreichen. Ein Beispiel: Sie wollen wie in *4.2.9* beschrieben Ihre Online-Markenbekanntheit ermitteln.

$$Online\text{-}Markenbekanntheit = (Zugriffe_{Direkt} + Zugriffe_{Marken\text{-}Keywords}) / Woche$$

In $Zugriffe_{Marken\text{-}Keywords}$ sind sowohl organische als auch bezahlte Zugriffe zusammengefasst.

Die direkten Zugriffe sind schnell ermittelt. Die Marken-Keywords und ihre möglicherweise zahlreichen Variationen müssen Sie dagegen erst über einen regulären Ausdruck bündeln.

Um die Zugriffe über die Marken-Keywords zu ermitteln, wählen Sie in den Zugriffsquellenberichten den Unterpunkt KEYWORDS in der Anzeige INSGESAMT aus.

Angenommen, das Marken-Keyword lautet *acme24*. In den Keyword-Berichten finden Sie *acme 24*, *acme24* und *acme-24*. Wenn Sie nun die Varianten durch das Pipe-Symbol getrennt in ERWEITERTE FILTER eingeben (s. *Abbildung 5.1*), dann erhalten Sie die Zugriffe für alle drei Varianten des Marken-Keywords zusammen.

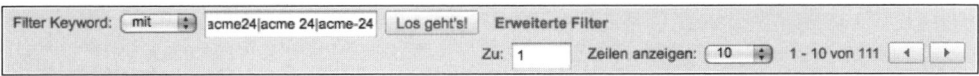

Abbildung 5.1: Regulärer Ausdruck für drei Varianten eines Marken-Keywords in einem erweiterten Filter

---

> **Tipp**
>
> Es kann sehr aufschlussreich sein, den Filter in den Keyword-Berichten einmal umzukrempeln und statt nach MIT *Marken-Keyword* einmal nach OHNE *Marken-Keyword* zu filtern. Sie können dann von wichtigen generischen Keywords bis hin zu detailliert ausformulierten Absichtserklärungen auf alles mögliche stoßen. Auf diese Weise erfahren Sie mehr über die Absichten Ihrer Nutzer.

Für das kontinuierliche Monitoring der Markenbekanntheit empfehlen wir allerdings die Erstellung eines erweiterten Segments. Auch hier kommt das Pipe-Symbol zum Einsatz (s. *Abbildung 5.2*).

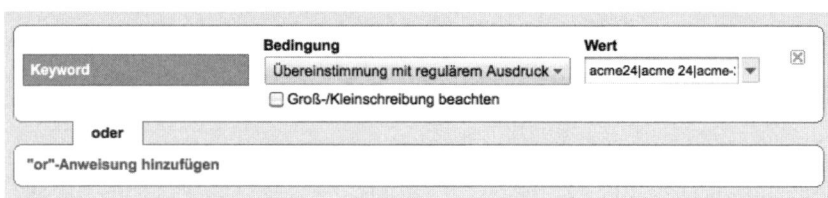

Abbildung 5.2: Regulärer Ausdruck für die Varianten des Marken-Keywords bei Erstellung eines erweiterten Segments

Der Slash /

Der Slash / ist das Metazeichen, das den Anfang und das Ende eines regulären Ausdrucks markiert – so wie der Punkt vor und nach einem normalen Satz. Ganz korrekt müssten die regulären Ausdrücke aus dem vorherigen Abschnitt also diese Gestalt haben: `/Sonntag|Montag/` und `/acme24|acme 24|acme-24/`.

In Anwendungen wie Google Analytics müssen reguläre Ausdrücke allerdings genau so wenig von Slashes eingeschlossen sein wie in dem eingangs erwähnten Suchen-Ersetzen-Dialog von OpenOffice.

Wenn der Slash mit seiner speziellen Bedeutung als Anfang und Ende eines regulären Ausdrucks in Google Analytics eigentlich nicht gebraucht wird, wozu beschreiben wir ihn dann?

Weil der Slash nicht als Anfang und Ende verwendet werden *muss*, aber *kann*. Das bedeutet, dass der Slash grundsätzlich seine spezielle Bedeutung innerhalb eines regulären Ausdrucks hat. Und das hat wiederum Konsequenzen, wenn Sie beispielsweise eine URL oder einen Teil einer URL mit einem regulären Ausdruck abbilden wollen (und das wollen Sie bei der Arbeit mit Google Analytics eigentlich immer).

Das Dilemma entsteht, weil der Slash einerseits ein normaler Bestandteil einer URL sein kann und andererseits seine spezielle Bedeutung als Metazeichen hat. Damit der Slash als ganz normales literales Zeichen in einem regulären Ausdruck durchgeht, müssen Sie seine Funktion als Metazeichen abschalten. Das geht mit einem vorangestellten Backslash. Das erklären wir gleich noch genauer, zuvor aber ein paar Worte zum Punkt.

Der Punkt .

Der Punkt . ist ein weiteres wichtiges Metazeichen. Er gehört genauer gesagt zu den Zeichenklassen, aber dazu später mehr. Er ist wichtig, weil er mit seiner Universalbedeutung – passt auf jedes beliebige Zeichen – etwas gesteigerte Aufmerksamkeit verdient. Das macht ihn nämlich zum fast perfekten Platzhalter für alles Unbekannte oder Unvorhersehbare in einem Textmuster, das Sie in einem Tabellendokument oder in einem Google Analytics-Bericht mithilfe eines regulären Ausdrucks suchen.

Der Backslash \

Mit einem vorangestellten Backslash \ können Sie die besondere Bedeutung eines Metazeichens innerhalb eines regulären Ausdrucks ausschalten. Das Zeichen nach dem Backslash steht dann für sich selbst. Formal heißt das: Der Backslash leitet eine Escape-Sequenz ein. Die Dengländer reden davon, ein Zeichen zu *escapen*. Andere sagen, dass man mit dem Backslash Metazeichen *maskieren* kann. Beides meint das Gleiche.

Um es etwas verständlicher zu sagen: Immer dann, wenn Sie eine Zeichenfolge abbilden wollen, die Zeichen enthält, die innerhalb eines regulären Ausdrucks eine spezielle Bedeutung hätten, dann können Sie mit dem Backslash die besondere Funktion für solche Zeichen ausschalten. Sie sagen mit einem Backslash: Das folgende Zeichen ist wie ein literales Zeichen zu verstehen.

Escape-Sequenz	Entspricht literal
\/	/ (Slash)
\\	\ (Backslash)
\.	. (Punkt)
\(	((öffnende Klammer)

Tabelle 5.2: Beispiele für Escape-Sequenzen und ihre Entsprechungen

Neben dem Slash und dem Backslash haben Sie mit dem Punkt ein weiteres Beispiel für ein Zeichen kennengelernt, das einerseits ein Metazeichen mit spezieller Bedeutung ist und andererseits ein ganz normaler Bestandteil einer URL sein kann.

Wenn Sie einen Teil einer URL wie zum Beispiel in /regex.de/success.php als reinen Text mit einem regulären Ausdruck abbilden möchten, dann hat der Ausdruck diese Form:

```
\/regex\.de\/success\.php
```

Die Funktion oder Bedeutung von jedem Slash und jedem Punkt als Metazeichen ist mithilfe des Backslashes ausgeschaltet, und alle Zeichen werden dadurch schlicht wie Text gelesen.

Die Escape-Funktion mit dem Backslash benötigen Sie oft und an vielen Stellen bei der Arbeit mit regulären Ausdrücken in Google Analytics, so in den Profilfiltern wie im folgenden Beispiel.

Angenommen, Sie stellen in den Google Analytics-Besucherberichten unter NETZWERKEIGENSCHAFTEN/HOSTNAME fest, dass der Google Analytics Tracking Code acht verschiedene Hosts zählt (s. *Abbildung 5.3*).

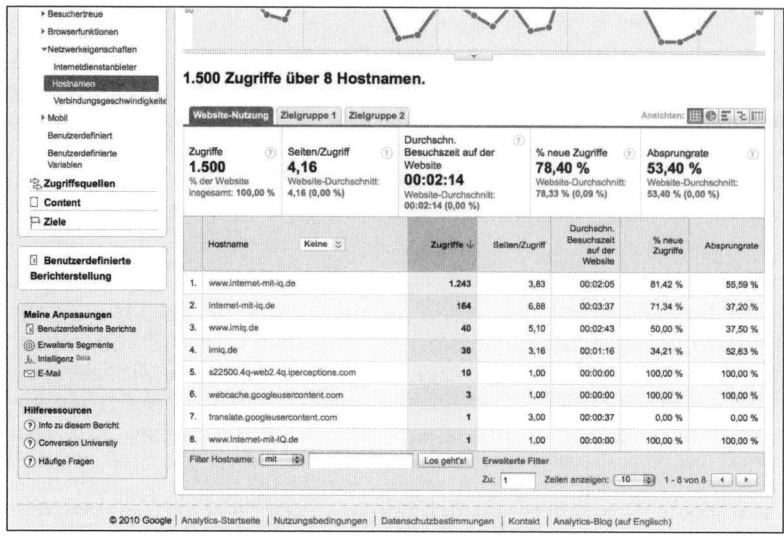

Abbildung 5.3: Acht Hosts in den Netzwerkeigenschaften

Nehmen wir an, aufgrund einer bestimmten Fragestellung sind Sie an den Google Analytics-Daten von zwei ganz bestimmten Hosts interessiert[1]. Nennen wir sie `beispiel.de` und `beispiel.com`. Mit dem bisher erlangten Wissen über Pipe, Backslash und Punkt können Sie diese Aufgabe lösen, indem Sie in einem separaten Profil einen benutzerdefinierten Filter einrichten, den Sie beispielsweise *Zugriffe auf beispiel.de und beispiel.com* nennen (s. *Abbildung 5.4*).

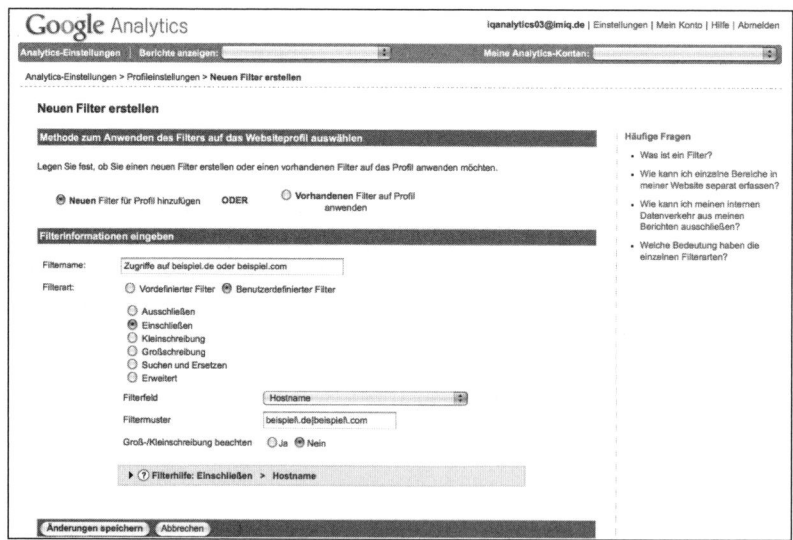

Abbildung 5.4: Profilfilter mit zwei Domains

---

1 Der Begriff *Hosts* ist an dieser Stelle nicht ganz richtig, da es sich sowohl um Hosts als auch um Domains handelt. In Google Analytics werden die Einträge als *Hostname* bezeichnet, daher behalten wir diese Terminologie bei.

Mit der Angabe des regulären Ausdrucks `beispiel\.de|beispiel\.com` werden in dem Profil die Daten genau für diese zwei Hosts gesammelt.

Mit regulären Ausdrücken stehen Ihnen viele weitere mächtige Möglichkeiten offen, benutzerdefinierte Filter in Profilen anzulegen wie beispielsweise die SERP-Filter in *4.2.5, Search Engine Optimization*.

> **Tipp**
>
> Wenn Sie Anfänger sind, dann können Sie mit neuen Zeichen schnell und unkompliziert in den ERWEITERTEN FILTERN der VOLLSTÄNDIGEN BERICHTE trainieren. Im Zusammenhang mit Profilfiltern möchten wir Sie aber nochmals daran erinnern, stets in einem eigens dafür angelegten Testprofil zu experimentieren, damit Ihnen in dem Ursprungsprofil nicht potenziell wichtige Daten verloren gehen.

Zeichenfolgen, die mit einem Backslash eingeleitet werden, können darüber hinaus weitere besondere Bedeutungen haben. Einige davon haben wir in *Tabelle 5.1* aufgeführt.

Escape-Sequenz	Bedeutung
\d	Dezimalziffer
\t	Horizontaler Tabulator
\n	Zeilenumbruch (newline)
\z	Textende

Tabelle 5.3: Weitere Beispiele für Escape-Sequenzen und ihre Bedeutungen

Untergruppen von Metazeichen

Zeichenklassen

Zeichenklassen geben bestimmte Zeichenarten in regulären Ausdrücken an. Sie nehmen gewissermaßen eine Selektion auf eine bestimmte Art von Zeichen vor. Das Textmuster könnte zum Beispiel aus Dezimalzahlen bestehen. Oder es besteht aus Buchstaben (s. *Tabelle 5.4*).

Zeichenklasse	passt auf ...
[a-z]	einen Kleinbuchstaben
[A-Z]	einen Großbuchstaben
[a-zA-ZäöüßÄÖÜ]	einen deutschen Buchstaben
[0-9]	eine Dezimalziffer
\d	eine Dezimalziffer
.	jedes beliebige Zeichen

Zeichenklasse	passt auf ...
\w	jedes alphanumerische Zeichen und _ (Unterstrich)
\W	jedes Zeichen, auf das \w nicht passt

Tabelle 5.4: Beispiele für Zeichenklassen und ihre Entsprechungen

Sie können mit Zeichenklassen auch angeben, welche Zeichen gerade *nicht* auf den regulären Ausdruck passen sollen. Diese Zeichenklassen werden auch *negierende Zeichenklassen* genannt. Sie werden dadurch gekennzeichnet, dass sie in eckige Klammern geschrieben werden und innerhalb der Klammern ein Dachsymbol ^ vorangestellt wird (s. *Tabelle 5.5*).

Zeichenklasse	passt auf ...
[^#]	jedes von # verschiedene Zeichen
[^0-9]	jedes Zeichen außer Dezimalziffern
[^ab]	jedes Zeichen außer *a* und *b*

Tabelle 5.5: Beispiele für negierende Zeichenklassen und ihre Entsprechungen

Anker

Anker werden im Zusammenhang mit regulären Ausdrücken genutzt, um eine Position zu bestimmen, an der der Treffer im Suchtext vorkommen soll (s. *Tabelle 5.6*).

Anker	passt auf ...
^	den Anfang des Suchtextes
\z	das Ende des Suchtextes
$	das Ende des Suchtextes
^a	*a* wenn es am Anfang des Suchtextes steht
a$	*a* wenn es am Ende des Suchtextes steht

Tabelle 5.6: Beispiele für Anker und ihre Entsprechungen

Wie Sie sehen, hat das Dach-Symbol nicht nur in der negierenden Zeichenklasse eine Bedeutung, sondern auch als Anker. Aber keine Verwirrung: In eckigen Klammern kennzeichnet das Dach eine negierende Zeichenklasse, allein stehend ist es ein sogenannter Anker.

Das Dach ^ als Anker steht für den Anfang und das Dollar-Zeichen $ für das Ende einer Zeichenkette. Das folgende Beispiel hilft beim Verständnis für diese beiden Zeichen.

Angenommen, es gäbe einen Grund, den Content-Bericht ausschließlich nach der Startseite zu filtern. Die Startseite taucht in Ihren Content-Berichten als / auf, unabhängig davon, wie die Domain Ihrer Website lautet.

Sie benötigen also einen regulären Ausdruck, der auf einen einzelnen Slash passt. Würden Sie / in ERWEITERTE FILTER eingeben, dann wäre das angezeigte Ergebnis nicht die Startseite, sondern das Gleiche wie ein ungefilterter Bericht, weil alle vom Domainnamen befreiten URLs / als erstes Element der Zeichenkette beinhalten.

Sie können aber mit den Ankern sagen, dass die gesuchte Zeichenkette nur aus / besteht. Eine Eigenschaft von / ist, dass die Zeichenkette mit einem Slash beginnt. Eine zweite Eigenschaft ist die, dass die Zeichenkette mit einem Slash aufhört. Wenn Sie diese Bedingungen als regulären Ausdruck formulieren und dabei noch berücksichtigen, dass der Slash eine Bedeutung in regulären Ausdrücken hat und Sie ihn deshalb maskieren müssen, dann finden Sie zu folgender Lösung: ^\/$. Wenn Sie diesen regulären Ausdruck in ERWEITERTE FILTER eingeben, sehen Sie einzig und allein die Werte der Startseite.

Das Dollar-Zeichen hat, wie wir später bei der Klammerung noch sehen werden, eine weitere Bedeutung im Zusammenhang mit der Speicherung und dem Abrufen von Teilausdrücken.

Operatoren

Operatoren dienen dazu, die Zeichenklassen, Anker und Metazeichen so anzuordnen, dass Sie den gesuchten Text flexibel beschreiben können. Dazu setzen Sie den regulären Ausdruck aus verschiedenen Musterelementen zusammen.

◆ Verkettung

Die Verkettung geschieht implizit durch das Hintereinanderschreiben von Elementen, aus denen reguläre Ausdrücke aufgebaut sind. Um mehrere aufeinanderfolgende Elemente zu suchen, werden diese einfach hintereinander geschrieben. Das ist ganz einfach und für Sie sicherlich nicht überraschend. Trotzdem nennen wir das hochtrabend *Verkettung*.

Beispiel: \da passt auf eine Dezimalziffer gefolgt von einem *a* und ist äquivalent zu [0-9]a. Ein anderes Beispiel ist [a-z][a-z], das für zwei beliebige aufeinanderfolgende Kleinbuchstaben steht, also zum Beispiel *xy*.

◆ ODER-Verknüpfung

Die *Oder-Verknüpfung* kennen Sie bereits, es ist das Pipe-Symbol. Diese Definition dürfen Sie vergessen, das Zeichen und seine Anwendungsmöglichkeiten bitte nicht.

◆ Quantifier {}

Richtig interessante Operatoren sind die *Quantifier (Quantifizierer)*. Sie geben in einem regulären Ausdruck an, *wie oft* ein bestimmtes Element im Suchtext aufeinanderfolgen soll. Sie können dabei eine genaue Anzahl vorgeben oder eine Unter- und Obergrenze für die Anzahl angeben. Um die genaue Anzahl vorzugeben, setzen Sie die Anzahl in geschweiften Klammern hinter das Element: \d{3} ist gleichbedeutend mit \d\d\d und passt auf drei aufeinanderfolgende Dezimalziffern. Um eine Unter- und Obergrenze anzugeben, schreiben Sie die Grenzen durch Komma getrennt in die geschweifte Klammer: \d{3,6} passt auf 6, 5, 4 oder 3 Dezimalziffern. Beachten Sie, dass die Algorithmen zur Bestimmung der passenden Textstellen in den Zeichenketten normalerweise *gierig* arbeiten. Das bedeutet, dass bei mehreren passenden Alternativen diejenige gewählt wird, die die größtmögliche Anzahl von Zeichen umfasst.

Neben der Möglichkeit, über Zahlen in geschweiften Klammern zu definieren, wie oft ein bestimmtes Element vorkommen soll, gibt es Kurzformen, die wir Ihnen wärmstens ans Herz legen möchten (s. *Tabelle 5.7*)

Quantifier	passt auf ...
?	ein oder kein Vorkommen (0 oder 1)
*	kein oder beliebig häufiges Vorkommen (0, 1 oder viele)
+	mindestens ein Vorkommen (1 oder viele)

Tabelle 5.7: Kurzformen von Quantifiern und ihre Bedeutungen

Der Punkt . und der Stern *

Den Punkt als Alles-Bedeuter haben wir ja schon im Zusammenhang mit den Zeichenklassen auf ein kleines Podest gehoben. Jetzt kennen Sie auch den Stern, der auf die Häufigkeit von null (= kein) bis beliebig (unendlich) passt. Sprechen Sie die Bedeutung von beiden Zeichen mal hintereinander aus: Beliebiges Zeichen, beliebig oft. Mit anderen Worten: Hier kommt irgendwas! Kann sein, dass es nichts ist oder ein kryptisches Chaos mit 137 Zeichen. Keine Ahnung, was da kommt, es darf alles sein!

Die Kombination ist *der* Platzhalter in regulären Ausdrücken schlechthin. Platzhalter für einen unbekannten oder dynamischen Teil innerhalb einer Zeichenkette, wenn Sie es beispielsweise mit einem chaotischen Mittelteil aus Buchstaben und Zahlen in einer Zeichenkette zu tun haben:

Anfang12qQ34Ende

AnfangRJ45Ende

Anfang4412tüdelüt14Fg3Ende

Dann passt der reguläre Ausdruck `Anfang.*Ende` auf alle drei Varianten. Das kann manchmal allerdings auch zu viel des Guten sein. Überlegen Sie sich deshalb immer genau, wie Sie Punkt und Stern einsetzen.

Beispiel

Mit dem bis hierher Gelernten können Sie bereits äußerst knifflige Trichter einrichten. Angenommen, auf einer Website können die Nutzer zwölf verschiedene Seminare buchen. Der Buchungsprozess beginnt für alle mit der gleichen Übersicht aller Seminare mit einer URL, die mit */seminar_uebersicht.html.* endet.

Die interessierten Nutzer entscheiden sich in der Übersicht für irgendein Seminar und landen auf speziellen Seiten, die über die Inhalte der jeweiligen Seminare informieren und deren URLs nach dem Schema */seminar_1.html, /seminar_2.html, /seminar_3.html… /seminar_12.html* benannt sind. Wenn eine weitere Seite für ein neues Seminar erstellt wird, dann wird diese einfach fortlaufend nummeriert.

Der nächste Schritt, die Angabe der Kontaktdaten, erfolgt wieder für alle auf einer Seite, deren URL mit */dateneingabe.html* endet.

Am Ende gibt es schließlich noch eine Übersichtsseite */buchung_uebersicht.html* zur Kontrolle der Angaben und eine Danke-Seite unter */danke.html*.

Sie wollen nun einen Trichter einrichten, der alle Conversion-Pfade abbildet, egal welches Seminar betroffen ist. Diese Situation lässt sich schlichtweg nicht anders als mit regulären Ausdrücken lösen.

Bevor wir zeigen, wie es geht, setzen wir den Schwierigkeitsgrad gleich noch ein wenig höher: Das Seminarangebot ändert sich dauernd. Manchmal wird ein Seminar aus dem Programm genommen, manchmal kommen neue hinzu, und Seminare, die seit geraumer Zeit nicht mehr angeboten wurden, werden wieder ins Programm aufgenommen. Wenn Sie unter diesen Umständen versuchen, per statischer Trichterdefinition Daten zu sammeln, werden Sie über kurz oder lang verrückt.

Das muss nicht sein. Sie können ja schließlich mit regulären Ausdrücken umgehen und einen eleganteren Weg beschreiten. Dazu wählen Sie in den ZIELEINSTELLUNGEN den Zieltyp URL-ZIEL und die Keyword-Option ÜBEREIN-STIMMUNG MIT REGULÄREM AUSDRUCK aus.

Den Trichter richten Sie dann wie in *Tabelle 5.8* ein.

Schritt #	Regulärer Ausdruck	Name
1	\/seminar_uebersicht\.html	Übersicht
2	\/seminar_\d{3,1}\.html	Seminarinfo
3	\/dateneingabe\.html	Kontaktdaten
4	\/buchung_uebersicht\.html	Kontrolle
5	\/danke\.html	Danke

Tabelle 5.8: Trichterdefinition in der Keyword-Option ÜBEREINSTIMMUNG MIT REGULÄREM AUSDRUCK

Dadurch, dass im Schritt 2 der Teilausdruck \d{3,1} definiert ist, können Sie die Seminare von 0 bis 999 nummerieren. Damit haben Sie jedes Seminar in der Tasche und genug Zeit, bis das 999ste Seminar angeboten wird.

Klammerung

Jetzt zu den runden Klammern und einer weiteren, für dieses Kapitel letzten Funktion, die reguläre Ausdrücke liefern können. Vielleicht schon die hohe Schule; jedenfalls was die Möglichkeiten der Datensammlung in Google Analytics anbelangt.

Runde Klammern können zur Festlegung der Anwendungsreihenfolge der Operatoren und zur Speicherung von Teilausdrücken zur Wiederverwendung genutzt werden. Sie haben richtig gelesen: Speicherung. Das funktioniert so:

Stellen Sie sich vor, Sie hätten einen regulären Ausdruck, der aus drei Teilausdrücken besteht. Wenn Sie alle drei Teilausdrücke in runde Klammern verpacken, dann bekommt der erste Teilausdruck den Speicherplatz 1, der zweite den Speicherplatz 2 und der dritte den Speicherplatz 4. Kleiner Spaß. Natürlich bekommt er die Nummer 3. Und zwar von links nach rechts.

```
(ich)(mag)(pumaschuhe)
```

Auf Speicherplatz 1 findet sich der Ausdruck *ich*, auf Speicherplatz 2 *mag* und auf Platz 3 ist *pumaschuhe* gespeichert.

Mit dem Dollar-Zeichen $ gefolgt von der Nummer des Speicherplatzes können Sie den Inhalt des jeweiligen Speicherplatzes wiedergeben und dadurch selektiv auf einen Teil des regulären Ausdrucks zugreifen. Aus $3 $2 $1 wird dann *pumaschuhe mag ich*. Das Dollar-Zeichen ist also nicht nur ein Anker, sondern auch eine Referenz.

 **Beispiel**

Sie wollen den *GRPI* für Ihre gesamte Website errechnen und exportieren deshalb den Bericht für 500 Werte als CSV-Datei. Um den GRPI zu errechnen, müssen Sie die einzelnen SERP-Positionen mit der Anzahl der Zugriffe multiplizieren. In den entsprechenden Zellen der CSV-Datei steht das Keyword und die Position, beispielsweise *acme24 (position: 7)*.

Normalerweise hätten Sie jetzt ein Problem: Sie können so etwas wie *acme24 (position:7)* nicht mit der Anzahl der Zugriffe multiplizieren. Sie müssen an die nackte Zahl der Positionsangabe herankommen. Das geht mit OpenOffice Calc mit der Suchen-Ersetzen-Funktion unter MEHR OPTIONEN, REGULÄRER AUSDRUCK.

Geben Sie in das Feld SUCHEN den regulären Ausdruck ein, der den Aufbau der Daten in der Zelle beschreibt, und vergeben Sie dabei Speicherplätze für die Daten, auf die Sie zugreifen möchten:

```
(.*)\(position: (.*)\)
```

Was steht da? Erst kommt irgendwas (.*), und das passt auf alle Keywords. Mit der Klammerung sorgen Sie dafür, dass es in Speicherplatz 1 abgelegt wird. Dann müssen mit \(zwingend eine runde öffnende Klammer und die Zeichenkette position: folgen. Die dann angegebene Position speichern Sie mit (.*) in Speicherplatz 2. Jetzt müssen Sie noch festlegen, dass zwingend eine schließende runde Klammer folgen muss. Wenn Sie das nicht angeben, würde diese wegen der gierigen Auslegung von (.*) mit erfasst werden (denken Sie daran: Punkt-Stern bedeutet beliebige Zeichen in beliebiger Menge).

Statt (.*) für die Kennzeichnung der Position hätten Sie auch (\d+) schreiben können, denn Sie erwarten ja eine Dezimalzahl mit mindestens einer Ziffer. Damit bräuchten Sie dann auch die schließende runde Klammer \) nicht mehr anzugeben, weil die von \d ohnehin nicht erfasst wird.

In das Feld ERSETZEN tragen Sie *$2* ein

Damit wird der Inhalt von Speicherplatz 2 ausgegeben, der ja gerade unsere Position beinhaltet.

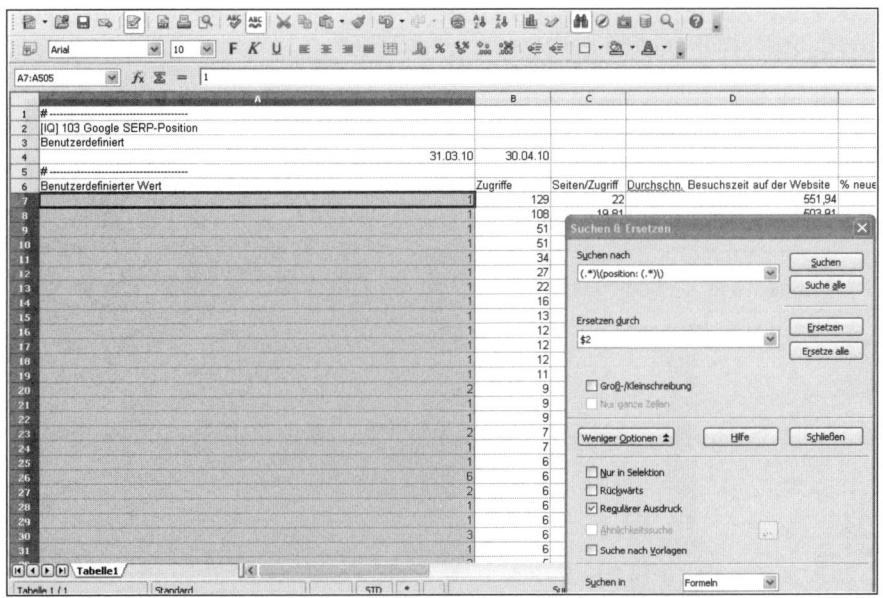

Abbildung 5.5: Suchen und Ersetzen in Open Office Calc mit regulären Ausdrücken

Wie Sie in der *Abbildung 5.5* sehen, bleiben nach dieser Ersetzung in den Zellen nur die Positionen als Zahlen übrig. Damit können Sie die einzelnen Positionen mit den Zugriffen multiplizieren und die für den GRPI nötigen Summen bilden.

Dass Sie außerhalb des regulären Ausdrucks auf die gefundenen Zeichen mithilfe des Dollar-Zeichens und unter Angabe der Speicherplatznummer zugreifen, werden Sie in einigen Filtern benötigen, die wir in diesem Buch beschreiben.

Tipp

Wenn Sie sich unsicher sind, ob Ihr selbst erstellter regulärer Ausdruck auf eine Zeichenkette – zum Beispiel auf eine bestimmte URL – passt, dann können Sie Ihren Ausdruck mit einem Tester überprüfen. Für einen Online-Test finden Sie ein entsprechendes Werkzeug unter *http://www.pagecolumn.com/ tool/regtest.htm*. Sie können den Test auch offline auf Ihrem Rechner durchführen. Laden Sie sich dazu den Regex-Coach von *http://www.weitz.de/regex-coach/* herunter.

5.1.2 Profile und Filter

Profile und Filter bilden den Grundbaustein Ihres Google Analytics-Kontos. Alle Daten, die Google Analytics über Ihre Website sammelt, werden in Profilen gespeichert. Wenn Sie sich die Daten ansehen wollen, öffnen Sie ein entsprechendes Profil. Pro Google Analytics-Konto können Sie bis zu 50 Profile anlegen. Für die Profile können Sie unterschiedliche Vorgaben machen, wie die enthaltenen Daten gesammelt und aufbereitet werden sollen. Im Wesentlichen bestehen die Vorgaben aus der Festlegung von Zielen und Filtern.

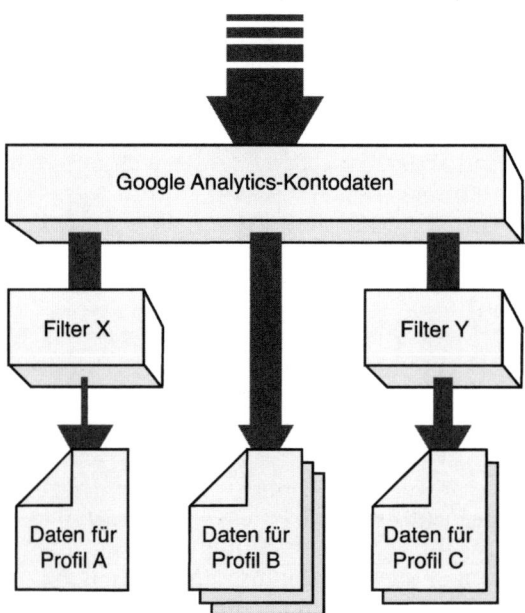

Abbildung 5.6: Datenfluss beim Einsatz von Filtern und Profilen

Ziele legen fest, wie Conversion-Daten gemessen werden. In Kapitel *3.3, Ziele und KPI*, haben wir diesen Aspekt umfassend dargestellt. Filter lassen nur einen Teil der Daten durch und können gleichzeitig dazu dienen, die Auswertung zu steuern.

Bevor wir weiter ins Detail gehen, halten wir grundsätzlich fest, dass Profile mit unterschiedlichen Filtern für verschiedene Darstellungs- und Analyse-Schwerpunkte zum Einsatz kommen. In der Praxis hat es sich bewährt, sämtliche Zieldefinitionen und sonstige Optionen in allen Profilen genau gleich einzustellen, während die Filter die Unterschiede zwischen den Profilen ausmachen. Ein Profil dient dabei immer der Beantwortung einer speziellen Fragestellung. Es enthält den oder die dafür notwendigen Filter, der die eingehenden Messdaten entsprechend verändert. Im Praxiskapitel können Sie zahlreiche Anwendungsbeispiele dafür finden.

Profile

So richten Sie Profile ein

Um ein neues Profil einzurichten, gehen Sie einfach in das Analytics-Konto und klicken auf +Neues Profil hinzufügen. Sie können auswählen, ob Sie das Profil für eine bestehende oder eine neue Domain einrichten wollen. In der Regel wird dies eine bestehende Domain sein, für die Sie bereits ein Profil angelegt haben. Wenn Sie mehrere Websites mit dem Konto verknüpft haben, legen Sie für jede Domain ein eigenes Profil an, und erzeugen Sie dadurch eine eigene ID für die jeweilige Domain. Jedes zusätzliche Profil, das Sie für eine bereits bestehende Domain einrichten, erhält die gleiche ID, die bereits für diese Domain gültig ist.

Achtung

Wenn Sie mehrere Websites in einem Konto zusammenfassen, achten Sie darauf, für jede Website ein eigenes Profil anzulegen und die verschiedenen zugehörigen IDs für den Tracking-Code auf den jeweiligen Websites einzubinden. Google Analytics kümmert sich nämlich herzlich wenig darum, wo der Code eingebaut ist und woher es die Daten empfängt. Wird auf allen Sites die gleiche ID verwendet, sammelt Google Analytics alles fleißig in den Profilen, die dieser ID zugeordnet sind. Das dürfte aber beim Einsatz mehrerer Websites kaum sinnvolle Daten ergeben.

Dies könnte übrigens auch von böswilligen Störern ausgenutzt werden, die eine beliebige Website einfach mit einer Ihrer IDs präparieren, um Ihre Datensammlung zu verfälschen. Ob sich fremde Websites mit Ihrer ID schmücken, können Sie feststellen, indem Sie in den Besucherberichten unter Netzwerkeigenschaften nachschauen, was für Einträge sich in Hostname befinden. Dort sollte ausschließlich die Website zu finden sein, die Sie in diesem Profil messen wollen. Sollten sich dort Einträge befinden, die da nicht hingehören, können Sie in den Filtern angeben, welche Ihrer Domains Daten liefern darf. Damit schließen Sie aus, dass fremde Domains Ihre Daten verfälschen.

Bestandteile eines Profils

Folgende Einstellungen eines Profils können Sie bearbeiten:

1. Allgemeine Profilinformationen: Hier befinden sich die grundlegenden Profileinstellungen wie Zeitzone, Währung und Profilname. Zudem können hier erweiterte Einstellungen wie das Tracking der website-internen Suchfunktion eingestellt werden.

2. Ziele: Hier werden die Ziele definiert, die der Messung von Conversions und der Festlegung von Trichtern dienen.

3. Auf Profil angewendete Filter: Hier sind die Filter definiert, die die eingehenden Daten verändern oder zum Teil herausfiltern. Wenn mehrere Filter definiert sind, werden diese von oben nach unten nacheinander abgearbeitet.

4. Nutzer für das Profil: Hier können Sie angeben, welche Nutzer Zugriff auf das Profil haben sollen. Dazu benötigt jeder Nutzer einen Google-Account. Es gibt zwei Arten von Zugriffsrechten: Kontoadministratoren mit vollem Zugriff auf alle Berichte und Optionen und das eingeschränkte Zugriffsrecht, nur Berichte ansehen zu dürfen, ohne Einstellungen im Konto verändern zu können.

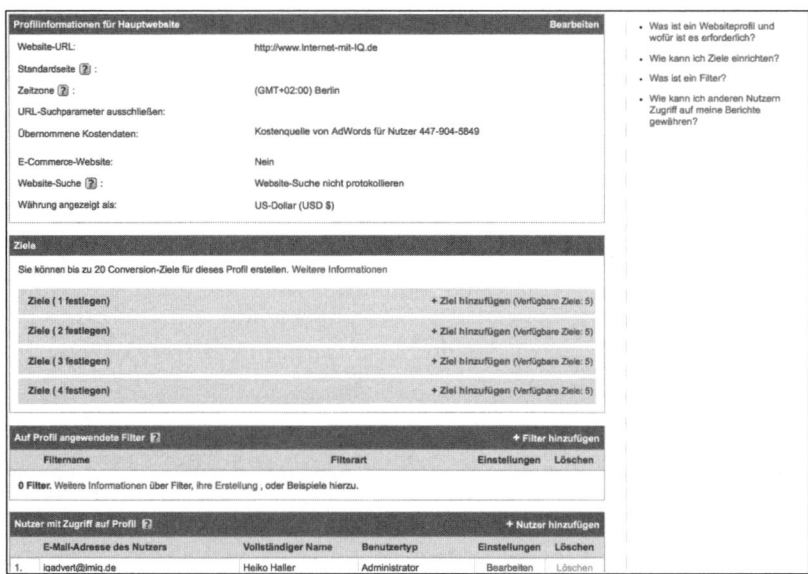

Abbildung 5.7: Einstellungsübersicht eines Profils

Verwendung verschiedener Profile in der Praxis

Die Profile unterscheiden sich in der Praxis vor allem in den Filtereinstellungen, mit denen Sie spezielle Fragestellungen beantworten können. Zum Beispiel gibt es Filter, um die Positionen in den organischen Suchergebnissen auszuwerten. Oder solche, um nur die Zugriffe einer bestimmten Zugriffsquelle zu messen und alle anderen auszuschließen. Auf den nächsten Seiten werden wir Ihnen bewährte Filter für die praktische Analyse vorstellen. Wir empfehlen, in allen Profilen die gleichen Google Analytics-Ziele festzulegen.

Sie sollten für jede analytische Fragestellung, die einen bestimmten Filter erfordert, grundsätzlich ein eigenes Profil anlegen. Darüber hinaus sollten Sie immer ein Profil ohne jeglichen Filter angelegt haben. So stellen Sie sicher, dass Sie bei fehlerhafter Anwendung eines Filters nicht versehentlich wichtige Daten löschen. Bereits gefilterte Daten können nämlich nicht mehr rückwirkend verändert werden. Um solche Fehler zu vermeiden, ist außerdem ein Testprofil sehr hilfreich, in dem Sie neue Filter ausprobieren und auf Funktion testen können.

Um die Übersicht zu erleichtern, geben Sie den Profilen eindeutige und sprechende Namen. Sie werden oftmals nicht der Einzige sein, der mit dem Google Analytics-Konto arbeitet. Entsprechend hilft es allen Beteiligten, wenn Sie sich an eine gewisse Namenskonvention halten:

◆ Vergeben Sie eine eindeutige Nummer für jedes Profil. Die Nummer 1 sollte dabei das Profil sein, das keine Filter und alle Ziele enthält. In der Regel werden Sie vor allem mit diesem Profil arbeiten. Für weitere analytische Spezialfälle und Fragestellungen legen Sie neue Profile an und setzen die Nummerierung einfach fort.

◆ Ihre Testprofile und Ihr unangetastetes Grundprofil legen Sie am besten außerhalb dieser Zahlenkette ab, zum Beispiel erst ab 100. Aktive Messprofile und sekundäre Profile sind so deutlich voneinander zu trennen.

◆ Benennen Sie die Profile nach den eingerichteten Google Analytics-Zielen oder nach den verwendeten Filtern

Filter

Rolle und Funktionsweise der Filter

Filter dienen der Manipulation von eingehenden Tracking-Daten, bevor diese gespeichert werden. Sobald die Daten einen Filter passiert haben, sind sie unwiderruflich verändert und werden so im Profil gespeichert. Man bezeichnet diese Datenmanipulation auch als *destruktive* Datenmanipulation. Aus diesem Grund betonen wir noch einmal, dass Sie lieber zu viele Profile anlegen sollten, wenn Sie verschiedene Filter einsetzen möchten. Trotz dieses Nachteils sind Filter sehr hilfreich, um Sie in bestimmten Fragestellungen zu unterstützen.

Eine Alternative zu den Filtern sind die etwas moderneren erweiterten Segmente, die wir später näher erläutern. Erweiterte Segmente arbeiten im Gegensatz zu den Filtern nicht destruktiv, sondern verändern die Präsentation der Daten für den Moment der Auswertung. Trotz dieses Vorteils gegenüber den Filtern haben Filter auch in Zeiten der nicht destruktiven Segmentierung eine große Bedeutung, da diese einige Aufgaben übernehmen können, die Segmente nicht leisten können. Das ist zum Beispiel der Fall, wenn Sie automatisch bestimmte URL-Parameterwerte auslesen und in die Google Analytics-Berichte des jeweiligen Profils eintragen lassen wollen.

Für einige Profileinrichtungen werden gleich mehrere Filter im Verbund verwendet, die Schritt für Schritt die Daten verändern. Dabei gilt immer: Was zu Anfang herausgefiltert wurde, ist in den darauffolgenden Filtern nicht mehr vorhanden. Die Reihenfolge der Filter ist also entscheidend für die Datenaufbereitung. In den

Profileinstellungen haben Sie deshalb neben der Option +FILTER HINZUFÜGEN über FILTERREIHENFOLGE ZUWEISEN die Möglichkeit, die Reihenfolge der Filter zu verändern.

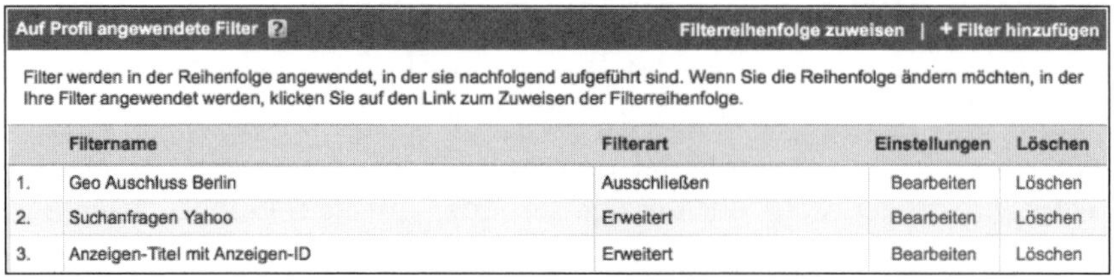

Auf Profil angewendete Filter [?]		Filterreihenfolge zuweisen | + Filter hinzufügen	
Filter werden in der Reihenfolge angewendet, in der sie nachfolgend aufgeführt sind. Wenn Sie die Reihenfolge ändern möchten, in der Ihre Filter angewendet werden, klicken Sie auf den Link zum Zuweisen der Filterreihenfolge.			
Filtername	**Filterart**	**Einstellungen**	**Löschen**
1. Geo Auschluss Berlin	Ausschließen	Bearbeiten	Löschen
2. Suchanfragen Yahoo	Erweitert	Bearbeiten	Löschen
3. Anzeigen-Titel mit Anzeigen-ID	Erweitert	Bearbeiten	Löschen

Abbildung 5.8: Die Reihenfolge der Filter im Profil ist wichtig

Einrichtung eines vordefinierten oder vorhandenen Filters

Fügen Sie in den Profileinstellungen einen neuen Filter hinzu, um in das Menü zur Einrichtung eines neuen Filters zu gelangen. Hier können Sie alternativ auch einen bereits vorhandenen Filter auf das Profil anwenden. Unter dieser Option stehen Ihnen alle Filter zur Verfügung, die Sie in anderen Profilen dieses Kontos verwenden. Wenn Sie einen neuen Filter einrichten, können Sie entweder einen vordefinierten Filter oder einen benutzerdefinierten Filter einrichten.

Für einen vordefinierten Filter können Sie Zugriffe entweder einschließen oder ausschließen. Wenn Sie Zugriffe ausschließen, wird die gewählte Gruppe von Zugriffen aus den Daten gelöscht. Das Einschließen bedeutet hingegen, dass alle Zugriffe außer den hier definierten Zugriffen gelöscht werden. Die möglichen Kriterien für die Auswahl von Zugriffen sind IP-Adresse, Domain und Pfadangabe.

Einrichtung eines benutzerdefinierten Filters

Wenn Sie benutzerdefinierte Filter anlegen, stehen Ihnen deutlich mehr Filtermöglichkeiten zur Verfügung. Sie können aus einer Vielzahl von Möglichkeiten auswählen, *was* genau gefiltert werden soll, und auch angeben, *wie* es gefiltert werden soll. Das *Wie* wird durch eine Reihe von Optionen bestimmt:

◆ Einschließen/Ausschließen: Die bereits vorgestellten Möglichkeiten, entweder alle Zugriffe außerhalb oder innerhalb einer bestimmten Gruppe von Zugriffen zu löschen.

◆ Kleinschreibung/Großschreibung: Damit werden die behandelten Daten in eine der gewählten Schreibweisen gewandelt.

◆ Suchen und Ersetzen: Tritt eine bestimmte Suchzeichenfolge auf, wird diese durch die Ersetzungszeichenfolge ausgetauscht. Hier kommen insbesondere reguläre Ausdrücke zum Einsatz.

Im FILTERFELD legen Sie fest, was gefiltert werden soll (s. *Abbildung 5.9*). Dafür steht Ihnen eine große Auswahl an Feldern zu Verfügung, deren Bezeichnung in der Regel selbsterklärend ist. Besondere Felder sind dabei *Anforderungs-URI* und *benutzerdefiniertes Feld*, die Sie vor allem in erweiterten Filtern verwenden können.

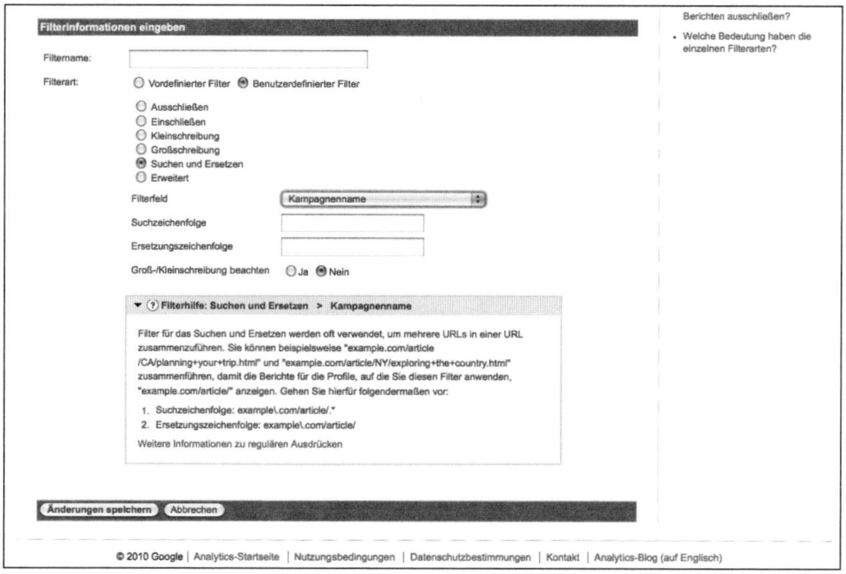

Abbildung 5.9: Einrichtung eines benutzerdefinierten Filters

Funktionsweise eines erweiterten Filters

Hinter der Option Erweitert verbirgt sich ein relativ komplex erscheinendes System aus Einstellungsmöglichkeiten, wie es beispielsweise in *Abbildung 5.10* zu sehen ist.

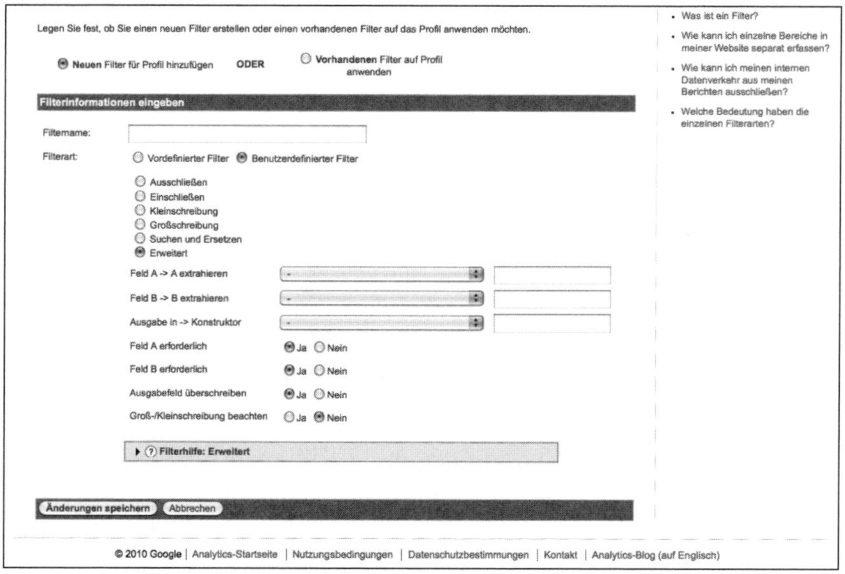

Abbildung 5.10: Einstellungsmaske für erweiterte benutzerdefinierte Filter

Erweiterte benutzerdefinierte Filter haben die Aufgabe, bestimmte Daten aus einem Feld auszulesen, zu verändern und sie in ein neues Feld einzutragen. Alle Einstellungen, die Sie in der Abbildung sehen, verfolgen genau diesen Zweck. Wenn Sie beispielsweise Werbebanner auf verschiedenen Websites platzieren, können Sie in der Verlinkung des Banners einen Parameter übergeben. Dessen Wert können Sie mit einem erweiterten Filter auslesen und in einen Google Analytics-Bericht eintragen lassen. Damit sind gezielte Auswertungen über verschiedene Banner möglich.

Beispiel

> Sie platzieren auf der Domain *www.bannerplacement.de* verschiedene Werbebanner mit Verlinkungen auf Ihre Website. In der Link-URL verwenden Sie den Parameter `bannervariante` und weisen diesem je nach Banner einen Wert zu. Sie haben insgesamt drei verschiedene Bannervarianten: Gelb, Blau und Rot. Für jede Variante tragen Sie also den entsprechenden Wert in den URL-Parameter ein. Der Link des gelben Werbebanners würde zum Beispiel so aussehen: *www.ihrewebsite.de/start.php?bannervariante=gelb*

Da Google Analytics selbst definierte Parameter nicht einfach auslesen und in die Berichte übertragen kann, würden alle Zugriffe normalerweise zu einer Zugriffsquelle *bannerplacement.de* zusammengefasst. Das wollen wir aber nicht, also richten wir einen Filter ein, der diese Aufgabe übernimmt und den Parameterwert in das Feld ZUGRIFFSQUELLE einträgt. In dem Zugriffsquellenbericht erscheint jetzt folgender Eintrag: *bannerplacement.de (gelb)* bzw. *bannerplacement.de (rot)* oder *bannerplacement.de (blau)*.

Wie funktioniert der erweiterte Filter genau? Im Kern besteht der Filter aus drei Arbeitsschritten:

1. Feld A → A extrahieren: Eine bestimmte Zeichenkette auslesen

2. Feld B → B extrahieren: Eine weitere bestimmte Zeichenkette auslesen (Optional)

3. Ausgabe in → Konstruktor: Eintrag der ausgelesenen Zeichenkette in bestimmtes Berichtsfeld übertragen

Es wird also an ein oder zwei Stellen etwas ausgelesen und dann in den *Konstruktor* eingetragen. Dieses unglaublich charmant anmutende Wort klingt viel komplizierter, als es eigentlich ist. Ein Konstruktor ist ein Objekt, das zur Aufnahme neuer Daten bereitsteht. Das kann zum Beispiel ein Keyword sein. Der ursprüngliche Inhalt wird also einfach gelöscht und neu beschrieben, fertig ist ein neues Keyword. Dieses wird statt des alten Keywords in der neuen Form im Bericht erscheinen. Im vorher genannten Beispiel mit den gelben Werbebannern war der gewählte Konstruktor eine verweisende Website bzw. ein Verweis, dessen ursprünglicher Inhalt wieder hineingeschrieben wird und dabei durch ein *(gelb)* am Ende ergänzt wird. Schauen Sie sich im nächsten Abschnitt an, mit welcher Anweisung diese Operation realisiert wird.

Erweiterte Filter mit regulären Ausdrücken einrichten

Das Auslesen und Schreiben der Zeichenketten wird bei den erweiterten Filtern über reguläre Ausdrücke realisiert. In *Abbildung 5.11* wird [\?&]adid=([^&]*) auf das Feld ANFORDERUNGS-URI angewendet.[2] Dadurch wird der Wert des URL-Parameters *adid* gespeichert. (Sie erinnern sich? Runde Klammern speichern Werte in Speicherplätzen.) Diesen Filter können Sie hervorragend einsetzen, um die in Google AdWords verwendeten Anzeigentexte zu unterscheiden, die Google Analytics normalerweise nur über die Titelzeile unterscheidet – was ziemlicher Blödsinn ist, weil die Anzeigentexte sich meistens gerade nicht in den Titelzeilen, sondern in den Textzeilen unterscheiden und diese Unterschiede bei gleichbleibendem Titel in Google Analytics nicht mehr auseinandergehalten werden können. Aber dafür haben Sie ja jetzt diesen Filter.

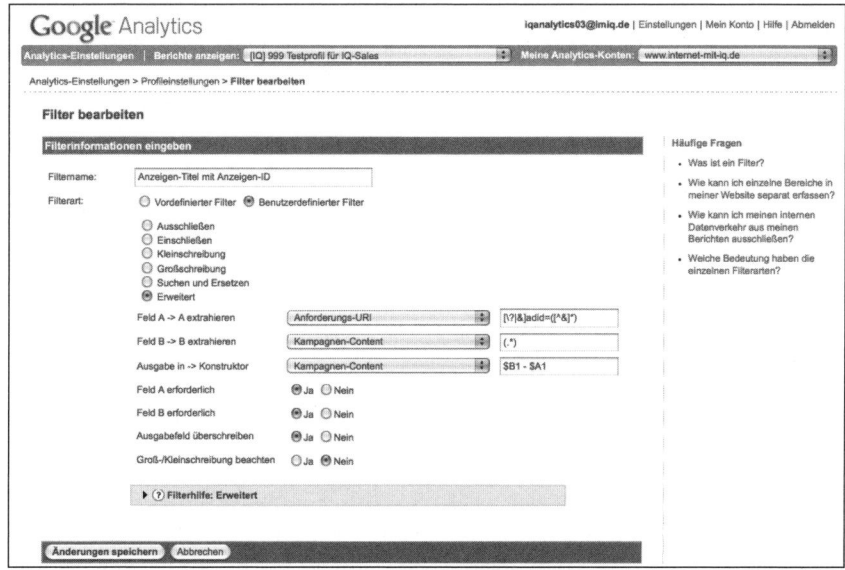

Abbildung 5.11: Verwendung regulärer Ausdrücke in Filtern

Die Aufgabe dieses Filters ist es, die übergebene ID einer Anzeige auszulesen und sie in die Berichte an die Stelle *Kampagnen-Content* zusätzlich zum ursprünglichen Inhalt einzutragen. Damit können Sie die verschiedenen Versionen von AdWords-Anzeigen unterscheiden, da sie alle eine eindeutige ID besitzen. Und so funktioniert der Filter:

1. Im regulären Ausdruck [\?&]adid=([^&]*) in Feld A werden runde Klammern verwendet, um den an dieser Stelle gefundenen Wert für die spätere Verwendung zu speichern. Der Ausdruck in der runden Klammer besagt, dass eine unbestimmte Anzahl von beliebigen Zeichen vorkommen darf, mit Ausnahme von &. Das Zeichen & trennt nämlich mehrere Parameter in einer URL voneinander,

---

2 Die Anforderungs-URI ist der Teil einer URL, der nach dem Protokoll und dem Domain-Namen erscheint und allgemein Pfad genannt wird. In *http://analytics-und-co.de/downloads* ist die Anforderungs-URI */downloads*.

und das Auftreten dieses Zeichens kennzeichnet deshalb das Ende des Werts, der gespeichert werden soll. Der Ausdruck [\?&] vor dem Parameter markiert den Beginn des Parameters. Die Syntax von URLs gibt vor, dass alle Parameterangaben mit einem & eingeleitet werden, mit Ausnahme des ersten Parameters, der immer mit einem ? eingeleitet wird. Durch die Angabe der Zeichenklasse [\?&] bestimmen Sie, dass vor adid eines dieser beiden Zeichen stehen muss.

2. In Feld B wird aus dem Kampagnen-Content alles ausgelesen und mit (.*) ebenfalls eine Klammerung zur Speicherung der gefundenen Daten verwendet.

3. Die Ausgabe erfolgt über den Konstruktor in den Kampagnen-Content. Das bedeutet, dass dieser Wert komplett neu geschrieben wird. Dazu werden die gespeicherten Werte verwendet und in einer Reihenfolge, die Sie vorgeben können, ausgegeben. Auf den ersten Speicherplatz von Feld A greifen Sie mit $A1 zu und auf den ersten Speicherplatz von Feld B mit $B1. In Feld B haben wir den ursprünglichen Inhalt des Kampagnen-Contents gespeichert, den wir hier wieder ausgeben wollen, um ihn zwecks Schaffung einer Unterscheidungsmöglichkeit mit dem gespeicherten Wert aus Feld A zu ergänzen: $B1 - $A1. Der Bindestrich dient nur der optischen Verschönerung der Ausgabe und hat sonst keine Funktion. Sie könnten auch $B1 ($A1) oder eine andere Form der Ausgabe wählen.

Der Filter liefert die ursprünglichen Titel der verwendeten Anzeigen und erweitert sie um die eindeutige Anzeigen-ID. Wenn Sie $B1 - $A1 verwenden, ist der Aufbau *anzeigentitel – anzeigen-id*, also beispielsweise *Neue Puma-Sneaker – 12717*. Dadurch können Sie die Anzeigen und ihre Wirkung beurteilen und Maßnahmen für die Steuerung ergreifen. Sie können das in diesem Beispiel beschriebene Verfahren auf jeden beliebigen URL-Parameter anwenden. Dadurch stehen Ihnen nahezu alle Informationen in Google Analytics zur Verfügung, die in URL-Parametern übergeben werden, wenn jemand auf einen Link zu Ihrer Website klickt. Sie müssen nur wissen, welchen Parameter Sie auswerten wollen. Sie können bei Bedarf normalerweise selbst dafür sorgen, dass in den URLs bestimmte Parameter auftauchen, indem Sie diese selbst dort eintragen, sofern Sie Zugriff auf die zur Verlinkung verwendete URL haben. Das ist bei allen Werbesystemen wie zum Google AdWords der Fall. Hier können Sie die Link-URL in der Regel frei festlegen und verschiedene Parameter definieren, um diese per Filter messbar zu machen.

> **Hinweis**
>
> Bestimmte Server-Einstellungen und Website-Operationen wie zum Beispiel Weiterleitungen können eine korrekte Übertragung von URL-Parametern verhindern. Teilweise wird auch durch Maßnahmen der Programmierung verhindert, dass dem System unbekannte Parameter an die aufgerufene URL angehängt werden können, und eine Fehlerseite ausgeliefert. In solchen Fällen können Sie das hier vorgestellte Verfahren natürlich nicht anwenden.

Nach unserer Meinung ist ein gutes System immun gegen unbekannte URL-Parameter und nimmt daher weder Veränderungen an der Parametrisierung von URLs vor noch verweigert es die Arbeit und liefert unsinnige Fehlermeldungen, wenn es auf unbekannte URL-Parameter trifft. Ob Ihr System mitspielt, können Sie ganz einfach feststellen, indem Sie Ihre Website aufrufen und der URL dabei beliebig bezeichnete Parameter mit beliebigen Werten übergeben. Wenn alles in Ordnung ist, sollten nach dem Aufruf weder die Parameter aus der URL verschwunden sein noch das System allergisch darauf reagieren und sich insofern kein Unterschied dazu zeigen, dass Sie diese Parameter nicht angeben.

Sie haben zusätzlich die Möglichkeit, als Konstruktor das sogenannte *Benutzerdefinierte Feld* zu verwenden, von denen Ihnen zwei zur freien Verfügung stehen. Damit wird kein Wert in die Berichte eingetragen, sondern diese Felder dienen als Zwischenspeicher. Das ist nützlich, wenn Sie mehrere hintereinandergeschaltete Filter in einem Profil verwenden. Sie können dann diese Felder nutzen, um Werte von einem Filter in den nächsten zu übertragen, indem Sie dieses Feld im nachfolgenden Filter über eine entsprechende Angabe in Feld A oder B auslesen.

Beispiele für Filter

An dieser Stelle stellen wir Ihnen einige bewährte Filter vor, die zum Teil auch in unseren Praxisanleitungen behandelt werden und Ihnen sowohl als zusätzliche Inspiration für die Erstellung eigener Filter dienen, Ihnen aber auch die Funktionsweise und Anwendungsbereiche etwas näher bringen sollen.

Zugriffe auf fremde Domains ausschließen

Theoretisch ist es möglich, dass jemand Ihren Google Analytics Tracking Code kopiert und für seine eigene Website benutzt. Wenn derjenige die verwendete Tracking-ID nicht abändert, wird es doof. Die Gründe für diesen Fauxpas können vielfältig sein und eigentlich nicht wichtig, da es in jedem Fall die gleichen unschönen Auswirkungen. Denn dann zählt Google Analytics nicht nur die Zugriffe auf Ihrer Seite, sondern auch die auf der fremden Seite.

Mit einem geeigneten Filter ist das aber kein Problem. Sie können einfach nur die Protokollierung von Zugriffen auf Ihre eigene Website zulassen, und schon müssen die Daten fremder Websites draußen bleiben. Auf dem gleichen Wege können Sie nicht nur bestimmte Domains behandeln, sondern auch IP-Adressen oder auch bestimmte Pfade ein- oder ausschließen. Wie so ein Filter aussehen kann, finden Sie in *Abbildung 5.12*.

Filter für Zugriffe aus einer bestimmten Region

Vielleicht kann es für Sie interessant sein, nur die Zugriffe eines bestimmten begrenzten Areals zu betrachten wie etwa der eigenen Stadt. Stellen Sie sich vor, Sie betreiben eine Website für einen lokalen Pizza-Lieferservice. In dem Fall würde es sich anbieten, in einem Profil nur die Zugriffe aus einer bestimmten Region zu betrachten. Ein Beispiel für einen solchen Filter finden Sie in *Abbildung 5.13*.

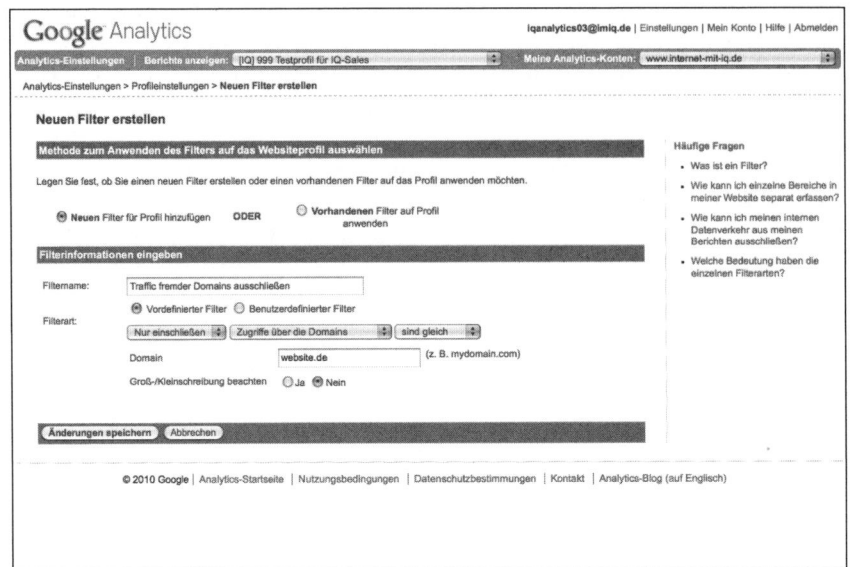

Abbildung 5.12: Filter zum Ausschluss von Traffic fremder Domains

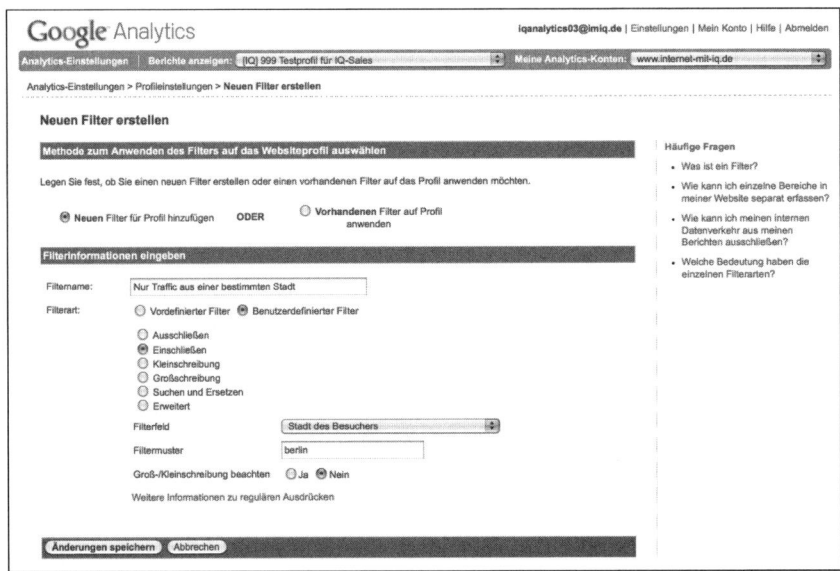

Abbildung 5.13: Filter für Zugriffe aus einer bestimmten Region

Nur Zugriffe einer bestimmten Subdomain zulassen

Möglicherweise nutzen Sie mehrere Subdomains mit unterschiedlichen Inhalten, Zielen und Besuchergruppen. Um den Überblick zu behalten, möchten Sie die Zugriffe der Subdomains getrennt voneinander betrachten. In *Abbildung 5.14* finden Sie die passenden Filter dafür.

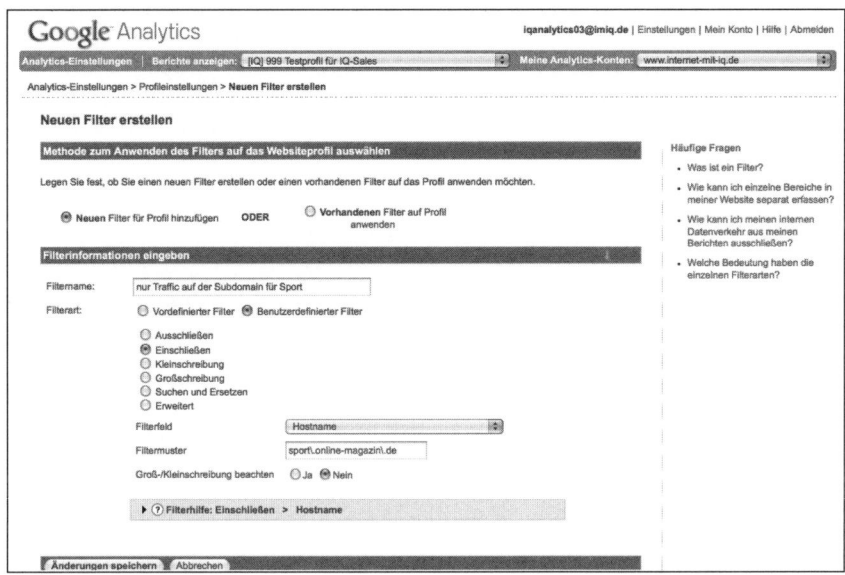

Abbildung 5.14: Filter für Zugriffe einer bestimmten Subdomain

Einfügen der Domain- und Subdomain-Titel

Dieser Filter fügt Domain- und Subdomain-Namen in die Seitentitel der Content-Berichte ein. Wenn Sie mehrere Domains in einem Profil messen, ist das notwendig, um die Daten der verschiedenen Domains voneinander zu unterscheiden. Den passenden Filter finden Sie in *Abbildung 5.15*.

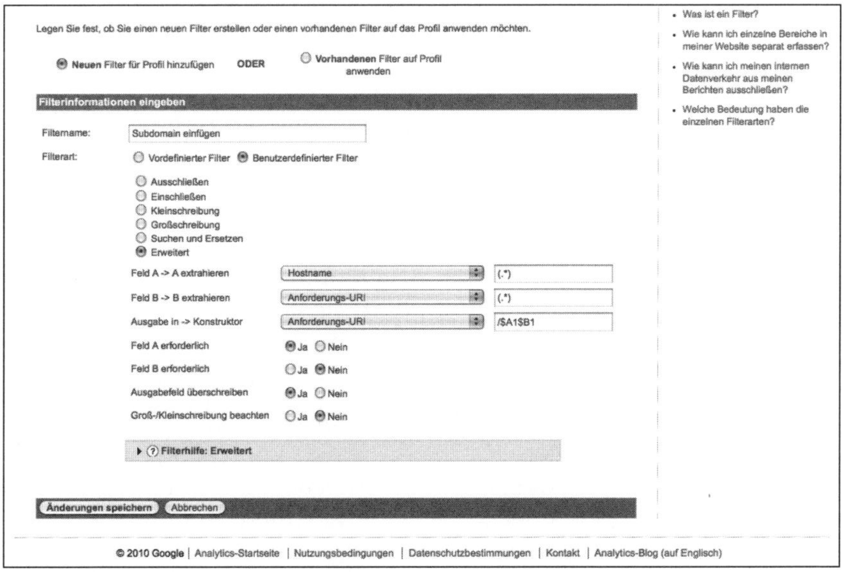

Abbildung 5.15: Filter zum Einfügen von Domain-Titeln

Google SERP-Positionsfilter

Dieser Filter wertet die Position der Website in den organischen Suchergebnissen der Google-Suche aus. Dafür wird der Wert des URL-Parameters *cd* ausgelesen und in den Bericht *Benutzerdefiniert* geschrieben (s. *Abbildung 5.16*). Wir empfehlen Ihnen zudem, diesen Filter mit weiteren Filtern zu kombinieren, um Zugriffe auszuschließen, die außerhalb der organischen Google-Zugriffe entstehen. Wie Sie bei der Einrichtung genau vorgehen, können Sie in Kapitel *4.2.5* nachlesen.

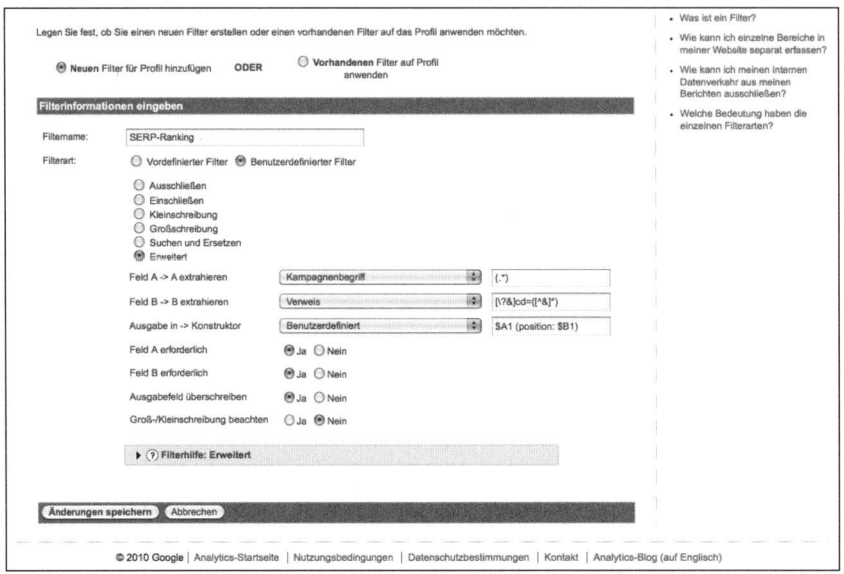

Abbildung 5.16: Filter zum Auslesen der Google SERP-Positionen

Die eigenen Zugriffe ausschließen

Um Ihre eigenen Besuche und die Ihrer Kollegen auf Ihrer Website von der Messung auszuschließen, gibt es kein praktikables Mittel in Google Analytics. Aber außerhalb von Google Analytics werden Sie ganz leicht fündig. Es gibt mehrere Add-Ons für den Firefox-Browser, die die Google Analytics-Cookies auf Ihrem Rechner blocken, wie zum Beispiel *Ghostery* oder *Adblocker*. Wenn Sie keinen Firefox einsetzen, diese Add-Ons aus bestimmten Gründen nicht nutzen können oder auf die Schnelle eine Lösung brauchen, dann nutzen Sie die Website *reffaker.de*, die einzig dem Zweck dient, eigene Zugriffe erkennbar zu machen. Die Website hält auch eine Anleitung vor, wie diese Zugriffe gefiltert werden können.

5.1.3 Erweiterte Segmente

Erweiterte Segmente sind im Grunde genommen Filter, die auf eine Vielzahl von Google Analytics-Berichten angewendet werden können, nur dass diese im Gegensatz zu den echten Filtern nicht modifizierend auf die Daten*sammlung*, sondern auf die Daten*darstellung* wirken. Ein Segment berücksichtigt nur die Daten bestimmter Zugriffe, die Sie festlegen. Die Daten anderer Zugriffe bleiben unberücksichtigt.

So können Sie bestimmte Gruppierungen von Website-Besuchen genauer untersuchen, ohne ein Profil dafür einrichten zu müssen. So können Sie zum Beispiel nur die Daten der Besuche mit Conversions betrachten. Oder Sie selektieren alle Zugriffe, die auf einer bestimmten Landing-Page Ihrer Website begonnen haben. Die Möglichkeiten sind sehr vielfältig und nur durch Ihre Kreativität begrenzt.

Es gibt zwei Arten von erweiterten Segmenten, die Sie auf nahezu jeden Google Analytics-Bericht anwenden können. Um eines zu verwenden, klicken Sie rechts oben auf den Button ERWEITERTE SEGMENTE: ALLE BESUCHE.

◆ Standardsegmente: Damit wird eine Gruppe von Segmenten bezeichnet, die grundsätzlich im jedem Profil zur Verfügung stehen. Dazu zählen beispielsweise Besuche mit Conversions, bezahlte Suchzugriffe oder Besuche ohne Absprünge.

◆ Benutzerdefinierte Segmente: Solche Segmente können Sie individuell anlegen, und sie stellen dadurch das Herz der erweiterten Segmente dar.

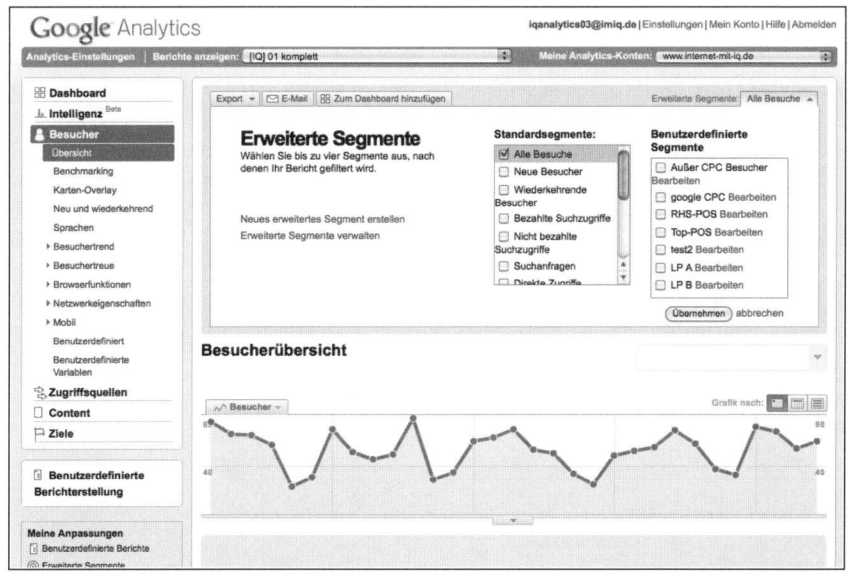

Abbildung 5.17: Öffnen der Standard- und benutzerdefinierten Segmente im Profil

Standardsegmente verwenden

Die Standardsegmente sind gut geeignet, um die Funktionalität der erweiterten Segmente kennenzulernen. Sie können zudem explorative (also zunächst grob andeutende) Hinweise für tiefer gehende Analysen liefern, da die Standardsegmente grundlegende Eigenschaften der Besucher aufdecken. Wenn erweiterte Segmente für Sie neu sind, sollten Sie einfach ein bisschen mit den Standardsegmenten experimentieren. Aktivieren Sie dazu einfach eines oder gleich mehrere dieser Segmente. Sie werden sicherlich schnell erkennen, wie mächtig und hilfreich es ist, direkt und ohne lange Vorbereitung bestimmte Eigenschaften untersuchen oder miteinander vergleichen zu können. Ingesamt können Sie bis zu vier Segmente gleichzeitig aktivieren.

Segment: Alle Besuche

Dies ist kein Segment in engerem Sinn, da nichts herausgefiltert wird und alle Daten des Profils angezeigt werden. Es ist das Standardsegment, das immer angezeigt wird, sobald ein Profil geöffnet wird.

Segment: Neue Besuche

Die Messwerte werden nur für neue Besuche angezeigt. Das sind Website-Besucher, die Ihre Website zum ersten Mal sehen. Die Unterscheidung ist nicht zu 100% zuverlässig, da die Erfassung von den individuellen Cookie-Einstellungen der Besucher abhängig ist. Man kann also wie so oft in der Webanalyse nur Tendenzen erkennen. Das Segment kann Ihnen zum Beispiel Aufschluss darüber geben, wie der noch fremde und neue Eindruck Ihrer Website einen neuen Besucher überzeugen kann. Das Verhalten eines neuen Besuchers kann sich von dem eines wiederkehrenden Besuchers unterscheiden.

Segment: Wiederkehrende Besucher

Wenn ein Besucher Ihre Website bereits einmal besucht hat und Google Analytics dies über einen entsprechenden Cookie erkennt, wird er als wiederkehrender Besucher gezählt. Besonders der Vergleich mit dem Segment der neuen Besuche ist interessant. Oftmals sind mit wiederkehrenden Besuchern höhere Conversion-Raten und niedrigere Absprungraten verbunden. Dieses Segment hilft Ihnen, den Unterschied zwischen neuen und wiederkehrenden Besuchern zu verstehen und auf Maßnahmen in Ihrem Online-Marketing zu übertragen. So lassen sich zum Beispiel Kundenbindungs- und -reaktivierungsmaßnahmen umsetzen und hierüber messen, damit aus neuen Besuchern eines Tages wiederkehrende Besucher werden.

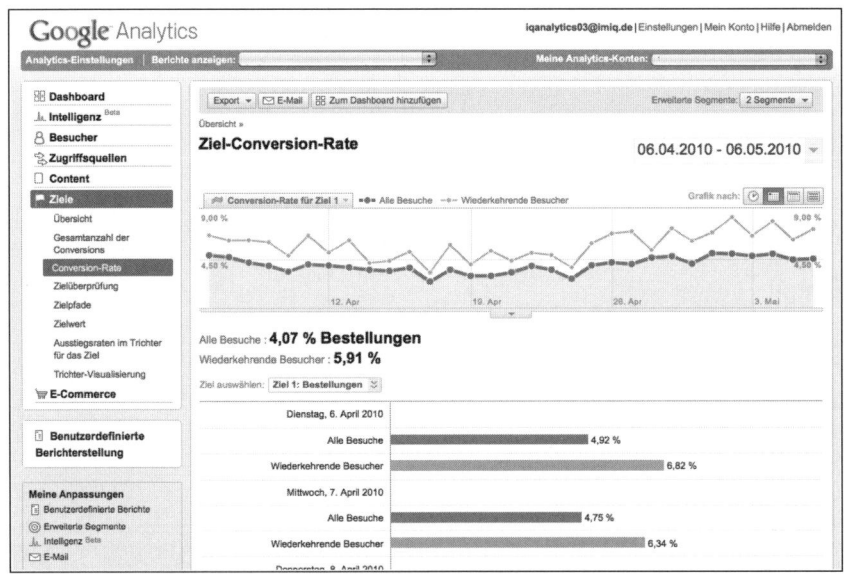

Abbildung 5.18: Die Conversion-Rate des Segments der wiederkehrenden Besucher liegt über dem Durchschnitt aller Besucher.

Segment: Bezahlte Suchzugriffe

Bezahlte Suchzugriffe sind alle Suchmaschinenzugriffe, die über das Medium *CPC* (*Cost per Click*) auf Ihre Website gelangt sind. Das bedeutet, jeder hier angezeigte Zugriff wurde durch Kosten verursachende Werbemaßnahmen erzeugt. Damit sind diese Besucher von erhöhtem ökonomischen Interesse. Auf das Thema der bezahlten Suchzugriffe gehen wir in Kapitel *4.2.4, Search Engine Advertising*, detailliert ein.

Segment: Nicht bezahlte Suchzugriffe

Hier finden Sie alle Suchmaschinenzugriffe, die nicht durch Kosten verursachende Werbemaßnahmen erzeugt worden sind. Man bezeichnet diese auch als *organische Zugriffe*. Das Segment ist deshalb interessant, weil Sie hier Zugriffe sehen, die aus konkreten Suchintentionen der Besucher hervorgegangen sind. Die dahinter stehenden Suchanfragen und das Verhalten dieser Besucher geben Ihnen Aufschluss über die dahinter stehenden Bedürfnisse, mit denen die Besucher dieses Segments auf Ihre Website gelangt sind. Im Abschnitt *3.5.2* zeigen wir Ihnen, wie hilfreich und wichtig es ist, wenn Sie die Bedürfnisse Ihrer Zielgruppen genau kennen.

Segment: Suchanfragen

In diesem Segment werden die nicht bezahlten und die bezahlten Suchzugriffe zusammengefasst. In der Praxis findet dieses Segment kaum Anwendung. Es kann jedoch in der explorativen Analyse einige Hinweise darauf geben, wie sich die Suchmaschinenzugriffe generell entwickeln.

Segment: Direkte Zugriffe

Die direkten Zugriffe sind solche, die weder über eine verweisende Website noch über eine Suchmaschine oder über andere gekennzeichnete Quellen (wie zum Beispiel Newsletter) zustande gekommen sind. Die URL der Website wurde entweder direkt eingegeben oder über ein Lesezeichen aufgerufen. Es ist auch möglich, dass der Zugriff über eine verweisende Website zustande kam, diese aber durch technische Umstände nicht für Google Analytics erkennbar ist. Dies ist zum Beispiel bei automatischen Weiterleitungen der Fall.

Das Segment steht für potenziell eindeutige Intentionen, die in Verbindung zum Inhalt oder zur Funktion Ihrer Website stehen oder einen Bezug zu Ihrer Marke haben, weil sich die Besucher aus diesem Segment einen bestimmten Nutzen erhoffen.

Segment: Durch Verweise zustande gekommene Zugriffe

Zugriffe, die über Verlinkungen von anderen Websites erzeugt worden sind, werden auch als *Referral* bezeichnet. Zugriffe durch Suchanfragen sind dabei ausgenommen. Trotzdem werden Sie auch Referrals von bekannten Suchmaschinen-Domains wie zum Beispiel von *google.de* feststellen können. Solche Referrals stammen nicht aus der Google-Suche, sondern werden unter anderem durch Links in den Google Groups hervorgerufen.

Segment: Besuche mit Conversions (oder Transaktionen)

Mit diesem Segment sehen Sie nur Besuche, die mit den in Analytics hinterlegten Zielen Ihrer Website im Einklang stehen, weil in jedem dieser Besuche eine Conversion durchgeführt worden ist. Dieses Segment ist hilfreich, wenn Sie auf die Schnelle sehen möchten, über welche Zugriffsquellen sich die Conversions verteilen. Zwar werden Conversion-Daten in allen Google Analytics-Berichten dargestellt, dennoch haben Sie es mit diesem Segment leichter, sich auf die das Ziel erfüllenden Besuche zu konzentrieren.

Segment: Zugriffe von Mobilgeräten

Die Zugriffe über Mobilgeräte können sich vor allem deshalb von den anderen Zugriffen unterscheiden, weil die Nutzer aus diesem Segment über begrenzte Ressourcen wie zum Beispiel eine geringe Bandbreite in der Anbindung oder ein kleines Display verfügen. Doch nicht nur dadurch wird das Nutzungsverhalten beeinflusst, sondern auch durch den Kontext, in dem sich der Besucher befindet, wenn er Ihre Website besucht. Mobile Geräte können fast überall und zu jeder Zeit genutzt werden, was Auswirkungen auf das Verhalten der Nutzer solcher Geräte hat. Das werden Sie in den Messwerten und KPIs feststellen und dadurch Maßnahmen ableiten können, die auf diese spezielle Nutzergruppe ausgerichtet sind.

Segment: Besuche ohne Absprünge

Damit ein Besucher eine Conversion erzeugen kann, ist es notwendig, dass dieser Besucher nicht gleich wieder abspringt. Diese scheinbare Trivialität ist ein erster wichtiger Schritt auf dem Weg zu einer Conversion. Zwischen dem Nichtabsprung und der Conversion ist möglicherweise ein langer Weg zurückzulegen. Mit diesem Segment können Sie die Website-Betrachter auf diesem Weg beobachten und Ihre Auswertungen darauf konzentrieren, was die Besucher davon abhält zu konvertieren. Machen Sie einmal folgendes Experiment: Aktiveren Sie das Segment *Besuche ohne Absprünge*, und wählen Sie im Berichtsmenü ZIELE und CONVERSION-RATE (s. *Abbildung 5.19*).

Wie Sie sehen, haben die Website-Betrachter eine Conversion-Rate, die höher als der Durchschnitt liegt. Dies ist bei fast allen Websites der Fall. Die Conversion-Rate der Website-Betrachter wird im Wesentlichen durch die auf der Website verfügbaren Informationen und Angebote bestimmt, die dann zur Geltung kommen, wenn die Besucher die Landing-Page positiv aufgenommen haben.

Die erhöhte Conversion-Rate ist ein guter Grund, die Menge der Website-Betrachter zu mehren und die Absprungraten zu senken. Denn je mehr Nutzer Sie in das Segment der Website-Betrachter bringen, desto mehr werden Sie von der erhöhten Conversion-Rate dieses Segments haben.

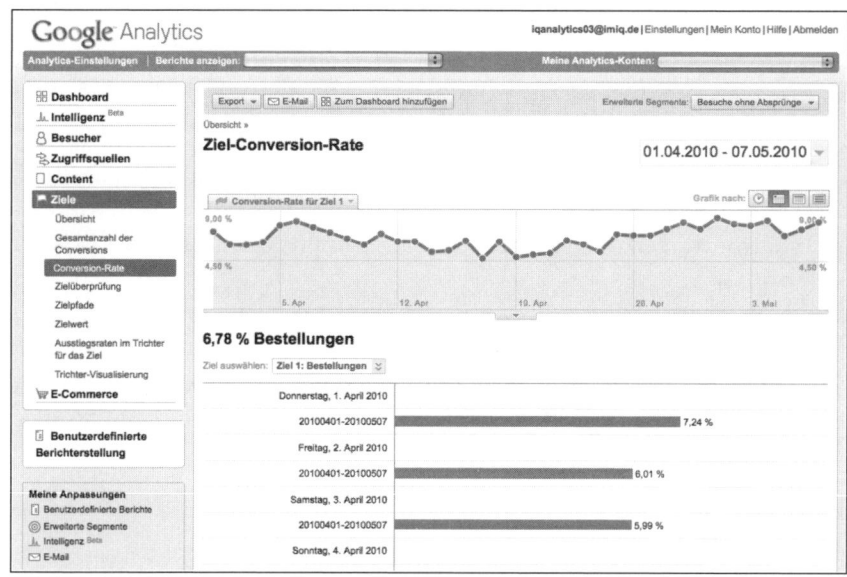

Abbildung 5.19: Die Conversion-Rate für das Segment der Besuche ohne Absprünge

Benutzerdefinierte Segmente erstellen und verwenden

Benutzerdefinierte Segmenten ermöglichen Ihnen, eigene Selektionen auf die Daten zu erstellen, was für viele Analysen hilfreich ist. Wir werden Ihnen gleich einige in der Praxis bewährte benutzerdefinierte Segmente vorstellen, doch zunächst zeigen wir Ihnen, wie diese Segmente erstellt werden.

Dimensionen und Messdaten

Um ein benutzerdefiniertes Segment zu erstellen, öffnen Sie in einem beliebigen Google Analytics-Bericht die Segmentübersicht mit Klick auf den Button ERWEI-TERTE SEGMENTE: ALLE BESUCHE. Wenn Sie noch keine benutzerdefinierten Segmente eingerichtet haben, ist die rechte Spalte BENUTZERDEFINIERTE SEGMENTE noch leer. Erstellen Sie ein neues Segment mit NEUES ERWEITERTES SEGMENT ERSTELLEN.

Ein Segment einzurichten, ist recht einfach. Ein Segment ist immer eine Gruppe von Zugriffen, die durch Bedingungen von der Gesamtheit aller Zugriffe abgegrenzt wird. Für die Abgrenzung brauchen Sie nur die entsprechenden Messgrößen auszuwählen und Kriterien für die Auswahl festzulegen.

Sie können zwischen DIMENSIONEN und MESSDATEN wählen, um entsprechende Kriterien festzulegen. Sie finden hier beinahe alles wieder, was Ihnen aus verschiedenen Google Analytics-Berichten bekannt sein sollte. In den DIMENSIONEN befinden sich alle beschreibenden Merkmale, unter denen Zugriffe erfasst werden können. Das können zum Beispiel Regionen, Zugriffsquellen oder Browser sein. In den MESSDATEN findet sich alles zahlenmäßig Erfassbare wieder wie Zugriffe, einmalige Suchen oder Gesamtanzahl der Zielabschlüsse. (Damit haben wir wieder einmal eine wenig gelungene Bezeichnung in der Analytics-Oberfläche gefunden: Es sind schlicht Conversions gemeint.)

Einfache Bedingungen festlegen

Suchen Sie sich entweder eine Dimension oder ein Messdatum aus, um Ihr neu
angelegtes Segment zu definieren. Sie wollen jetzt zum Beispiel feststellen, was
nach Feierabend auf Ihrer Website so los ist. Sie möchten also nur die Daten der
Zugriffe sehen, die ab 18 Uhr stattgefunden haben. In den Dimensionen wählen
Sie *Uhrzeit (Stunde)* aus und schieben den Eintrag per Drag&Drop in den dafür vor-
gesehenen Bereich in der Mitte. Dort wird Ihre Auswahl einrasten. Wenn Sie den
Haken bei LISTENANSICHT setzen, erscheinen alle Dimensionen und Messdaten
alphabetisch geordnet.

Um den Zeitpunkt ab 18 Uhr festzulegen, wählen Sie als BEDINGUNG *Größer als oder
gleich* und geben als WERT *18* an. Benennen Sie das Segment so, dass Sie später in
der Auswahl der Segmente erkennen, was dieses Segment bewirkt (s. *Abbildung
5.20*). Sie können es nach dem Speichern ohne Probleme in anderen Profilen und
sogar in anderen Google Analytics-Konten verwenden. Mit einem Klick auf SEG-
MENT TESTEN erhalten Sie für den Standardmesszeitraum eine kleine Auswertung,
wie viele Zugriffe das Segment enthält.

Abbildung 5.20: Das benutzerdefinierte Segment für die Zugriffe ab 18 Uhr

Die Funktion SEGMENT TESTEN berechnet nicht nur die Anzahl der enthaltenen
Zugriffe, sondern testet – wie der Name schon sagt – das Segment auf Korrektheit.
Bei komplexeren Segmenten ist die korrekte Funktion nämlich nicht immer
gewährleistet.

Sie können in einem Segment verschiedene Messdaten oder Dimensionen kombinieren, um die Auswahl genauer vorzunehmen. Sie können dazu die Messdaten
mit einem logischen *oder* bzw. *und* oder Kombinationen davon verknüpfen.

Verwendung der Or-Anweisung

Wenn Sie mehrere Dimensionen oder Messwerte über die Or-Anweisung verknüpfen, besteht das Segment aus allen Zugriffen, die mindestens eine dieser Bedingungen erfüllen. Die Or-Anweisung bietet also die Möglichkeit, mehrere Dimensionen oder Messwerte zusammenzufassen.

Beispiel

Sie wollen nicht nur die Zugriffe ab 18 Uhr auswerten, sondern auch die Zugriffe, die über die Quelle *google* gekommen sind. Klicken Sie dazu auf OR-ANWEISUNG HINZUFÜGEN, ziehen Sie die Dimension *Quelle* in das neue Feld, und tragen Sie als Wert *google* ein (s. *Abbildung 5.21*).

Abbildung 5.21: Eine neue Or-Anweisung in einem Segment

Wenn Sie das Segment testen, werden Sie feststellen, dass die Summe der Zugriffe nicht mehr bei ungefähr 300 – bei Ihnen werden die Werte natürlich andere sein –, sondern bei ca. 1.000 liegt. Alltagssprachlich kann man also sagen, dass das Segment aus allen Zugriffen nach 18 Uhr und aus allen Zugriffen, die über Google kommen, gebildet wird. Die Alltagssprache ist nicht immer geeignet, den Sachverhalt eindeutig zu beschreiben, denn das alltagssprachliche *Und* ist nicht mit dem logischen *Und* gleichzusetzen.

Verwendung der And-Anweisung

Das logische *Und* verknüpft mehrere Bedingungen und Dimensionen so, dass die Zugriffe, die in diesem Segment enthalten sein sollen, zwingend in allen angegebenen Bedingungen oder Dimensionen enthalten sein müssen. Anders ausgedrückt müssen für die Zugriffe die Bedingungen verschiedener Dimensionen und Messdaten alle gleichzeitig erfüllt sein. Andernfalls sind sie nicht Teil des Segments. Wenn wir also Zugriffe untersuchen wollen, die nach 18 Uhr von Google gekommen sind, dann müssen wir die beiden Bedingungen mit einem logischen *Und* verknüpfen. Da jetzt zwei Bedingungen erfüllt sein müssen, ist zu erwarten, dass die Summe der Zugriffe kleiner wird. Löschen Sie in dem Beispiel die Or-Anweisung, und fügen Sie stattdessen die gleiche Dimension und Bedingung mit einer neuen AND-ANWEISUNG ein.

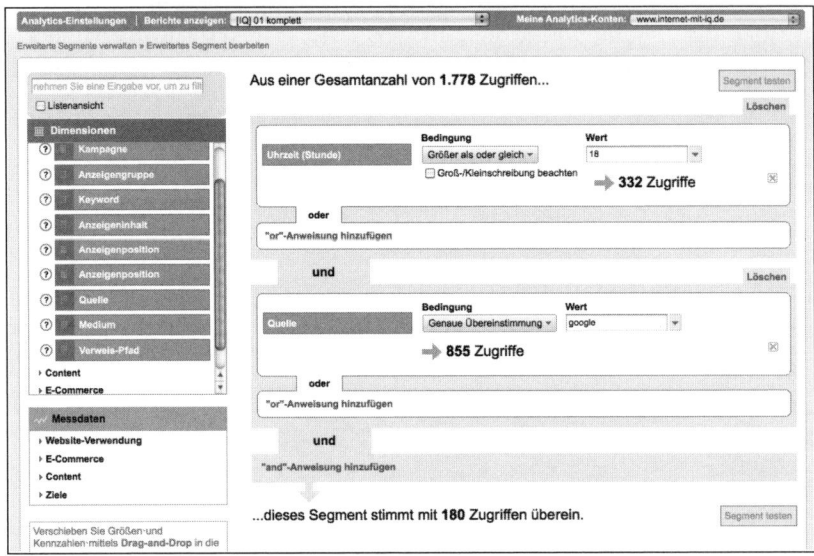

Abbildung 5.22: Eine neue And-Anweisung in einem Segment

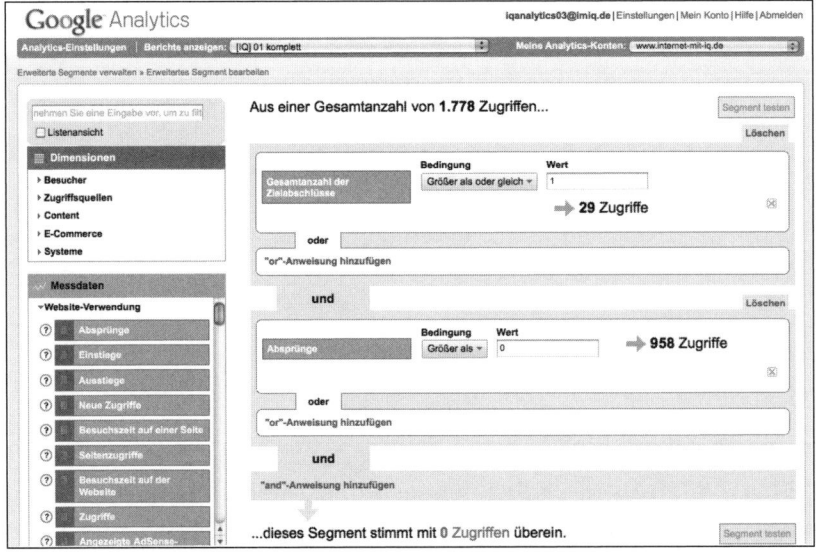

Abbildung 5.23: Ein logischer Fehler führt zu einem Ergebnis von 0 Zugriffen.

Wie Sie in *Abbildung 5.22* sehen, bleiben nur noch 180 Zugriffe übrig. Bei der Verwendung der And-Anweisung ist generell Vorsicht geboten, da insbesondere über die And-Anweisungen Bedingungen angegeben werden können, die sich gegenseitig ausschließen. In dem – zugegebenermaßen konstruierten – Beispiel in *Abbildung 5.23* liefert der Test aufgrund sich widersprechender Bedingungen 0 Zugriffe.

Wenn Sie sich das Segment genauer anschauen, wird deutlich, warum das so ist: Ein Besuch, der zu einem Zielabschluss (Conversion) führt, kann nicht gleichzeitig ein Absprung sein. Natürlich muss hinter einem Testergebnis von 0 Zugriffen nicht immer ein logischer Fehler stehen. Es kann auch einfach sein, dass bestimmte Bedingungen tatsächlich nicht zusammen aufgetreten sind. Das Segment kann aber trotzdem verwendet werden, um beispielsweise in größeren Messzeiträumen oder in anderen Google Analytics-Konten Ergebnisse zu liefern.

Komplexe Segmente mit mehreren Verknüpfungen

Wenn Sie mehrere logische Verknüpfungen miteinander kombinieren, werden erst alle Or-Anweisungen zusammengefasst, bevor diese im nächsten Schritt mit einer And-Anweisung kombiniert werden. Mathematisch bedeutet das, dass Or-Anweisungen von einer Klammer umschlossen werden. So wird

A **oder** *B* **und** *C = Segment*

automatisch zu

(*A* **oder** *B*) **und** *C = Segment*.

Dies wird in Google Analytics dadurch verdeutlicht, dass Or-Anweisungen mit einem grauen Kasten umschlossen werden (s. *Abbildung 5.24*).

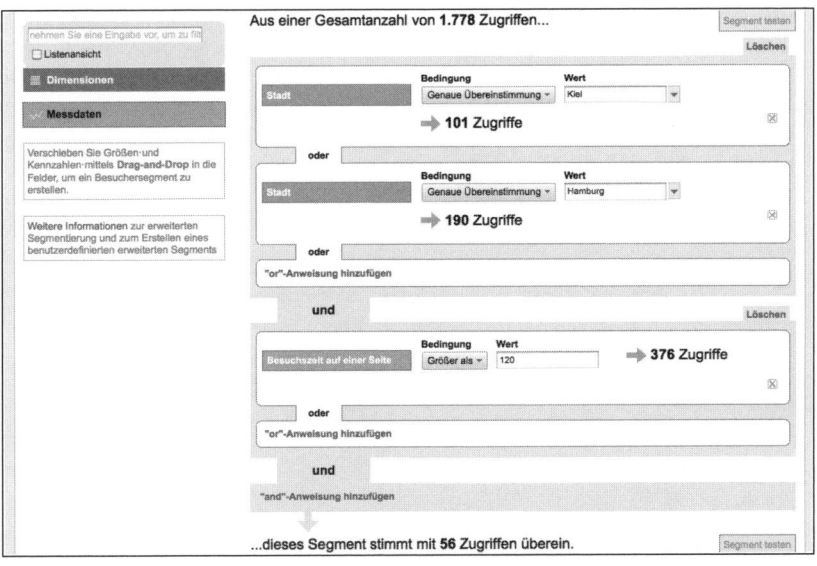

Abbildung 5.24: Die Zugriffe aus Kiel und Hamburg werden zunächst durch eine Or-Anweisung zusammengefasst, bevor die And-Anweisung zum Tragen kommt.

Beispiele für benutzerdefinierte Segmente

An dieser Stelle stellen wir Ihnen einige bewährte benutzerdefinierte Segmente vor, die zum Teil auch in unseren Praxisanleitungen behandelt werden und Ihnen zusätzliche Inspiration für die Erstellung eigener Segmente sein sollen. Die Qualität eines Segments bemisst sich nicht an einem hohen Komplexitätsgrad. Oft sind es die einfachen Segmente, die die richtigen Antworten auf Fragestellungen liefern können.

Besuche über eine bestimmte Landing-Page

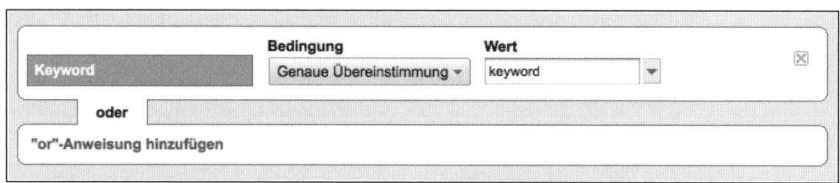

Abbildung 5.25: Besuche über eine bestimmte Landing-Page

Mit diesem Segment können Sie erkennen, wie sich die Besucher verhalten haben, die über eine bestimmte Landing-Page auf Ihre Website gelangt sind. Damit lassen sich zum Beispiel die Conversion-Raten verschiedener Landing-Pages miteinander vergleichen. Wenn Sie die Leistung mehrerer Landing-Pages gleichzeitig untersuchen wollen, kopieren Sie das Segment entsprechend oft. Denken Sie daran, für jede Kopie den Wert für den entsprechenden URI anzupassen (s. *Abbildung 5.25*).

Besuche über ein oder mehrere bestimmte Keywords

Damit können Sie die Daten von Zugriffen anzeigen, die über bestimmte Keywords erfolgt sind. Generell können Sie viele KPIs auch ohne dieses Segment berechnen. Richtig nützlich wird dieses Segment aber in Kombination mit anderen Segmenten, wenn Sie dieses mit einer And-Anweisungen verknüpfen. Das zuvor genannte Segment der Zugriffe über eine bestimmte Landing-Page in Kombination mit diesem Segment verschafft Ihnen die Möglichkeit, Keyword-Landing-Page-Kombinationen zu vergleichen, was ein recht wichtiger Vergleich ist, um das Zusammenspiel von Landing-Page und Keyword zu optimieren. In *Abbildung 5.26* sehen Sie die Grundform des einfachen Keyword-Segments.

Keyword	Bedingung	Wert	
	Genaue Übereinstimmung ▼	keyword ▼	☒
oder			
"or"-Anweisung hinzufügen			

Abbildung 5.26: Besuche über ein bestimmtes Keyword

In *Abbildung 5.27* sehen Sie, wie man über einen regulären Ausdruck mehrere Keywords miteinander verknüpfen kann. Das erspart Ihnen den Aufwand, die Keywords mit Or-Anweisungen in den Segmenten zu verknüpfen.

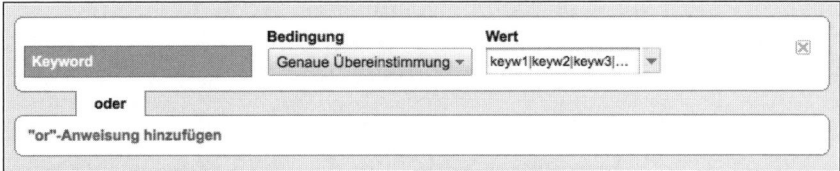

Abbildung 5.27: Besuche über mehrere bestimmte Keywords

Besucher über Google CPC (Quelle und Medium)

Abbildung 5.28 zeigt, wie Sie Quelle und Medium mit einer simplen And-Anweisung kombinieren. In dem gezeigten Beispiel werden nur die Besuche über die Quelle Google und das Medium CPC angezeigt. Das Resultat ist nichts anderes als über Google AdWords vermittelte Zugriffe.

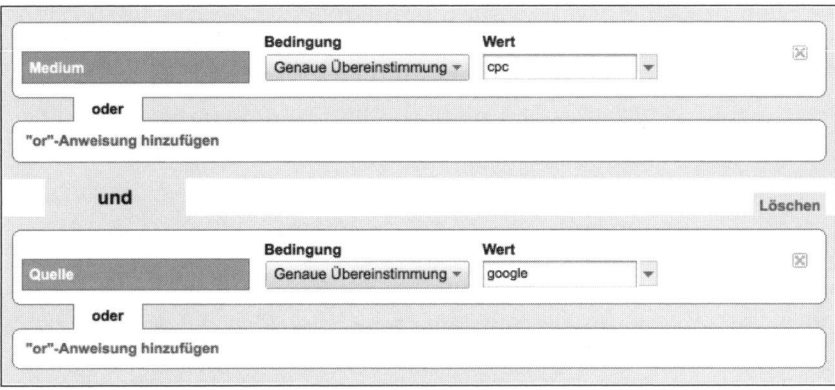

Abbildung 5.28: Besuche über AdWords (Google CPC)

Anzeigenposition RHS und Top

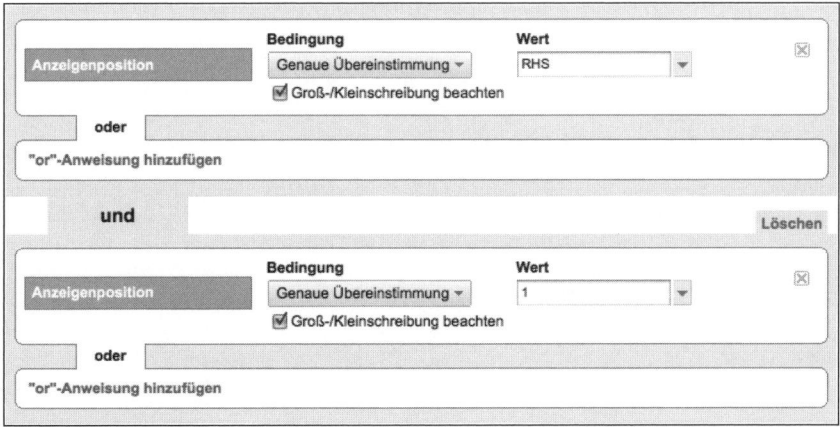

Abbildung 5.29: Besuche über die Anzeigenposition 1 auf der RHS (Right Hand Side, rechte Seite)

In der Oberfläche zur Erstellung der benutzerdefinierten Segmente befinden sich zwei Dimensionen mit dem gleichen Namen *Anzeigenposition*. Da sie nicht das Gleiche bedeuten, ist das natürlich etwas verwirrend. Die erste Variante beschreibt den ungefähren Ort der Platzierung der Anzeige auf der Suchergebnisseite und hat zwei mögliche Werte: *RHS* (*Right Hand Side*) und *Top*, also Platzierung rechts und oben. Diese Werte beziehen sich auf die Platzierungen in Google AdWords. Die zweite Variante bezieht sich auf die genaue Anzeigenposition innerhalb dieser groben Platzierung. In *Abbildung 5.29* sehen Sie das Segment in Bezug auf die Auswertung der Positionierung im Bereichs RHS

Aufruf einer bestimmten Seite

Manchmal kann es passieren, dass Sie für die Messung von Conversions kein URL-Ziel angegeben haben oder die Daten rückwirkend für einen Zeitraum ermitteln wollen, als dieses Ziel noch nicht eingerichtet war. Dafür ist dieses Segment gut geeignet, da es den Besuch einer bestimmten Seite markiert. Wenn Sie in diesem Segment den URI der Danke-Seite angeben (s. *Abbildung 5.30*), funktioniert das Segment genau wie das Standardsegment Besuche mit Conversions.

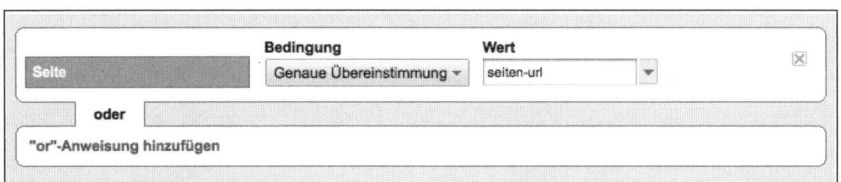

Abbildung 5.30: Besuche, bei denen eine bestimmte Seite aufgerufen wurde

Bestimmtes CPC-Keyword

Dieses Segment ist nützlich, um das Verhalten von Besuchern zu beobachten, die über ein bestimmtes Bezahl-Keyword auf die Seite geleitet wurden. Das Segment lässt sich gut auf einen Zielseiten-Bericht anwenden, um das beste Keyword-zu-Landing-Page-Verhältnis zu ermitteln. In *Abbildung 5.31* finden Sie das Grundgerüst für dieses Segment.

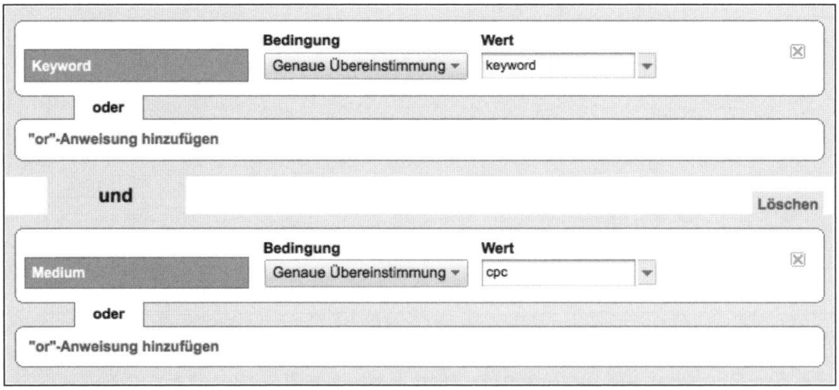

Abbildung 5.31: Besuche über ein bestimmtes bezahltes Keyword

Erweiterte Segmente verwalten

Google Analytics bietet Ihnen gleich mehrere praktische Möglichkeiten, benutzerdefinierte Segmente zu erstellen und zu bearbeiten. Wenn Sie in einem Google Analytics-Bericht die Übersicht mit den benutzerdefinierten- und Standardberichten mit Klick auf den Button ALLE BESUCHE öffnen, haben Sie die Möglichkeit, die Verwaltungsoberfläche durch einen weiteren Klick auf ERWEITERTE SEGMENTE VERWALTEN zu öffnen (s. *Abbildung 5.32*). Des Weiteren können Sie dieses Menü auch erreichen, indem Sie links unter der Berichtsnavigation den Punkt ERWEITERTE SEGMENTE auswählen.

Abbildung 5.32: Die Verwaltungsoberfläche für die erweiterten Segmente

Erweiterte Segmente im Profil

Hier finden Sie alle erweiterten Segmente wieder, die Sie während der Arbeit in diesem Profil erstellt haben. Es stehen Ihnen für jedes Segment diverse Optionen zur Bearbeitung zur Verfügung. AUS PROFIL AUSBLENDEN und BEARBEITEN sind sicherlich selbsterklärend. Ebenso ist klar, dass KOPIEREN ein neues Segment mit den Einstellungen des bestehenden Segments anlegt. Dies ist besonders praktisch, wenn Sie mehrere Varianten des gleichen benutzerdefinierten Segments verwenden möchten, die sich nur durch den angegebenen Wert unterscheiden. Zudem können Sie ein Segment FREIGEBEN. Sie erhalten dann einen eindeutigen Link, mit dem ein Google Analytics-Anwender die Einstellungen des Segments übermittelt bekommt, sobald dieser den Link aufruft, egal in welchem Konto er sich gerade befindet.

Standardsegmente und weitere benutzerdefinierte Segmente

Weiter unten stehen Ihnen die Standardsegmente zur Verfügung, um diese für die Erstellung neuer Segmente KOPIEREN zu können. Darüber hinaus finden Sie in der Tabelle ganz unten alle benutzerdefinierten Segmente, die Sie in anderen Google Analytics-Profilen und -Konten verwendet haben. Klicken Sie einfach auf ZU PROFIL HINZUFÜGEN, um das Segment im aktuellen Profil verwenden zu können.

5.1.4 Benutzerdefinierte Berichte

Benutzerdefinierte Berichte sind den erweiterten Segmenten nicht unähnlich. Tatsächlich gewinnen Sie sogar mit beiden Methoden die gleichen Daten, und auch die Erstellung ähnelt sich sehr stark. Der feine Unterschied liegt in der Darstellung der Daten und in der Herangehensweise bei der Analyse.

Auch in den benutzerdefinierten Berichten ist es möglich, sich die Daten nur für bestimmte Dimensionen und Messdaten anzeigen zu lassen. Darüber hinaus haben benutzerdefinierte Berichte den Charme, dass Sie sich Ihre Berichte so zusammenstellen können, wie Sie möchten. Sie erhalten zwar in solchen Fällen keinen tieferen Einblick, haben aber den Blick auf eine womöglich aufgeräumte Tabelle, die nur die Informationen enthält, die Sie wirklich brauchen.

Der wesentliche Unterschied liegt in der Verwendungsmöglichkeit. Wenn Sie beispielsweise 11 Landing-Pages vergleichen möchten, kommen Sie mit Segmenten nicht sehr weit, weil Sie für jede Landing-Page ein Segment anlegen müssen, und außerdem können Sie immer nur maximal vier Segmente – also vier Landing-Pages – miteinander vergleichen. Hier bieten sich benutzerdefinierte Berichte an, weil Sie damit alle Landing-Pages zugleich abbilden und vergleichen können. Wenn Sie hingegen eine bestimmte Landing-Page genauer untersuchen und die Daten mit anderen Segmenten kombinieren möchten, ist die Verwendung eines Segments angebracht. Eigentlich ganz einfach, oder?

Genau wie bei den erweiterten Segmenten bleiben einmal definierte Berichte in dem jeweiligen Profil bestehen. Und auch hier können Sie von Ihnen verwendete Berichte aus anderen Google Analytics-Konten importieren.

Verwaltung benutzerdefinierter Berichte

Klicken Sie unterhalb des Menüs mit den Google Analytics-Berichten auf BENUTZERDEFINIERTE BERICHTERSTELLUNG. Wenn Sie im aktuellen Profil bereits Berichte erstellt haben, werden diese hier aufgelistet. Um in das Verwaltungsmenü zu gelangen, klicken Sie auf BENUTZERDEFINIERTE BERICHTE VERWALTEN. Hier können Sie neue Berichte anlegen, bereits vorhandene bearbeiten und Berichte aus anderen Konten in das Profil aufnehmen. Mit FREIGEBEN können Sie Berichtseinstellungen an Dritte weitergeben (s. *Abbildung 5.33*).

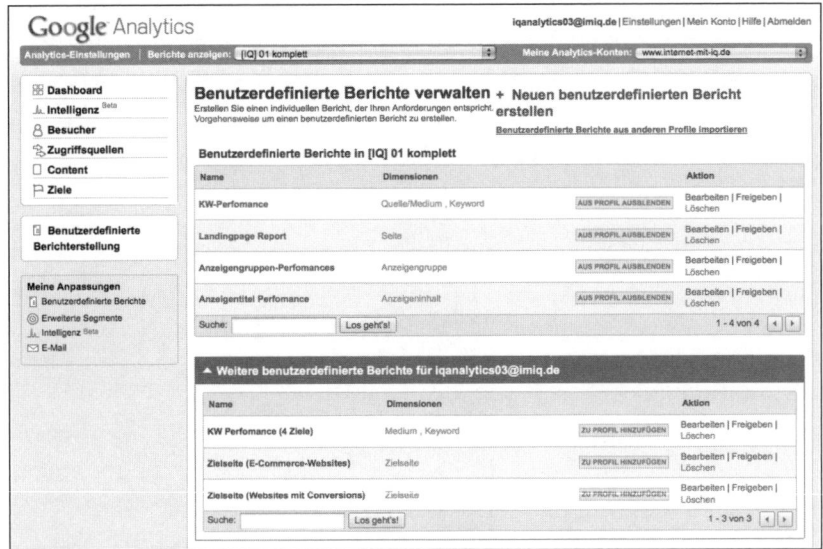

Abbildung 5.33: Das Verwaltungsmenü für die benutzerdefinierten Berichte

Einrichtung benutzerdefinierter Berichte

Wenn Sie auf +NEUEN BENUTZDEFINIERTEN BERICHT ERSTELLEN klicken, sehen Sie zunächst eine Tabelle mit vielen leeren Platzhalter-Feldern, in denen Sie Messdaten und Dimensionen per Drag&Drop ablegen können. Die Spalten sind für Messdaten vorgesehen und die Zeilen für Dimensionen. Wählen Sie links einfach die Elemente aus, um Ihren Bericht zusammenzustellen. Der Bericht in *Abbildung 5.34* beispielsweise stellt die Leistungen von Landing-Pages dar.

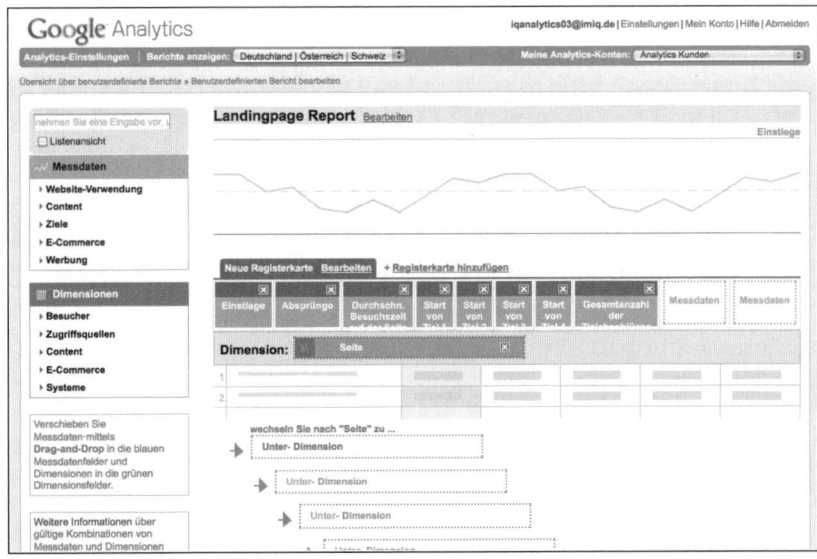

Abbildung 5.34: Ein benutzerdefinierter Bericht zur Leistungsmessung von Landing-Pages (Seiten sortierbar nach dem Messdatum: Einstiege)

Wenn Sie Ihren Bericht zusammengestellt haben, klicken Sie auf SPEICHERN, um in die Berichtsoberfläche zurück zu gelangen. Sie sehen sofort das fertige Berichtsergebnis.

5.2   Spezielle Tracking-Techniken

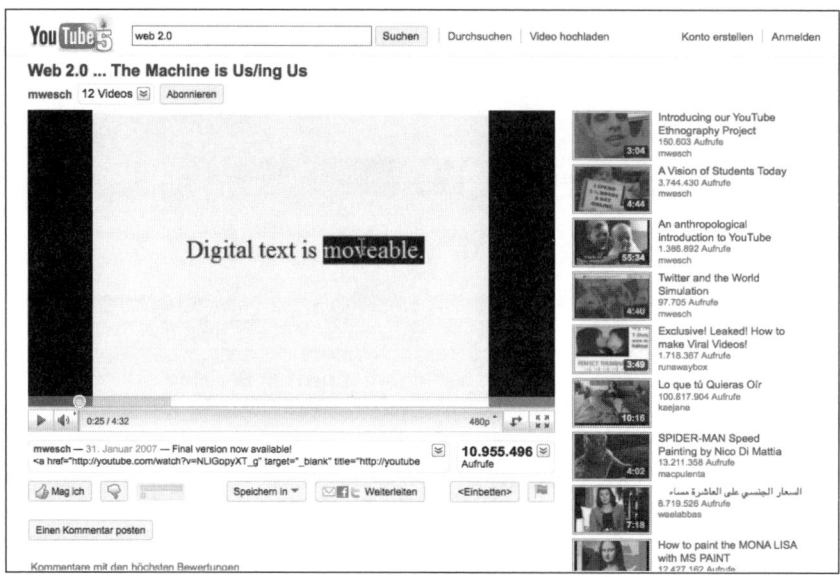

Abbildung 5.35: Das Besucher-Tracking moderner Ajax-Websites wie YouTube erfordert die Anwendung spezieller Techniken zur Messung der Interaktionen.

Besonders im Umfeld moderner Web 2.0-Websites, die hauptsächlich auf dynamischen Flash- und Ajax-Elementen aufbauen, reichen die einfachen Tracking-Techniken von Google Analytics nicht mehr aus, um alle Interaktionen zu messen. Die normalen Tracking-Techniken setzen voraus, dass der Nutzer Links auf der Seite klickt und dadurch neue Seiten geladen werden. Diese Ereignisse werden über Google Analytics protokolliert. Auf modernen Websites werden nicht mehr ganze Seiten nachgeladen, sondern einzelne Bestandteile. Dies geschieht auf vielfältige Weise, sodass hier kein Standardvorgehen greifen kann. Folglich bleiben Ihnen diese Interaktionen verborgen, wenn Sie nicht auf andere Möglichkeiten ausweichen.

Google Analytics bietet durchaus ein universelles Tracking an, mit dem die Interaktionen auf solchen Seiten gemessen werden können. Wesentliche Bestandteile dieses modernen Trackings sind die Virtual Pageviews, das Event-Tracking, benutzerdefinierte Variablen und die Analyse der website-internen Suchfunktion. Wenn Sie solche Techniken verwenden wollen, möchten wir Sie an Folgendes erinnern: Sie müssen und können die Realität nicht vollständig abbilden. Der technische Aufwand für manche Tracking-Techniken ist sehr hoch und daher nur dort vertretbar, wo die Messung zu einer zielgerichteten Qualitätssteigerung Ihrer Website beitragen kann. Bevor Sie also losstürmen und alle möglichen Web 2.0-Interakti-onselemente messbar machen wollen, überlegen Sie, wo sich Ihre KPIs verbergen und wie Sie diese so sparsam wie möglich messen können. Verzichten Sie auf alles, was *nice to have* ist. Das erspart Ihnen und anderen möglicherweise viel Zeit und Nerven.

5.2.1   Virtual Pageview

Zweck und Verwendung des Virtual Pageviews

Der *Virtual Pageview* erfüllt den Zweck, ein bestimmtes Ereignis als Seitenaufruf abzubilden. Das kann zum Beispiel der Klick auf einen Button sein oder der Down-load eines PDF-Dokuments. Solche Fälle werden mit den herkömmlichen Metho-den nicht erfasst. Sie können Google Analytics aber veranlassen, diese Ereignisse als einen Seitenaufruf zu protokollieren. Da kein echter Seitenaufruf stattgefunden hat, sondern Sie diesen nur nachbilden, sprechen wir von virtuellen Seitenaufru-fen. Auch wenn es diesen Seitenaufruf gar nicht wirklich gibt, wird dieser wie der jeder echte Aufruf einer Seite in den Content-Berichten aufgeführt.

Um so ein Ereignis zu messen, müssen Sie an der Stelle des Ereignisses die Funktion `_trackPageview()` aufrufen. Als Argument übergeben Sie den Namen des Events in Form einer URL, die Sie völlig frei festlegen können. Ein Beispiel:

```
pageTracker._trackPageview('/downloads/dokument1.pdf');
```

> **Hinweis**
>
> Beachten Sie: Der übergebene Pfad muss mit einem Slash / beginnen.

Grundsätzlich können Sie diese Funktion überall dort aufrufen, wo Sie entspre-chende Messungen benötigen, und beliebig viele verschiedene virtuelle Seiten und Pfade erzeugen. Natürlich können Sie solche virtuellen Seitenaufrufe in Google Analytics auch als URL-Ziele definieren. Beim Download von Dateien ist dies oft-mals sogar angebracht, wenn der Download das Erreichen eines Website-Ziels widerspiegelt.

> **Hinweis**
>
> Damit die Messung korrekt erfolgt, ist es erforderlich, dass der Google Ana-lytics Tracking Code *vor* dem zu messenden Event bereits geladen sein muss.

Beispiele für Virtual Pageview

Nehmen wir an, Sie haben auf Ihrer eigenen Seite einen Link auf die fremde Web-site *www.beispiel.de* gesetzt:

```
<a href="http://wwww.beispiel.de/">Hier geht es zu Beispiel.de</a>
```

Wenn Sie feststellen wollen, wie oft der Link geklickt wird, setzen Sie einen Virtual Pageview im `onClick`-Event ein. Als Beispiel für den zu protokollierenden Pfad verwenden wir `/externe-links/beispiel.de`:

```
<a href="http://www.beispiel.de" onClick="javascript:pageTracker._trackPageview
('/externe-links/beispiel.de');">
```

Ähnlich verhält es sich, wenn Sie zum Beispiel einen Katalog als PDF zum Download anbieten: `<a href="kataloge/katalog2010.pdf">`

Der Link erhält auch hier einen frei definierten Virtual Pageview:

```
<a href="kataloge/katalog2010.pdf" onclick="pageTracker._trackPageview('/
downloads/katalog-2010');">
```

5.2.2 Event-Tracking

Zweck und Verwendung des Event-Trackings

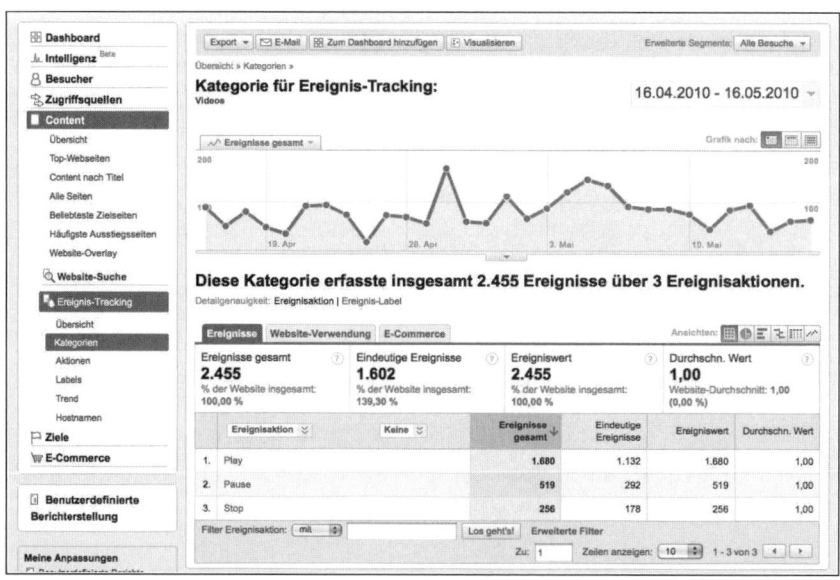

Abbildung 5.36: Event-Tracking von Produktvideos mit detaillierten Messwerten zu Play, Pause und Stop

Obwohl in der Google Analytics-Oberfläche der entsprechende Menüpunkt, unter dem Sie übrigens auch die Daten dazu finden, EREIGNIS-TRACKING lautet, werden wir in diesem Buch von *Event-Tracking* sprechen, weil dieser Begriff einerseits kein Denglisch und andererseits auch branchenüblich ist.

Tipp

Die Originalsprache von Google Analytics ist US-Englisch. Wussten Sie, dass man *Time on Site* auf viele verschiedene Arten übersetzen kann, die auch alle kunterbunt in Google Analytics auftauchen? Da gibt es mal die Verweildauer, mal die Besuchszeit. Dann noch die Besuchsdauer, oder wie wäre es mit Länge des Besuchs? Sie können diese verwirrenden Sprachspielchen, die besonders in der Analytics-Hilfe zu finden sind, einfach hinnehmen oder einen kleinen Trick verwenden: Wechseln Sie in die original US-Englisch-Oberfläche. Die Spracheinstellungen können Sie beim Login festlegen. Dieser Schritt ist durchaus zu empfehlen, wenn Sie sich nach einer Weile in der Oberfläche zu Hause fühlen und folglich auch in einer neuen Sprachumgebung genau wissen, wo Sie etwas finden. Ein weiterer Vorteil besteht darin, dass Sie bei der Online-Recherche nach Informationen zur Webanalyse nicht mehr auf den deutschen Sprachraum eingeschränkt sind.

Das Event-Tracking verschafft Ihnen die Möglichkeit, die Interaktion der Besucher ereignisbezogen mit komplexeren Gebilden wie Videos oder Widgets zu messen (s. *Abbildung 5.36*). Dafür steht Ihnen die Funktion `_trackEvent(category, action, opt_label, opt_value)` zur Verfügung. Die Parameter, die Sie übergeben können, sind im Einzelnen:

1. `Category`: Damit legen Sie die grundlegende Kategorisierung fest. Handelt es sich zum Beispiel um ein Video, ein Widget oder ein Ajax-Navigationselement? Die Kategorie ist dazu gedacht, Gruppen von ähnlichen Ereignissen zusammenzufassen. Denkbare Kategorien sind zum Beispiel: video, map, friendlist, chat, upload oder Ähnliches. Dieser Parameter muss in jedem Fall übermittelt werden.

2. `Action`: Welches Ereignis wurde ausgeführt? Wurde ein bestimmter Button gedrückt oder eine Schaltfläche aktiviert? Übergeben Sie mit diesem Parameter eine Bezeichnung der Art der Interaktion wie play, stop, open, start following, comment. Sie können auch ein bestimmtes Trigger-Event wie die bisherige Videoabspieldauer wie zwei_minuten übermitteln, wenn Sie das Ereignis zum geeigneten Zeitpunkt auslösen. Auch dieser Parameter muss in jedem Fall gesendet werden.

An dieser Stelle können Sie die Übergabe von Werten beenden, die nächsten beiden Argumente sind optional verwendbar:

3. (Optional) `Label`: Dieser Parameter dient der genaueren Unterscheidung innerhalb der Kategorien und Aktionen. Wenn Sie zum Beispiel mehrere Videos in der Kategorie video haben, dann können Sie hier angeben, um welches Video es sich handelt; zum Beispiel pulp-fiction, braindead oder in-china-essen-sie-hunde.

4. (Optional) `Value`: Damit können Sie die Aktion wertmäßig definieren. Die Werte werden innerhalb der gleichen Aktion und des gleichen Labels kumuliert. Damit gewinnen Sie einen quantitativen Bewertungsmaßstab. So können Sie beispielsweise festlegen, dass Ihnen das Abspielen eines Videos (Aktion play)

10 Punkte wert ist. Dass jemand das Video über die Zwei-Minuten-Grenze hinaus angesehen hat (Aktion zwei_minuten), könnte Ihnen schon 30 Punkte wert sein, weil der Besucher die wichtigen Informationen dann vermutlich aufgenommen hat. So können Sie den Erfolg Ihrer Videos auf verschiedene Arten bewerten. Die Werte, die wir hier verwendet haben, sind natürlich nur beispielhaft. Welchen Maßstab Sie anlegen, hängt von Ihren Zielen und von Ihrem Analysekonzept ab.

Ereigniswert und E-Commerce-Umsatz

Wenn Sie den Parameter *Value* mit Daten füttern, erhalten Sie in den Berichten sozusagen eine abgespeckte Version des Zielwerts, den Sie schon von den Google Analytics-Zielen kennen. Der Messwert für das Event-Tracking nennt sich in dem Fall *Ereigniswert*. Er soll es ermöglichen, verschieden bewertete Ereignisse untereinander vergleichen zu können. Daher wird der Ereigniswert im Punkt EREIGNIS-TRACKING in mehreren Berichten aufgeführt. Dahinter steckt eine ganz simple Multiplikation:

$$Ereigniswert = Value_{Ereignis} * Actions$$

Etwas spannender wird es, wenn Sie das E-Commerce-Tracking für Ihre Website nutzen. In dem Fall können Sie den erzielten Umsatz einem oder mehreren Ereignissen während eines Besuches zuordnen (s. *Abbildung 5.37*). Das Gleiche gilt für Transaktionen. Hinter diesen KPIs steckt die Aussage, wie viel ein Event zu einem Umsatzbetrag beigetragen hat. Die in den Ereignissen übermittelten Werte der erzielten Umsätze oder Transaktionen sind nicht als reale Fakten zu verstehen. Das Ereignis wird in der Regel nicht mit dem zugeordneten monetären Wert verknüpft sein. Die Einbeziehung der E-Commerce-Daten in das Event-Tracking stellt lediglich eine Hilfe dar, um einzelne Ereignisse mithilfe von Gewichtungen und Tendenzen objektiver bewerten zu können. Die E-Commerce-Daten bieten sich hauptsächlich deshalb sehr gut dafür an, weil unterschiedliche wertvolle Transaktionen für den Vergleich benutzt werden können. Dadurch können Sie den Nutzen von Ereignissen genauer beurteilen, als wenn Sie feste Werte vorgeben.

Abbildung 5.37: Das Event-Tracking in Google .Analytics kann auch E-Commerce-Messwerte enthalten

Betrachtung von Web 2.0-Events in Hinblick auf Engagement-Ziele

Event-Tracking findet vor allem in Multimedia- und Social-Media-Anwendungen auf der Website Anwendung. Im Abschnitt »*Ziele und KPIs*« haben wir Ihnen erläutert, dass ein wesentliches Ziel solcher Elemente die emotionale Stimulierung der Besucher ist. In der Regel sollen solche Web 2.0-Elemente das Involvement des Besuchers so stark steigern, dass die ursprüngliche Suchintention des Besuchers in eine gesteigerte Unterhaltungssituation übergeht, die dazu verleitet, länger auf der Website zu verweilen. Im Idealfall lässt der Besucher von seiner eigentlichen Intention ab und fängt an, auf der Website zu stöbern, möglichst angeregt durch die multimedialen und sozialmedialen Hilfsmittel. In Folge dieses emotionalen Involvements ist es möglich, dass der Besucher mit der Seite so interagiert, dass die Website-Ziele erfüllt werden.

Wenn Ihnen also ein erhöhtes Besucher-Engagement wichtig ist, liegt es nahe, möglichst viele dieser Web 2.0-Elemente auf Ihrer Website zu verwenden und zu messen. In dem Fall sollten Sie auch Engagement-Ziele definieren und die Qualität der Web 2.0-Elemente daran messen, ob diese sich positiv auf das Engagement ausgewirkt haben.

Verwenden Sie bei der Ansicht verschiedener Labels zum Beispiel die Standardsegmente *Alle Besuche* und *Besuche mit Conversions* gleichzeitig. Je höher der Wert *% des Gesamtwerts* ist, desto mehr Besuche haben nicht nur das Ereignis ausgelöst, sondern auch das Conversion-Ziel erreicht. Damit können Sie den Einfluss der durch das Event-Tracking gemessenen Ereignisse auf die Zielerreichung bestimmten. Wenn Sie die Conversions als Engagement-Ziele festgelegt haben, dann sehen Sie unmittelbar, wie wirkungsvoll die gemessenen Elemente zur Steigerung des Besucher-Involvements beigetragen haben (s. *Abbildung 5.38*).

Ereignisse gesamt	Eindeutige Ereignisse	Ereigniswert	Durchschn. Wert
Alle Besuche: **2.436**	Alle Besuche: **1.140**	Alle Besuche: **2.436**	Alle Besuche: **1,00**
Besuche mit Conversions: **436**	Besuche mit Conversions: **211**	Besuche mit Conversions: **436**	Besuche mit Conversions: **1,00**

	Ereignis-Label Keine ⌄	Ereignisse gesamt ↓	Eindeutige Ereignisse	Ereigniswert	Durchschn. Wert
1.	produktvideo1.flv				
	Alle Besuche	2.042	1.316	2.042	1,00
	Besuche mit Conversions	393	183	393	1,00
	% des Gesamtwerts	19,25 %	13,91 %	19,25 %	0,00 %
2.	produktvideo2.flv				
	Alle Besuche	353	236	353	1,00
	Besuche mit Conversions	37	22	37	1,00
	% des Gesamtwerts	10,48 %	9,32 %	10,48 %	0,00 %

Abbildung 5.38: Produktvideo1 hat nicht nur eine höhere Quantität, sondern auch einen höheren Anteil am Gesamtwert als Produktvideo2 und trägt damit qualitativ stärker zur Erreichung der Website-Ziele bei.

5.2.3   Benutzerdefinierte Variablen

Was sind benutzerdefinierte Variablen?

Stellen Sie sich vor, Sie untersuchen keinen Online-Shop, sondern einen Supermarkt und wollen verschiedene Zielgruppensegmente während ihres Einkaufs beobachten. Eltern mit Kindern interessieren sich zum Beispiel für andere Angebote als Twens. Nehmen wir an, Sie sitzen hinter einer Glaswand und können die unterschiedlichen Einkäufer von oben beobachten. Das ist natürlich nicht ganz so einfach, denn aus der Ferne sehen alle irgendwie gleich aus. Aber Sie haben eine Idee: Sie lassen einfach jeden Supermarktbesucher eine farbige Mütze aufsetzen. Eltern erhalten blaue, Kinder rote und Twens gelbe Mützen. Nun können Sie genau beobachten, wo die Einkäufer aus den verschiedenen Zielgruppen am häufigsten stehen bleiben, welche Bereiche von ihnen ignoriert werden und welche Wege sie gehen. Natürlich ist dieses Beispiel etwas überzogen. Oder wurden Sie schon einmal gebeten, beim Einkaufen eine Mütze aufzusetzen? Aber glauben Sie uns, Supermärkte sind die am professionellsten optimierten Ladengeschäfte, die es gibt. Das ist das Ergebnis jahrzehntelanger Analysen und Verbesserungen.

In Google Analytics können Sie den Besuchern tatsächlich eine Mütze aufsetzen, um diese zu segmentieren. Wie Sie ihnen die Mütze aufsetzen, kann auf verschiedene Arten passieren. Zum Beispiel wenn ein Besucher eine bestimmte Seite besucht oder ein bestimmtes Ereignis auslöst. Ein klassisches Beispiel sind Websites mit einem geschlossenen Nutzerbereich. Durch die benutzerdefinierten Variablen können Sie alle registrierten Nutzers eindeutig markieren und somit von den nicht registrierten Nutzern unterscheiden. Die Möglichkeiten der Markierung sind vielfältig und nur durch Ihre Kreativität begrenzt.

Syntax und Funktionsweise

Um einen Besucher zu markieren, verwenden Sie die Funktion `_setCustomVar(index, name, value, scope)`.

Die Parameter bedeuten im Detail:

1. `Index`: Mit diesem Wert weisen Sie der Variablen einen Speicherplatz zu. Sie haben insgesamt fünf Speicherplätze zur Verfügung. Das bedeutet, wenn Sie einen Platz ein zweites Mal zuweisen, wird der alte Inhalt mit dem neuen überschrieben. Sie können also fünf Variablen gleichzeitig speichern. Folglich ist der Wertebereich dieses Parameters 1 bis 5.

2. `Name`: Damit können Sie einen frei wählbaren Namen übergeben, durch den Sie die Variable in den Google Analytics-Berichten identifizieren können. Typische Beispiele für solche Namen sind: *Geschlecht, Mitgliedsstatus* oder *News-Leser*.

3. `Value`: Über diesen Parameter übergeben Sie den Wert der Variablen. Dabei handelt es sich um eine Zeichenfolge, also um einen Wert in Form eines Textes. Für die zuvor genannten Beispiele wären sinnvolle Werte: *maennlich/weiblich, Mitglied/Nichtmitglied* und *ja/nein*. In diesen Beispielen sind immer zwei mögliche Werte genannt. Die Anzahl ist aber nicht begrenzt.

4. Scope (Optional): Damit legen Sie fest, wie lange die Variable Bestand hat. Es gibt drei Möglichkeiten, die durch die Werte *1*, *2* oder *3* repräsentiert werden: *Visitor-Level*, *Session-Level* und *Page-Level*. Wenn Sie keinen Wert angeben, ist der Vorgabewert automatisch *3*, *Page-Level*.

   1. *Visitor-Level*: Die Variable wird in einem Cookie beim Besucher gespeichert. Kehrt der Besucher nach einer Session später zurück, wird der Wert wieder der hier festgelegten Variable zugeordnet. Die Markierung erlischt also nicht, solange der Cookie vorhanden ist, oder die Variable wird mit einem anderen Wert überschrieben. Das bedeutet, alle weiteren Besuche dieses Besuchers und von ihm ausgelöste Ereignisse erhalten immer diese Markierung, solange sie existiert.

   2. *Session-Level*: Die Variable bleibt so lange bestehen, bis der Besuch abgeschlossen ist. Kehrt der Besucher später wieder, ist der Wert der Variablen nicht mehr vorhanden. Da die Standardeinstellung für Cookies in Google Analytics vorsieht, dass der Cookie nach 30 Minuten abläuft, erlischt der Wert auch dann, wenn der Besuch zwar andauert, der Besucher aber über 30 Minuten inaktiv gewesen ist.

   3. *Page-Level*: Die Markierung bezieht sich nur auf eine aufgerufene Seite oder ein ausgelöstes Ereignis. Jeder weitere Seitenzugriff oder jedes Ereignis setzt die Variable neu.

Um die Ergebnisse in den Berichten aufzurufen, rufen Sie BESUCHER und dort BENUTZERDEFINIERTE VARIABLEN auf. Natürlich können Sie auch benutzerdefinierte Segmente mit ihnen bilden, was eine wirklich nützliche Anwendung von benutzerdefinierten Variablen ist. An dieser Stelle hätten wir wirklich gerne mehr geschrieben, allerdings sind die Beispiele sehr vielfältig und höchst individuell, sodass es uns sinnvoll erschien, die begrenzte Seitenzahl dieses Buches nicht für eine Vielzahl von Beispielen mit benutzerdefinierten Variablen zu füllen, sondern mit möglichst breit anwendbarem Wissen. Weitere Informationen zu den benutzerdefinierten Variablen finden Sie online unter: *http://code.google.com/intl/de-DE/apis/analytics/docs/tracking/gaTrackingCustomVariables.html*

Hinweis

Aus technischen Gründen dürfen der Name der Variablen und der Wert zusammen nicht mehr als 64 Zeichen belegen. Andernfalls kann es zu unvorhersehbaren Ergebnissen in der Analyse kommen, die dadurch unbrauchbar wird. Passen Sie also insbesondere bei automatisch zugewiesenen Werten auf, da Sie bei diesen möglicherweise keine Kontrolle über die Länge haben.

Fünf Speicherplätze – und dann?

Die Nutzung der fünf Speicherplätze, die Sie mit *Index* ansprechen können, ist alles andere als trivial. Im Wesentlichen liegt das daran, dass die fünf Speicherplätze für alle Variablentypen gleichermaßen gelten. Wenn Sie nur mit Variablen auf dem Page-Level arbeiten, haben Sie so gut wie keine Sorgen. Sie müssen lediglich dafür Sorge tragen, dass Sie nicht mehr Plätze belegen müssen. Was auf einer Seite geschieht und welche Plätze Sie belegen, ist ja noch recht durchschaubar, sodass Sie dort kaum Konflikte zu befürchten haben. Komplizierter wird es, wenn Sie Speicherplätze mit Variablen belegen, die auf dem Session- oder gar Visitor-Level angesiedelt sind. Sinn und Zweck dieser Variablen ist, dass diese für die gesamte Session oder für immer gültig sind. Wenn Sie im Programmcode einer Seite eine Variable speichern wollen, müssen Sie dann nicht nur wissen, was auf der Seite schon an Speicherplätzen verbraucht wurde, sondern auch, was möglicherweise auf anderen Seiten als Session- oder Visitor-Level-Variable angelegt wurde. Ignorieren Sie diese, riskieren Sie, dass einmal gesetzte Werte, die Sie eigentlich noch benötigen, verloren gehen.

Wenn Sie zum Beispiel alle Nutzer markieren wollen, die sich irgendwann mal für einen Newsletter angemeldet haben, um auch Monate später noch messen zu können, was diese auf Ihrer Website so treiben und was sie von den anderen Besuchern unterscheidet, dann nutzen Sie sinnvollerweise eine Variable auf Visitor-Level. Nehmen wir an, die Variable heißt `newsletter`, und Sie setzen diese Variable auf der Danke-Seite, die nach der Newsletter-Anmeldung folgt: `newsletter=true`. Nehmen wir weiter an, Sie legen den Wert von `newsletter` in Speicherplatz 1 ab. Im Prinzip können Sie Speicherplatz nur noch für die Variable `newsletter` nutzen, wenn Sie verhindern wollen, dass die Nutzer, die sich angemeldet haben, diese Markierung irgendwann mal wieder verlieren. Denn die Markierung wird nur so lange aufrechterhalten, wie der Wert in dem Speicherplatz nicht durch eine andere Variable überschrieben wird, egal von welchem Typ diese andere Variable ist.

Unsere Empfehlungen lauten daher:

♦ Führen Sie Buch über jede längerfristig verwendete Variable, und notieren Sie, in welchem Speicherplatz diese abgelegt ist.

♦ Belegen Sie einen Speicherplatz, den Sie für eine längerfristige Variable verwenden, niemals mit einer anderen Variablen, wenn Sie den Wert der längerfristigen Variablen noch benötigen.

♦ Nutzen Sie nur so viele längerfristig gültige Variable wie unbedingt nötig, weil jede längerfristige Variable einen Speicherplatz für immer oder für die Dauer einer Session belegt.

5.2.4   Tracking der website-internen Suchfunktion

Wenn Ihre Website über eine Suchfunktion verfügt, können Sie die darüber getätigten Suchanfragen in die Datenerfassung der Google Analytics-Profile aufnehmen. Voraussetzung dafür ist, dass Ihre Website einen entsprechenden Suchparameter in der URL der Suchergebnisseite aufweist. Um die Suchanfragen zu protokollieren, müssen Sie in den Profileinstellungen nur mitteilen, um welchen URL-Parameter es sich handelt, und Google Analytics kann den entsprechenden Wert einfach auslesen und in die Berichte zur internen Suchfunktion aufnehmen.

Um festzustellen, ob Ihre Website diese Voraussetzung erfüllt, führen Sie auf Ihrer Website eine Suche mit dem Suchbegriff *test* durch. Es sollte unerheblich sein, ob Sie Suchergebnisse erhalten oder nicht. Schauen Sie sich die URL an, und suchen Sie nach einem Parameter, der Ihre Suchanfrage enthält: *http://www.website.de/ suche.php?key=test&view=pua*

In unserem Beispiel findet sich unser Suchbegriff *test* als Wert des URL-Parameters *key* wieder. In den Google Analytics-Profileinstellungen bearbeiten Sie die PROFILINFORMATIONEN FÜR HAUPTSEITE und aktivieren *Website-Suche protokollieren*. In das Feld SUCHPARAMETER tragen Sie den URL-Parameter ein, der Ihre Suchanfrage enthält. In unserem Beispiel ist es *key* (s. *Abbildung 5.39*).

Einige Websites verwenden zusätzlich Kategorien, um die Suche genauer zu bestimmen. Auch diese Werte können Sie mit Google Analytics erfassen. Tragen Sie dazu den URL-Parameter für die Kategorien in das Feld KATEGORIE-PARAMETER ein. Wie der Parameter bei Ihnen heißt, müssen Sie durch Ausprobieren ermitteln. Ein Beispiel: *http://www.website.de/suche.php?key=test&category_id=48*

Die Berichte zur Auswertung der Suche finden Sie in CONTENT und dort in WEBSITE-SUCHE.

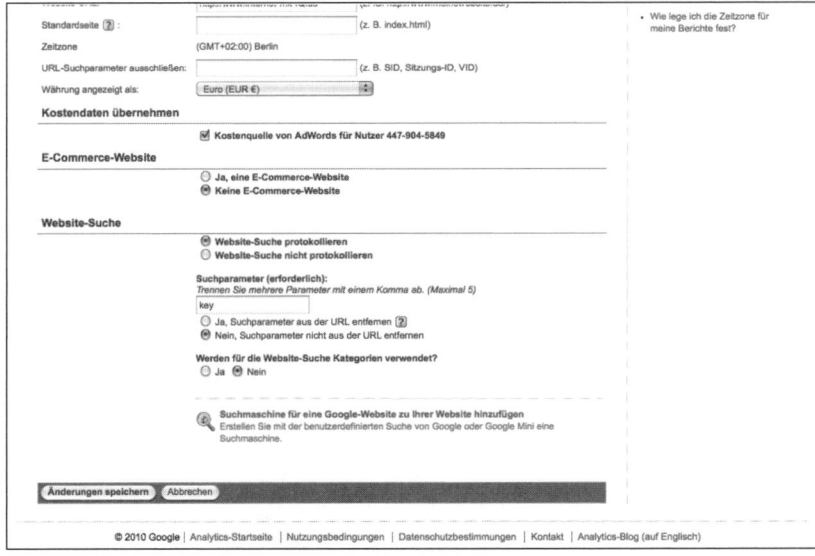

Abbildung 5.39: Um die website-interne Suchfunktion analysieren zu können, wird der URL-Parameter mit der Suchanfrage bei Google Analytics hinterlegt.

5.3   Externe Tools

In diesem Abschnitt stellen wir Ihnen weitere sehr nützliche Tools vor, die Ihre Arbeit mit Google Analytics ergänzen, unterstützen und so letztendlich abrunden. Einige der Tools sind recht umfangreich, sodass wir die Darstellung auf die wesentlichen Merkmale beschränken. Manchmal sind es aber gerade die kleinen Helferlein wie zum Beispiel das Firefox-Add-On *Goalcopy*, die einem das Leben erheblich leichter machen. Wir selbst benutzen alle hier vorgestellten Hilfsmittel in unserer täglichen Praxis.

5.3.1   Google Website Optimizer

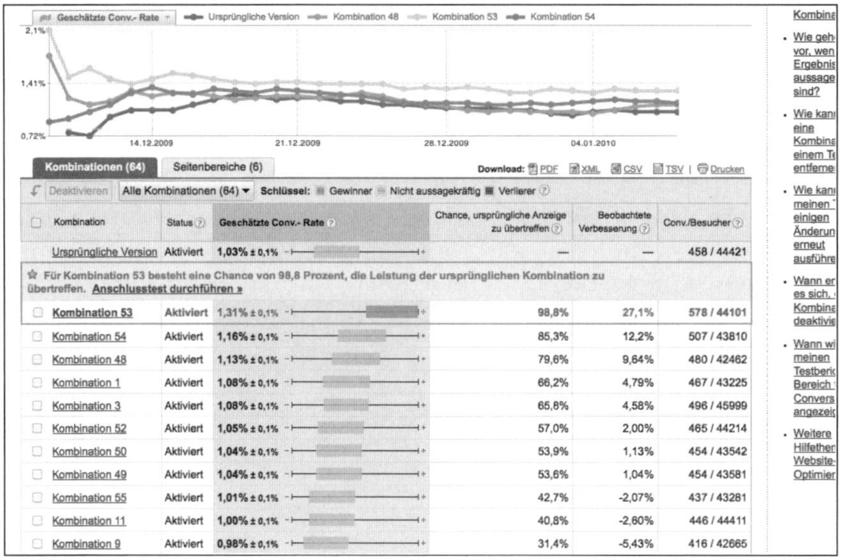

Abbildung 5.40: Test verschiedener Varianten von Elementen auf einer Website mit dem Google Website Optimizer

Der Google Website Optimizer ist nützlich, um unterschiedliche Varianten von Elementen einer Website live am echten Website-Besucher zu testen. Wenn Sie beispielsweise verschiedene Varianten von Grafiken für die Startseite testen oder mehrere Varianten des Bestellprozesses bewerten möchten, können Sie den Google Website Optimizer nutzen, um diese Varianten an den Besuchern zu testen und zu ermitteln, welche Variante die beste im Sinne der Zielerreichung ist.

Um das zu messen, werden URL-Ziele ähnlich wie in Google Analytics festgelegt. Ein Tracking-Code auf der Seite sorgt für die Schaltung der verschiedenen Varianten und dafür, dass ein Nutzer, der eine Variante einmal zu Gesicht bekommen hat, diese während des Tests auch weiterhin zu sehen bekommt. Zugleich nimmt der Code auch die Zuordnung der gezeigten Variante zu den gemessenen Conversions vor.

Während ein Test läuft, können Sie sehen, welche Variante wie leistungsfähig ist. Aufwendige mathematische Berechnungen, von denen Sie als Nutzer des Tools aber nichts sehen, sorgen dafür, dass die Ergebnisse statistisch relevant und somit verlässlich sind. Dadurch kann es bei Seiten mit zu wenigen Besuchern manchmal etwas dauern, bis eindeutige Ergebnisse vorliegen. Die Dauer eines Tests hängt zudem davon ab, wie stark die Besucher auf die Varianten ansprechen. Je kleiner die Unterschiede sind, desto länger lässt das statistisch relevante Ergebnis auf sich warten.

Der Google Website Optimizer verbindet mehrere Elemente des modernen Online.-Marketings: Es enthält eine Prise Webanalyse, eine Prise Performance-Controlling und bezieht sich im Wesentlichen auf Webdesign und Usability. Damit ist der Website Optimizer auch ein prima Einstiegswerkzeug für Webdesigner, um ein Verständnis für leistungsorientierte Optimierung zu erhalten, und kann für viele Fragestellungen direkt im Feld angewendet werden. Weitere Informationen finden Sie auf der Seite: *http://www.google.com/websiteoptimizer*

5.3.2　Google Insights for Search

Auf *http://www.google.com/insights/search* finden Sie *Insights for Search* von Google. Wie der Name schon sagt, gibt Ihnen das Tool Einblick in das Suchverhalten der Google-Nutzer. Um dieses Verhalten zu analysieren, geben Sie einen oder mehrere Suchbegriffe in die Maske ein und erhalten eine Grafik zu den Suchtrends dieser Begriffe, wobei die Betonung hier vor allem auf *Trends* liegt. Sie erhalten in Wirklichkeit keine Informationen über die Anzahl der tatsächlich getätigten Suchanfragen, sondern nur über gewisse Relationen. *Gewisse* soll an dieser Stelle genügen, denn es sind recht komplexe Normalisierungen und Relativierungen, die an den Daten vorgenommen werden. Es ist aber auch gar nicht notwendig, alle Vorgänge im Hintergrund im Detail zu kennen, da Sie sich als Webanalyst sowieso viel mehr für die Trends interessieren als für absolute Zahlen.

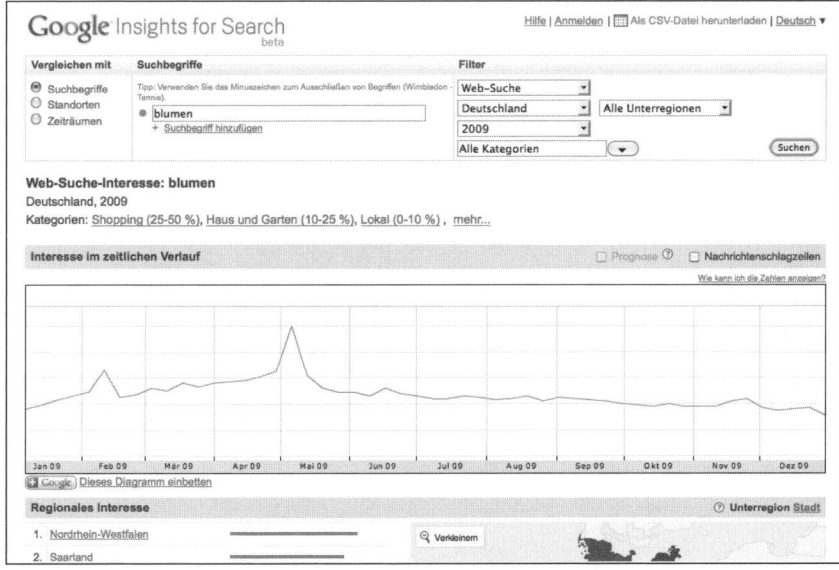

Abbildung 5.41: Zwei Nachfragespitzen zum Valentinstag und Muttertag für das Keyword »blumen«, zu sehen auf Google Insights for Search

Insights for Search ist hervorragend geeignet, um die Nachfrageentwicklungen thematischer Suchintentionen mit den Ergebnissen eigener Analysen zu vergleichen. Darüber hinaus können Sie saisonale Schwankungen erkennen und in gewisser Weise prognostizieren. Das ist insbesondere für E-Commerce-Betreiber interessant, deren Produkte von saisonalen Schwankungen betroffen sind wie zum Beispiel Reiseanbieter oder Blumenhändler. Hätten Sie gedacht, dass die größte Nachfrage nach Blumen nicht etwa zum Valentinstag besteht, sondern zum Muttertag im Mai?

Oft können Sie daran die Nachfrage im Sinne des gesamten thematisch betroffenen Marktes erkennen. Obwohl vermutlich nur die wenigsten Blumen online gekauft und versendet werden, sondern immer noch der Gang in den Blumenladen um die Ecke erfolgt, spiegelt sich diese Nachfrage *tendenziell* auch in den Suchanfragen bei Google wider. Immerhin ist das Internet für ein Drittel aller Menschen eine wichtige Informationsquelle zu Fragen des täglichen Bedarfs[3], und Google steht dabei als Hauptinformationsquelle an erster Stelle. Na gut, nicht ganz. Seit Anfang 2010 hat Facebook zumindest in den USA Google im Bereich News vom Thron als wichtigste Anlaufstelle gestoßen.[4] Trotzdem ist Google immer noch stark genug, um Ihnen mit *Insights for Search* als vermutlich bestem kostenlosen Indikator zur Verfügung zu stehen, wenn es um Fragen zu Trends in verschiedenen Themenbereichen geht.

5.3.3 4Q Umfrage-Tool

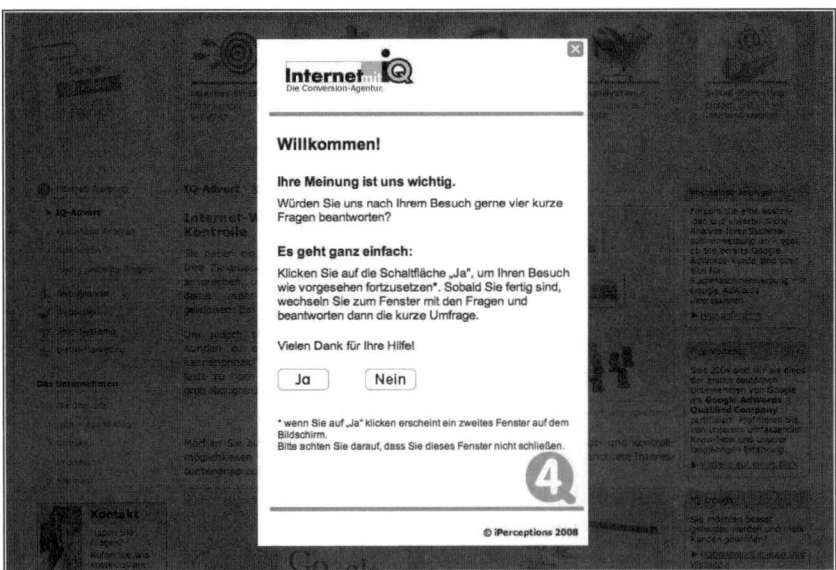

Abbildung 5.42: 4Q im aktiven Einsatz beim Betreten einer Landing-Page

---

3 De-facto-Gruppe und GMI Global Market Insight Inc 04/2008
4 Hitwise 03/2010

4Q dient der Befragung der Besucher auf Ihrer Website. Ingesamt sind vier einfache Fragen vorgegeben und werden für jede Website gleichermaßen verwendet. Die Besucher werden nach ihren Intentionen befragt und aufgefordert, die Qualität ihrer Erfahrung zu bewerten und zu erklären. Damit lässt sich ein Monitoring der Nutzererfahrung implementieren, das zur Verbesserung der Website- und Angebotsqualität beiträgt.

Der Nutzen so einer Umfrage liegt auf der Hand: Statt das Wissen um die Bedürfnisse und die Urteile Ihrer Zielgruppe mühselig mithilfe aufwendiger und manchmal auch fehleranfälliger Interpretationen aus numerischen KPIs zu gewinnen, kann die Zielgruppe sich einfach selbst äußern. Natürlich ersetzt das Vorgehen keine Webanalyse, aber solche Umfrageergebnisse sind eine ideale und vor allem ressourcenfreundliche Ergänzung der Informationsquellen.

Lassen Sie sich nicht von dem verbreiteten Vorurteil verwirren, Umfragen auf Websites würden die Besucher stören und sie vergraulen oder sowieso nicht genutzt. Unserer Erfahrung nach nehmen die Website-Besucher das signalisierte Interesse an ihrer Meinung positiv auf, was auch in einer entsprechend großen Umfrageteilnahme mündet. Zudem sorgt das Tool dafür, dass es dem Besucher möglichst wenig auf den Wecker geht, indem es sich sehr schlank und angenehm präsentiert. So wird ein Besucher nur ein einziges Mal aufgefordert teilzunehmen. Unabhängig davon, ob er zustimmt, erscheint diese Aufforderung kein zweites Mal. Sie können zudem einstellen, wie groß der Anteil der Besucher sein soll, die die Aufforderung zur Teilnahme erhalten. Weitere Informationen finden Sie unter *http://www.4qsurvey.com*.

5.3.4 Nützliche Firefox-Add-Ons

Wir möchten Ihnen grundsätzlich empfehlen, den Open-Source-Webbrowser *Firefox* zu verwenden, weil es hierfür eine große Anzahl an frei verfügbaren Add-Ons gibt, die Ihnen das private und berufliche Leben beim Surfen erleichtern. Im Folgenden möchten wir Ihnen einige Add-Ons vorstellen, die für Sie als Google Analytics-Anwender sehr nützlich sind. Sie finden die allermeisten dieser Add-Ons auf *http://addons.mozilla.org*.

Goalcopy

Die Einrichtung verschiedener Profile mit den immer gleichen Zielen kann sehr mühselig sein. Wir möchten Ihnen dafür das hervorragende und kostenlose Add-On *Goalcopy* empfehlen. Sie finden es unter: *http://www.lunametrics.com/goalcopy/goalcopy.xpi*

Nach dem Download können Sie die Datei direkt mit Firefox öffnen und dadurch das Add-On installieren. Sie können mit dem Add-On die Einstellungen von bis zu fünf Zielen oder benutzerdefinierten Filtern in die Zwischenablage kopieren und in ein anderes Profil einfügen. Während des Kopierens können Sie Textersetzungen vornehmen lassen, um bestimmte Teile der Einstellungen entsprechend zu ändern. Nachdem Sie das Add-On installiert haben, finden Sie in Ihrem Firefox-Browser zwei neue Leisten (s. *Abbildung 5.43*). In der oberen Leiste haben Sie insgesamt fünf Copy-und-Paste-Speicherplätze zur Verfügung, die Sie wahlweise mit einer Ziel- oder Filtereinstellung belegen können. In der unteren Leiste finden Sie die Eingabefelder für die Textersetzungen.

Abbildung 5.43: Das Firefox-Add-On Goalcopy hilft, Ziel- und Filtereinstellungen zu kopieren.

Um eine Einstellung zu kopieren, öffnen Sie eine Ziel- oder Filterdefinition und drücken einen der fünf COPY-Buttons. Öffnen Sie die Ziel- oder Filtereinstellung, in die Sie die Daten kopieren möchten, und drücken Sie den entsprechenden PASTE-Button.

Eine detaillierte Anleitung finden Sie auf: *http://www.lunametrics.com/blog/2008/01/21/copying-goals-in-google-analytics-a-firefox-extension/*

Adblock Plus

Wie der Name schon vermuten lässt, hat dieses Add-On die Aufgabe, Werbemedien im Internet zu blockieren. Außerdem können Sie mit diesem Add-On Ihre eigenen Zugriffe auf Ihre Website für Google Analytics unsichtbar machen. Letzteres hat den ganz entscheidenden Vorteil, dass Sie mit Ihrer eigenen Website interagieren können, ohne dass Sie dadurch Ihre Messdaten verfälschen. Es sollten alle, die sich auf der Website bewegen, ohne tatsächlich zur Nutzerschaft zu gehören, die eigenen Zugriffe unsichtbar machen. Verteilen Sie dieses Add-On also an alle Kollegen und Partner, die auf die Website beispielsweise zu Testzwecken zugreifen.

Adblock Plus finden Sie in der Add-On-Datenbank von Firefox. Nach der Installation sollten Sie über EXTRAS/ADD-ONS die Einstellungen von AdBlock Plus bearbeiten. Sie finden dort eine Liste mit Blockierregeln. Mit FILTER HINZUFÜGEN können Sie eine neue Regel erstellen. Tragen Sie dort *google-analytics* ein, um die Cookies von Google Analytics zu blockieren.

Ghostery

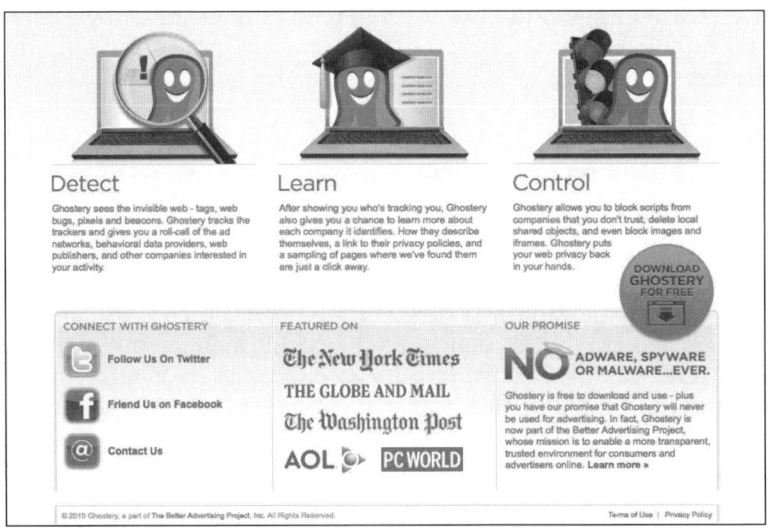

Abbildung 5.44: Das Firefox-Add-On Ghostery verwandelt jeden Benutzer in einen unsichtbaren Geist.

Ghostery ist ähnlich wie Adblock Plus dazu in der Lage, Ihre eigenen Zugriffe für Google Analytics unsichtbar zu machen. In Wahrheit macht Ghostery Sie für eine große Menge von Tracking-Tools unsichtbar, denn es wartet mit einer erstaunlich umfangreichen Liste an vordefinierten Filtern auf, die nach der Installation noch erweitert werden kann. Sie finden das Add-On in der Add-On-Datenbank von Firefox.

Nachdem Sie das Add-On installiert haben, erscheint unten in Ihrem Browser ein Ghostery-Icon. Wenn Sie es anklicken, finden Sie unter EINSTELLUNGEN/BLOCKING eine Liste mit allen Tracking-Systemen vor, die durch das Add-On blockiert werden. Setzen Sie einen Haken bei *Google Analytics* und bei allen anderen, von denen Sie nicht gesehen werden möchten. Übrigens: Die Meldung, die Sie darüber informiert, dass etwas geblockt wurde, können Sie hier ebenfalls deaktivieren.

Ob Sie nun Ghostery oder Adblock Plus verwenden, bleibt Ihnen überlassen. Wichtig ist, dass alle Nutzer ihre eigenen Zugriffe unsichtbar machen, die nicht als echter Nutzer auf die Website zugreifen, sondern vielleicht nur zu Test- oder Veranschaulichungszwecken. Andernfalls könnte Ihre Datensammlung verfälscht sein, denn die Menge solcher Zugriffe ist nicht unerheblich.

Firebug

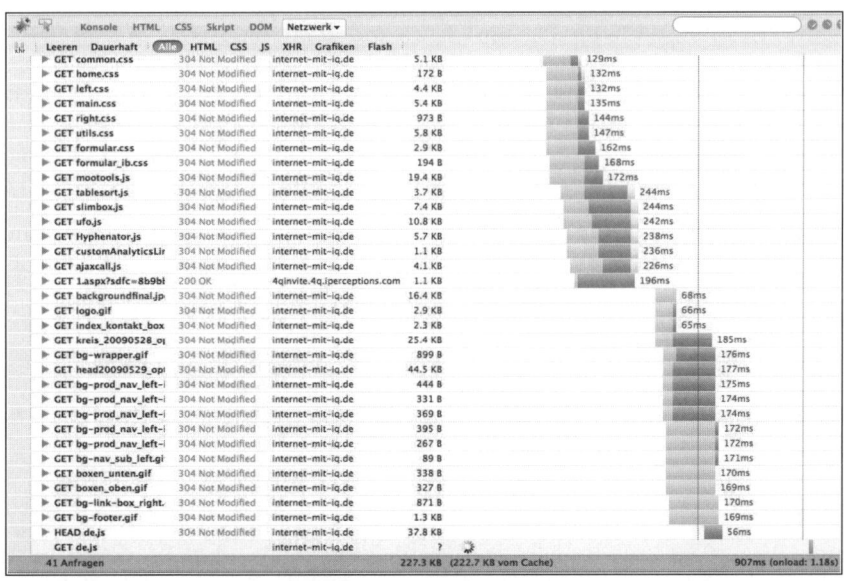

Abbildung 5.45: Das Firefox-Add-On Firebug kann die Ladezeit von Webseiten messen.

Firebug ist ein sehr unfangreiches und mächtiges Werkzeug für Webentwickler. Sie können mit diesem Add-On vor allem die technische Protokollstruktur und die Programmierung einer Website untersuchen und zum Beispiel Quellcode-Veränderungen direkt *on the fly* testen. Für Webanalysten bietet es auch einige nützliche Funktionen, zum Beispiel um die Ladezeit einer Webseite zu messen. Wenn Sie das Add-On installiert und gestartet haben, klicken Sie auf NETZWERK und laden die

Seite in den Browser, die Sie untersuchen möchten. Dabei werden die Ladezeiten aller Elemente gemessen und übersichtlich dargestellt.

Natürlich ist die Ladezeit von mehreren Faktoren abhängig wie zum Beispiel Ihre eigene Netzwerkanbindung, die des Servers, die Menge von gleichzeitigen Zugriffen, von Ihrem aktuellen Standort etc. Jedoch können Sie meist die Tendenzen erkennen und so Schwachstellen aufdecken. Die Ladezeiten einer Website sind zum Beispiel ein kritischer Faktor für den Google AdWords-Qualitätsfaktor, der einen erheblichen Einfluss auf die Positionierung von Werbeanzeigen und die Werbekosten in AdWords hat. Bei langsam ladenden Seiten wird dieser Faktor reduziert, und die Werbekosten steigen. Das Add-On finden Sie auf *http://getfirebug.com*.

Counterpixel

Mit dem Add-On *Counterpixel* können Sie schnell sehen, ob und welches Tracking-System auf einer Seite verwendet wird. Das Add-On kennt mehr als 20 gängige Tracking-Systeme wie eTracker, Omniture und natürlich Google Analytics. Wenn ein Tracking-System entdeckt worden ist, erhalten Sie rechts unten im Browserfenster ein Symbol mit dem Namen des Tracking-Systems, andernfalls steht dort: *NO CP*. Das Add-On ist deshalb sehr hilfreich, weil Sie damit schnell herausfinden können, ob auf einer Website ein Google Analytics Tracking Code installiert wurde. Natürlich ist damit nicht gewährleistet, dass der Tracking-Code auf allen Seiten der Website vorhanden ist, und auch nicht, dass in dem Code die korrekte ID enthalten ist. Für solche Prüfungen empfiehlt sich der Einsatz von *SiteScan*, das wir in den empfehlenswerten Links vorstellen. Das Add-On finden Sie in der Add-On-Datenbank von Firefox.

Web Developer

Web Developer ist ein Add-On, das ähnlich wie Firebug für Webdesigner und Entwickler geschaffen wurde, also in weitestem Sinne auch für Sie als Webanalyst. Unter anderem kann dieses Add-On Syntaxfehler in JavaScript-Codes identifizieren und melden. Wenn Sie eine Website aufrufen, werden sämtliche Fehlermeldungen als rote Kreuze in der rechten Ecke des Browser-Fensters angezeigt. Es kann durchaus vorkommen, dass ein Google Analytics Tracking Code fehlerhaft eingebaut wurde. Hiermit sehen Sie unter Umständen einen Fehler sehr viel schneller. Das Add-On finden Sie in der Add-On-Datenbank von Firefox.

Grease Monkey

Dieses sehr mächtige und zum Teil auch Spaß bereitende Add-On ist eine kleine Klasse für sich. Stellen Sie sich vor, Sie besuchen Ihre Lieblings-Website, und einige Elemente, die Sie schon immer gestört haben, verschwinden einfach, und einige neue Elemente, die Sie schon immer haben wollten, sind neu hinzugekommen. *Grease Monkey* macht solche Dinge möglich. Bevor Ihr Webbrowser eine Seite darstellt und den JavaScript-Code ausführt, nimmt Grease Monkey Änderungen am Code der Website vor. Damit lassen sich das Aussehen oder auch das Verhalten der Website nach Ihren Wünschen abändern. Wenn Sie Grease Monkey installiert haben, stehen Ihnen viele Skripte zur Verfügung, die Sie von *http://userscripts.org* herunterladen können.

Natürlich gibt es auch einige nützliche Skripte zu Google Analytics, sonst wäre dieses Tool nicht Teil unserer Liste. Schauen Sie sich einfach mal dort um. Uns gefällt zum Beispiel eines, das einen neuen Button in die Google Analytics-Oberfläche zaubert, mit dem Sie aus den Berichten heraus direkt in die Profi-Einstellungen gelangen (s. *Abbildung 5.46*). Das Skript finden Sie auf *http://userscripts.org/scripts/show/55648*. Das Add-On selbst finden Sie auf *www.greasespot.net*.

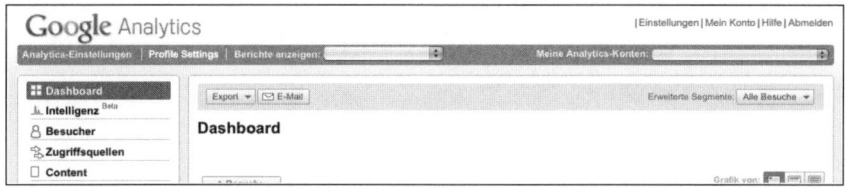

Abbildung 5.46: Grease Monkey zaubert einen neuen Profile-Settings-Button in die Berichtsoberfläche von Google Analytics.

5.3.5   Empfehlenswerte Links

Weitere nützliche Online-Tools

http://www.sitescanga.com/ – *SiteScan* ist ein Freemium-Online-Service, um zu evaluieren, ob der Google Analytics-Code vollständig auf allen Seiten einer Website implementiert wurde. Nachdem der Scan abgeschlossen wurde, informiert eine Mail über das Ergebnis. Die Free-Version unterscheidet sich von der Premium-Version dadurch, dass es etwas länger dauert, bis das Ergebnis zur Verfügung steht.

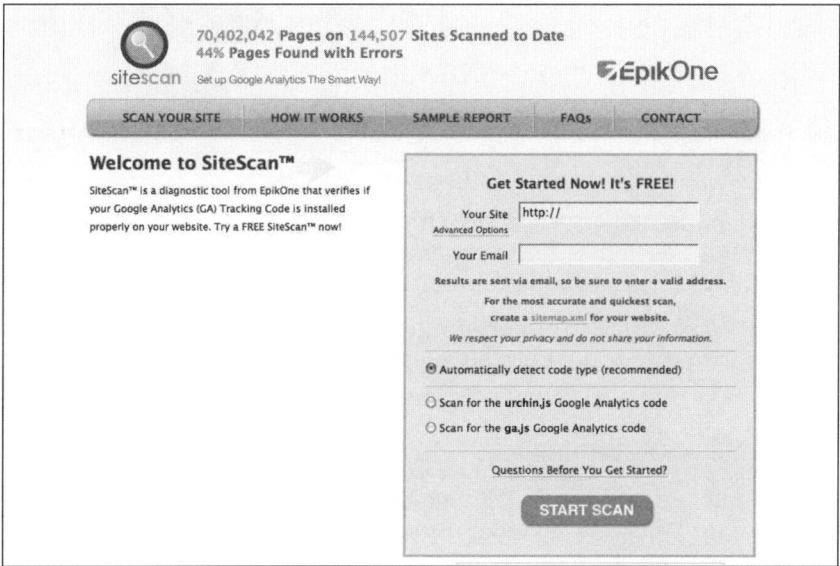

Abbildung 5.47: SiteScan testet die Vollständigkeit des Google Analytics Tracking Codes auf Websites.

www.socialmention.com – Social Mention ist ein Realtime-Tracking-Tool für Social-Media-Aktivitäten rund um ein Produkt, eine Marke oder einen sonstigen einschlägigen Begriff. Das Tool durchsucht Blogs, Tweets, Social Networks und Bookmarks nach einem Suchbegriff. Sie erhalten mit den Suchergebnissen einen zeitnahen Überblick über das aktuelle Geschehen in der Social-Media-Sphäre. Nebenbei werden in den Ergebnissen schon einige KPIs angezeigt. Zum Beispiel zeigt Ihnen der Wert *Sentiment* das Verhältnis von positiven zu negativen Meinungen an. Gleichzeitig liefert das Tool zahlreiche Einstellungs- und Messmöglichkeiten wie beispielsweise eine Alarmfunktion mit E-Mail-Benachrichtigung, wenn Sie das Monitoring für bestimmte Suchbegriffe nutzen.

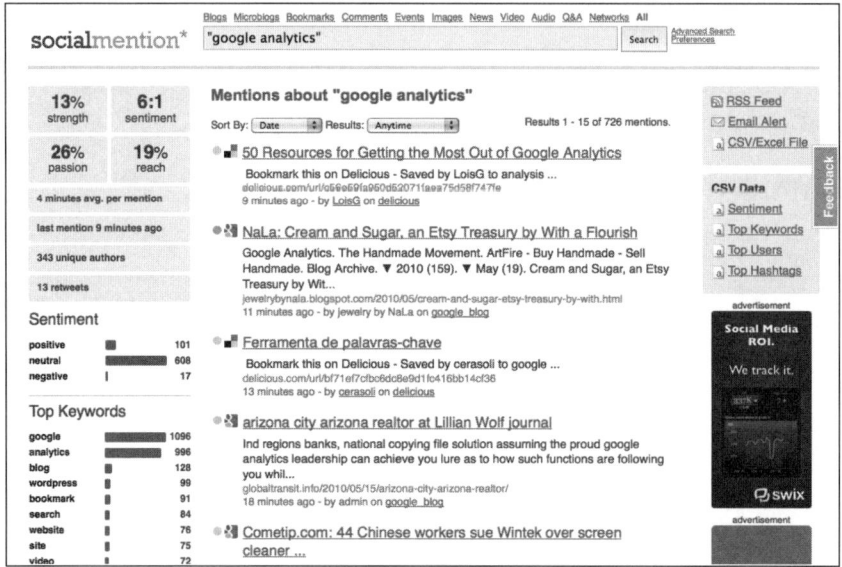

Abbildung 5.48: Social Mention erlaubt das Echtzeit-Monitoring von Social Media-Aktivitäten.

http://www.pagecolumn.com/tool/regtest.htm – Ein Online-Tester für reguläre Ausdrücke. Wählen Sie als FLAG das *g* aus, und verwenden Sie bei SELECT METHOD am besten die Einstellung *$1Elements*, um Klammerungen zu visualisieren.

http://www.weitz.de/regex-coach/ – Homepage der beliebten Software *Regex-Coach*, eine frei erhältliche Donationware. Es ist ebenfalls ein Tool zur Arbeit mit regulären Ausdrücken.

Webanalyse- und Online-Marketing-Blogs

www.analytics-und-co.de – Der Blog zu diesem Buch mit vielen neuen Praxistipps und Beiträgen rund um Webanalyse und Online-Marketing.

www.konversionskraft.de – Ein Blog mit hochwertigen Beiträgen zum Thema Online-Marketing und Conversion-Optimierung für Online-Shops.

Abbildung 5.49: Konversionskraft, ein guter Blog zum Thema On-Page-Optimierung

www.mole2.de – Homepage eines deutschsprachigen Podcasts mit vielen interessanten Diskussionen zum aktuellen Geschehen rund um das Thema Webanalyse.

www.kaushik.net – Der englischsprachige Blog des berühmten Webanalysten Avinash Kaushik mit vielen inspirierenden Beiträgen zum Thema Google Analytics und Webanalyse im Allgemeinen.

www.analytics.blogspot.com – Heimat-Blog von Google Analytics mit zahlreichen News und Hilfestellungen rund um das Tool.

6 Einführung der Webanalyse

Die Einführung neuer Methoden und Instrumente ist manchmal mit Hürden verbunden. Wir möchten Ihnen ein paar Hinweise geben, auf welche Hürden Sie bei der Einführung oder Professionalisierung von Webanalyse stoßen könnten und wie Sie diese Hürden leicht nehmen. Von der Einordnung der Webanalyse im Unternehmen hängt bereits ein großer Teil des Erfolgs ab. Ein weiterer großer Teil liegt in der Person des oder der Webanalysten. Nicht zuletzt gibt es auch Widerstände, die es zu überwinden gilt. Auf die Ursachen für Widerstände sind wir bereits im *Kapitel 2.4.1* eingegangen. All diese Hürden erfordern die eine oder andere Entscheidung, um Webanalyse in der Praxis erfolgreich einzusetzen. Wir werden Ihnen in diesem Kapitel die notwendige Hilfestellung geben, um diese Herausforderungen zu meistern.

6.1 Positionierung im Unternehmen

In der Zusammenarbeit mit unseren Kunden stellen wir oft fest, dass wir einen Ansprechpartner aus der IT erhalten. Gut, den brauchen wir auch, denn schließlich soll ja noch der Google Analytics Tracking Code in die Website eingebaut werden. Wir reiben uns dann aber die Augen, weil das unser *einziger* Ansprechpartner für das gesamte Thema Webanalyse ist. Wir möchten damit gar nicht sagen, dass IT-ler keine Ahnung von Webanalyse haben, sondern vielmehr, dass die IT komplett andere *Aufgaben* hat, die nichts mit Webanalyse zu tun haben.

Webanalyse ist *Marketing-Controlling*! Unter anderem *bedient* sich die Webanalyse der IT, um diese Marketing-Unterstützung umzusetzen, aber Webanalyse *ist nicht* IT. Niemand käme auf die verrückte Idee und würde das Marketing an die IT abgeben. Trotzdem erleben wir es bei unseren Kunden immer wieder. Was Webanalyse wirklich bedeutet, können Sie ausführlich in *Kapitel 2.2* studieren. Arbeiten Sie zufällig in der IT und wir sind Ihnen jetzt versehentlich auf den Schlips getreten? Wir wissen, dass solche Entscheidungen in Unternehmen gefällt werden und wir wissen auch, dass niemand – mit Ausnahme des Entscheiders – etwas dafür kann. Also machen wir gemeinsam das Beste draus. In jedem Fall sind Sie mit einem Tipp gut bedient – und der gilt ausnahmslos für *alle*: Egal was Sie tun, um Webanalyse zu betreiben, betrachten Sie es aus der Warte des Marketings und des Controllings. Wenn Sie das jederzeit berücksichtigen, ist die größte Hürde genommen. Außerdem werden Sie mit unserer Hilfe Ihre Sache sicherlich sehr gut machen.

Gut, Webanalyse ist Marketing-Controlling, das wäre geklärt. Aber was bedeutet das in der Praxis? In *Kapitel 2* haben Sie schon viel darüber gelesen, warum Webanalyse wichtig ist. Zusammengefasst dient Webanalyse der Schwachstellen- und

Potenzialanalyse, der Evaluation von Änderungen, der Qualitätskontrolle, der Controlling-Unterstützung und der Vorbereitung von Unternehmensentscheidungen. Alle diese Aufgaben in all ihren Facetten lassen sich auf zwei Kernpunkte reduzieren: Bewertung und Änderung.

Damit ist klar, Webanalyse ist ein steuerndes Element. Damit es die steuernde Wirkung entfalten kann, müssen Sie (oder Ihr Chef) die Steuerung zulassen! Schaffen Sie dafür die Strukturen oder überzeugen Sie Ihren Chef, das zu tun. Ohne diese Strukturen werden sämtliche Bemühungen Ihrerseits, Webanalyse zu betreiben, ohne irgendwelchen sinnvollen Effekt bleiben. An folgenden Punkten können Sie sich orientieren:

◆ Erstellen Sie ein Konzept, was Sie mit der Webanalyse in Ihrem Unternehmen erreichen möchten und wie es funktionieren soll. Machen Sie es nicht zu kompliziert. Im Zweifel lautet Ihr Konzept schlicht: Mehr *Erfolg* durch *Bewertung* und *Veränderung*.

◆ Informieren Sie alle in Ihrem Unternehmen, was Sie in Zukunft vorhaben. Seien Sie transparent und ehrlich. Bleiben Sie dabei konstruktiv und vermitteln Sie allen, dass es nicht darum geht, schlechte Ergebnisse anzuprangern, sondern einfach nur darum, sie zu verbessern. Gewinnen Sie das Vertrauen aller Beteiligten und motivieren Sie sie, gemeinsam zur Verbesserung beizutragen.

◆ Beziehen Sie in allen Phasen der Vorbereitung und der späteren Durchführung die Beteiligten ein, damit diese das Projekt »zu ihrem Ding« machen. Sie motivieren Sie dadurch, sich eigenständig um das Vorwärts kommen zu kümmern.

◆ Bestimmen Sie die Rollen, die Sie für die Umsetzung Ihres Webanalysekonzepts benötigen. Die möglichen Rollen haben wir bereits *2.3.1* besprochen. Verteilen Sie die Rollen auf die entsprechenden Mitarbeiter. Herausforderungen können motivieren, wenn klar ist, dass niemand allein gelassen wird, sondern die Aufgabe gemeinsam bewältigt wird.

◆ Schaffen Sie die Schnittstellen. Stellen Sie dar, worauf es im Miteinander ankommt und was die speziellen Schnittstellen für Aufgaben haben (s. *Kapitel 2.3.2*). Schaffen Sie Strukturen für den schnellen und reibungslosen Austausch, indem Sie regelmäßige Besprechungen einrichten und eigenständige Entscheidungskompetenzen vergeben. Dies verkürzt die Wege und schafft Vertrauen.

◆ Setzen Sie Ziele für die Verbesserung. Ohne Ziele arbeiten alle wild drauf los und werden schließlich orientierungslos aufgeben. Mit gesetzten Zielen ist allen klar, worauf alle hinarbeiten. Machen Sie die Ziele messbar, da sonst nicht erkennbar ist, ob die Ziele erreicht werden (oder überhaupt erreichbar sind). Seien Sie pragmatisch und setzen Sie zu Beginn leicht erreichbare Ziele. Das motiviert, auch die schwierigeren Ziele zu erreichen.

◆ Bewerten Sie regelmäßig, etwa quartalsweise, die Funktion und den Fortschritt der Webanalyse. Schauen Sie nicht nur auf Äußerlichkeiten wie Erfolge oder Misserfolge (ja, auch die wird es gelegentlich geben), sondern bewerten Sie die inneren Strukturen. Stimmt das Konzept? Sind die Schnittstellen korrekt definiert? Sind die Rollen gut besetzt? Sind die Ziele erreichbar? Ist die Transparenz immer noch gegeben? Sind alle im Boot? Rudert jemand gegenan?

◆ Ein Letztes noch: Schwören Sie alle Beteiligten darauf ein, dass keine Verbesserung erzielt werden kann, wenn vorgefertigte Meinungen über den Erfolg oder Misserfolg von Maßnahmen nicht über Bord geworfen werden. Im Zweifel wird nicht diskutiert, sondern getestet und gemessen. Der objektiven Bewertung durch Tests kann und darf sich keine Maßnahme entziehen.

In der Summe sollten Sie etwas etablieren, was konstruktiv, ergebnisorientiert, transparent und wirksam ist. Alles andere können Sie vergessen.

6.2 Widerstände gegen Webanalyse umgehen

In *Kapitel 2.4.1* haben Sie bereits Gründe für innere und äußere Widerstände gegen die Webanalyse kennen gelernt. Wie geht man nun am besten damit um, wenn tatsächlich aus einem der aufgeführten Gründe die Webanalyse vielleicht nicht so leicht umzusetzen ist, wie erwartet?

Wir wollen die Gründe noch einmal für Sie zusammen fassen:

◆ Image-Verlust durch Ausspionieren der Nutzer

◆ Ungeklärte Rechtslage bezüglich des Datenschutzes

◆ Komplexität der Webanalyse verursacht Aufwand in Kosten und Zeit

◆ Angst vor dem »Entdeckt werden« auf Grund objektiver Messungen

◆ Unerfahrenheit im Online-Marketing-Controlling

◆ Zweifel an der Notwendigkeit

◆ Kompetenzgerangel der Beteiligten und Betroffenen

◆ Die HIPPO (Highest Paid Person's Opinion, die Meinung des Bestbezahlten)

Das ist gleich ein ganzer Strauß von Widerständen, die die Einführung und Durchführung der Webanalyse erschweren können. Während die beiden ersten Gründe durch äußere Umstände bedingt sind, ist der weit größere Anteil im Innern des Unternehmens zu finden. Kleinere Unternehmen sind hier meist – aber nicht immer – im Vorteil, da dort meist offenere Strukturen und Einstellungen vorherrschen, die wenige Widerstände hervorrufen. Dennoch sind auch sie nicht frei davon, dass sich jemand gegen die Webanalyse sträubt. Deshalb wollen wir hier ganz pragmatisch ein paar Hinweise geben, wie Sie oder Ihr Chef diese Widerstände konstruktiv überwinden und vielleicht sogar ins Gegenteil kehren können.

Die Sorge, einen Image-Verlust zu erleiden, wenn die Nutzer feststellen, dass sie mit Webanalyse-Methoden beobachtet werden, ist grundsätzlich erstmal nicht von der Hand zu weisen. Sie müssen Sich allerdings die Frage stellen, welche praktische Gefahr eines Image-Verlustes tatsächlich besteht. Trotz der zunehmenden Datenschutzdiskussion nehmen viele Internetnutzer keinerlei Notiz davon, ob Sie sie beobachten. Natürlich reicht für einen Image-Verlust schon ein einzelner Nutzer, der sich entsprechend öffentlichkeitswirksam äußert. Aber auch das setzt voraus, dass überhaupt jemand an der Meinung dieses Nutzers interessiert ist.

Zudem hängt die Bedeutung solcher Äußerungen für andere Nutzer davon ab, inwieweit der Umstand, dass Sie Webanalyse betreiben, eine Relevanz hat. Jeder weiß, dass Einzelhandelsketten Marktforschung betreiben. Das ist – in der Offline-Welt – weithin akzeptiert. Rabattkarten sind keine bloße Nächstenliebe der Unternehmen zum Wohle der Allgemeinheit, sondern dienen dazu, ganz handfeste Informationen über das Konsumverhalten zu erlangen.[1] Selbst, wenn »enthüllt« wird, dass genau das der Zweck von Rabattkarten ist, scheint es niemanden zu kümmern. Die Karten werden an der Kasse immer brav gezückt. Stellen Sie sich demgegenüber vor, ein Anbieter von Software für den Webbrowser, der genau dieses »Ausspionieren« verhindern will, betreibt selbst Webanalyse mit nicht datenschutzkonformen Werkzeugen – *das* wäre ein Skandal und sicher ein Image-Verlust. Wir nehmen nicht an, dass unser Buch nur von Menschen gekauft wird, die in solchen Unternehmen arbeiten. Wir sind sogar so kühn und behaupten, dass nahezu alle, die unser Buch kaufen, gerade *nicht* in einem solchen Unternehmen arbeiten. Deswegen möchten wir Ihnen den praktischen Rat geben: Lassen Sie sich nicht verrückt machen. Einen Image-Verlust werden Sie dadurch, dass Sie Webanalyse betreiben, nicht erleiden.

Eine konkretere Gefahr geht dagegen von der ungeklärten Datenschutzsituation im Online-Bereich aus. Wir werden das im nächsten Abschnitt genauer beleuchten. Hier möchten wir nur das Fazit vorwegnehmen: Ihr Risiko ist zurzeit gering und wird es aus verschiedenen Gründen vermutlich bleiben.

Die inneren Widerstände können Sie mehr oder weniger direkt beeinflussen. Die Frage sollte nicht sein, ob Webanalyse komplex ist und dadurch Aufwände verursacht. Die Entwicklung eines Großraumjets für über 500 Passagiere verursacht auch Aufwand. Sicherlich sogar einen um einige Dimensionen größeren Aufwand. Trotzdem hat Airbus dieses Projekt gestartet, weil zu erwarten ist, dass letztlich damit erheblich Geld verdient werden kann. Gut, der Vergleich hinkt etwas, weil Webanalyse keine Investition in ein verkaufbares Produkt darstellt. Trotzdem sollte Ihre Frage immer sein, was bringt mir die Investition?

Im Fall der Webanalyse ist es nicht einfach, diesen Erfolg vorweg zu beurteilen oder zu schätzen. Sie können aber von den Erfahrungen anderer lernen und davon ausgehen, dass Unternehmen, die Webanalyse betreiben, dies nicht zu ihrer eigenen Unterhaltung machen, sondern weil sich kurz-, mittel- und langfristig Erfolge einstellen, die es ohne dieses Steuerungsinstrument nicht gegeben hätte. Wie aufwändig Webanalyse am Ende wirklich ist, hängt unter anderem auch davon ab, in welchem Umfeld sie praktiziert wird, welche Ziele Sie damit verknüpfen und welche Prioritäten Sie setzen.

Gehen Sie es pragmatisch an und lesen Sie in diesem Buch einfach ein paar Fragestellungen. Wie lohnend sind die Investitionen in meine Besucherquellen? Sind die Seiten, die die Besucher meiner Website als erste zu Gesicht bekommen, wirklich geeignet, die Intention des Besuchers aufzunehmen und fortzuführen? Könnten die Conversion-Prozesse auf meiner Website mehr Kunden liefern? Nehmen Sie sich eine dieser Fragen vor und lesen Sie, wie Sie der Frage auf den Grund gehen

---

1 Übrigens sind Rabattkarten meistens mit der Identität der Nutzer verknüpft, so dass hier Rückschlüsse auf das Verhalten eines konkreten Individuums möglich sind. Weshalb Rabattkarten legal sind, ist lediglich darin begründet, dass ihre Nutzer sich freiwillig zur Teilnahme gemeldet haben. Es wäre aber verwegen, anzunehmen, dass alle Teilnehmer wissen, weshalb die Daten gesammelt werden oder was mit diesen Daten geschieht. Bei der Webanalyse hingegen ist es nicht möglich, einen konkreten Personenbezug herzustellen, meist nicht mal einen »Pseudonymbezug«, was die »Nichtfreiwilligkeit« aus unserer Sicht stark relativiert.

und objektive Antworten erhalten. Setzen Sie eine Maßnahme zur Verbesserung um und kontrollieren Sie mit ein paar Handgriffen, ob sie erfolgreich ist. Ganz einfach. Und schon sind Sie mittendrin.

Zugleich haben Sie einige Fliegen mit nur einer Klappe geschlagen. Sie begegnen nämlich auch der Unerfahrenheit im Controlling des Online-Marketings. Dies tun Sie dadurch, dass Sie einfach anfangen. So sammeln Sie wertvolle Erfahrungen. Zugleich unterstützen wir Sie darin, indem wir Ihnen unsere eigenen Erfahrungen vermitteln. Es ist gar nicht notwendig, alles zu wissen oder einen riesigen, komplexen Prozess im Vorwege zu etablieren. Die Wirkung kleiner, pragmatischer Schritte ist das beste Feedback, um Ihre Erfahrung und die des ganzen Unternehmens aufzubauen. Planen Sie kleine überschaubare Schritte und die Erfahrung wird sich wie von selbst einstellen.

Diese kleinen Schritte machen es auch denjenigen leicht, die Angst davor haben, »entdeckt« zu werden. Genauer, die Angst davor haben, das Sie aufdecken, welche Wirkung ihre Arbeit bislang hatte und die befürchten, zukünftig unter die Kontrolle eines brandmarkenden Apparates gestellt zu werden. Je größer die Schritte werden, desto größer ist die Differenz zwischen »gut« und »schlecht« und desto schwieriger wird es für die Ängstlichen, sich gegen Angriffe ob ihrer Leistungen zu verteidigen. Umso größer wird ihr Widerstand sein.

Kleine Differenzen lassen sich leichter erklären, bieten weniger Angriffsfläche und ermöglichen dezente aber motivierende Korrekturen zur Verbesserung. So bekommen Sie auch diese Beteiligten ins Boot und ermöglichen ihnen sogar, sich verbessernd einzubringen. Das Ganze funktioniert natürlich nur, wenn allen klar ist, dass anprangern »out« und konstruktives Miteinander zur gemeinsamen Verbesserung »in« ist.

Zwei innere Widerstände haben wir bis jetzt noch nicht weiter angesprochen. Dies sind das Kompetenzgerangel der Beteiligten und die HIPPO. Das Kompetenzgerangel ist etwas Grundsätzliches und meist kein Problem kleiner Unternehmen. Wenn Sie darauf stoßen, haben Sie ganz grob gesagt zwei Möglichkeiten: Kooperation und Direktion. Im Zuge der Kooperation ist es das Ziel, die Kompetenzstreitigkeiten durch geeignete Maßnahmen beizulegen. Kompromisse und Zugeständnisse von allen Seiten werden erforderlich und alles in allem kann das im Einzelfall sehr viel Energie kosten und vor allem lange dauern. Besonders Letzteres ist sehr kontraproduktiv. Im Falle der Direktion stehen Sie aber keinen Deut besser da. Durch Weisung und Druck verstärkt sich der Widerstand und die Reibung aller Beteiligten wird größer. Es besteht dann zwar die reelle Chance, Verweigerer auszumachen und gezielt Maßnahmen einzuleiten, die die Situation verbessern, aber oft sind die Methoden der Weigerung so subtiler Natur, dass manchmal gar nicht klar wird, warum etwas nicht voran geht. Kurz gesagt: Wenn Sie auf Kompetenzgerangel stoßen, muss sich an der Unternehmenskultur etwas grundlegend ändern. Im Vorbeigehen bekommen Sie das nicht in den Griff.

Wie gehen Sie mit der HIPPO um? Wenn Sie selbst die »HIPP« oder zumindest in diesem Bereich anzusiedeln sind, dann halten Sie mit Ihrer »O« ganz einfach mal hinterm Berg und lassen Sie die objektiven Zahlen entscheiden, was gut ist und was geändert werden sollte. Verabschieden Sie sich von dem Gedanken, dass Sie alles selbst entscheiden müssen und lassen Sie andere Vorschläge zur Verbesserung machen. Niemand nimmt Ihnen etwas weg – im Gegenteil: Der sich einstellende Erfolg wird Ihnen zugeschrieben. Sie werden merken, dass das den angenehmen Nebeneffekt hat, dass die Dinge trotzdem (oder gerade deshalb!) gut werden und Sie nicht einmal viel Zeit dafür investieren mussten. Und Zeit ist doch sicherlich gerade bei Ihnen knapp, oder?

Wenn Sie nicht die »HIPP« sind, wird es schon schwieriger. Um die »HIPP« ins Boot zu bekommen, müssen Sie schauen, wie sie tickt und sich klar machen, welche Aufgaben sie hat. Das bedeutet, Sie müssen zum einen die persönliche Art und zum anderen die fachliche Verantwortung unter einen Hut bringen und in Ihrer Kommunikation adressieren. Einen Marketingleiter können Sie fachlich anders einfangen als einen Geschäftsführer. Einen Menschen, dem Anerkennung viel bedeutet, werden Sie eher über Prestige fördernde Maßnahmen erreichen, als jemanden, für den die Sicherheit an oberster Stelle steht, keine Fehlinvestition zu tätigen.

Beispiel

Einem nach Anerkennung strebenden Geschäftsführer[2] können Sie Ihr Konzept leichter verkaufen, wenn Sie ihm das Gefühl geben, dass er und sein Unternehmen dadurch einen wichtigen Schritt in Richtung Marktführerschaft gehen. Einem nach Sicherheit strebenden Marketing-Leiter[3] sollten Sie das Gefühl geben, dass seine Investitionen nachvollziehbar werden und dass Sie den Erfolg belegbar machen.

In beiden Fällen wollen Sie die Webanalyse bzw. daraus resultierende Maßnahmen verkaufen. Erkennen Sie den Unterschied in der Herangehensweise? Wenn Sie der »HIPP« das Gefühl geben, dass Sie mit dem, was Sie vorhaben, ihre Bedürfnisse befriedigen, haben Sie sie praktisch im Sack. Seien Sie aber nicht zu kategorisch in der Beurteilung. Auch die »HIPP« ist in 99% der Fälle nur ein Mensch und wird eine Vielzahl an Eigenschaften aufweisen, die eine klare Einteilung unmöglich machen und die Eigenschaften werden nicht selten auch in Kombination auftreten, was es nicht leichter macht. In solchen Fällen – und nur in solchen – sollten Sie auch immer die aktuelle Lage berücksichtigen: Einen »HIPP«, der Anerkennungsstreben und Sicherheitsdenken kombiniert bringen Sie in goldenen Zeiten leichter auf Ihre Seite, wenn Sie die Anerkennungseigenschaft ansprechen. In schwierigen Zeiten ist wenig überraschend die Sicherheitskomponente empfänglicher.

---

2   Zum Teil daran erkennbar, dass er gerne über seine Erfolge redet, ein teures Auto fährt und die neuesten Gadgets nutzt. Zugegeben, wir bedienen hier eindeutig übertriebene Klischees. Damit verbinden wir keine Wertung, sondern wir möchten Ihnen nur Anhaltspunkte geben, die »HIPP« einzuschätzen, damit Sie Ihre Arbeit gut machen können. Sie werden wahrscheinlich feststellen, dass in solchen Klischees immer ein kleines Fünkchen Wahrheit ist. Seien Sie aber nicht überrascht, wenn es doch einmal ganz anders kommt.

3   Bleiben wir bei den Klischees: Diese Eigenschaft erkennen Sie oft daran, dass er zu jeder Investition genau wissen will, was es ihm bringt und nichts unternimmt, was irgendein unbekanntes oder zu großes Risiko darstellen könnte.

6.3   Praktische Datenschutzaspekte

Im November 2009 veröffentlichte der sogenannte Düsseldorfer Kreis – eine Vereinigung der obersten Aufsichtsbehörden für Datenschutz in Deutschland – einen Beschluss, der durchaus praktische Bedeutung für die Durchführung der Webanalyse haben kann.[4] Der Düsseldorfer Kreis ist der Auffassung, dass die IP-Adressen, die beim Zugriff auf eine Website an den Server dieser übermittelt werden und mit deren Hilfe Google Analytics die Messdaten erfasst, personenbezogene Daten seien. Deshalb wären entsprechende Datenschutzgesetze anzuwenden, was im Zweifel eine Messung mit Hilfe von Google Analytics unmöglich macht. Diese Haltung ist auch in der europäischen Ebene der Politik anzutreffen.

Google ist gegenteiliger Meinung und versichert, der Einsatz von Google Analytics verstößt in Deutschland und Europa nicht gegen geltendes Recht.

Der Website-Betreiber ist der Gekniffene und sitzt zwischen den Stühlen. Auf der einen Seite befindet sich die unsichere Rechtslage und auf der anderen Seite der Bedarf, das Online-Marketing zu verbessern. Er selbst ist ja gar nicht an IP-Adressen interessiert.

Was kann man tun? Auf eine datenschutzkonforme Lösung ausweichen. Das ist meist mit nicht unerheblichen Kosten verbunden. Zudem verknüpfen solche Lösungen die Daten nicht so elegant mit den Daten aus Google AdWords. Andererseits bieten sie zum Teil weitergehende Auswertungsmöglichkeiten. Wir gehen allerdings davon aus, dass Google sich nicht in die Suppe spucken lassen und sicherlich datenschutzkonforme Lösungen entwickeln wird. Ein erster Schritt ist seitens Google bereits damit getan, dass Google allen Nutzern die Möglichkeit einräumt, der Datenerfassung zu widersprechen. Dies geht recht einfach über eine Opt-Out-Lösung.[5] Offensichtlich kommt der Riese an dieser Stelle in Bewegung. Allerdings haben Nutzer schon lange die Möglichkeit, der Nutzung ihrer Daten mit Hilfe von Google Analytics zu widersprechen, indem sie JavaScript abschalten bzw. Cookies von Google verbieten. Damit sind alle Tracking-Mechanismen von Google außer Gefecht gesetzt. Das hat den staatlichen Datenschützern allerdings bislang nicht ausgereicht.

So wie Google sich auf die Datenschützer zubewegt – natürlich nur um im Geschäft zu bleiben – ist es möglich und wünschenswert, dass sich die Gesetzgebung auf die Website-Betreiber zubewegt. Aus unserer Sicht ist es auch nicht unwahrscheinlich, dass Google Maßnahmen ergreift, politisch Einfluss zu nehmen. Bislang ist Googles Lobby-Arbeit in Brüssel und Berlin eher bescheiden aufgestellt, aber das kann sich schnell ändern. Für Google ist es wesentlich, dass solche Messungen möglich bleiben. Andernfalls würde ein großer Teil der Werbetreibenden ihre Einnahmen nicht mehr optimieren können und im Zweifel die Werbeausgaben bei Google kürzen.

Wer nicht warten will, bis sein Lieblingswerkzeug den Datenschützern gefällt – falls es das jemals gibt – kann es sich einfach machen. Aktuell ist es so, dass ein Website-Betreiber praktisch keinerlei Folgen befürchten muss, wenn er Google Analytics

---

4   *https://www.ldi.nrw.de/mainmenu_Service/submenu_Entschliessungsarchiv/Inhalt/Beschluesse_Duesseldorfer_Kreis/ Inhalt/2009/Datenschutzkonforme_Ausgestaltung_von_Analyseverfahren_zur_Reichweitenmessung_bei_Internet-Angeboten/Analyse.pdf*

5   Opt-Out: Der Nutzer muss seiner Erfassung explizit widersprechen, solange wird er automatisch erfasst. Im Gegensatz dazu Opt-In: Der Nutzer wird erst dann erfasst, wenn er sein Einverständnis explizit geben hat.

einsetzt. Das liegt daran, dass es bislang niemanden gibt, der sich ernsthaft um die Verfolgung dieser Vergehen bemüht. Und das wiederum ist darin begründet, dass es derzeit noch gar keine eindeutige Rechtsprechung zu diesem Thema gibt und die Lage noch völlig ungeklärt ist. Zudem bleibt abzuwarten, in welcher Höhe die in Deutschland möglichen Ordnungsgelder für diese Ordnungswidrigkeit wirklich verhängt werden würden. Bis das alles geklärt ist, besteht aus unserer Sicht keine Gefahr. Wir können aber nicht versprechen, dass das so bleibt.

Keineswegs wollen wir hier zum Rechtsbruch aufrufen. Wir sind lediglich der Überzeugung, dass Google Analytics keine Möglichkeit bietet, aus den protokollierten Daten einen Personenbezug herzustellen. Unserer Ansicht nach ist Datenschutz eine notwendige Sache, um Missbrauch zu vermeiden. Die Diskussion, die um Analytics und die Speicherung von IP-Adressen im Allgemeinen geführt wird, halten wir jedoch für lebensfremd.

25 Jahre lang wurden IP-Adressen munter in Webserver-Protokollen gespeichert und keinen hat es gestört. Dabei lagen und liegen meine »persönlichen« Daten über Jahre weltweit verstreut in tausenden von Protokollen verschiedener Webserver herum. Real kann niemand etwas damit anfangen. Dass Google die Möglichkeit hat, Daten zusammen zu führen ist sicherlich eine andere Dimension. Allerdings wird hierbei schnell vergessen, dass Google seinen gesamten Wert aus dem Wohlwollen der Nutzer zieht. Wenn diese nicht mehr mit Google spielen wollen, weil sie sich ausspioniert fühlen, muss Google einpacken und kann zumindest in Bezug auf Deutschland und Europa nach Hause gehen. Das wäre schon rein finanziell eine handfeste Katastrophe für Google. Wie wahrscheinlich ist es, das Google das hinnimmt und riskiert?

Auch wenn sie angeblich rechtlich keine Wirkung entfalten, so kann man die Situation zumindest etwas dadurch abfedern, dass man die von Google vorgegebenen Texte zum Datenschutz im Impressum verwendet und generell auf der Website darauf verweist, dass Google Analytics zum Einsatz kommt. Wer es richtig gut machen will, beschreibt dort auch, wie man mit Hilfe der Opt-Out-Lösung von Google die Datensammlung unterbindet. Ganz vorsichtige Naturen bieten eine Vorschaltseite, die nicht protokolliert wird und auf der der Nutzer sein Einverständnis zur Protokollierung gibt. Das ist zwar rechtlich sicher, aber aus Sicht eines erfolgreichen Online-Marketings und der Usability glatter Selbstmord.

Ich will keinen Pandora-Schmuck

Was macht Google mit den Daten? 99% der Einnahmen von Google stammen aus der Werbung. Google verdient praktisch das gesamte Geld mit Werbung. Es ist nahe liegend, dass Google meine pseudonym gespeicherten Daten dazu verwendet, mir möglichst auf meine Vorlieben ausgerichtete Werbung zu präsentieren. Das gelingt natürlich nur, wenn Google ein bisschen über mich (pseudonym) weiß. Ist das schlecht? Fühle ich mich ausspioniert? Nein, eigentlich nicht. Eigentlich ist das sogar ziemlich cool. Ich habe nämlich keine Lust mehr auf das tausendste Banner, über das mir Pandora-Schmuck angeboten wird. Ich habe den noch nie gekauft und werde das auch nicht tun. Ich möchte viel lieber etwas von Puma haben.

6.4 Vielseitigkeit: Die Stärke des Webanalysten

Es wird Sie, nach allem, was Sie bis hierhin gelesen haben, nicht überraschen, dass wir den Webanalysten als die Eierlegende Wollmilchsau sehen. Um Ihnen einen kurzen Überblick zu geben, welche Themen ein guter Webanalyst während seiner Arbeit streift, haben wir die wichtigsten Stichworte in einer Liste zusammengefasst:

- Die verschiedenen beteiligten Rollen und ihre Bedürfnisse
- Technische Umsetzung von Messungen und Tests
- Geschäftsführung, Marketing und Controlling
- Menschenkenntnis und Psychologie
- Genaue Kenntnis des Angebots
- Produkt-Management
- Online-Marketing
- Programmierung
- Suchmaschinen
- Datenschutz
- Gestaltung
- Statistik
- Tools

Das ist ein sehr breites Spektrum von Wissen, das Sie als Webanalyst vorweisen sollten.[6] Im Grunde müssten Sie ein Mathematiker, Statistiker, Analytiker, Programmierer, BWLer, Designer, Psychologe, Manager, Moderator, Vertriebler und Jurist in einem sein. Ein bisschen viel auf einmal, oder? Mit Sicherheit. Es gibt wohl nur äußerst wenige Webanalysten, die diesen Mix aufweisen. Allerdings ist insofern etwas dran, als dass Sie tatsächlich ein offenes Ohr und Auge für die Belange der jeweiligen Bereiche haben sollten und idealerweise auch mitreden können. Solange Sie wissbegierig und lernwillig sind, haben Sie schon die wichtigsten Voraussetzungen erfüllt.

Warum ist das so? Nun, als Webanalyst haben Sie Schnittstellen zu vielen anderen Bereichen (s. *2.3.2*) und die Kommunikation mit diesen sollte möglichst reibungslos verlaufen, andernfalls verlieren alle Beteiligten und insbesondere Sie viel Zeit und Nerven. Außerdem ist es sehr gut möglich, dass man von Ihnen bereits konkrete Lösungsvorschläge erwartet, die Sie natürlich umso leichter entwickeln können, je mehr Sie sich in dem jeweiligen Bereich auskennen. Zudem können Sie den Fortschritt viel besser steuern, wenn Sie über gewisse Grundkenntnisse in den jeweiligen Bereichen verfügen. Um die Ergebnisse zusammenzuführen und das »Große Ganze« daraus zu machen, müssen Sie verstehen und verstanden werden. Teams haben es hier wesentlich leichter, weil die Chancen nicht schlecht stehen, dass sich die Teammitglieder mit ihren Kenntnissen und Fähigkeiten entsprechend ergänzen.

---

6 Die Reihenfolge ist übrigens willkürlich. Wir haben versucht, es so anzuordnen, dass es hübsch aussieht. Ob die Setzerei darauf Rücksicht genommen hat, wissen wir nicht.

6.5 Denkanstöße für Betreiber kommerzieller Websites

Dieser Abschnitt richtet sich an alle Betreiber kommerzieller Websites. Vielleicht sind Sie als Käufer dieses Buches und Anwender der Webanalyse sowohl Webanalyst als auch Betreiber der Website. Aber möglicherweise sind Sie auch einem Betreiber untergeordnet, der Sie mit der Webanalyse beauftragt hat. In so einem Fall können Sie diesen Abschnitt einfach mal den Verantwortlichen zum Lesen überlassen.

Die folgenden Passagen können in kurzer Zeit gelesen werden, tragen dafür aber einige ganz wesentliche Dinge in sich, die nach unserer Erfahrung unbedingt im Bewusstsein eines jeden präsent sein sollten, der im Internet kommerziell erfolgreich sein möchte und dafür die Verantwortung trägt.

Auch Ihr Erfolg in der angewendeten Webanalyse hängt davon ab, wie gut das Verständnis für die Prozesse des Online-Marketings im Bewusstsein des Geschäftsführers verankert ist. Dieser trägt im Normalfall die oberste Entscheidungskompetenz, für die ein gewisses Grundverständnis für diese Prozesse Voraussetzung ist.

6.5.1 E-Business, ein Tsunami rollt heran

Nichts ändert so vieles so schnell oder hat es jemals geändert wie das Internet. Die Gesellschaft ist in einem so grundlegenden Wandel begriffen, wie es ihn zuvor noch nie gegeben hat. Zugegeben, Völkerwanderungen und Elektrizität waren auch nicht ohne. Aber das Faszinierende an diesem Wandel ist, mit welcher Geschwindigkeit er vonstatten geht. Zudem ist er keine regional beschränkte Erscheinung, sondern ein weltweiter Umbruch, der uns vor gewaltige Herausforderungen stellt. Dies gilt erst recht für uns, die wir versuchen, in dieser veränderten Gesellschaft kommerziell Fuß zu fassen oder ein bestehendes Geschäft aufrecht zu erhalten.

Die schnellen Erfolge kleiner aufstrebender Unternehmen, die sich quasi in Sekundenschnelle zu Giganten entwickeln sind nur die eine Seite der Medaille. Auf der anderen Seite befinden sich diejenigen, die kein geeignetes Modell für die veränderte Marktlage parat haben. Sie sterben so schnell, wie andere emporschießen. Wir möchten Ihnen hier ein paar Denkanstöße bieten, damit Sie sich dieser Umwälzung nicht nur bewusst werden, sondern sie auch in Ihr Handeln integrieren, damit Sie davon profitieren.

Veränderung des gesellschaftlichen Medienverhaltens

Das Internet ist schon lange kein Platz für »Techies« und Stubenhocker mehr, die einsam und in sich gekehrt ihren individuellen Interessen nachgehen. Das Internet greift immer tiefer in das tägliche Leben ein und entwickelt sich dabei immer mehr zum Basismedium des gesellschaftlichen Zusammenlebens. Momentan wächst die erste Generation der Internet-Nutzer heran, die den Beginn dieser Veränderungen nicht mehr bewusst mit erlebt haben, sondern das Medium Internet als etwas völlig Selbstverständliches kennen gelernt haben und wahrnehmen. Schauen wir uns dazu nur einige der statistischen Erkenntnisse an, die diese Entwicklung belegen. Die Tendenzen sind bei all diesen Werten steigend:

◆ 31% aller Menschen in Deutschland bemühen das Internet zu Fragen des täglichen Lebens[7]

◆ Der mediale Einfluss des Internets auf die Menschen nimmt im Vergleich zu anderen Medien (TV, Radio und Print) bereits 40% ein[8]

◆ 55% machen Ihre Kaufentscheidungen vor allem von Informationen aus dem Internet abhängig[9]

◆ 62% der Verbraucher lesen Bewertungen anderer Verbraucher im Internet[10]

◆ 81% der Verbraucher treffen ihre finale Entscheidung zwischen mehreren Produktalternativen aufgrund von Erfahrungen und Bewertungen Dritter[11]

Wir sehen hier nicht nur, dass ganz allgemein andere Medien wie TV- und Printmedien mittlerweile stark aus dem täglichen Leben verdrängt werden, sondern vor allem auch, dass das konkrete Konsumverhalten in einem ansteigenden Maße vom Internet bestimmt wird. Darüber hinaus nimmt die Kommunikation über das Internet verstärkt zu. Der gesellschaftliche Austausch wird dabei nicht einfach nur ergänzt, sondern bildet zum Teil schon eine Basis für zwischenmenschliche Aktivitäten. Wir befinden uns längst im Zeitalter des Online-Dialogs, dem Web 2.0. Produktqualitäten werden offen diskutiert und bewertet. Marken-Images werden zunehmend weniger durch die Markeninhaber selbst, sondern aktiv durch die Masse der Online-Nutzer bestimmt.

Das Internet ist vor allem ein technologisch geprägtes Medium. Wir erleben beinahe täglich, wie über Nacht neue Technikinnovationen das Licht der Welt erblicken. Die Entwicklung des Markts für Mobiltelefone und Datentarife ist dafür ein gutes Beispiel. Selbst die Technologien, die nicht gezielt versuchen, das Internet als Ausgangsbasis für neue Ideen nutzen, versuchen zumindest, eine möglichst enge Integration und Verknüpfung mit diesem zu gewährleisten. Heute gilt, wer nicht mehr online ist, ist gleichzeitig von der Welt abgeschnitten.[12]

Die Reaktion der Wirtschaft

Nur 46% der Unternehmen mit mehr als 250 Mitarbeitern in Deutschland verstehen E-Business als integralen Bestandteil ihrer Marketing-Strategie.[13] Viele andere überlassen diese Aufgabe einfach der IT-Abteilung oder anderen untergeordneten Stellen. Das steht im krassen Widerspruch zum gesellschaftlichen Wandel in dem wir uns befinden. Durch die Veränderung des Medien-, Konsum- und Kommunikationsverhaltens besteht für Unternehmen die Notwendigkeit, strategisch darauf zu reagieren.

---

7 defacto gruppe und GMI global Market Insight Inc., 04/2008
8 Digital Influence Index Study, Harris Interactive, 06/2008
9 defacto gruppe und GMI global Market Insight Inc., 04/2008
10 Deloitte & Touche, 10/2007
11 PowerReviews, 12/2007
12 Einer von uns durfte erstaunt beobachten, wie sein Neffe im Alter von 16 Jahren sich nicht mit einem Schulfreund zum Hausaufgaben machen verabreden konnte, weil dieser einfach nicht »on« war. Die Möglichkeit, eine SMS zu schreiben oder einfach anzurufen, wurde nicht einmal in Betracht gezogen – vielleicht war das Ganze aber auch eine billige Ausrede.
13 E-Business Jahrbuch der deutschen Wirtschaft 2007/2008, Weigweiser-Verlag

Dabei ist es egal, ob die eigenen Produkte und Dienstleistungen über das Internet vertrieben werden können oder nicht. Das Internet ist eine grundlegende Infrastruktur geworden und es gibt immer weniger Bereiche des geschäftlichen Lebens, die nicht direkt oder indirekt davon betroffen sind. Strategie bedeutet, die Zukunft zu planen.

Die Musikindustrie durfte in der Vergangenheit bereits schmerzlich feststellen, was es kosten kann, wenn man die Veränderungen der Märkte einfach ignoriert. Von 2005 bis 2009 hat sich der Anteil der Deutschen mit Besitz eines MP3-Players von 15% auf 40% erhöht, Tendenz immer noch wachsend.[14] Demgegenüber ist seit 1999 der Umsatz der Musikindustrie von mehr als 2,6 Milliarden auf heute unter 1,6 Milliarden gesunken, Tendenz weiter schrumpfend.[15] Viel zu spät hat man reagiert und versucht nun, das Feuer zu löschen, indem legale Downloads den Schaden begrenzen sollen. Besser wäre es gewesen, strategisch zu planen und diese frühzeitig im Internet anzubieten. Vieles spricht dafür, dass sich die schädigende Musikpiraterie nicht so verbreitet hätte, wenn es rechtzeitig der Veränderung angepasste Alternativen in Form von legalen und hochwertigen Downloads gegeben hätte. Insbesondere scheint die Musikpiraten eines auszuzeichnen: Sie wollten einfach selbst bestimmen, auf welchem Wege sie Musik erhalten. So sind sie es denn auch, die inzwischen die größte Kundengruppe unter den Käufern von legalen Downloads darstellen.[16] Wäre diesem Bedürfnis frühzeitig durch geeignete strategische Konzepte entsprochen worden, wäre es um die Musikpiraterie möglicherweise niemals so laut geworden.

Während viele Unternehmer und Manager noch damit beschäftigt sind, ein Verständnis für Internet und E-Business zu entwickeln, rollt vielen Branchen schon der nächste Tsunami entgegen: Das mobile Internet. Im letzten Jahr wurden hierzulande bereits schätzungweise knapp 500.000 online-fähige iPhones verkauft.[17] Schon 11% aller Kinder in Deutschland besitzen ein Handy mit Internetzugang.[18] Es braucht eigentlich nicht viel, um sich vorzustellen, wo die Reise hingeht. Schwieriger ist das Tempo einzuschätzen, mit dem wir unterwegs sind. Alles deutet aber darauf hin, dass es mörderisch ist.

E-Business-Experten und Unternehmen sind noch weitgehend ratlos, wie man mit diesen Trends zukünftig am besten umgehen soll. Man ist sich einig darüber, dass diese zweite Welle weitere erhebliche Veränderungen mit sich bringen wird. Welche genau das sein werden, weiß allerdings noch keiner so recht zu sagen. Die Führungen der Unternehmen tun jedenfalls gut daran, Augen und Ohren weit offen zu halten und auf Tuchfühlung zu bleiben.

Wachsende Professionalisierung des Online-Handels

Der Druck auf jede noch so kleine Nische im Onlinehandel nimmt ebenfalls stetig zu. Während große intermediäre Fische wie Amazon ständig bemüht sind, neue Märkte durch Erweiterungen der Produktpaletten von oben herab zu durchdringen,

---

14 Brenner Studie 2009
15 Musikindustrie Jahresbericht 2008
16 Rabea Weihser am 24.04.2009 in der ZEIT, archiviert unter: *http://www.zeit.de/online/2009/18/musikpiraten-zahlen*
17 Admob Mobile Metrics 2009
18 Eurobarometer »Safe Internet for children«, Europäische Kommission 2008

finden sich in den einzelnen Nischen immer besser agierende und auf das E-Commerce spezialisierte kleine und mittelständische Onlineshops wieder. Diese profitieren gezielt von der Trägheit ihrer Konkurrenz und verdrängen diese schrittweise durch immer bessere Ausnutzung moderner Web-Technologien und etablierte Praktiken im Online-Marketing. So werden die Branchen aus beiden Richtungen zunehmend von Wettbewerbern befreit, die dem wachsenden Konkurrenzdruck nicht standhalten können.

Die vor wenigen Jahren noch prognostizierte Goldader in den sogenannten Longtails (Erfolg durch Nischenprodukte), die auch den kleinen Anbietern Chancen auf gute Geschäfte bieten sollte, ist beinahe schneller wieder verschwunden, als sie aufgetaucht ist. Das ist schon daran zu erkennen, dass die Entwicklung der Werbeaktivitäten für die Longtails, mit denen eine Vielzahl von Anbietern versucht, jede noch so kleine Zielgruppe zu erreichen, erhebliche Dimensionen angenommen hat. Allein die auf Google geschalteten Suchwerbeanzeigen haben sich im letzten Jahr nahezu verdoppelt.[19] Gerade dadurch sind fast alle Nischen bereits deutlich überbesetzt und der Erfolg für die kleinen und mittleren Anbieter bleibt aus. Wir weisen hier bewusst auf die kleinen und mittleren Anbieter hin, denn Longtail-Strategien gehen für große Anbieter wie Amazon oder andere mit einer unvorstellbaren Zahl angebotener Produkte sehr wohl auf – zum Leid derjenigen, für die der Longtail einst eine Chance darstellte.

Überleben kann das am Ende nur, wer Online-Handel im Speziellen und E-Business im Allgemeinen eng mit der strategischen Ausrichtung seines Unternehmens verknüpft.

6.5.2 Schlussfolgerungen für Sie als Website-Betreiber

Was bedeutet das alles für Sie?

Wenn Sie die genannten Zahlen und Erkenntnisse verinnerlichen, sollte die Antwort klar auf der Hand liegen. E-Business und Online-Marketing müssen in Ihrer Unternehmensplanung ganz oben verankert sein, also direkt bei Ihnen. Menschen werden im Internet öffentlich über Ihr Unternehmen reden, sie werden über die Qualität Ihrer Produkte und Dienstleistungen sprechen und Ihre Zielgruppe wird online an unendlichen vielen Orten mitlesen können, was andere über Ihr Unternehmen denken. Nicht mehr Sie allein werden im Zeitalter von Web 2.0 das Image Ihrer Marke festlegen, sondern neben Ihnen viele andere, die Sie nur mittelbar beeinflussen können. Diese anderen werden vor allem Ihre Kunden sein und diese Aufgabe ungefragt übernehmen, stärker als jemals zuvor.

Gleichzeitig wird früher oder später Ihre Konkurrenz anfangen, besser als Sie werden zu wollen, wenn sie es nicht schon ist. Ganz gleich, in welcher noch so abgelegenen Nische Sie sich befinden, jeder der E-Business und Online-Marketing in seine Strategie integriert, wird Sie eines Tags im Online-Geschäft verdrängen wollen, sofern Sie nicht das Gleiche tun, um auf der Höhe zu bleiben. Wenn nicht heute, dann höchstwahrscheinlich morgen und wenn nicht morgen, dann ganz sicher übermorgen.

---

19 Search Engine Index (SAX), iBusiness Magazin/Xamine 2010

Lassen Sie sich nicht von den prächtigen Jahren der letzten Dekade der Online-Pioniere täuschen. Zwar hat im Jahr 2000 mit dem geräuschvollen Platzen der Dot-Com-Blase die Realität einmal mit dem Zaunpfahl gewunken, aber alles in allem sind die Unternehmen in den letzten 10 Jahren gewaltig von dem Online-Wachstum verwöhnt worden. Aber das Wachstum wird nicht ewig so weitergehen. Schon heute wird mit wesentlich härteren Bandagen gekämpft, als noch vor 2000, wo man als Online-Pionier praktisch nur die Hand aufzuhalten brauchte, um den Geldregen aufzufangen. Das Online-Marketing ist aus der Pubertät heraus gekommen und erwachsen geworden. Aus diesem Grund wird der Wettbewerb in den nächsten Jahren weiter an Härte zunehmen. Selbst wenn Sie momentan steigende Umsätze messen, werden die Märkte irgendwann gesättigt sein. Von da an zählt nur noch der Marktanteil im Vergleich zur Konkurrenz. Dann wird es wesentlich schwerer werden, denn Sie werden Ihrem Mitbewerber die treue Kundschaft streitig machen müssen und können nicht mehr einfach von einer anwachsenden allgemeinen Online-Nachfrage profitieren. Gleichzeitig wird das der Moment sein, in dem Andere anfangen werden, Ihr Geschäft gezielt anzugreifen. E-Commerce und Online-Marketing sind strategisch essentielle Komponenten geworden und die Integration in Ihre strategische Ausrichtung sollte vor allem in Ihren Händen liegen.

Online-Marketing und E-Business einen festen Stellenwert geben

Zu viele Website-Betreiber, Unternehmer und Geschäftsführer haben das Marketing und E-Business nicht in ihren Führungsalltag integriert. Vermutlich ist denjenigen die Dringlichkeit des Themas nicht bewusst, oder die Aufgaben des Alltagsgeschäfts sind so umfangreich, dass ihnen einfach keine Zeit dafür bleibt.

Ihr Ziel sollte es sein, ein Bewusstsein für E-Business und Online-Marketing zu entwickeln. Sie müssen sich dafür entsprechend Zeit im Arbeitsalltag einräumen, um sich in dem Bereich fortzubilden und die Prozesse in Ihrem Unternehmen darauf auszurichten. Wenn die Ausrichtung Erfolg haben soll, muss sie bei Ihnen beginnen und von Ihnen auf alles andere übergehen.

Ausrichtung Ihres Webmasters oder Online-Agentur

Unter einem Webmaster versteht man üblicherweise die Person, die für die technischen Abläufe, Aktualisierungen und die Gewährleistung der Funktion Ihrer Website verantwortlich ist. Diese Rolle kann auch an eine Agentur übergeben worden sein. Der Webmaster beschäftigt sich mit der Technologie zur Bereitstellung von Informationen. Er sollte vor allem über das technische Wissen verfügen, eine Website ohne Störungen am Laufen zu halten. Dies macht Ihren Webmaster in gewisser Weise sehr exklusiv und entscheidend für Ihren Erfolg.

Ihr Webmaster sollte als erstes daran interessiert sein, welche wirtschaftlichen Rahmenbedingungen für die Website gelten und erst in einem späteren Schritt über die technische Umsetzung nachdenken. Nur dann kann er sein Handeln auf die von Ihnen festgelegten strategischen Vorgaben in geeigneter Weise ausrichten. Wir erleben in der Praxis manchmal, dass Webmaster und Agenturen dazu neigen, eine Rolle einzunehmen, in der sie sich vor allem auf ihre technischen Kompetenzen berufen. Das ist ohne eine entsprechende Zielausrichtung aber uneffektiv und eventuell sogar hinderlich. Die enge Verknüpfung von technischer und wirtschaftlicher Kompetenz ist nötig, um entscheidende Vorteile zu erzielen. Wer die richtige Richtung nicht klar vor Augen hat, kann auch nicht optimale Lösungen finden.

Fragen Sie Ihren Webmaster oder ihre Agentur doch einmal, welche Rolle sie einnehmen. Haben sie Ihre Ziele ebenso im Blick wie Sie? Besteht Lernbereitschaft und Offenheit gegenüber Ihren Visionen, die Sie sich für den wirtschaftlichen Erfolg Ihrer Website wünschen? Wenn nicht, dann sorgen Sie dafür, denn sonst werden Sie nicht weit kommen.

Wie Sie sich Kompetenzen aneignen und diese richtig weitergeben

Sie sollten sich für alle Bereiche interessieren, die den technischen Betrieb Ihrer Website zum Gegenstand haben. Zugleich muss es Ihr Ziel sein, dass sich alle Beteiligten für alle wirtschaftlichen Fragestellungen interessieren. Dies können eigene Mitarbeiter oder die einer Agentur sein, je nachdem, wen Sie mit den verschiedenen Aufgaben betraut haben.

Pflegen Sie einen engen Kontakt und lernen Sie voneinander. So werden Sie auch gemeinsam erfolgreich sein. Übernehmen Sie die Verantwortung und fördern Sie das Verständnis für Ihre Belange. Sie können nichts dabei verlieren, aber viel gewinnen. Gefährlich ist es, wenn Sie die Verantwortung für wichtige Bereiche vollständig Anderen anvertrauen müssen, weil Sie nicht mal eine ungefähre Vorstellung von den Geschehnissen dort haben, und Sie deren Arbeit nicht beurteilen können. Das ist nicht nur deshalb sehr ungünstig für Sie, weil Sie keine Kontrolle mehr haben, wenn etwas aus dem Ruder läuft, sondern auch, weil es Ihnen schwer fallen wird, wirklich gute Ideen und förderliche Anregungen Ihrer Spezialisten zu verstehen. Ihnen gehen damit wichtige Potenziale verloren.

Nichts ist unmotivierender, als ein Verantwortlicher, der für die tollen Ideen seiner Mitarbeiter kein Verständnis hat. Schaffen Sie das Verständnis bei Ihnen und bei Anderen. Diskutieren Sie gemeinsam Ideen, denn nur so können Sie auch die richtigen Entscheidungen treffen. Wenn Sie sich nicht dafür interessieren, wird es auch sonst niemand tun. Sie müssen mit gutem Beispiel voran gehen und Sie müssen in allen Bereichen zumindest das Wichtigste verstehen. Auch wenn dies für Sie einen Mehraufwand bedeutet, werden Sie am Ende viel mehr gewinnen, als Sie anfangs investiert haben.

Über den Tellerrand zu schauen und sich weiter zu bilden hört selbstverständlich nicht bei den technischen Aspekten Ihrer Website auf. Online-Marketing bietet viele Bereiche, die es zu entdecken gilt. Sie werden auf lange Sicht nicht erfolgreich sein, wenn Sie diese Zusammenhänge nicht oder kaum verstehen. Selbst wenn Sie die Marketing-Aktivitäten an andere Personen oder Agenturen abgeben, benötigen Sie dennoch das Grundverständnis für die Aufgaben, die Sie abgeben. Sie müssen verstehen, um anleiten zu können, welche Richtung Ihre Aktivitäten im Online-Marketing einschlagen sollen.

Keiner wird die Ziele des Marketings so klar und präzise definieren können, wie Sie selbst. Egal wie viel jemand von den speziellen Prozessen des Online-Marketings versteht, der Schlüssel für den Erfolg liegt in der Klarheit Ihrer Ziele. Sie sind der

Anfang jeder Strategie und die Basis für alles Folgende. Zumindest sollten Sie auf Augenhöhe diskutieren können und Verständnis für gute Ideen Anderer haben.

Natürlich werden insbesondere von Ihnen beauftragte Marketing-Agenturen auf ihr Fach spezialisiert sein und Sie werden deren fachliches Niveau in der Regel nicht erreichen. Das ist aber auch gar nicht notwendig. Es geht vielmehr darum, dass Sie die Ausrichtung der vorgeschlagenen taktischen und strategischen Maßnahmen nachvollziehen und diskutieren können. Dieses Verständnis wird Ihr Gegenüber spüren, Sie dafür schätzen und sich davon motiviert fühlen, gemeinsam mit Ihnen Ihr Ziel zu erreichen.

Fragen Sie nach, wenn Sie etwas nicht verstehen. Blockieren Sie aber mit Ihrem neu erworbenen Wissen nicht die Potenziale eines Spezialisten durch übertriebene Skepsis. Jemand, der seine Profession wirklich versteht, wird sein Anliegen auch verständlich erklären können. Schaffen Sie Transparenz und überlegen Sie dann, ob die vorgeschlagenen Wege die richtigen sind.

Wann Sie Kompetenzen abgeben

Auf keinen Fall sollten Sie Kompetenzen mit der Begründung abgeben, dass Sie von dem Thema nichts verstehen würden. Gerade im Umfeld der undurchsichtig erscheinenden Internet-Technologien ist dies ein gern verwendeter Grund, dessen Anwendung die weniger erfolgreichen Website-Betreiber von den erfolgreichen unterscheidet.

Der einzige Grund, weshalb Sie Kompetenzen abgeben, sollte der sein, dass Sie keine Zeit dafür haben, sich um alles zu kümmern und Ihnen ab einem gewissen Grad auch das Know-How fehlt, um die beste Leistung in der jeweiligen Disziplin zu erreichen. Trotzdem müssen Sie sich bemühen, das Verständnis für diese Fachgebiete zu entwickeln. Andernfalls wird eines Tages jemand kommen, der diesen Weg richtig gehen und Ihren Platz am Markt einnehmen wird. Gehen Sie diesen Schritt also jetzt, bevor dieser Wandel im Online-Geschäft seinen zwingenden Durchbruch erfährt. So werden Sie in den nächsten Jahren deutlich erfolgreicher und sicherer sein, als Ihre Konkurrenz.

Zusammenfassung

Fassen wir diese Punkte noch einmal übersichtlich zusammen:

◆ Für die zukünftige Sicherung Ihres Unternehmens sollte das Online-Marketing fester Bestandteil Ihrer strategischen Überlegungen sein und somit einen hohen Stellenwert in Ihrem Tagesgeschäft einnehmen

◆ Bilden Sie sich in allen Bereichen, die mit Ihrem Geschäft verknüpft sind, weiter, um diese zu verstehen. Verstecken Sie sich nicht nur hinter den Kernaufgaben Ihres Geschäfts. Die Verantwortung liegt bei Ihnen!

◆ Prüfen Sie bei allen beteiligten Personen, ob ein echtes Interesse an Ihren wirtschaftlichen Zielen besteht. Prüfen Sie, ob die beauftragten Personen geeignet sind, miteinander an einem Strang zu ziehen.

◆ Fördern Sie einen engen, an den Zielen orientierten Austausch aller Beteiligten.

◆ Motivieren Sie alle Beteiligten, in dem Sie Verständnis für ihre Professionen zeigen. Gute Ideen erkennen Sie nur dann, wenn Sie diese auch verstehen können. Fragen Sie nach, wenn Sie etwas nicht verstehen.

◆ Das Abgeben von Kompetenzen sollte niemals darin begründet sein, dass Sie sich mit dem Thema nicht beschäftigen wollen.

◆ Sie geben Kompetenzen erst dann ab, wenn Sie sich grundlegend mit den Themen auseinandergesetzt haben und wenn Sie erkennen, dass Ihnen Zeit und höheres Know-How fehlen.

◆ Sie werden nicht besser sein, als ein ausgewiesener Spezialist. Blockieren Sie diesen nicht, sondern aktivieren Sie die Potenziale, wenn Sie die richtigen Partner für Ihr Geschäft gefunden haben. Diskutieren Sie Lösungen gemeinsam.

Stichwortverzeichnis